U0183164

编写人员名单

许宏伟　杨迎春　刘荣海　吴章勤　郑　欣　李晓平　赵永强　艾　川
王　进　王　闸　杨　鹏　孙成刚　周静波　李志翔　利　佳　何智华
孙晋明　虞鸿江　焦宗寒　陈国坤　代克顺　李寒煜　邱方程

SHU BIAN DIAN SHE BEI JI BU JIAN
SHI XIAO AN LI JI FEN XI

输变电设备及部件

失效案例及分析

主　编◎许宏伟　杨迎春
副主编◎刘荣海　吴章勤 郑　欣

ZHEJIANG UNIVERSITY PRESS
浙江大学出版社

图书在版编目（CIP）数据

输变电设备及部件失效案例及分析 / 许宏伟，杨迎春主编. —杭州：浙江大学出版社，2022.1
ISBN 978-7-308-21465-0

Ⅰ. ①输… Ⅱ. ①许…②杨… Ⅲ. ①输电—电气设备—零部件—失效分析②变电所—电气设备—零部件—失效分析 Ⅳ. ①TM72②TM63

中国版本图书馆 CIP 数据核字（2021）第 109310 号

输变电设备及部件失效案例及分析

许宏伟　杨迎春　主　编

责任编辑	王　波
责任校对	吴昌雷
封面设计	续设计
出版发行	浙江大学出版社
	（杭州市天目山路 148 号　邮政编码 310007）
	（网址：http://www.zjupress.com）
排　　版	杭州好友排版工作室
印　　刷	杭州高腾印务有限公司
开　　本	787mm×1092mm　1/16
印　　张	21
字　　数	524 千
版 印 次	2022 年 1 月第 1 版　2022 年 1 月第 1 次印刷
书　　号	ISBN 978-7-308-21465-0
定　　价	78.00 元

前　言

电网是高效快捷的能源输送通道和优化配置平台，是能源电力可持续发展的关键环节，在现代能源供应体系中发挥着重要的枢纽作用，关系国家能源安全。随着电网建设的快速发展，中国的电网朝着交直流混联、大容量、高参数、远距离、高效率、低损耗方向发展。

2004 年以来，国家电网公司联合各方力量，在特高压理论、技术、标准、装备及工程建设、运行等方面取得全面创新突破，掌握了具有自主知识产权的特高压输电技术，并将特高压技术和设备输出国外，实现了“中国创造”和“中国引领”。截至 2018 年 11 月，特高压建成“八交十直”、核准在建“四交两直”工程，建成和核准在建特高压工程线路长度达到 3.35 万公里、变电(换流)容量超过 3.4 亿千伏安(千瓦)。2017 年，公司经营区全社会用电量 5.0 万亿千瓦时，最高用电负荷 8.3 亿千瓦，装机 13.8 亿千瓦。截至 2017 年底，110(66)千伏及以上输电线路长度 98.7 万公里、变电(换流)容量 43.3 亿千瓦，在保障电力供应、促进清洁能源发展、改善环境、提升电网安全水平等方面发挥了重要作用。

南方电网覆盖五省区，并与香港、澳门地区以及东南亚国家的电网相联，供电面积 100 万平方公里，供电人口 2.52 亿人，供电客户 8497 万户。网内拥有水、煤、核、抽水蓄能、油、气、风力等多种电源，东西跨度近 2000 公里，截至 2017 年底，全网总装机容量 3.1 亿千瓦；10 千伏及以上变电容量 8.8 亿千瓦，输电线路总长度 22 万公里。目前西电东送已经形成“八条交流、十条直流”(500 千伏天广交流四回，贵广交流四回，±500 千伏天广直流、三广直流、金中直流各一回，溪洛渡送广东直流两回，贵广直流两回，±800 千伏云广特高压直流、糯扎渡送广东特高压直流、滇西北送广东特高压直流各一回)18 条 500 千伏及以上大通道，送电规模超过 5000 万千瓦。

随着电网的快速发展，输变电设备大量使用铜及铜合金、铝及铝合金、银及银合金、锡及锡合金、奥氏体不锈钢、优质碳素钢、低合金高强度钢、高合金钢等金属材料。由于输变电设备长期在高应力、周期应力、高湿、振动、腐蚀、高低温频繁变换等环境下运行，有时还会在覆冰、积雪、大风、地震、断线等特殊环境下运行，易产生变形、过载损坏、腐蚀、疲劳、焊缝开裂、倒塔等失效事件。

本书由云南电网有限责任公司电力科学研究院高级工程师许宏伟、杨迎春组织编写。编写人员全部是云南电网有限责任公司具有丰富失效分析经验的一线生产技术人员。全书共分 8 章，依据 2006 年至 2021 年之间云南电网发生的输变电设备真实失效案例进行编写。第 1 章变电站构架及线路杆塔，共收集 10 个变电站构架及线路杆塔的失效案例；第 2 章断路器，共收集 11 个变电站断路器的失效案例；第 3 章隔离开关，共收集 7 个变电站隔离开关的失效案例；第 4 章 GIS 和 HGIS，共收集 4 个变电站 GIS 和 HGIS 的失效案例；第 5 章导地线案例，共收集 24 个变电站导地线的失效案例；第 6 章金具，共收集 12 个电力金具的失效案例；第 7 章绝缘子，共收集 12 个绝缘子的失效案例；第 8 章电网其他电网部件，共收集

4个电网其他电网部件的失效案例。

编者衷心期望与从事电网金属部件失效分析工作和输变电设备运维工作的技术人员携手探讨提高失效分析工作准确性的途径。由于编者水平有限，书中难免存在疏漏之处，诚盼读者指正。

编者

2021年5月

于云南电科院

目　　录

第1章 变电站构架及线路杆塔

变电站构架是变电站的主要支撑设备，以布置紧凑、节省占地、人字柱方向灵活、对进出线方向的适应性强等特点而广泛用于电网企业各电压等级的变电站。其具有支撑、联络、绝缘、爬梯通道等功能。

杆塔是输电线路的主要支撑设备。其作用是支撑导（地）线，并使导线间，导线和接地体间，导线和大地、建筑物、各种交跨物间保证有足够的安全距离。输电线路铁塔品种类型多样，按其形状一般分为酒杯形、猫头形、上字形、T 字形和桶形五种，按用途分为耐张塔、直线塔、转角塔、换位塔（更换导线相位位置塔）、终端塔和跨越塔等杆塔。杆塔有与其高度相配合的适当的档距，因此，杆塔必须有足够的机械强度和必要的适当高度。杆塔的外形结构主要取决于电压等级、线路回数、地形地貌、水文地质情况及使用条件。

长期以来，我国输电线路铁塔用材以 Q235 和 Q345 热轧角钢为主。与世界先进国家相比，我国输电铁塔所用钢材的材质单一、强度值偏低、材质的可选择余地小。随着我国电力需求不断增长、土地资源紧缺、环保要求提高，线路路径选取、沿线房屋等设施的拆迁问题也日趋严重，大容量、高电压等级输电线路得到了迅速发展，出现了同塔多回路线路以及更高电压等级的交流 750kV、1000kV 及直流±800kV 输电线路。这使得铁塔趋于大型化，杆塔设计荷载也越来越大，而常用热轧角钢在强度和规格上都难以满足大荷载杆塔的使用要求。目前，高电压等级变电站和输电线路杆塔除了继续使用 Q235 和 Q345 热轧角钢外，还大量采用 Q420、Q460、Q500 等低合金高强度钢。

变电构架和杆塔长期在高应力、高湿、腐蚀、高低温频繁变换等工作环境下运行，有时还会在覆冰、积雪、大风、地震、断线等特殊环境下运行，易产生变形、过载损坏、腐蚀、疲劳、焊缝开裂、倒塔等失效形式。

1.1 某±500kV 换流站出线构架材质选择不当导致焊缝附近出现裂纹

1.1.1 案例概况

2015 年 5 月，某线路器材厂在制造某±500kV 换流站出线构架时，发现用 45 号无缝钢管制作的出线构架在常规校正工序中出现断裂。

断裂的出线构架由线路器材厂在厂房内进行焊接生产，焊接完成后在构件校正过程中断裂。共有 4 根 $\phi159\times10$ 的无缝钢管断裂，断裂源于 45 号无缝钢管与碳素结构钢连板的焊缝部位，并沿周向发展，造成 45 号无缝钢管整个横截面断裂，见图 1-1-1。

图 1-1-1　4 根断裂的 45 号 ϕ159×10 无缝钢管

1.1.2　检查、检验、检测

1.1.2.1　渗透检测

对原始焊接试样和 GL1-1-A3 管样的连板焊缝端头部位按 JB/T 4730.1～4730.6—2005《承压设备无损检测》进行渗透抽样检测，原始管样抽取的 2 个端头均有裂纹，GL1-1-A3 抽取的 3 个端头有 2 个有裂纹。结果见图 1-1-2 和表 1-1-1。

表 1-1-1　渗透检验结果

序号	检验位置	裂纹长度/mm	结论
1	原始焊接试验管样-1	5	不合格
2	原始焊接试验管样-2	5	不合格
3	GL1-1-A3-1 成品焊缝	无	合格
4	GL1-1-A3-2 成品焊缝	15	不合格
5	GL1-1-A3-3 成品焊缝	190	不合格

1.1.2.2　其他检测

对 GL1-3-C3、GL1-3-A1、GL1-1-A3、GL1-3-D2 管件及连接件取样进行硬度试验、化学成分检测、拉伸试验、常温冲击试验、金相试验。结果符合 GB/T 699—1999《优质碳素结构钢》对 45 号钢的要求。

1.1.2.3　部件断口分析

GL1-3-C3 部件断口根据颜色可分为 3 个区(见图 1-1-3)：最靠近焊缝根部有 2 处半圆形区域，该区域颜色灰暗(能谱分析表明该断面上锌的含量较高)，编为裂纹区 1、2，为裂纹的初始区；初始区与母材之间断口呈褐色，有明显的腐蚀迹象，编为腐蚀产物区 1、2；腐蚀区之下断口颜色光亮，为管子的瞬时断裂区。

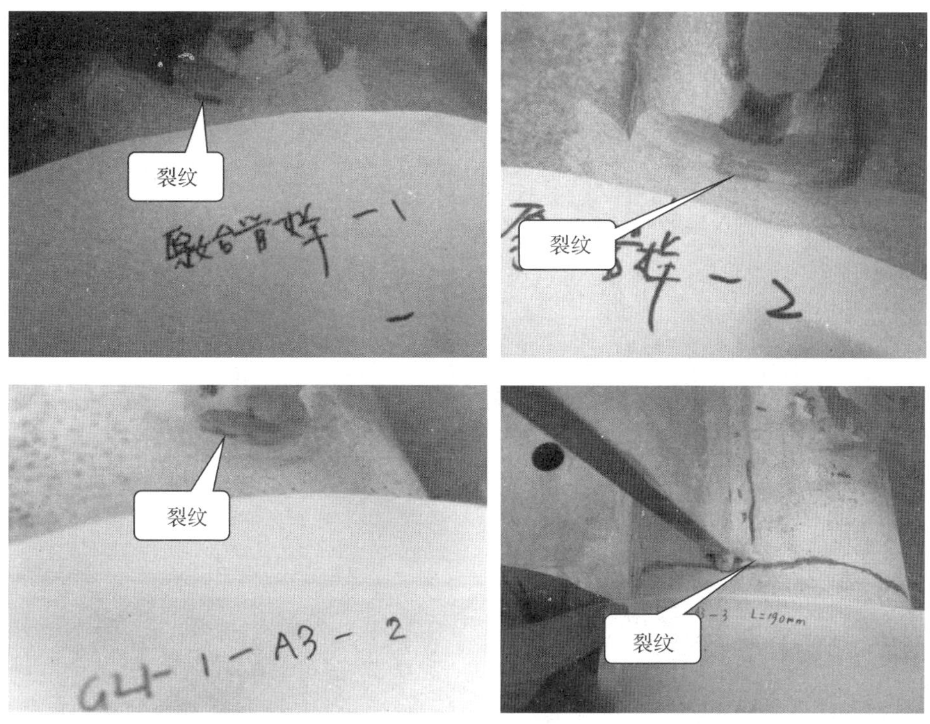

图 1-1-2　渗透检测宏观照片

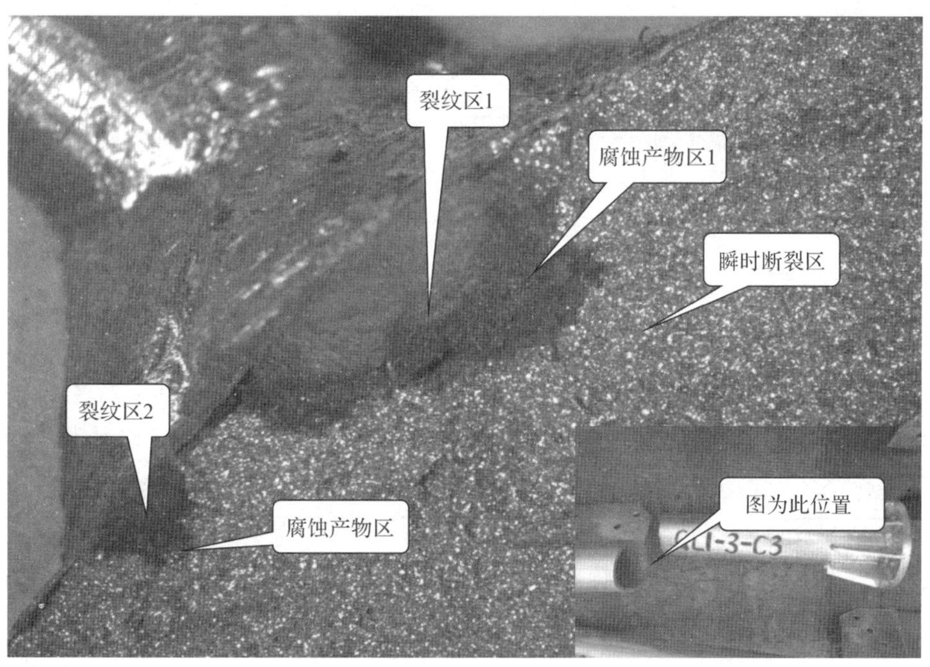

图 1-1-3　GL1-3-C3 部件断口宏观照片

1.1.2.4 GL1-3-C3 部件断口电子显微镜分析

对断口进行扫描电子显微镜图像分析，裂纹的初始区表面有覆盖物（见图 1-1-4），腐蚀产物区表面有腐蚀产物覆盖物（见图 1-1-5），瞬时断裂区具有脆性断裂特征（见图 1-1-6）。

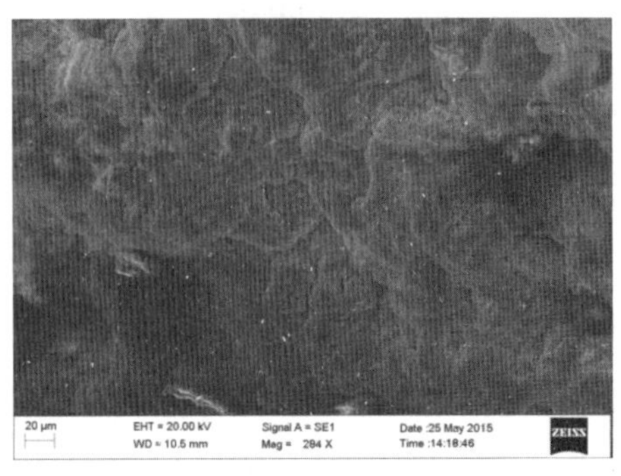

图 1-1-4　GL1-3-C3 部件断口陈旧性裂纹部位 SEM 图

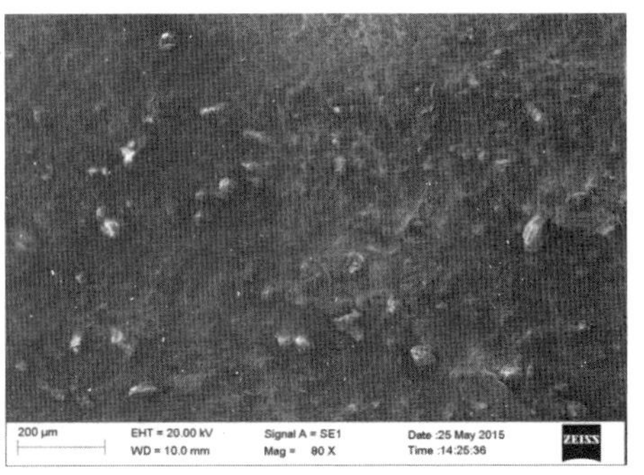

图 1-1-5　GL1-3-C3 部件断口腐蚀产物区部位 SEM 图

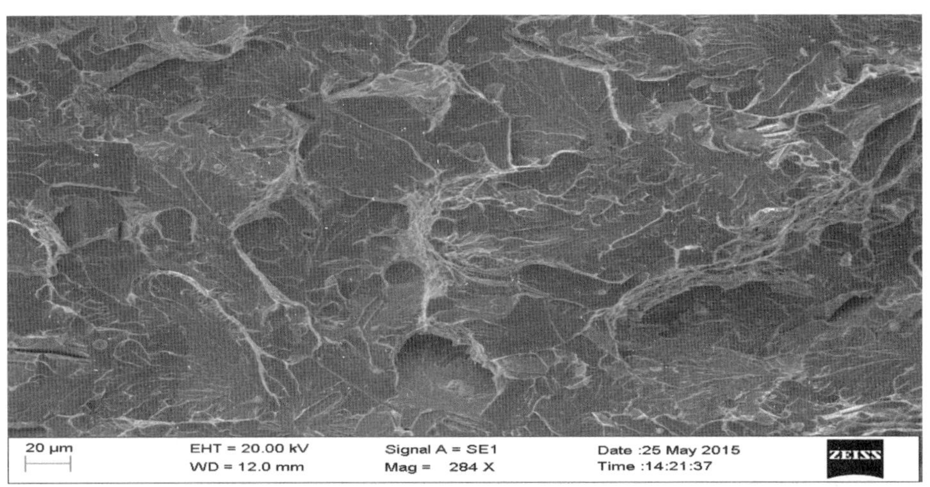

图 1-1-6　GL1-3-C3 部件断口瞬时断裂区 SEM 图

1.1.2.5 GL1-3-C3 部件断口能谱分析

对 GL1-3-C3 部件断口裂纹部位进行能谱分析，能谱分析部位见图 1-1-7，各元素能谱分析结果见表1-1-2。从能谱分析结果来看，裂纹区含有碳、氧、氯、铁、锌5种元素，锌元素含

表 1-1-2　GL1-3-C3 部件断口能谱分析结果，处理选项：已分析所有元素（已归一化）

谱图	在状态	C	O	Cl	Fe	Zn	总和
谱图 1	是	16.12	32.74	8.37	6.52	36.25	100.00
谱图 2	是	11.62	42.53	2.67	38.32	4.86	100.00
谱图 3	是	9.36	—	—	90.64	—	100.00
最大		16.13	42.53	8.37	90.64	36.25	
最小		9.36	32.74	2.67	6.52	4.86	

图 1-1-7 GL1-3-C3 部件断口能谱分析部位照片

量高达 36.25%；腐蚀产物区含有碳、氧、氯、铁、锌 5 种元素，锌元素含量为 4.86%，明显比陈旧性裂纹部位低；瞬时断裂区含有碳、铁 2 种元素。根据能谱分析结果和断口各部位元素分布图可断定陈旧性裂纹在工件镀锌前已经存在。

1.1.3 失效原因分析

造成某±500kV 换流站出线构架 45 号无缝钢管断裂原因是设计选材不当(45 号钢焊接性能不好)，构架镀锌之前，45 号无缝钢管与连板的焊缝端头在焊后冷却过程沿 45 号无缝钢管侧焊缝熔合线产生裂纹，在校正过程中，裂纹处产生应力集中，导致 45 号无缝钢管沿裂纹部位断裂。

1.2 原材料存在裂纹导致某 500kV 输电线路铁塔倒塔

1.2.1 案例概况

2012 年 1 月 23 日 16 时 30 分至 17 时许，某 500kV 输电线工程组塔完毕后，尚未放线的Ⅱ N104 号塔在局部大风天气中倒塔。

1.2.1.1 塔型及组塔情况

Ⅱ N104 号塔的塔型为 CZ334，呼称高为 55m，塔全高为 58.492m，A、B 腿的接腿长度为 11.0m，C、D 腿的接腿长度为 10.0m。基础形式 A、B、C、D 分别为 WKZ12090、WKZ12080、WKZ12075、WKZ12075，基础埋深分别为 8.3m、7.5m、7.3m、7.3m。插入角钢的规格型号为 Q420L180×16，外露长 1250mm，全长 4050mm。

铁塔组立时间为 2012 年 1 月 9 日至 2012 年 1 月 14 日。塔材的组装均按要求执行，能在地面紧固的螺栓都在地面紧固，组装时很顺利，组装好后2012年1月13日项目工程部到现场进行铁塔检查，主材无弯曲、变形现象，随后通知外协队把整基塔的底部螺栓主要节点全部紧固到设计值。塔材有73mm的差件，均在地线支架和横担部位。倒塔时ⅡN104号塔还未竣工，属半成品。

1.2.1.2　ⅡN104号塔损坏情况

ⅡN104号塔B、C腿插入式角钢在离基础顶面约5cm处断裂，A、D腿插入角钢在基础顶面处折弯，A、B腿在离地面约15m处各有一个完全断裂点。倒塌方向：A、B、C、D腿向大号侧（顺线路方向）倒塌。塔身倒向横线路左后侧方向，离ⅠN104号塔最近处水平距离为6.4m。ⅡN104号倒塔情况见图1-2-1。塔材断裂情况见图1-2-2。

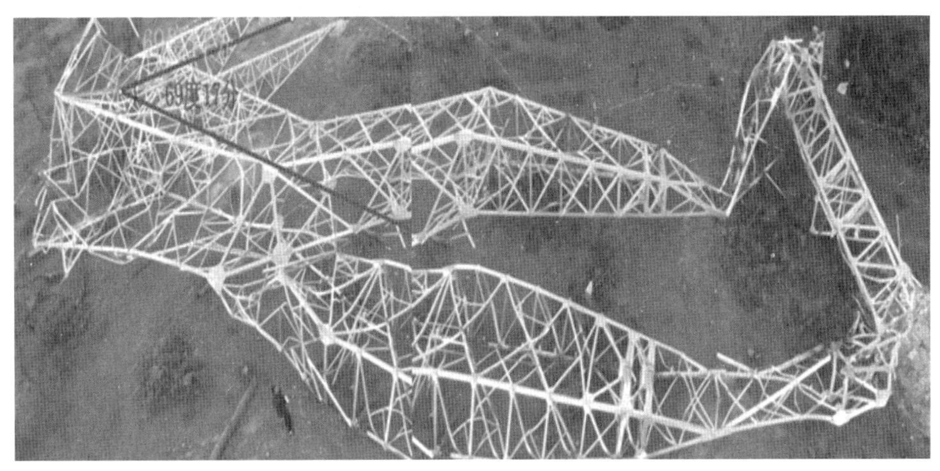

图1-2-1　ⅡN104号塔倒塔现场照片

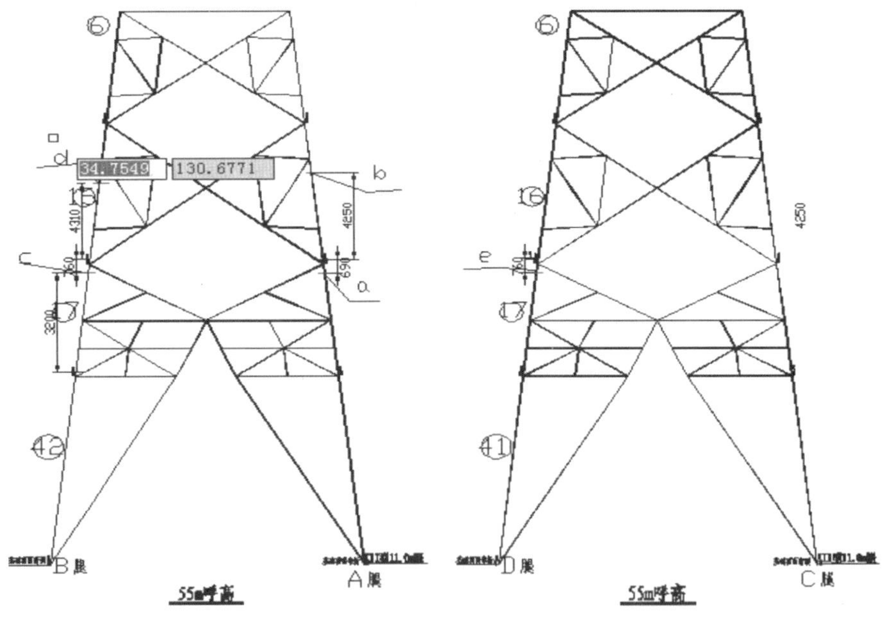

图1-2-2　主材断裂示意图

1.2.1.3　倒塔时当地气候情况

据值班人员及当地老乡介绍，2012 年 1 月 23 日下午该区域突然出现漩涡风，风力很大，当地部分民宅屋顶瓦片被掀，部分公路标识牌也被风折弯，树木被吹断，如图 1-2-3、图 1-2-4 所示。

Ⅱ N104 号塔位于该区域的小山坡上。处于当地的强风地带。据西南电力设计院推算，Ⅱ N104 号塔倒塔当天最大瞬时风力为 9 级左右，相应风速在 20.8～24.4m/s 范围。

图 1-2-3　被风吹断的树

图 1-2-4　风损坏的屋顶

1.2.2　检查、检验、检测

1.2.2.1　断口附近塔材质量检测

分别对 0m 处 2 个断口和 15m 处 2 个断口附近的塔材抽样进行外形尺寸检测，结果符合 GB/T 706—2008 和合同规定的正偏差要求；分别对 0m 处 2 个断口和 15m 处 2 个断口附近的塔材抽样进行硬度、化学成分、金相、拉伸、冲击、弯曲检测，结果符合 GB/T 1591—2008 要求。

1.2.2.2　有限元分析和模拟Ⅱ N104 号塔在风载下的应力分布

用 Algor 有限元分析软件对当天倒塔的气象条件下Ⅱ N104 号塔各部件的应力进行计算和模拟，最大拉应力为 C 腿 0m 处，第 2 大的拉应力出现在 C 腿与斜撑的连接部位。最大压应力为 A 腿 0m 处，第 2 大的压应力出现在 A 腿与斜撑的连接部位。计算和模拟结果见图 1-2-5。

1.2.2.3　断口及电子显微镜能谱分析

断口分析：对 4 个断口进行宏观检查、36 小时水浸泡试验，发现 1＃样（A 腿 15m 处）断口为异常断口，断口由银白色异常断裂带 A、灰色塑性断裂区 B、拉伸颈缩断裂区 C 组成。见图 1-2-6。

扫描电镜分析：对 1＃样（A 腿 15m）断口各区域进行扫描电镜能谱分析，发现银白色带状断口含锌量较高，如图 1-1-7 所示。能谱分析结果见表 1-2-1、表 1-2-2。

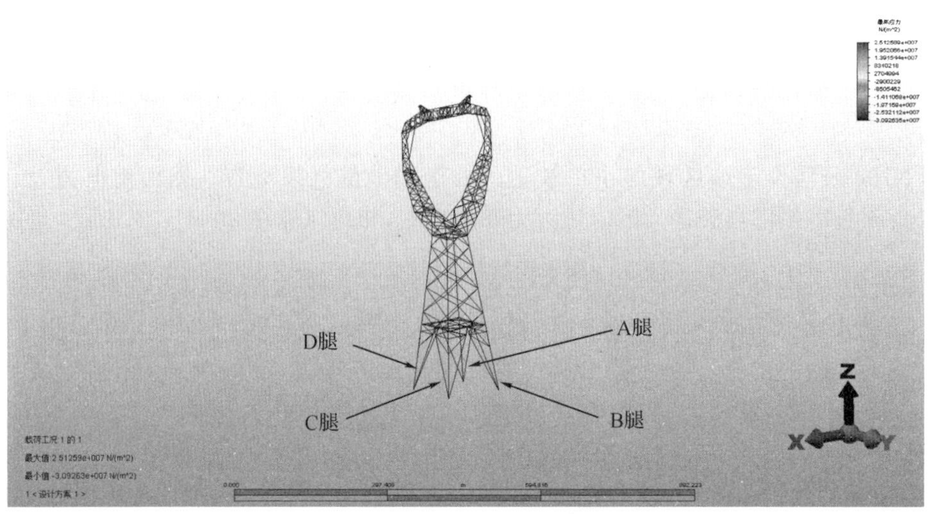

图 1-2-5　Ⅱ N104 号塔有限元分析计算和模拟结果

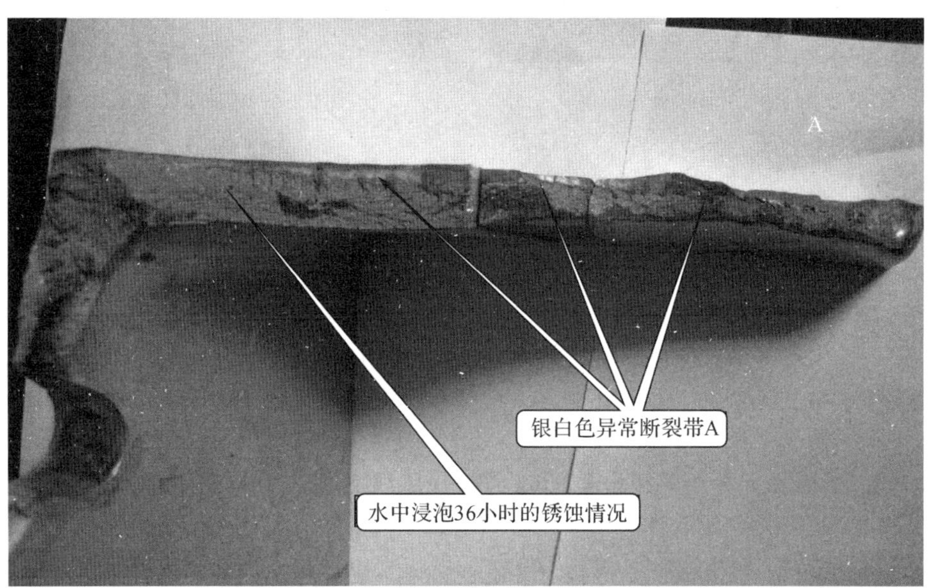

图 1-2-6　1＃样断口宏观照片(局部)

表 1-2-1　图 1-2-7 中第 1 检测点的能谱分析结果

元素	wt%	at%
CK	00.69	03.05
OK	01.15	03.81
MnK	02.06	01.99
FeK	95.11	90.34
ZnK	00.99	00.81

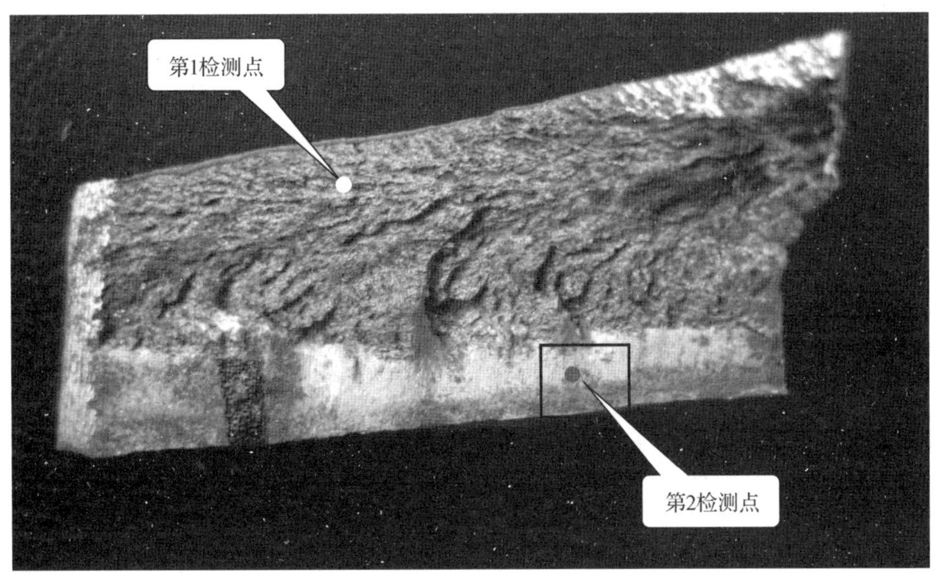

图 1-2-7 1#样能谱分析位置

表 1-2-2 图 1-2-7 中第 2 检测点的能谱分析结果

元素	wt%	at%
CK	03.55	14.71
OK	02.03	06.30
MnK	01.13	01.02
FeK	53.86	47.97
ZnK	39.43	30.00

1.2.3 失效原因分析

造成该500kV输电线工程ⅡN104号塔倒塔的原因是:A腿15m处件号为1702号塔材在镀锌前存在180mm长、2～8mm深的裂纹,在区域性强旋涡风的恶劣天气条件下,尚未竣工验收的ⅡN104号塔沿A腿15m原始裂纹处断裂,导致ⅡN104号塔倒塔。

1.3 制孔方法选择错误,某500kV输电线路铁塔组塔过程中出现因冲孔裂纹导致的倒塔

1.3.1 案例概况

2012年4月20日8时30分左右,某500kV线路工程(双回路)G121#塔在组塔过程中起吊上段主材时,出现A、B腿部分主材断裂、铁塔部分塔材变形的异常情况。

1.3.1.1 塔型及组塔情况

G121＃塔塔型：SZ63-63 鼓形铁塔。单基铁塔重量：89.72 吨，呼称高 63m，全高 93.45m。该塔位基面：－1.5m。基础配置：A、B，0m 腿；C、D，－3m 腿。根开：AB，17556；CD，16896。地脚螺栓：4×M72-400。

组塔情况：该铁塔采取常规的“内悬浮、外拉线”铁塔组立施工方法，2012 年 4 月 12 日进场开始准备施工。2012 年 4 月 14 日开始铁塔吊装，截至 2011 年 12 月 19 日塔厂对下段差缺件到位后(停工等待差缺件 2 天)于 2012 年 2 月 19 日完成下部组装及抱杆提升。2012 年 4 月 20 日 8 时 30 分左右，起吊上段主材(C 腿两段主材，总长度 16.9m，重量1599.1kg)。在主材还未完全离地时，听到 B、A 腿先后有异响后，B、A 腿外主材基础处相继断裂，倒塔时，G121＃塔组装高度为 20.2m(接腿段 75/72＋19)(1100＋3800＋5400)，组装铁塔重量：22533.5kg。

1.3.1.2 G121＃塔损坏情况

G121＃塔为双回路铁塔，主材为双主材，现场可见 A、B 腿外侧各一根主材折断，内侧各有一根主材严重折弯。A 腿外主材基础处有一处折断、一处开裂。B 腿外主材基础处有一处折断、一处开裂。C、D 腿基础处 4 根主材均出现变形。铁塔倾斜后，已组立部分铁塔塔材已经不同程度变形，总重 22.5335 吨。A、B 腿外侧主材断裂后，内侧主材严重变形，AB 面塔材向 CD 侧倾斜。CD 面塔材变形，向 AB 面倾斜。抱杆由于塔材断裂倾斜，向下坠落后距地面高度 6m 左右悬空，无变形弯曲情况。拉线系统完好，承托绳绑扎点基本无变形，承托系统完好，被起吊主材本体无损伤，支垫物无损伤，主磨绳无断裂，见图 1-3-1、图 1-3-2。

图 1-3-1 G121＃塔现场照片

图 1-3-2 G121♯塔 A、B 腿损坏现场照片

1.3.1.3 G121♯塔地理位置及气象情况

G121♯塔位于某市的疏林地，地形基本平缓，地形较好。

气象情况：2012 年 4 月 12 日—2012 年 4 月 20 日 G121♯塔组塔期间天气状况良好，晴或多云，无风或微风。无异常天气状况和雷暴及其他极端情况。2012 年 4 月 20 日，全天晴、无风(8:00—12:00)、气温 25℃左右(8:00—11:00)。

1.3.1.4 取样情况

1♯样：G121♯塔 A 腿基础处外塔材断口附近主材，塔材编号 7502，规格为 L180×180×16，长度为 1920mm，材料为 Q420。见图 1-3-3。

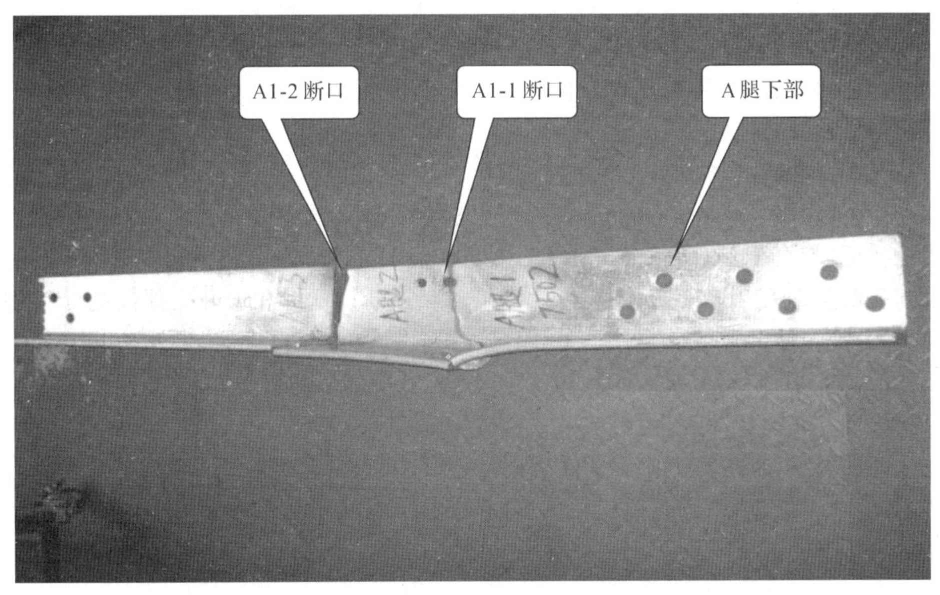

图 1-3-3 1♯样宏观照片

2#样:G121#塔B腿基础处外塔材断口附近主材,塔材编号7503,规格为L180×180×16,长度为1770mm,材料为Q420。见图1-3-4。

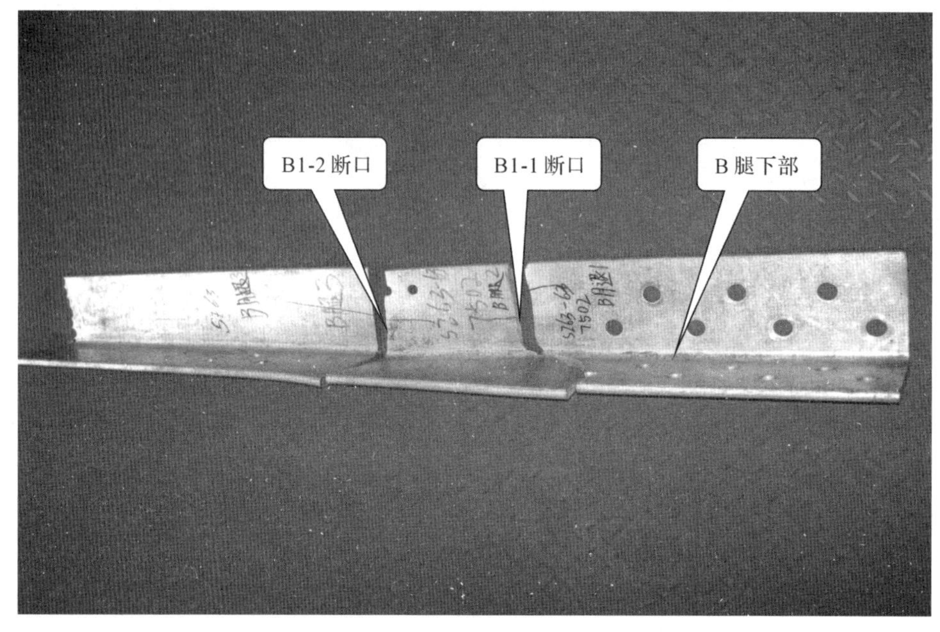

图1-3-4 2#样宏观照片

1.3.2 检查、检验、检测

1.3.2.1 断口附近塔材质量检测

分别对1#、2#样断口附近的塔材抽样进行外形尺寸检测,结果符合GB/T 706—2008和合同规定的正偏差要求;分别对1#、2#样断口附近塔材抽样进行硬度、化学成分、金相、拉伸、冲击、弯曲检测,结果符合GB/T 1591—2008要求。对1#、2#样断口进行宏观、电子显微镜能谱分析,结果正常。

1.3.2.2 1#、2#样的制孔质量检测

孔径检查:对1#、2#样的制孔质量进行检测,发现孔内壁存在台阶,内外壁孔径不等,符合冲孔特征,不符合GB/T 2694—2010第6.4条表3的规定。孔径检查见图1-3-5。

未制孔部位X射线数字成像检测:对1#、2#样断口附近和未开孔部位进行X射线数字成像检测,检测结果合格(见图1-3-6)。

制孔部位X射线数字成像检测:对1#、2#样制孔部位进行X射线数字成像检测,发现部分开孔内壁存在裂纹缺陷,检测结果不合格(见图1-3-7)。

制孔部位磁粉检测:为了检测来样表面是否存在裂纹,对1#、2#样内外表面及开孔内表面按JB/T 4730—2005进行磁粉检测,磁粉检验位置及缺陷照片见图1-3-8、图1-3-9。检测结果见表1-3-1。

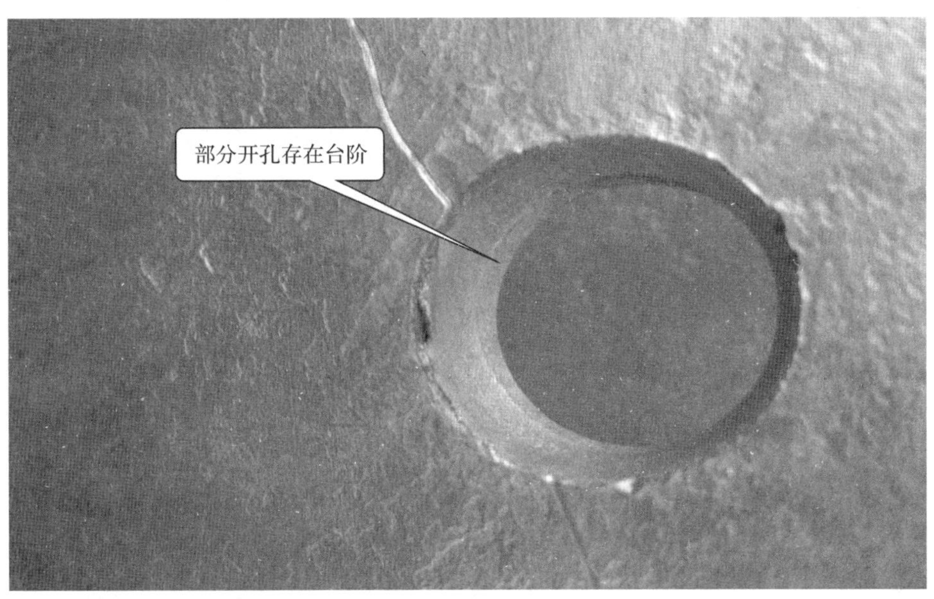

图 1-3-5　1＃、2＃孔径检查

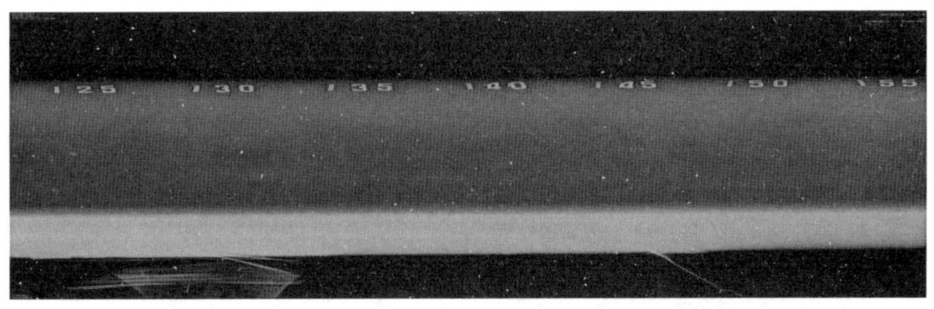

图 1-3-6　断口附近和未开孔部位 X 射线数字成像照片

表 1-3-1　磁粉检测结果

	内表面	外表面	断口表面	备注
1＃样	未发现	未发现	未发现	合格
A1-1 孔	裂纹	—	—	不合格
A1-2 孔	裂纹	—	—	不合格
2＃样	未发现	未发现	未发现	合格
B2-1 孔	裂纹	—	—	不合格
B2-2 孔群(抽检 7 个)	4 个孔存在裂纹	—	—	不合格

1.3.3　失效原因分析

某 500kV 线路工程 G121＃塔 A、B 腿主材断裂的原因为：制造时未严格执行 GB/T 2694—2010 标准，在 G121＃塔主材开孔加工过程中违规采用冲孔工艺，造成部分主材制孔

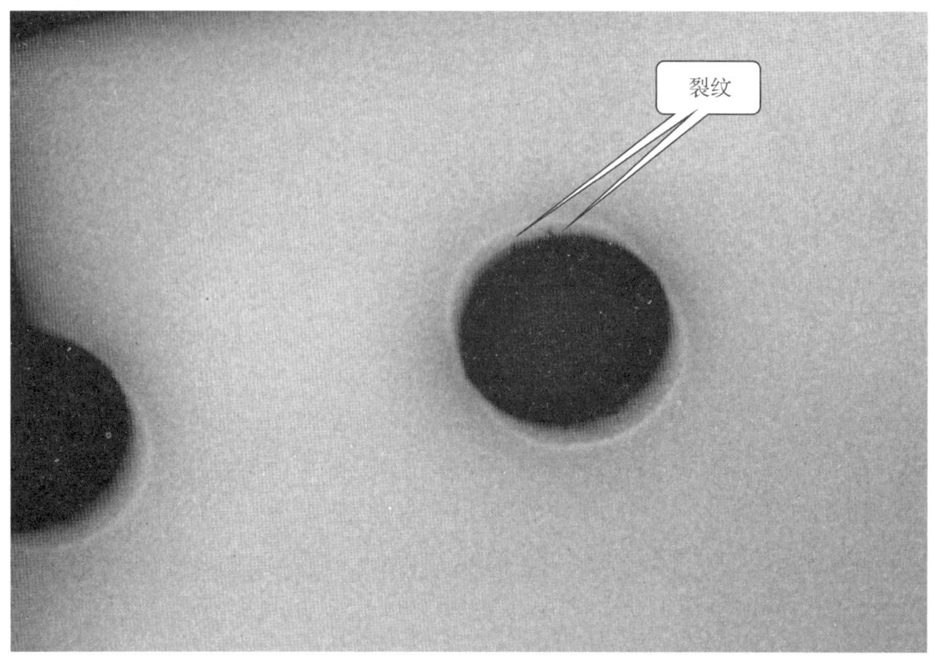

图 1-3-7　制孔部位 X 射线数字成像照片

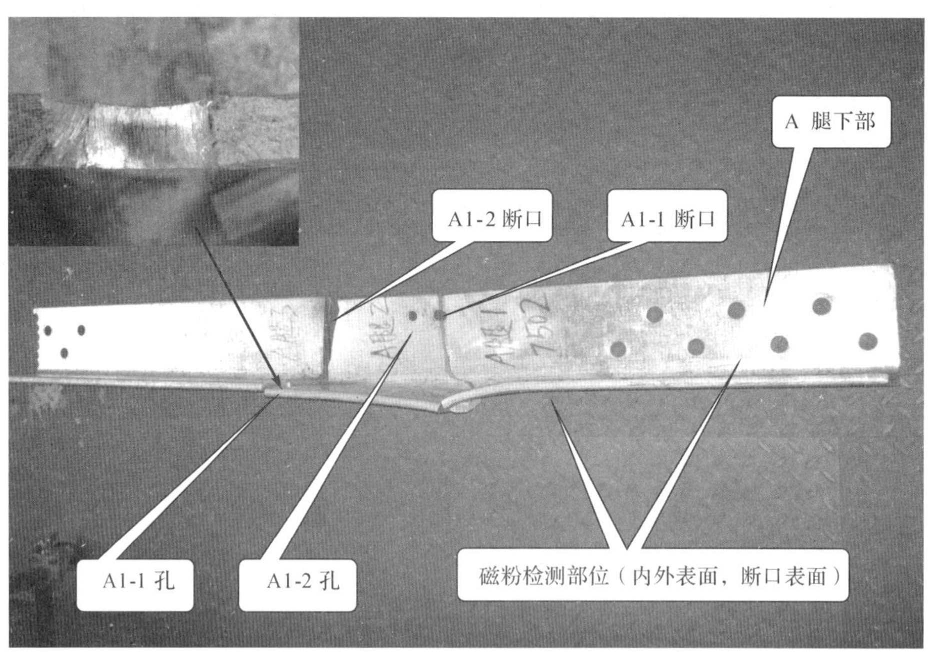

图 1-3-8　1＃样磁粉检验位置及缺陷照片

内外壁孔径不相等、孔内壁存在裂纹等问题。造成 G121＃塔在起吊塔材时 B 腿塔脚部位外主材沿制孔部位裂纹处先断裂，内主材变形，向 C、D 腿倾斜过程中拉断 A 腿塔脚部位外主材和造成其他塔材变形。

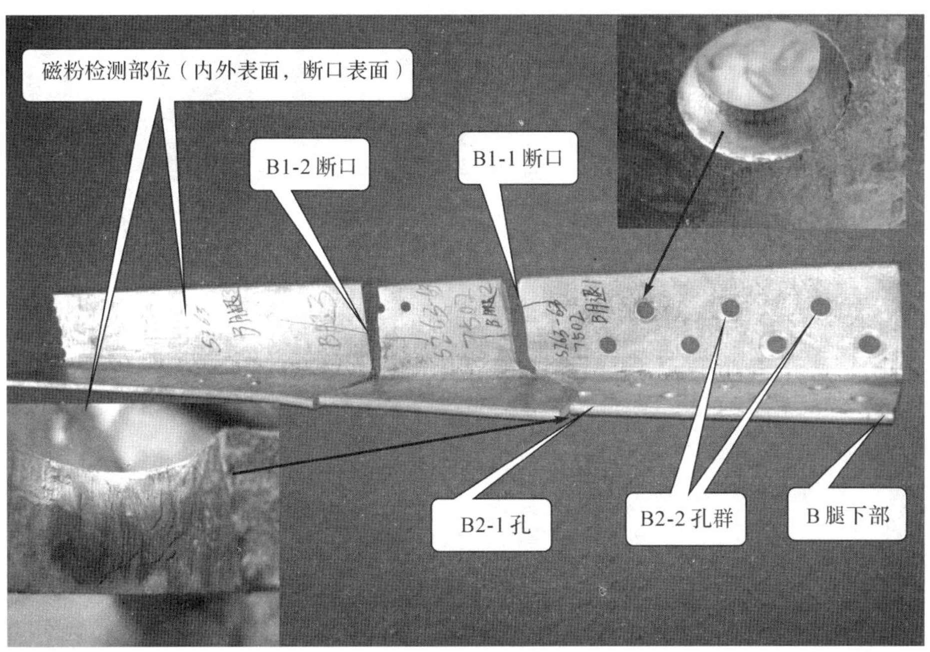

图 1-3-9 2＃样磁粉检测位置及缺陷照片

1.4 覆冰过载导致某 500kV 输电线路铁塔运行过程中塔头折断

1.4.1 案例概况

2012 年 1 月 31 日上午某 500kV 线路甲线 C 相短路跳闸，重新合闸不成功，OPGW 光缆通信中断。供电局组织人员进行巡线，于 16 时 30 分左右发现 170＃塔(耐张塔)塔头折断，送来分析的塔材共 14 件，其中主材一件，其余为辅材及连板，见图 1-4-1。

取样情况：14 件塔材中，主材和连板发生弯曲变形，但未开裂。辅材中有 3 件沿螺栓孔发生开裂，但因为辅材不是主要承力部分，且辅材的开裂主要是在塔头损坏过程中撕裂造成，因此试验主要检验塔材的力学性能、化学成分、热处理情况是否合格。

1.4.2 检查、检验、检测

1.4.2.1 宏观及外形尺寸检测

所有塔材表面镀锌层完好，未见异常损伤或锈蚀。部分塔材有擦碰损伤的痕迹，塔材表面情况正常。对塔材进行外形尺寸检测，其尺寸符合 GB 706—2008《热轧型钢》要求。

1.4.2.2 化学成分检测、拉伸试验、常温冲击试验、金相试验

对 1＃、2＃、3＃样取样进行化学成分检测、拉伸试验、常温冲击试验、弯曲试验、金相试验。结果符合 GB/T 699—1999《优质碳素结构钢》对 Q345 钢的要求。

图 1-4-1　损坏的来样塔材

1.4.3　失效原因分析

通过各项试验表明，来样分析的塔材外观尺符合标准要求，金相组织正常，化学成分、各项力学性能指标均与标准相符。造成该塔塔头损坏的原因是，覆冰载荷超过设计值，导致铁塔塔头部位因为受力过大垮塌。建议设计部门对塔头的设计进行进一步的校核和加固计算。

1.5　安装工艺不当，造成某 500 kV 输电线路铁塔连接板开裂

1.5.1　案例概况

2012 年 8 月，施工人员在完成某 500kV 线路工程（Ⅶ标）塔材安装后，发现其中一块塔材的翼板发生了断裂，断裂沿焊缝和母材的过渡部位完全断开。现场照片如图 1-5-1 所示。据介绍，在安装此块塔材时，技术人员并未发现异常情况。

1.5.2　检查、检验、检测

1.5.2.1　宏观检测

断裂的塔材规格型号为 10mm×235mm×295mm，材质为 Q345，生产厂家为某铁塔制造有限公司。来样共两件，分别为断裂塔材的腹板和翼板。

如图 1-5-1 所示，送检的断裂塔材断口位于沿腹板与翼板角焊缝的过渡部位。

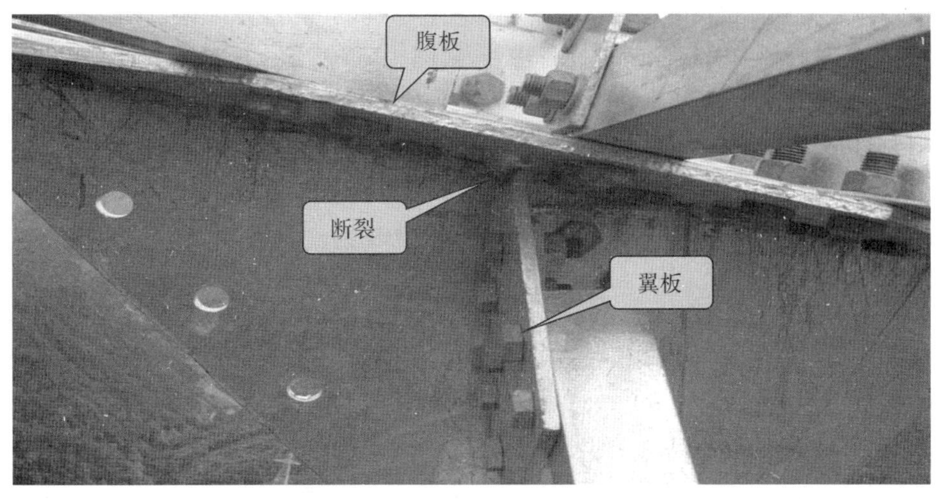

图 1-5-1 断裂位置现场照片

图 1-5-2 所示为断裂位置，图 1-5-3 所示为腹板上的断口形貌。来样断口已完全锈蚀，并有一些油污。

图 1-5-4 所示为断裂塔材翼板的侧面。可以看到，翼板与腹板焊缝结合附近发生弯折。

图 1-5-2 塔材断裂位置

图 1-5-3 来样断口形貌

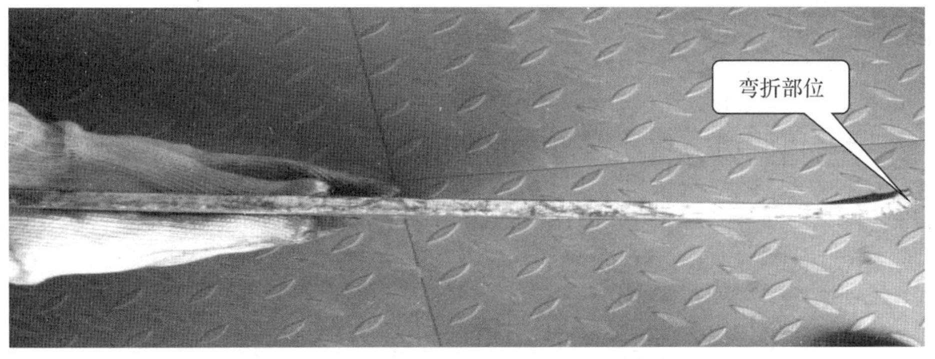

图 1-5-4 断裂塔材翼板的侧面

1.5.2.2 关键加工尺寸检测

将送检塔材腹板和翼板的断口进行拼接，如图 1-5-5 所示。经过测量，图 1-5-5 中腹板与翼板之间的角度 θ 为 49°。

根据现场图 1-5-6，对现场安装部位角度进行测量，测得角度 α 为 66°。

现场安装塔材的腹板与翼板角度大于复原后的角度。

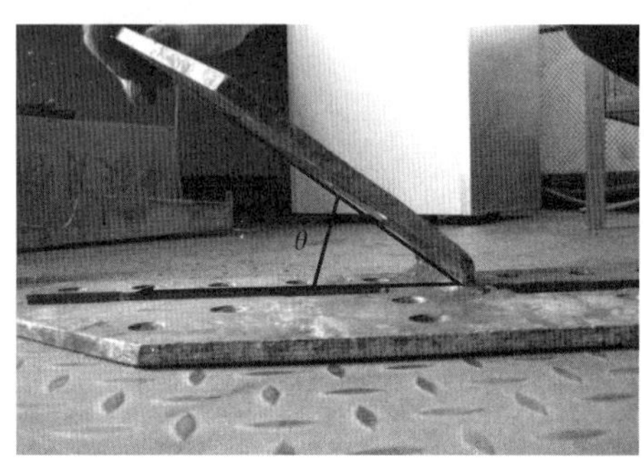

图 1-5-5 送检的塔材(复原后)

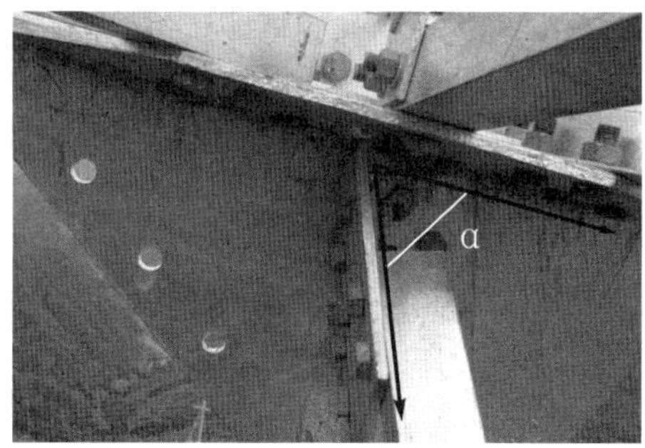

图 1-5-6 现场安装结构

1.5.2.3 硬度、化学成分、金相、拉伸、冲击、弯曲检测

分别对翼板、腹板取样进行硬度、化学成分、金相、拉伸、冲击、弯曲检测，结果符合 GB/T 1591—2008 对 Q345 钢的要求。

1.5.3 失效原因分析

塔材翼板的断裂原因为安装前翼板受到外力挤压而发生弯折，使其与腹板的角度减小，而在安装过程中又进行了强行装配，导致翼板断裂。

1.6 某 220kV 输电线 N43 塔部分主材以低代高导致倒塔

1.6.1 案例概况

2008 年 4 月，某 220kV 输电线 N43 塔在施工过程中出现倒塔，现场踏勘发现弯折部位塔材只有弯曲变形，无塔材断裂。对变形严重的 ZBC32 207H、ZBC32 206H、ZBC32 202H、ZBC32 262H 塔材进行抽样检测。其中编号为 ZBC32 207H、ZBC32 202H、ZBC32 206H 塔材设计材质均为 Q345A，规格均为 L70×5；编号为 ZBC32 262H 样品设计材质为 Q345A，规格为 L40×3。

1.6.2 检查、检验、检测

1.6.2.1 宏观及外形尺寸检测

对编号为 ZBC32 207H、ZBC32 206H、ZBC32 202H、ZBC32 262H 塔材抽样进行外形尺寸检测，结果符合 GB/T 706—1988 要求；对 ZBC32 207H 角钢进行宏观检查。角钢外表光

亮，表面镀锌层完好，螺栓连接孔有拉长迹象，整体略有变形角钢沿螺栓孔断裂，断口部分锈蚀，且有塑性变形，向一侧略有弯曲变形，为受侧向拉应力所致，表明材料具有良好的塑性。见图1-6-1、图1-6-2。

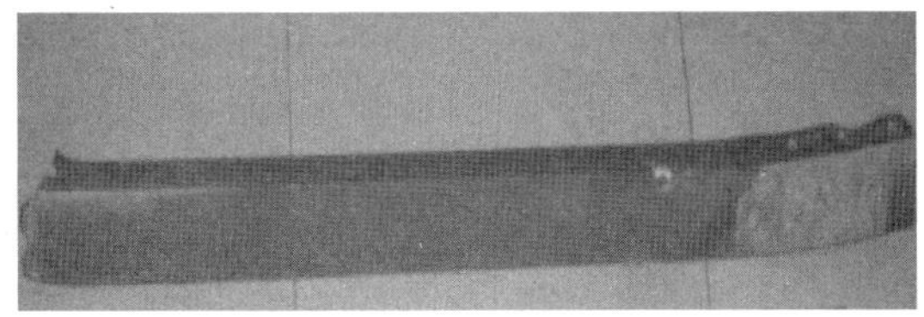
图1-6-1 ZBC32 207H塔材宏观照片

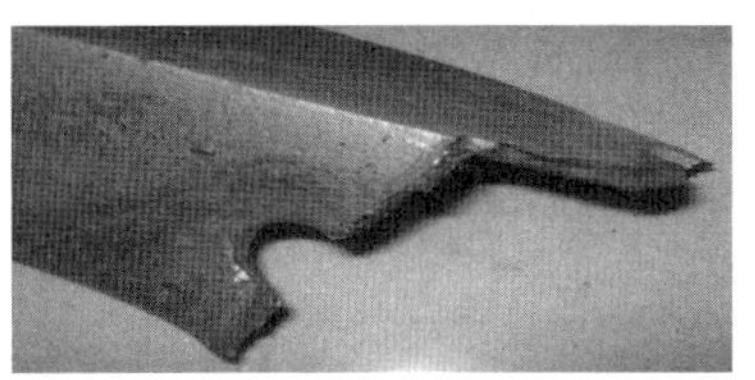
图1-6-2 ZBC32 207H塔材断口宏观照片

1.6.2.2 化学元素分析

对塔材编号207H、202H、262H、206H样品进行化学成分分析，分析结果见表1-6-1。

表1-6-1 样品化学成分分析结果

编号	C	Si	Mn	S	P
塔材编号:207H	0.162	0.156	0.537	0.041	0.026
塔材编号:202H	0.186	0.159	0.583	0.032	0.021
塔材编号:262H	0.200	0.184	0.546	0.045	0.039
塔材编号:206H	0.166	0.215	0.484	0.042	0.016
GB/T 1591—94 Q345A	≤0.20	≤0.55	1.00～1.60	≤0.045	≤0.045

试样元素成分与GB/T 1591—94《低合金高强度结构钢》中Q345钢的元素不符。检验过程按GB/T 14203—1993《钢铁及合金光电发射光谱分析法通则》进行。

1.6.2.3 拉伸试验

对塔材编号207H、202H、262H、206H样品进行拉伸试验，试验结果见表1-6-2。

表1-6-2 试样拉伸试验结果

编号	屈服强度/MPa	断裂强度/MPa	伸长率/%
塔材编号 207H	291.3	416.7	30.6
塔材编号:202H	300.3	420.5	29.6
塔材编号:262H	292.5	417.8	30.2
塔材编号:206H	295.6	418.2	30.1

试验结果不符合GB/T 1591—2008《低合金高强度结构钢》对Q345钢的要求。试验过程按GB/T 228—2002《金属材料 室温拉伸试验方法》进行。

1.6.2.4 弯曲试验

对2个样进行弯曲试验，试验结果见表1-6-3。

表 1-6-3 取样弯曲试验结果

编号	弯曲面裂纹长度/mm	弯曲试验结果	GB/T 1591—2008 标准 180°弯曲试验结果
塔材编号 207H	无	合格	不得有裂纹
塔材编号 202H	无	合格	
塔材编号 262H	无	合格	
塔材编号 206H	无	合格	

1.6.3 失效原因分析

塔材编号:207H、202H、262H、206H 塔材角钢试样的抗拉强度低于 GB/T 1591—94《低合金高强度结构钢》中 Q345A 要求。化学元素不满足 GB/T 1591—94《低合金高强度结构钢》对 Q345A 的要求。造成该线路 N43 铁塔在施工中倒塔的原因是:制造厂以 Q235 材料代替 Q345A 的设计材料,由于 Q235 强度远低于 Q345A,造成铁塔强度不足,在风载荷、施工应力的共同作用下,铁塔因强度不足而倒塔。

1.7 区域性大风导致某 110kV 线路 17#塔倒塔

1.7.1 案例概况

线路基本情况:铁塔型号为 ZM14 型,呼称高为 24m;导、地线型号为 LGJ-150/25、GJ-35;设计气象条件为风速 25m/s。

事故情况:2006 年 4 月 8 日气象条件突变,该线路 15#、16#、17#、18#、19# 铁塔在离地面 3m 处折断。15#、16#、18#、19# 塔折断处塔材均为弯折变形。17# 塔 A、B、D 腿折断处塔材均为弯折变形,17# 塔 C 腿折断处有 2 个断口。

事故时气象条件:雷暴雨夹杂冰雹,风向为西北偏西,雷暴方向为西北到东北,属强对流天气。现场目击,香蕉林成片吹倒,公路边的树有折断,部分低压电杆倒塌。

1.7.2 检查、检验、检测

1.7.2.1 宏观检测

对该线 17# 塔断塔 C 腿断裂部位进行宏观检查,图 1-7-1、图 1-7-2 中 A、B 两个断口均发生在螺栓孔的直角上,断口部位有明显颈缩现象,另一直角边发生严重的弯曲变形,属过载断裂断口。断裂塔材设计材料为 Q235C。

1.7.2.2 外形尺寸检测

对 17# 塔断塔 C 腿断裂部位塔材进行外形尺寸检测,其最小处尺寸为 75.1mm×75mm×6.1mm,符合 75mm×75mm×6mm 的设计要求。

1.7.2.3 化学元素分析

对 17# 塔断塔 C 腿断裂部位按 GB/T 14203—1993《钢铁及合金光电发射光谱分析法

图 1-7-1 C 腿断裂部位宏观照片

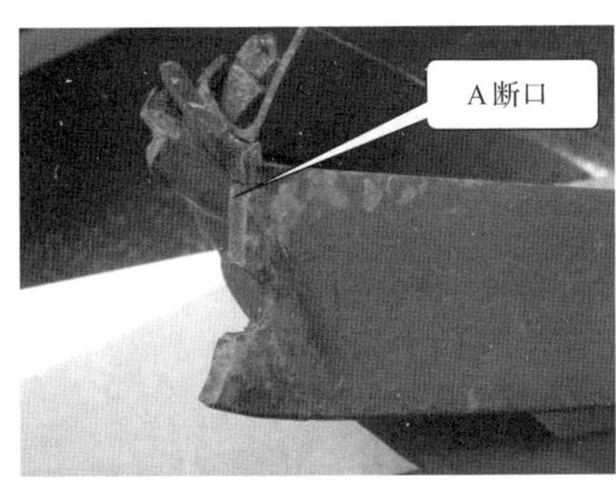

图 1-7-2 C 腿断裂部位 A、B 断口局部照片

通则》进行金属化学成分分析，成分符合 Q235C 的要求。分析结果见表 1-7-1。

表 1-7-1 样品化学成分分析结果

编号	C	Si	Mn	S	P
17＃塔 C 腿来样	0.1122	0.2531	0.4837	0.0229	0.0418
GB 700—2006	≤0.17	≤0.35	≤1.4	≤0.040	≤0.040

1.7.2.4 拉伸、弯曲试验

对 17＃塔断塔 C 腿断裂部位按 GB/T 228—2002《金属材料 室温拉伸试验方法》进行拉伸试验，试样拉伸试验结果符合 Q235C 要求，对 17＃塔 C 腿断裂部位进行弯曲试验，试验结果合格。

1.7.3 失效原因分析

经对 17＃塔断塔 C 腿断裂部位进行宏观检查、外形尺寸检测、金属化学成分分析、室温拉伸试验、弯曲试验，检验结果符合 Q235 设计材质的各项指标要求。造成 17＃塔断塔 C 腿

断裂的原因是:局部极端气候超过设计气候,导致 17#塔 C 腿因过载断裂。

1.8 雷雨天气导致某 110kV 线路 22#塔过载倒塔

1.8.1 案例概况

2016 年 4 月 29 日 14 时 45 分左右,线路区域突发九级烈风(21.5m/s)、雷雨天气。14 时 49 分,某 110kV 线路 174 断路器跳闸,造成某 110kV 变电站全站失压。经勘查,某 110kV 线路 22#塔第 7 号段塔身主材折损导致塔头着地、基础完好;该 110kV 线路 23#直线塔绝缘子串偏移,塔头顺时针偏转。铁塔倾倒现场见图 1-8-1。

图 1-8-1　某 110kV 线路 22#铁塔倾倒现场

线路于 2002 年 12 月 13 日投运,设计气象条件:某省Ⅰ级气象区(C=5mm,V=25m/s),导线型号为LGJ-185/25,地线型号为 GJX-35。根据当地气象站提供的气象资料,2016 年 4 月 29 日14 时 45 分该区域突发 9 级烈风,离地 10m 高最大风速为 21.5m/s,雨,降水量为 0.7mm。事故线路所在区域为开阔空旷地带,按风速修正系数 1.3,得到铁塔倾倒处离地 10m 高的最大风速为 27.9m/s,经折算得到离地 15m 高最大风速为 29.8m/s。

1.8.2 检查、检验、检测

1.8.2.1 A、B 腿断口附近塔材质量检测

分别对 A、B 腿断口附近塔材抽样进行外形尺寸检测,结果符合 GB/T 706—1988 要求。分别对 A、B 腿断口附近塔材抽样进行化学成分、金相、拉伸、冲击、弯曲检测,结果符合 GB/T 700—1988《碳素结构钢》要求。分别对 A、B 腿制孔内壁进行磁粉检测,检测结果合格。

1.8.2.2　宏观检测

A 腿上撕裂的断口人字花样指向螺栓孔，表明断裂是从螺栓孔开始。螺栓孔部位角钢受拉弯折明显，断口旁边的一个螺栓孔被拉成椭圆形，螺栓孔尺寸 20.32mm×16.70mm，表明塔材开裂时受到较大的弯折应力。见图 1-8-2、图 1-8-3。

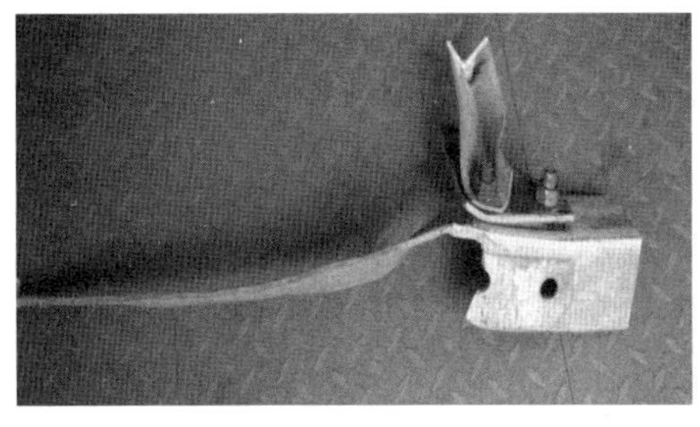

图 1-8-2　A 腿断裂宏观照片

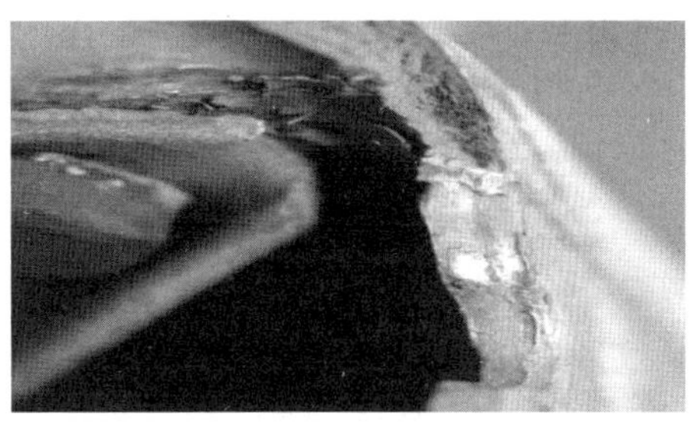

图 1-8-3　A 腿断裂局部宏观照片

B 腿上断口断裂特征与 A 腿不同，B 腿断口上无明显的人字纹，根据塔材撕裂的形态，该塔材开裂方式为从图中左侧开始，向右侧撕裂，从断口判断，裂纹源已位于来样之外。见图 1-8-4、图 1-8-5。

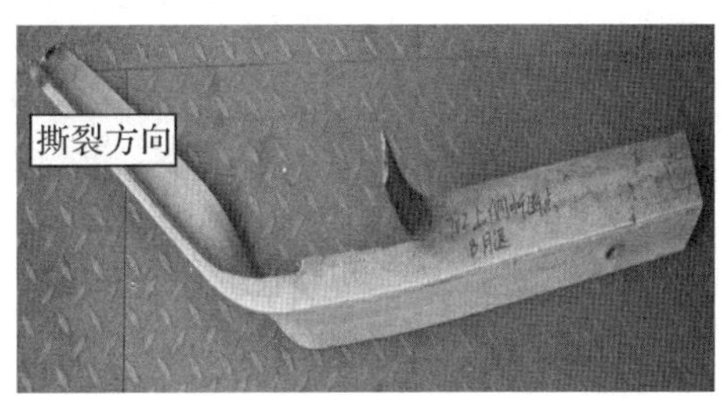

图 1-8-4　B 腿断裂部位宏观照片

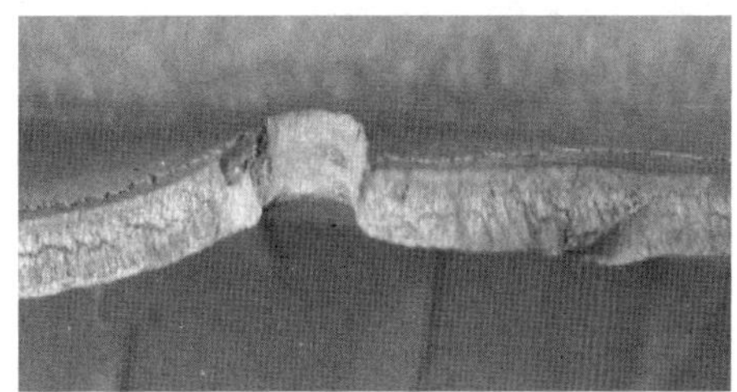

图 1-8-5　B 腿断裂部位局部宏观照片

1.8.3　失效原因分析

从宏观形态看，塔材断裂时受较大的拉应力，A 腿为从螺栓孔弯折拉裂，B 腿为撕裂，A 腿和 B 腿开裂螺栓孔周围做磁粉检测，未见表面裂纹显示。A、B 腿的化学成分符合标准要求，两组塔材的抗拉强度和屈服强度均符合标准要求。综合上述分析：由于区域性雷雨大风，导致 A、B 腿塔材因为过载断裂。

1.9　运维不当导致某 35kV 线路 45＃塔倒塔

1.9.1　案例概况

线路共计 70 基塔，线路全长 22.9km。线路导线采用 LGJ-95/30 钢芯铝绞线；地线采用 GJ-35 镀锌钢绞线。该线路于 2011 年 9 月建成投运。2015 年 7 月 23 日 15 时 45 分

35kV 德钦中心变 35kV 阿德 T 线 313 断路器发瞬时电流速断信号跳闸。

2015 年 7 月 23 日 15 时 54 分，供电局输电管理所接到该 35kV 线跳闸通知后，立刻组织相关人员对该线路跳闸信息及线路运行情况进行分析，同时派出 7 个人两辆车对线路展开了故障巡视，2015 年 7 月 23 日 16 时 5 分因突降暴雨无法开展巡视工作，7 月 24 日 7 时 35 分巡视小组继续开展了该 35kV 线路故障巡视，7 月 24 日 12 时 35 分在巡视到归永坡区段时发现 45＃塔倒塔。见图 1-9-1。

图 1-9-1　倒塔现场宏观照片

气象区(设计风速)：云南Ⅱ级区，电线覆冰 10mm，最大风速 30m/s。据运行人员介绍，7 月 23 日线路附近为雷雨大风天气。

35kV 线路 45＃塔为直线猫头塔，海拔为 2360m，45＃塔位于山顶，45＃塔塔型为 ZMT3。44＃、46＃为耐张塔，大号侧档距 746m，小号侧档距 178m，呼称高为 18.5m。经勘测，45＃塔在距离基础 9m 处的位置被折断。

1.9.2　检查、检验、检测

1.9.2.1　宏观检测

依据设计图纸的划分，45＃塔从上往下共分成 6 段，本次铁塔折断部位为第 4 段。

1)将现有塔材按每一段进行分拣(见图 1-9-2)。经检查，少部分辅材有断裂、变形，大部分辅材变形和开裂不明显。对变形、断裂的辅材进行尺寸测量，符合设计要求。

断裂和变形主要是第 4 段的 4 根主材，其中 1 根主材被拉断，3 根扭曲变形。

因 4 根主材为铁塔的主要承力部件，在本次事件中损坏和变形也最严重，另据抢修人员介绍，在拆除铁塔的过程中，并未发现铁塔有缺件的情况，因此先对 4 根主材进行分析。

4 根变形的主材按图纸上编号分别为 401(2 段同编号，本次分析分别编为 401-1，401-2)、402、403，主材规格 80mm×6mm，材料为 16Mn。

2)主材的松动和磨损情况:主材和连板之间通过螺栓相连,经检查,发现在 401-1 的下端和 402 的上端连板和塔材的连接螺栓有松动,在螺栓孔周围、螺栓、连板和塔材部位均有明显的陈旧磨损痕迹。

其余连接部位的螺栓未发现明显松动,拆下螺栓后也未发现塔材、连板和螺栓上有明显的磨损痕迹。

3)塔材断口、变形分析:403 沿塔材中段螺栓孔处断裂,断口周围被塑性拉长,未观察到机械损伤,整个断口呈过载拉断特征。

其余 3 件主材弯曲变形,在变形部位未发现机械损伤痕迹,整体也呈过载变形特征。

见图 1-9-2 至图 1-9-18。

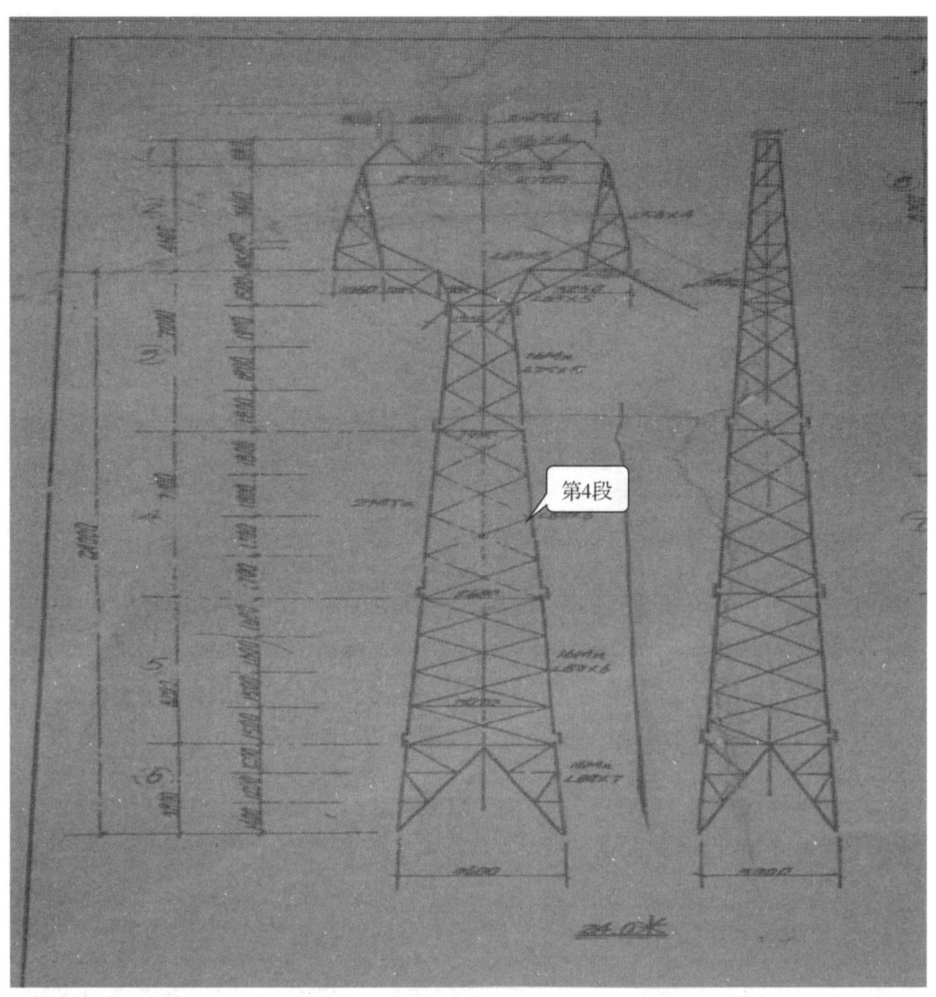

图 1-9-2　45#塔设计图纸

图 1-9-3　按各段分拣后的塔材

图 1-9-4　401-1，塔材变形

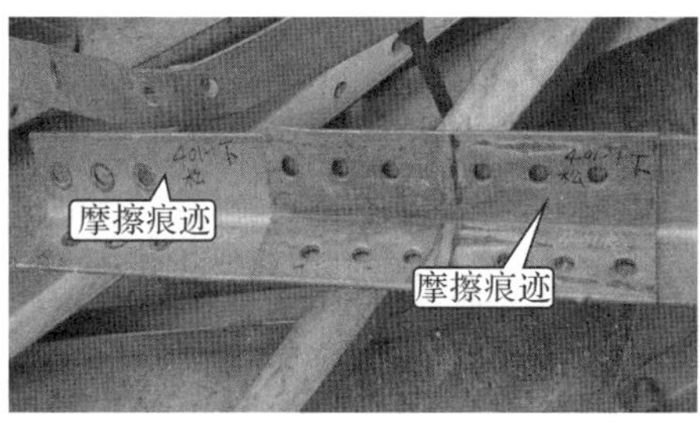

（主材与连板之间的螺栓较松，取下螺栓后螺栓孔周围和连板上均有明显的磨损）

图 1-9-5　401-1 下端

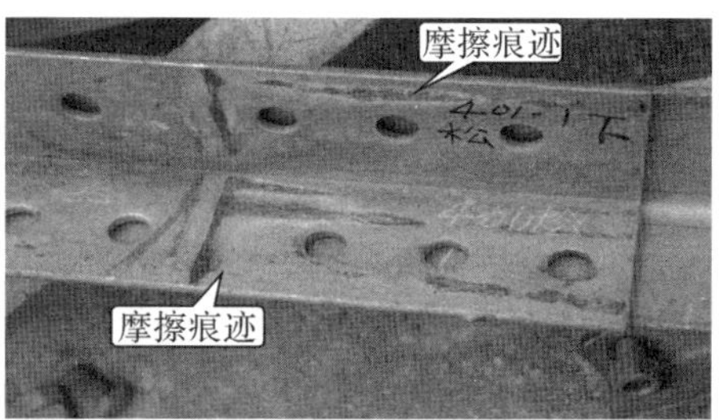

图 1-9-6　401-1 下端，连板表面有陈旧的摩擦痕迹

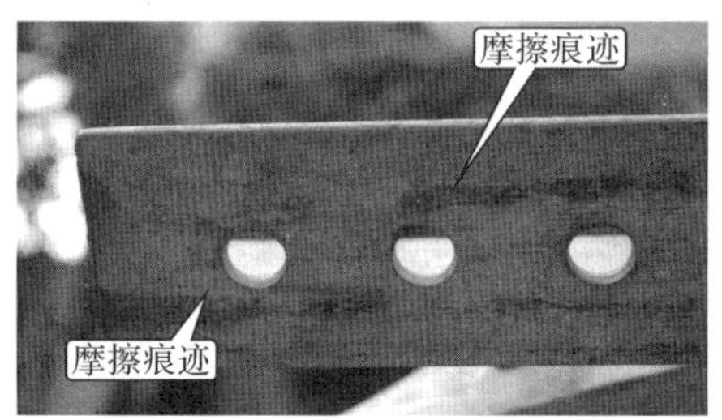

图 1-9-7　401-1 下端，塔材背部与连板摩擦的痕迹

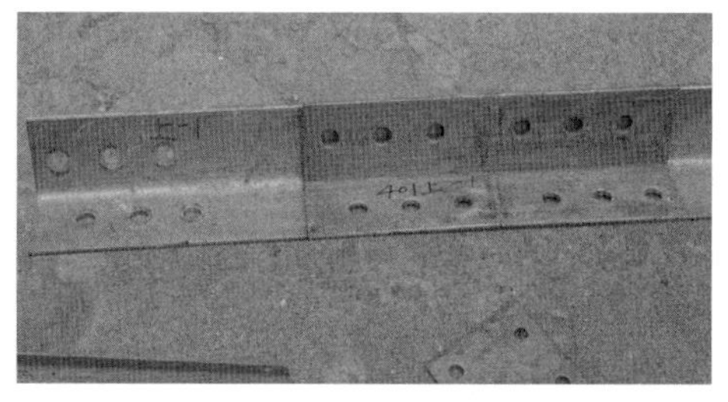

图 1-9-8　401-1 上端，螺栓安装较紧，螺栓孔和连板、塔材上均无明显的磨损

图 1-9-9　401-2 塔材弯曲成 U 形，未断裂

图 1-9-10　401-2 塔材与连板之间连接螺栓较紧，螺栓孔、塔材、连板上均无明显磨损

图 1-9-11　402，中部弯曲，未断裂

图 1-9-12　塔材与连板之间连接螺栓较紧，螺栓孔、塔材、连板上均无明显磨损

图 1-9-13　403，中部断裂

图 1-9-14　403，中部断裂

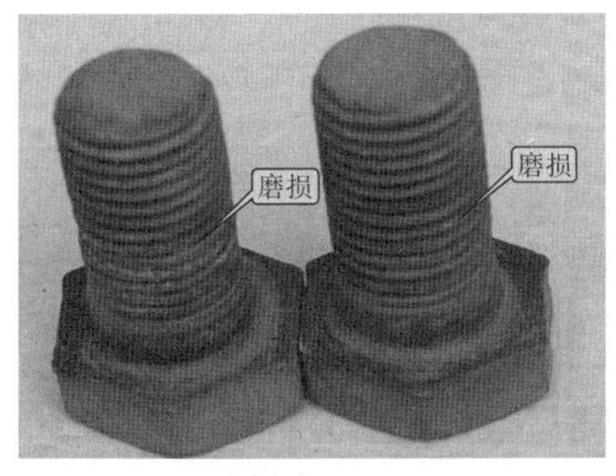

图 1-9-15　401-1 下端螺栓，螺栓有磨损

图 1-9-16　401-2 上端螺栓，螺栓无磨损

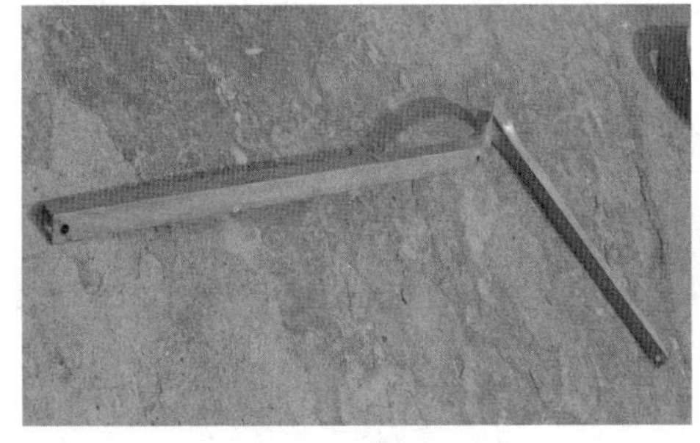

图 1-9-17　辅材 410，中部弯曲，取样做力学性能和成分分析

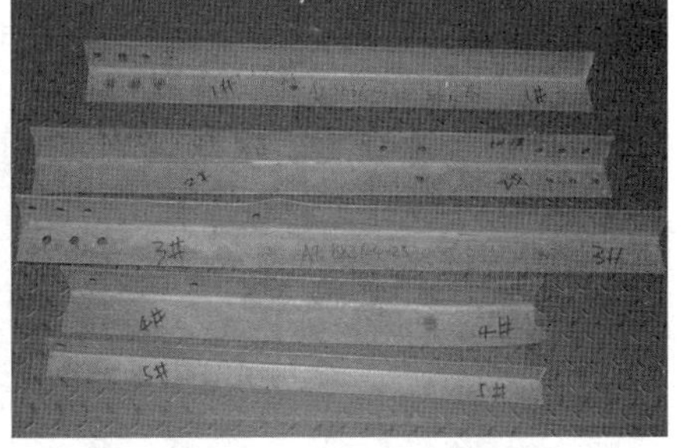

图 1-9-18　取样进行力学和化学成分分析的塔材

1.9.2.2　外形尺寸检测

对五件塔材测量外形尺寸，实测尺寸基本与设计相符。

1.9.2.3 化学成分

采用电火花发射光谱法对塔材进行材质检验:401、402、403 成分符合 GB/T 1591—2008《低合金高强度结构钢》对 Q345 钢的元素规定。410 成分符合 GB/T 700—2006《碳素结构钢》中对 Q235 钢的元素规定。检验结果与设计相符。

1.9.2.4 力学性能

对 5 件塔材每件加工两个试样进行力学试验,5 件塔材的抗拉强度、下屈服强度、断后伸长率均符合 GB/T 1591—2008《低合金高强度结构钢》和 410 成分符合 GB/T 700—2006《碳素结构钢》中分别对 Q345 和 Q235 钢的要求。检验结果与设计相符。

1.9.3 失效原因分析

造成本次铁塔倒塌的原因是 7 月 23 日为雷雨大风天气,在大风作用下 45#塔承受了较大的应力,加上 45#塔大号侧的档距较大以及部分塔材在长年的风吹作用下发生松动,改变了铁塔整体的受力,在这三个因素综合作用下,铁塔从薄弱部位被拉断。

1.10 螺栓制造质量差导致某 10kV 线路 18 号杆分段螺栓在施工过程中断裂

1.10.1 案例概况

2017 年 4 月 24 日,某 10kV 线路 18 号杆在施工放线过程中,由于电杆倾斜至与地面成 30°夹角,造成电杆法兰螺栓损坏(见图 1-10-1)。

图 1-10-1 18 号杆倒杆及螺栓损坏现场宏观照片

来样为某 10kV 线路 18 号杆法兰盘处断裂的 6 件螺栓实物和 1 件比对用的新螺栓，螺栓型号为 Z8.8 级 M22 螺栓。由于螺栓未标注具体安装位置，根据试验需要将 18 号杆法兰盘处断裂的 6 件螺栓实物随机编号为 1～6 号，将对比用的螺栓编为 7 号，见图 1-10-2。

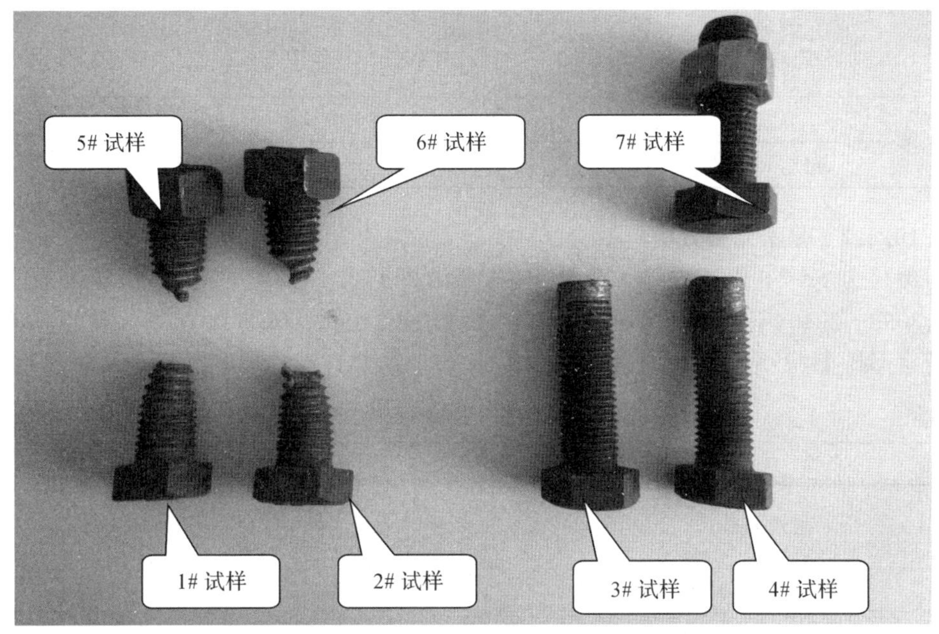

图 1-10-2　试样编号图

1.10.2　检查、检验、检测

1.10.2.1　宏观检测

对编号为 1～6 的 18 号杆损坏螺栓进行宏观检测，外观尺寸测量结果不合格，主要问题为：3、4＃螺栓出现滑丝，1、2、5、6＃螺栓出现颈缩断裂损坏。对编号为 7＃的螺栓进行宏观检测，检测结果合格。宏观检测结果见表 1-10-1。

表 1-10-1　1～7 号螺栓宏观检测结果

项目		设计螺纹外径/mm	最大螺纹外径/mm	最小螺纹外径/mm	断裂位置/mm	滑丝长度/mm	结论
标准值及允许偏差		未提供	未提供	未提供	无	无	
1＃	测量值	22	21.13	14.06	53.98	无	不合格
	超差 max 值	—	—	—	53.98	无	
2＃	测量值	22	20.48	15.44	52.89	无	不合格
	超差 max 值	—	—	—	53.98	无	
3＃	测量值	22	21.56	21.56	84.1	16.31	不合格
	超差 max 值	—	—	—	无	16.31	

续表

4＃	测量值	22	26.6	26.6	85.9	15.2	不合格
	超差 max 值	—	—	—	无	15.2	
5＃	测量值	22	20.98	14.6	52.3	无	不合格
	超差 max 值	—	—	—	无	无	
6＃	测量值	22	20.99	14.6	51.9	无	不合格
	超差 max 值	—	—	—	无	无	

1.10.2.2 化学元素分析

对编号为1～7＃螺栓进行成分检测，检测结果见表1-10-2。1～6＃螺栓含碳量低于GB/T 3098—2010《坚固件机械性能　螺栓、螺钉和螺柱》对Z8.8级M22的要求；7＃螺栓成分符合GB/T 3098—2010《坚固件机械性能　螺栓、螺钉和螺柱》对Z8.8级M22的要求。

表1-10-2　螺栓成分检测结果

编号	名称	型号	部位	材质	C	P	S	B
标准要求				8.8	0.25≤C≤0.55	≤0.025	≤0.025	≤0.003
1＃	螺栓	M22	端头	8.8	0.07	0.025	0.017	—
2＃	螺栓	M22	端头	8.8	0.06	0.025	0.018	—
3＃	螺栓	M22	端头	8.8	0.08	0.018	0.023	—
4＃	螺栓	M22	端头	8.8	0.07	0.024	0.019	—
5＃	螺栓	M22	端头	8.8	0.06	0.025	0.016	—
6＃	螺栓	M22	端头	8.8	0.06	0.025	0.016	—
7＃	螺栓	M22	端头	8.8	0.26	0.024	0.012	0.002

1.10.2.3 硬度检测

采用布洛维硬度仪对编号为1～7＃螺栓进行洛氏硬度检测。检测结果见表1-10-3，1～6＃螺栓检测结果不符合GB/T 3098.1—2010《紧固件机械性能螺栓、螺钉和螺柱》的规定，检测结果不合格。7＃螺栓检测结果符合GB/T 3098.1—2010《紧固件机械性能螺栓、螺钉和螺柱》的规定，检测结果合格。

表1-10-3　螺栓硬度检测结果统计表

编号	名称	型号	部位	材质	HRC第一次	HRC第一次	HRC第一次	平均HRC
标准要求				8.8	d>16mm 23≤HRC≤34			
1＃	螺栓	M22	端头	8.8	9.8	14.6	13.5	12.6
2＃	螺栓	M22	端头	8.8	16.2	15.1	13.4	14.9
3＃	螺栓	M22	端头	8.8	13.5	13.1	15.9	14.2
4＃	螺栓	M22	端头	8.8	10.3	15.4	11.7	12.5

续表

5#	螺栓	M22	端头	8.8	9.3	9.3	11	9.9
6#	螺栓	M22	端头	8.8	14.2	16.9	15.0	15.4
7#	螺栓	M22	端头	8.8	31.5	32.6	32.6	32.2

1.10.2.4 拉伸试验

对编号3#、7#来样进行拉伸试验检测，3#、7#螺栓拉伸试验后宏观照片见图1-10-3，检测结果见表1-10-4。7#来样检测结果符合GB/T 3098—2010《坚固件机械性能 螺栓、螺钉和螺柱》对Z8.8级M22的要求，3#来样检测结果不符合GB/T 3098—2010《坚固件机械性能 螺栓、螺钉和螺柱》对Z8.8级M22的要求。

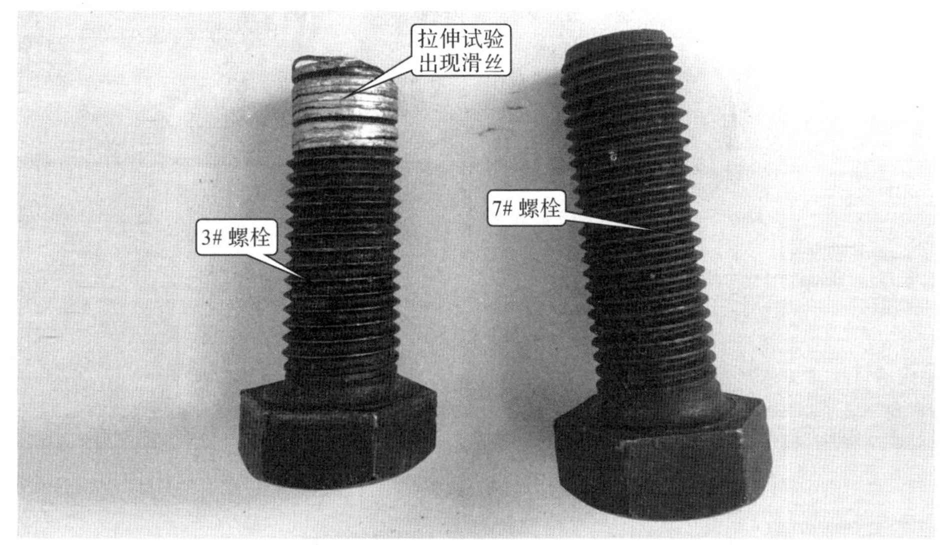

图1-10-3 3#、7#螺栓拉伸试验后宏观照片

表1-10-4 螺栓拉伸试验检测结果

编号	名称	型号	部位	材质	螺纹外直径/mm	最小拉力载荷/kN	保证载荷/kN	备注
标准要求				8.8	22	252	182	
3#	螺栓	M22	螺栓整体	8.8	21.3	153.1		滑丝，见图10
7#	螺栓	M22	螺栓整体	8.8	21.7	266.4	182	未损坏，见图10

1.10.2.5 断口分析

对6号来样断口进行宏观观察，断口由断裂起始区、断裂扩展区、最后断裂区等3部分组成。断口局部被污染，部分区域出现锈蚀。断口为塑性断口，断口部位出现颈缩现象，断口处螺纹外径仅为14.6mm，见图1-10-4。

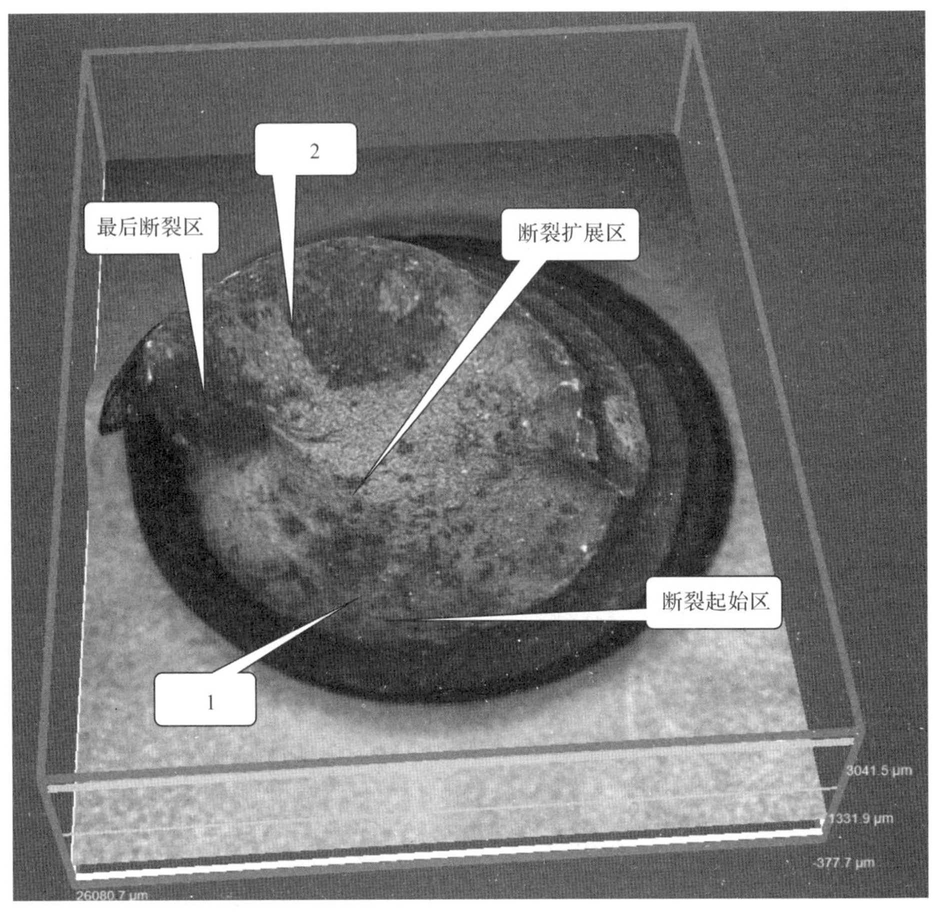

图 1-10-4　6 号图像样 3D 断口图像

1.10.2.6　金相检测

对 3 号来样进行金相组织检测，组织为铁素体＋珠光体，见图 1-10-5，金相组织正常。

图 1-10-5　3＃样金相组织图

1.10.2.7　扫描电镜及能谱分析

对 6 号来断口表面进行扫描电镜观察。分别对断裂起始区域和最后断裂区域进行观察，如图 1-10-6 和图 1-10-7 所示，断口呈塑性断裂特征。

图 1-10-6　断裂起始区域 SEM 图

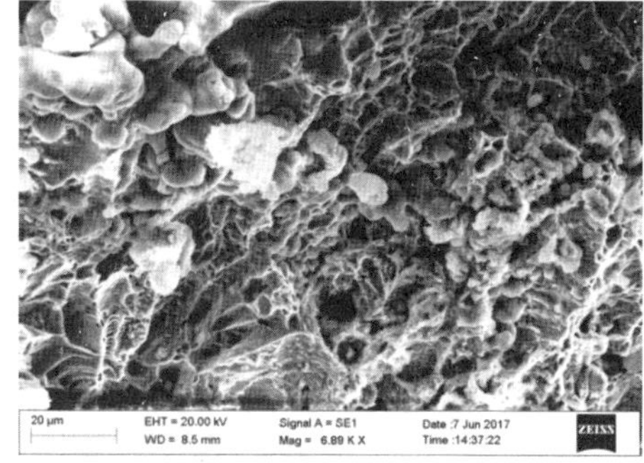

图 1-10-7　最后断裂区域 SEM 图

分别对图 1-10-8 和图 1-10-9 中所示区域进行能谱分析，断口表面大部分区域发生明显氧化，断口表面局部区域被污染，未污染和未氧化区域的含碳量低于 8.8 级螺栓的要求。见表 1-10-5、表 1-10-6。

图 1-10-8　断裂起始区域能谱示意图

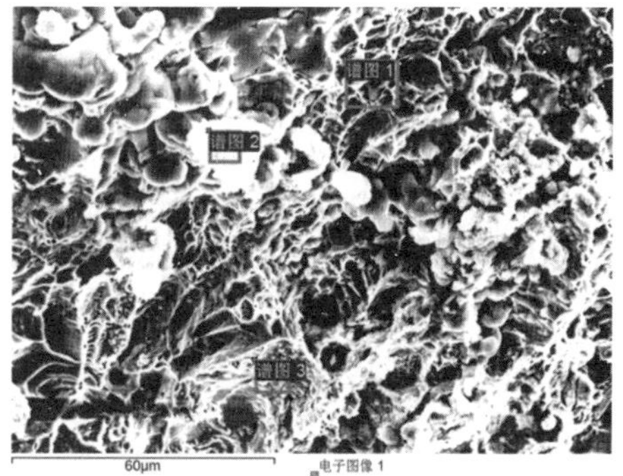

图 1-10-9　最后断裂区域能谱示意图

表 1-10-5　6 号样断裂起始区域能谱分析结果

谱图	在状态	C	O	Na	Fe	总和
谱图 1	是	18.94	11.47	2.37	67.22	100.00
谱图 2	是				100.00	100.00
谱图 3	是	14.80	12.97	2.89	69.34	100.00
最大		18.95	12.97	2.89	100.00	
最小		14.80	11.47	2.37	67.22	

表 1-10-6　6 号样最后断裂区域能谱分析结果

谱图	在状态	C	O	Al	Si	Ca	Fe	总和
谱图 1	是		10.35				89.65	100.0
谱图 2	是	26.76	41.70	3.10	4.57	5.36	18.51	100.0
谱图 3	是	9.78	7.89				82.34	100.0
最大		26.76	41.70	3.10	4.57	5.36	89.65	
最小		9.78	7.89	3.10	4.57	5.36	18.51	

1.10.3　失效原因分析

造成某供电局 10kV 线路 18 号杆施工过程中电杆倾斜时法兰盘螺栓损坏的原因为：18 号杆使用的法兰盘螺栓制造质量达不到 GB/T 3098.1.1—2010《紧固件机械性能 螺栓、螺钉和螺柱》对 Z8.8 级 M22 的要求，具体表现为：螺栓碳含量、洛氏硬度、最小拉力载荷、保证载荷低于 GB/T 3098.1.1—2010《紧固件机械性能 螺栓、螺钉和螺柱》对 Z8.8 级 M22 的要求。在 18 号杆施工过程中出现倾斜异常情况时，电杆在冲击力作用下，造成质量不合格的法兰螺栓损坏（断裂或滑丝）。对比用的 7# 螺栓各项检测指标均符合标准要求。

第2章

断路器

高压断路器是电力系统中重要的控制和保护设备，是电力系统中关合和开断负荷电流、额定电流与故障电流的最关键、也是唯一的开断元件。断路器是一个融合了机械结构和电气控制元件的组合体，它可能一年半载都不动作一次，但一有命令，则必须在很短的时间内完成相应动作。机械磨损、润滑失效、腐蚀老化等原因都可能导致断路器性能劣化，动作时间变慢或无法完全分闸将可能导致断路器保护失效或备用保护动作，磨损、部件存在制造缺陷、疲劳、机械卡塞等原因易造成断路器传动部件失效，严重的断路器拒合拒分将造成电网事故。

2.1 某变电站220kV断路器制造质量差，导致储能弹簧运行中断裂

2.1.1 案例概况

2011年1月18日，某供电局220kV 231断路器线路故障跳闸，A相重合闸不成功，经检查发现A相断路器合闸储能弹簧断裂。图2-1-1为断路器弹簧断裂现场图。

经现场检查，断裂位置为弹簧最外圈的固定簧片端口处，与端口平齐，见图2-1-1中"断裂位置B"。

图2-1-1　断路器弹簧断裂现场图

2.1.2 检查、检验、检测

对弹簧进行宏观检查、硬度试验、化学成分检测、磁粉检测、渗透检测、金相试验、电镜分析。结果如下：

1. 断裂起源于卷簧的固定簧片端口，结构上该位置应力较大。

2. 裂纹起源于外壁，自外壁向内壁和两端发展，为单一裂纹源断裂，断口上裂纹扩展区可以看到众多明显的裂纹，裂纹宏观照片见图 2-1-2。

图 2-1-2　裂纹②、③、④中段截面宏观照片

3. 磁粉和渗透检测发现弹簧表面存在众多的纵向裂纹，分析认为这些裂纹应在镀锌之前就已经形成，弹簧表面渗透检测宏观照片见图 2-1-3。

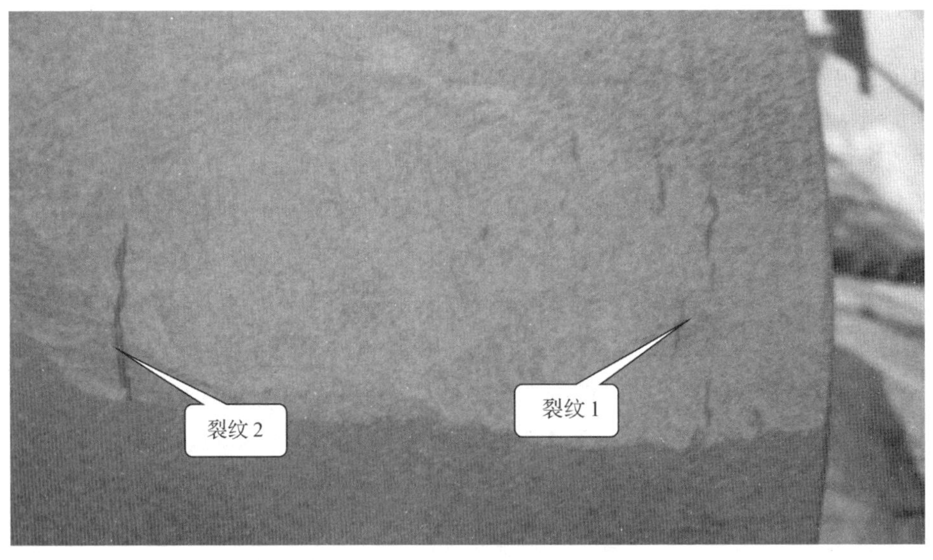

图 2-1-3　弹簧表面渗透检测宏观照片

4. 裂纹源为黑色，与光亮的断口明显不同，经能谱检测，断口中含有少量的 Zn，但同样深度的其他区域对比却无 Zn 的存在，分析认为该区域的 Zn 应为在制造过程中的电镀时渗入，因此该裂纹源应在镀锌前就已形成，裂纹源能谱分析图见图 2-1-4。

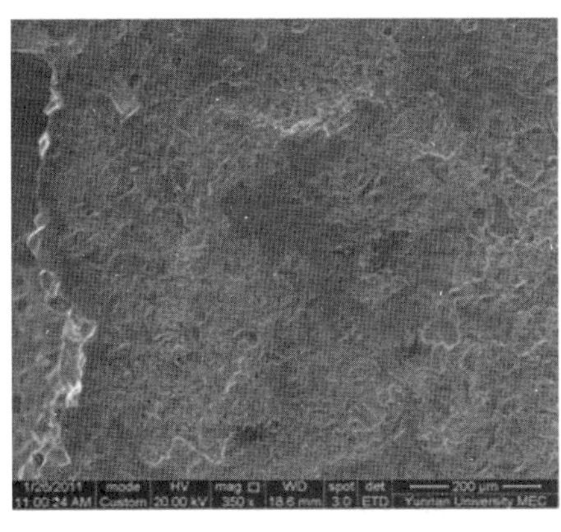

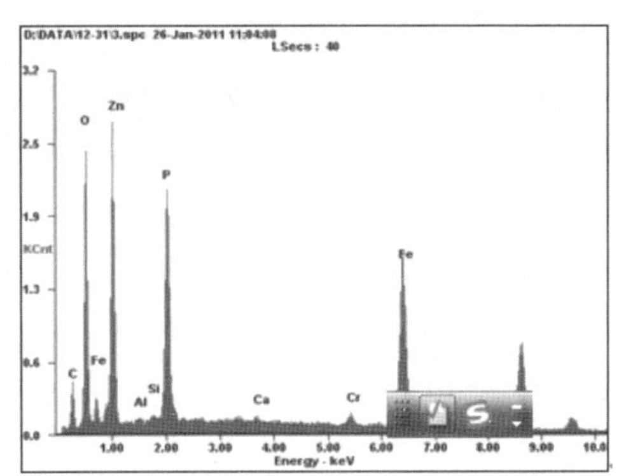

图 2-1-4 裂纹源能谱分析图

5. 图 2-1-5 为断口 SEM 图。电镜分析表明断口主要为沿晶断裂，部分区域存在晶间裂纹，晶间裂纹的存在会一定程度削弱金属的结合强度。

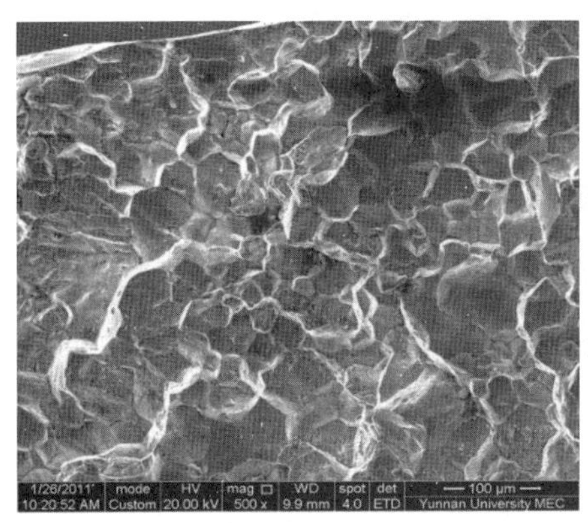

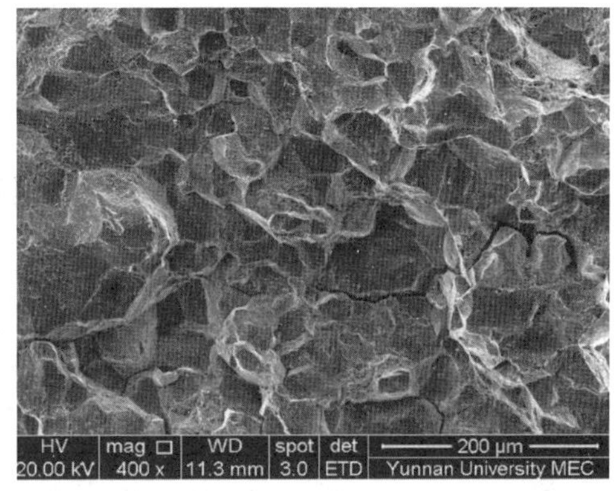

图 2-1-5 断口 SEM 图

6. 材质、硬度检测结果均符合厂家提供的图纸要求。

7. 图 2-1-6 为弹簧外壁脱碳层照片。金相检查表明弹簧外壁存在约 0.2mm 的脱碳层（包括不完全脱碳层），脱碳层的存在会在一定程度上削弱金属的抗疲劳性。

2.1.3 失效原因分析

弹簧制造质量不佳，在镀锌之前表面就已经形成了众多的裂纹，加之弹簧断裂部位的应力较大，在运行中裂纹自裂纹源处发展并最终导致弹簧断裂。

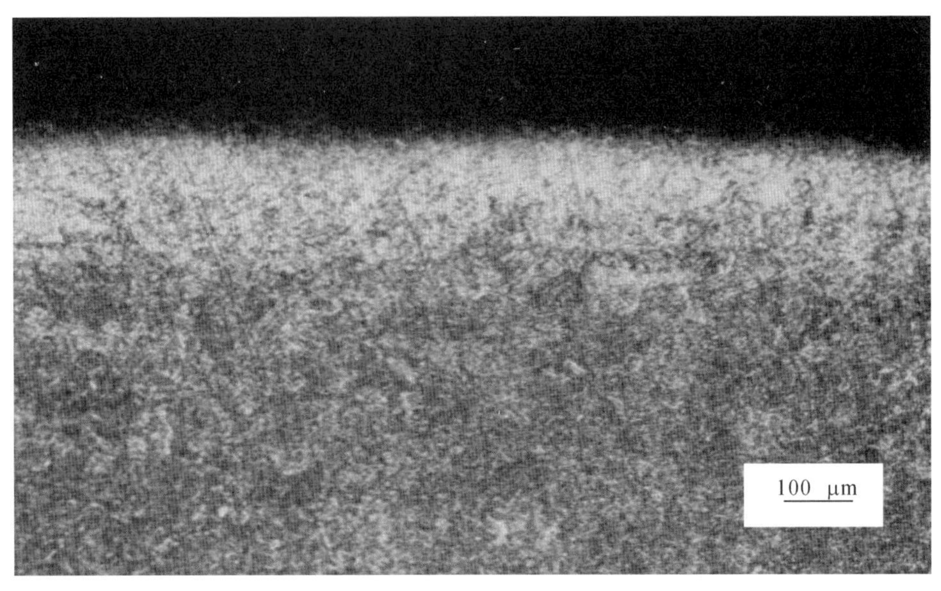

图 2-1-6　弹簧外壁脱碳层照片

2.2　某变电站 220kV 断路器弹簧安装质量差，导致断路器弹簧因摩擦断裂

2.2.1　案例概况

2013 年 4 月 3 日，某供电局 220kV 278 断路器送电的时候发生三相不一致动作，经检查发现 B 相断路器合闸储能弹簧折断、合闸线圈烧毁。

故障断路器参数如下：

型号：LTB245E1 单相操作　　　　生产序号：30107203-02

操作机构型号：BLK222　　　　生产日期：2007 年 7 月

断路器的操作次数：A 相 182 次，B 相 313 次，C 相 175 次

故障的断路器弹簧如图 2-2-1 所示。

2.2.2　检查、检验、检测

对弹簧进行宏观检查、硬度试验、化学成分检测、磁粉检测、渗透检测、金相试验、电镜分析。结果如下：

1. 宏观检查表明，弹簧裂纹起源于外壁，在起源处有明显的摩擦和挤压痕迹，对应的固定铜板内壁也有摩擦痕迹，说明裂纹源处的摩擦痕迹为铜板和弹簧相互摩擦所致，电镜观察未在起源处发现明显杂质，可排除因杂质导致裂纹的情况。见图 2-2-2。

弹簧断口上的多个弧形条带表明断裂经历了多次应力变化，说明断裂并非一次形成，而

图 2-2-1　断路器弹簧断裂现场图

图 2-2-2　裂纹源外壁的摩擦和挤压痕迹

是在经历多次机构动作后，逐渐发展断裂。

2. 来样弹簧的成分符合设计要求。

3. 来样弹簧的硬度符合设计要求。

4. 弹簧的金相组织正常。

5. 断口附近进行磁粉检测，未发现弹簧有表面和近表面的缺陷。

2.2.3　失效原因分析

由于弹簧和铜板相互摩擦挤压，在机构多次动作后弹簧表面产生微小缺陷，该缺陷发展而导致断裂。

2.3 制造残留物导致某220kV断路器C相绝缘拉杆运行中损坏

2.3.1 案例概况

2015年3月，某供电局220kV断路器C相绝缘拉杆（厂家编号：02011IC0013）距低电位端281mm处存在一圆形放电痕迹，见图2-3-1。

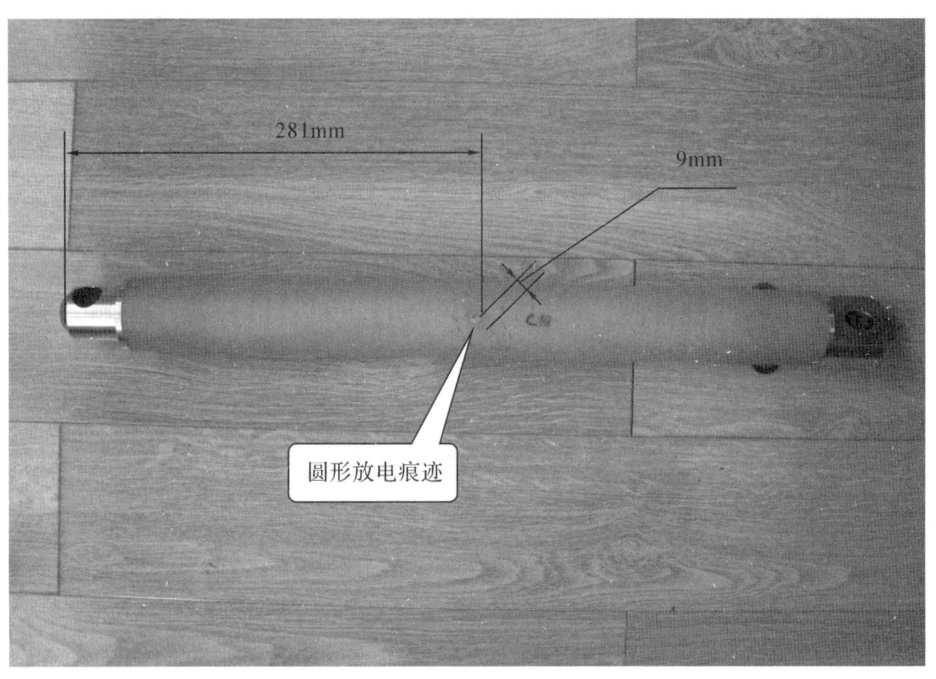

图2-3-1 C相绝缘拉杆宏观照片

2.3.2 检查、检验、检测

对C相绝缘拉杆进行宏观检查、数字X射线检测、强光照射检查、体式显微镜检查、化学成分检测、电镜分析、异物磁性检查。结果如下：

1. 强光照射分析

将绝缘拉杆放在最高亮度为100000Cd/m^{2}的观片灯上观察，绝缘拉杆局部透光不均匀，有2处异常痕迹。1处为近似圆形的放电痕迹，放电痕迹最大处直径为9mm；1处为内部放电痕迹，痕迹最长处为50mm，最宽处为10mm，见图2-3-2。

2. 微观形貌分析

将绝缘拉杆圆形放电痕迹部位放在体式显微镜上进行6.5～50倍的微观分析，发现圆

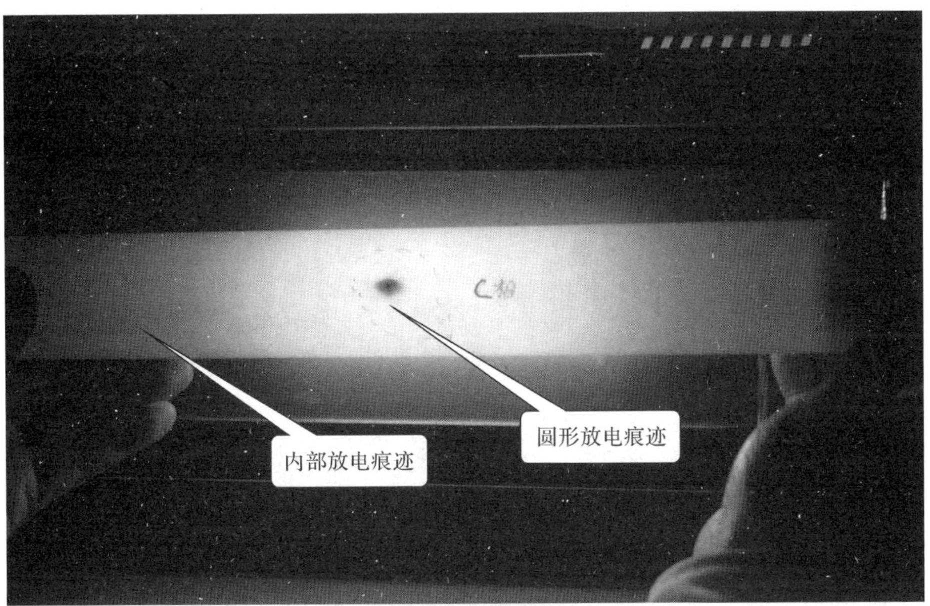

图 2-3-2　C 相绝缘拉杆强光照射宏观照片

形放电痕迹中心为一直径约 0.55mm 的烧穿孔，孔周围有放射状裂纹，裂纹最长为 3.3mm，见图 2-3-3。

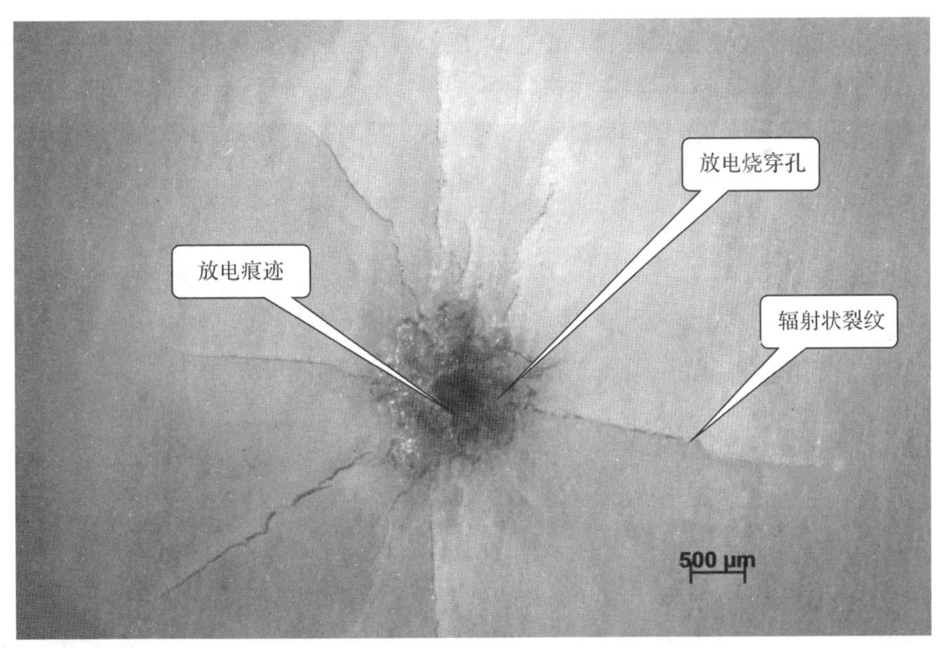

图 2-3-3　C 相绝缘拉杆放电痕迹照片

3. 内壁检查

将绝缘拉杆沿放电烧穿孔附近截为两段，发现绝缘拉杆内有异物。见图 2-3-4。

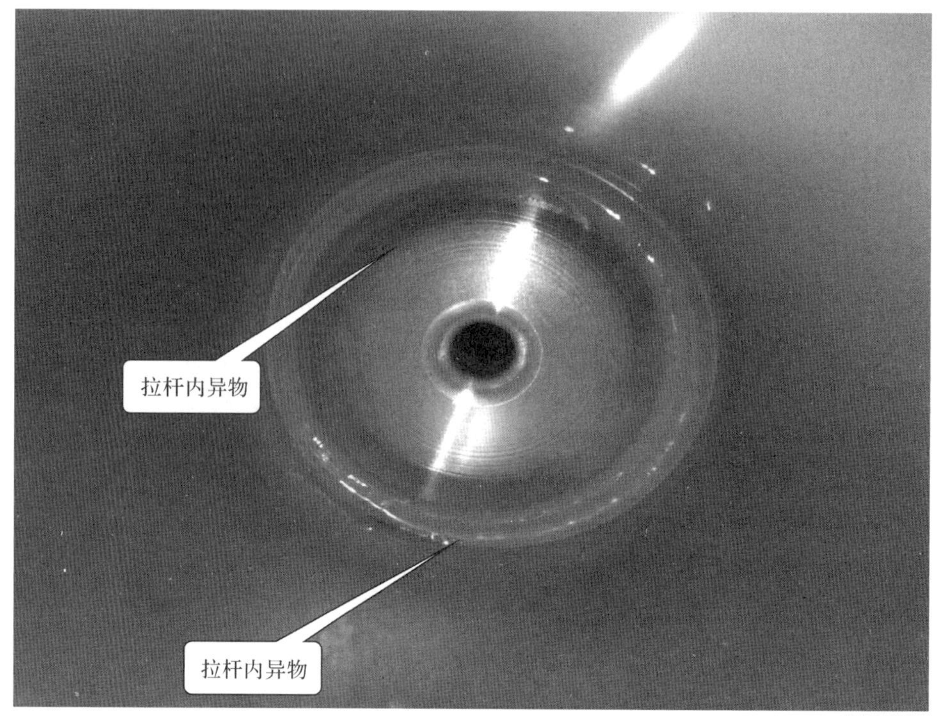

图 2-3-4　C 相绝缘拉杆内异物照片

4. 异物磁性检查

将绝缘拉杆内异物放在一张 A4 纸上，用磁铁在 A4 纸下对异物进行磁性和非磁性分选，可把异物分为磁性异物、非磁性异物两类，见图 2-3-5。

图 2-3-5　C 相绝缘拉杆内磁性异物和非磁性异物宏观照片

2.3.3 失效原因分析

制造时残留于C相绝缘拉杆的磁性及非磁性金属颗粒，在电磁场作用下，断路器绝缘拉杆内的磁性金属颗粒移动或聚集，造成C相绝缘拉杆短路放电，在距低电位端281mm处造成一放电烧穿孔，烧穿孔直径约0.55mm，烧穿孔周围有放射状裂纹，裂纹最长为3.3mm，放电痕迹直径为9mm。低电位端内壁有长50mm、宽为10mm的放电痕迹。

2.4 错用材料导致某110kV线151断路器拉杆运行中断裂

2.4.1 案例概况

2014年2月21日某110kV开关站现场运行人员在监盘时发现某110kV线151断路器A相电流为0，随即变电管理所组织检修人员赶至现场进行检查，发现某110kV线151断路器间隔A相拉杆断裂，如图2-4-1所示。二次保护动作情况正常。

某110kV线151断路器设备概况：

1. 某110kV线151断路器于2005年投运；
2. 某110kV线151断路器2013年4月23日为最近一次操作时间；
3. 某110kV线151断路器2012年1月为最近一次定检时间；
4. 某110kV线151断路器2010年1月1日A相拉杆断裂，当时现场采用的临时处理措施是：使用110kV母联断路器拉杆替代。

图2-4-1 断裂拉杆现场照片

从现场照片中可以看出，某110kV线151断路器拉杆断裂发生在A相拉杆的销子孔位置，断裂时飞出一块面积约为$28\times25\text{mm}^2$的铝片，断裂发生后，A相拉杆与销子完全分离。

断路器在A相下方设计了缓冲器，缓冲器内设置有弹簧，在合闸时，弹簧处于压缩状态，此时，弹簧对A相拉杆有向下的拉力。

发生断裂的拉杆规格：40mm×20mm×3.5mm；材质：LC4(GB/T 3190—2008新的牌

号为 7A04)。

断路器型号:LW36-126。

生产厂家:某高压电器研究所电器制造厂。

2.4.2 检查、检验、检测

2.4.2.1 宏观检测

对发生断裂的 A 相拉杆进行宏观检验,图 2-4-2 所示为断裂拉杆取下后复原形貌。图 2-4-3 为断口形貌照片。从照片中可以看出,断口呈脆性,且在分离铝块的断口一侧可以明显看到有一条疑似裂纹的条纹,该条纹在断口的两侧均存在。该条纹在体视显微镜下更明显,如图 2-4-4 所示。

图 2-4-2 断裂拉杆取下后复原形貌

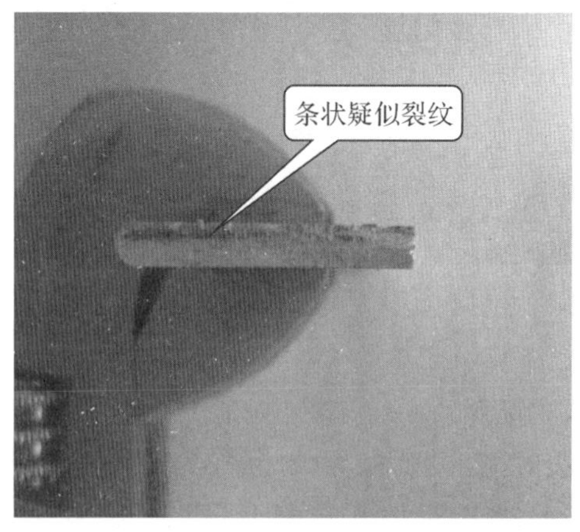

图 2-4-3 断口形貌照片

图 2-4-4 断口体视显微镜下形貌

2.4.2.2 电镜检测

对断口宏观检验存在疑似裂纹部位进行电镜能谱分析，分析部位见图 2-4-5，图中谱图 1 部位、谱图 2 部位为疑似裂纹部位，谱图 3 为正常断口部位。

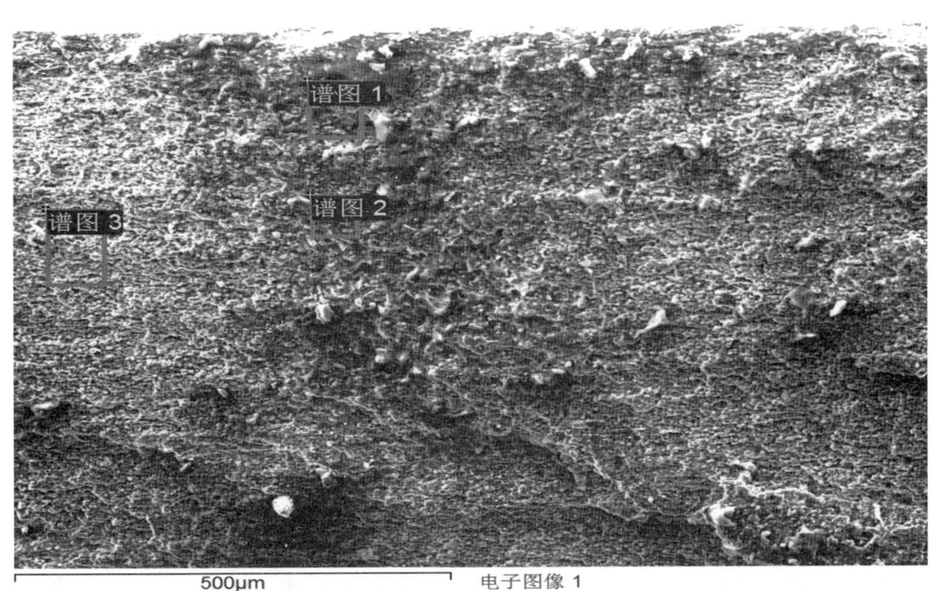

图 2-4-5 能谱分析部位图

图 2-4-5 中 1～3 部位的能谱分析结果见表 2-4-1。

表 2-4-1　断口疑似裂纹部位能谱分析结果　（单位：%）

元素	图谱 1 部位		图谱 2 部位		图谱 3 部位	
	重量百分比	原子百分比	重量百分比	原子百分比	重量百分比	原子百分比
Na	0.75	0.48	1.19	0.77	—	—
Mg	0.44	0.27	0.41	0.25	0.83	0.57
Si	0.31	0.16	0.19	0.1	—	—
S	0.35	0.16	0.32	0.15	—	—
Cl	0.54	0.22	0.86	0.36	—	—
K	0.36	0.14	0.53	0.2	0.16	0.07
Ca	0.39	0.14	0.41	0.15	—	—
Mn	0.15	0.04	—	—	0.22	0.07
Fe	0.42	0.11	0.41	0.11	—	—
Cu	0.3	0.07	—	—	—	—
Zn	1.24	0.28	1.21	0.28	2.01	0.51
P	—	—	0.13	0.06	0.2	0.11
Al	余量	余量	余量	余量	余量	余量

从表 2-4-1 中可以看出，断口中疑似裂纹部位 1、2 处的杂质 Na、Si、S、Ca 等元素含量明显高于正常断口部位。从电镜照片看出，疑似裂纹部位并未发现真正裂纹，但存在杂质偏析、聚集。从宏观照片及电镜分析看出，该疑似裂纹部位是在本次断裂前就存在的。

2.4.2.3　成分分析

对发生断裂的拉杆行成分分析，结果见表 2-4-2。

表 2-4-2　元素分析结果

工件编号	成分/%								
	Si	Fe	Cu	Mn	Mg	Cr	Zn	Ti	Al
断裂样	0.065	0.114	0.0041	0.441	1.81	0.1327	6.28	0.0263	
GB/T 3190—2008 标准规定（7A04 旧称 LC4）	≤0.50	≤0.50	1.4～2.0	0.20～0.60	1.8～2.8	0.10～0.25	5.0～7.0	≤0.10	余量

从成分分析的结果可以看出，发生断裂拉杆的铜含量不满足标准的要求，因此断裂拉杆实际使用的材料与设计不符合。

2.4.2.4　厚度测量

对断裂区域拉杆进行厚度测量，实测样品厚度在 3.12～3.24mm。

对断裂拉杆中部锯开后进行厚度测量，实测样品厚度在 3.02～3.22mm。

拉杆规格：40mm×20mm×3.5mm，实测最小壁厚为 3.02mm，小于规定值 3.5mm。

2.4.2.5　拉力试验

对发生断裂的拉杆，取 3 根样进行拉力试验，试验结果见表 2-4-3。

表 2-4-3　拉力试验结果

样品编号	抗拉强度/MPa	断后伸长率/%
1#	481	14.2
2#	465	12.6
3#	464	13.0
GB/T 3190—2008 标准规定(7A04 旧称 LC4)	≥530	≥5

从表 2-4-3 可以看出,所检验试样的抗拉强度均小于设计材料要求的 530MPa 的要求。

2.4.3　失效原因分析

综合上述实验结果,本次断裂拉杆存在以下问题:

1. 断裂拉杆在断口区域存在杂质偏析;
2. 断裂拉杆的壁厚在 3.0～3.22mm 范围,小于设计壁厚规定的 3.5mm;
3. 断裂拉杆成分分析结果表明,其材料与设计的 LC4 不相符;
4. 断裂拉杆的抗拉强度低于设计材料要求的 530MPa 的规定。

综合上述分析,本次断路器拉杆断裂的原因是:拉杆材料在穿销孔附近存在杂质偏析,实际使用的材料厚度小于设计壁厚,实际使用材料的成分与设计材料不相符,抗拉强度低于原设计材料。以上几个原因共同导致了拉杆的实际许用应力低于设计要求,在断路器合闸后 A 相下部缓冲器弹簧拉应力的作用下,导致拉杆在销子孔区域发生断裂。

2.5　材质和设计问题导致某 220kV 变电站某 110kV 线 162 断路器主输出连杆脱落

2.5.1　案例概况

2009 年 10 月 12 日—10 月 19 日对某供电局送检的某 110kV 线 162 断路器主输出连杆脱落原因进行分析。送检管样连接部件开裂。见图 2-5-1、图 2-5-2。

图 2-5-1　现场连杆图

图 2-5-2　开裂损坏部位

根据委托方所提供的资料，该设备是某公司生产的户外高压六氟化硫断路器，于2001年生产，于2009年10月发生连杆脱落事故。

电流互感器型号：S1-145F13131型　　　标准：IEC56

额定电压/额定频率/额定电流：145kV/50Hz/3150A

总重量：1429kg　　　出厂编号：3007721/018

出厂年月：2001年

2.5.2 检查、检验、检测

2.5.2.1 宏观分析

宏观检查情况如图2-5-3至图2-5-7所示。该操作机构由钢制的连接螺杆和铝制的连接螺母套构成。从图2-5-3可以看出，连接螺杆根部没有退刀槽，越靠近螺杆根部，其平均直径越大。从图2-5-4可以看出，铝制的连接螺母套破裂源于它的端部，呈脆性。断口较新鲜。端部至少三扣螺牙被磨削、挤压损坏，与螺母套另一端形成鲜明的对比，如图2-5-5、2-5-6所示。图2-5-7所示是现场发现的白色点状、条状物，疑是铝屑。

图2-5-3　连接螺杆根部

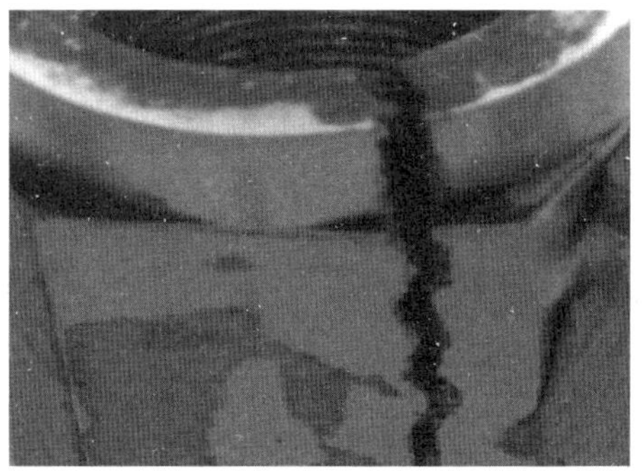

图2-5-4　连接螺母套开裂情况

图2-5-5　螺母套开裂端

图2-5-6　螺母套另一端

2.5.2.2 化学元素分析

利用Spectro定量光谱仪，按GB/T 14203—1993《钢铁及合金光电发射光谱分析法通则》对连接螺杆和按GB/T 7999—2000《铝及铝合金光电发射光谱分析方法》对开裂的连接螺母套进行元素分析。

图 2-5-7 散落铝屑

样品元素含量。

①连接螺杆(wt%):C-0.4683,Si-0.2205,Mn-0.766,P-0.0111,S-0.0157。化学成分检查结果表明,连接螺杆的材质是含锰量较高的优质碳钢(中碳钢)。

②铝制螺母套(wt%):Si-0.998,Fe-0.2867,Cu-0.0447,Mn-0.936,Mg-0.826,Al-96.6。

铝制螺母套的化学成分中含较多硅锰元素,此种成分脆性较大。

2.5.2.3 应力分析

图 2-5-8 是螺杆和螺母套咬合后扭紧的示意图,图中可看出由于扭紧力使螺母套开裂。图 2-5-9 示意螺母套在卡槽中可以左右摆动。

图 2-5-8 螺杆和螺母套咬合后扭紧

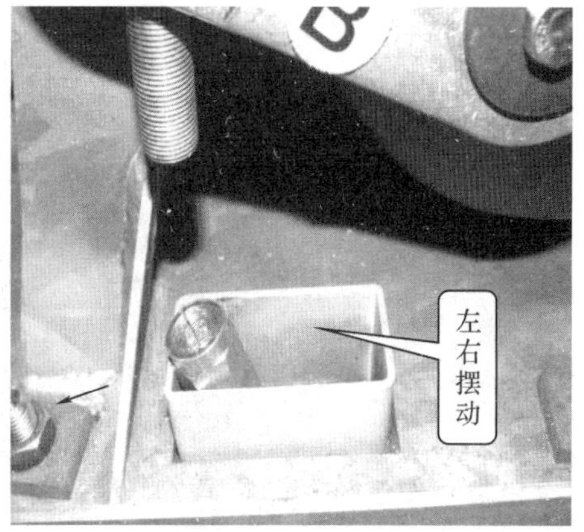

图 2-5-9 螺母套在卡槽中

2.5.3 失效原因分析

根据上述分析可以认为:

①设计选材欠妥,中碳钢制连接螺杆与铝制螺母套连接在一起,强度、硬度都不相匹配,铝制螺母套显得很单薄,强度不够。

②连接螺杆根部没有退刀槽,这里形成一个圆锥,当铝制螺母套(调节行程)调节到该位

置时，连接螺杆根部(圆锥)就像楔铁一样挤压螺母套的端部，致使螺母套的端部首先开裂，铝屑也就散落出来了。

综上所述，该部件出现开裂主要是因为材料选择不当，铝制螺母套强度不够是造成主输出连杆脱落的主要原因，操作中该连接部件已发生了严重损坏，断路器主触头只是很少接触。调节过度是引起连杆脱落的一个因素。

建议螺母套采用相同钢或不锈钢材。连接螺杆根部加工退刀槽，以防卡死。检修操作时不可用力过度，以防损坏其他部件。对相同类型断路器应该予以关注，将该部件进行更换处理。

2.6 材质问题导致某110kV变电站383断路器机构连板运行过程中断裂

2.6.1 案例概况

2015年9月22日，安装调试过程中自动化人员分合某110kV变电站383断路器过程中发生断路器机构连板断裂；2015年10月26日，工程验收分合某110kV变电站383断路器过程中断路器连板再次断裂；2015年11月8日，厂家服务人员再次到现场对某110kV变电站383断路器连板进行更换，更换后调试过程中连板再次发生断裂。投产前对该机构采取整体更换处理。某电科院金化所对连板断裂原因进行分析，断裂连板试样如图2-6-1所示。

图2-6-1 断裂连板照片

2.6.2 检查、检验、检测

2.6.2.1 渗透检测

对试样按NB/T 47013.5—2015《承压设备无损检测第5部分:渗透检测》进行渗透检测，连板表面及断裂位置周围未发现缺陷，检测结果如图2-6-2所示。

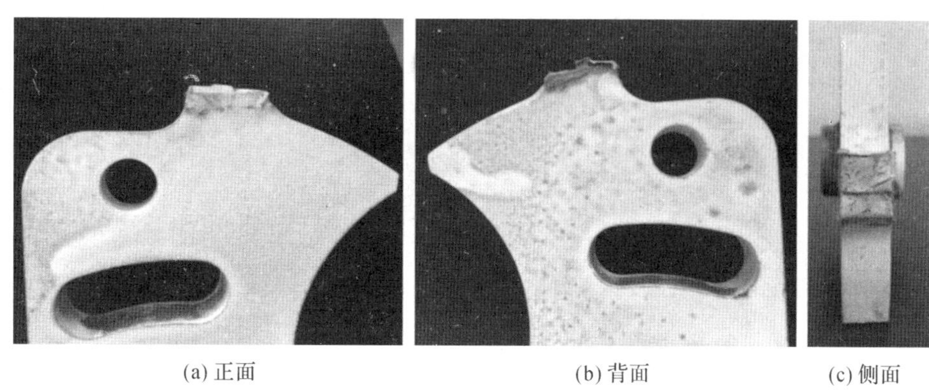

(a) 正面　(b) 背面　(c) 侧面

图 2-6-2　渗透检测结果

2.6.2.2　断口分析

2.6.2.2.1　宏观分析

对断口在体式显微镜下观察，断口形貌如图 2-6-3 所示。在断口上均可明显观察到裂纹源区、裂纹扩展区和最终断裂区的位置。断面无显著颈缩，断面整体处于一个平面上，块状和颗粒状的起伏较多，具有脆性解理断裂的特征。

断口裂纹源区为连板与半轴接触面，运行过程中受到冲击力，也是连板应力集中部位。

图 2-6-3　试样断口宏观形貌

2.6.2.2.2　扫描电镜和能谱分析

在扫描电子显微镜下对断口进行观察，得到断口微观形貌如图 2-6-4 至图 2-6-8 所示。裂纹源区如图 2-6-4 和图 2-6-5 所示，有典型的放射形花样。最终断裂区如图 2-6-6 所示，呈撕裂状，是在快速断裂过程中形成的。断口微观形貌如图 2-6-7 所示，为脆性撕裂特征。再具塑性断裂剪切唇特征。再对断口表面进行能谱分析，位置如图 2-6-8 所示，结果如表 2-6-1 所示。检测结果显示，断口表面主要合金元素为 Fe 及少量钢中合金元素，无 Cr 元素显示。

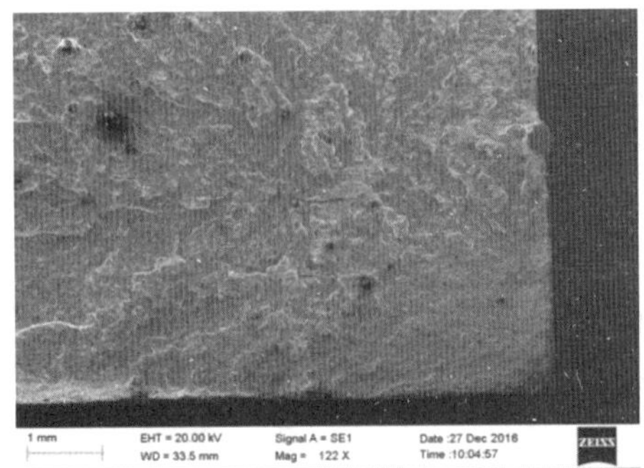

图 2-6-4　断口裂纹源区 1

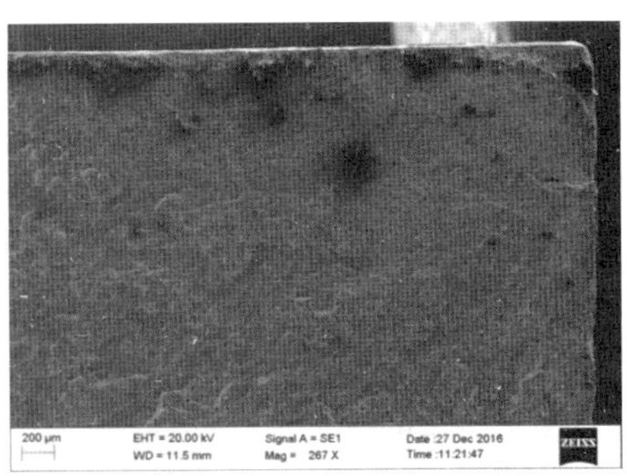

图 2-6-5　断口裂纹源区 2

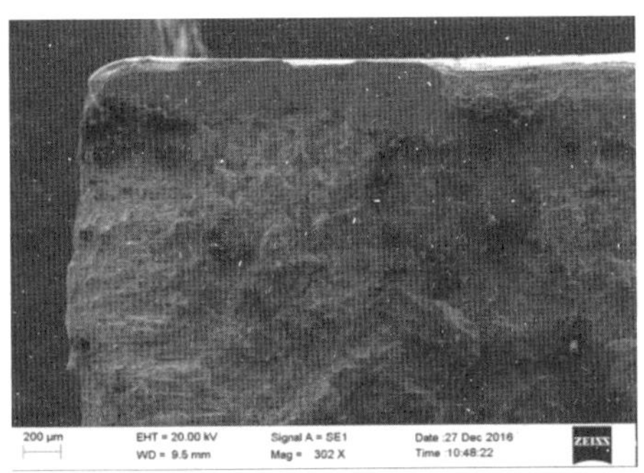

图 2-6-6　断口最终断裂区

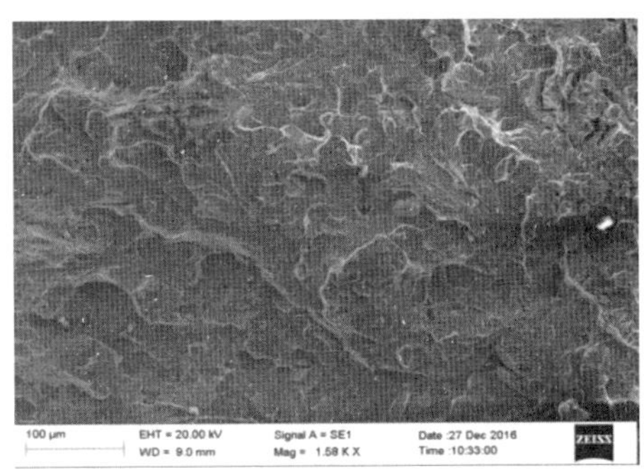

图 2-6-7　断口微观形貌

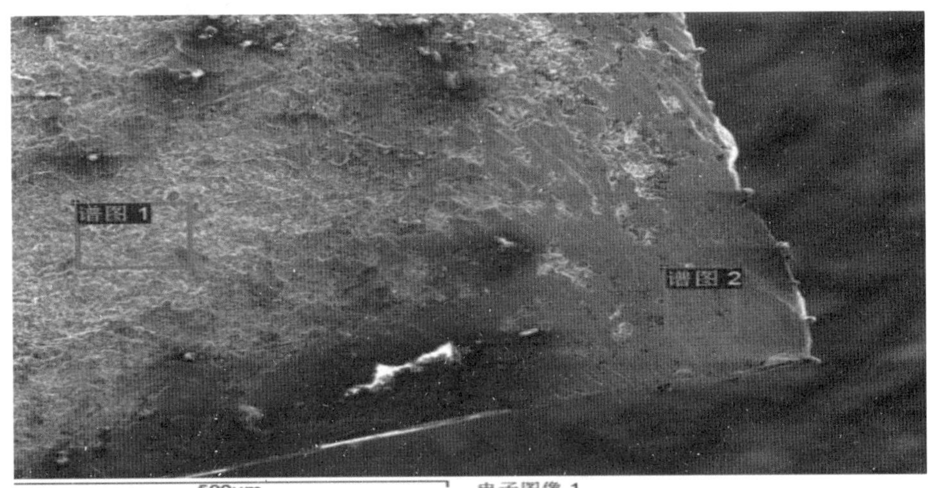

图 2-6-8　试样能谱分析位置

表 2-6-1　试样能谱分析结果

谱图	C	Si	Mn	Fe	总和
谱图 1	9.18	0.53	0.84	89.45	100.00
谱图 2	8.97			91.03	100.00

2.6.2.3 成分分析

连板设计材质为40Cr，采用电火花光谱仪按GB/T 4336—2002《碳素钢和中低合金钢火花源原子发射光谱分析方法(常规法)》使用35CrMo标样对试样进行成分检测，检测结果见表2-6-2。检测结果表明，该连板成分与GB/T 3077—1999《合金结构钢》中对40Cr钢成分要求不相符，C含量偏高，Cr含量偏低。对照GB/T 699—2015《优质碳素结构钢》要求，该连板材质与45#钢相当。

表2-6-2 连板元素检测结果

编号	C	Si	Mn	Cr	Mo	P	S	Cu
40Cr	0.37～0.44	0.17～0.37	0.50～0.80	0.80～1.11	—	—	—	—
45	0.42～0.50	0.17～0.37	0.50～0.80	≤0.25	—	≤0.035	≤0.035	≤0.25
试样	0.47	0.29	0.64	0.022	—	0.014	0.009	0.032

2.6.2.4 金相分析

对试样进行金相检测，图2-6-9所示为截面芯部组织，由铁素体和层片状珠光体组成，金相组织符合退火态特征。

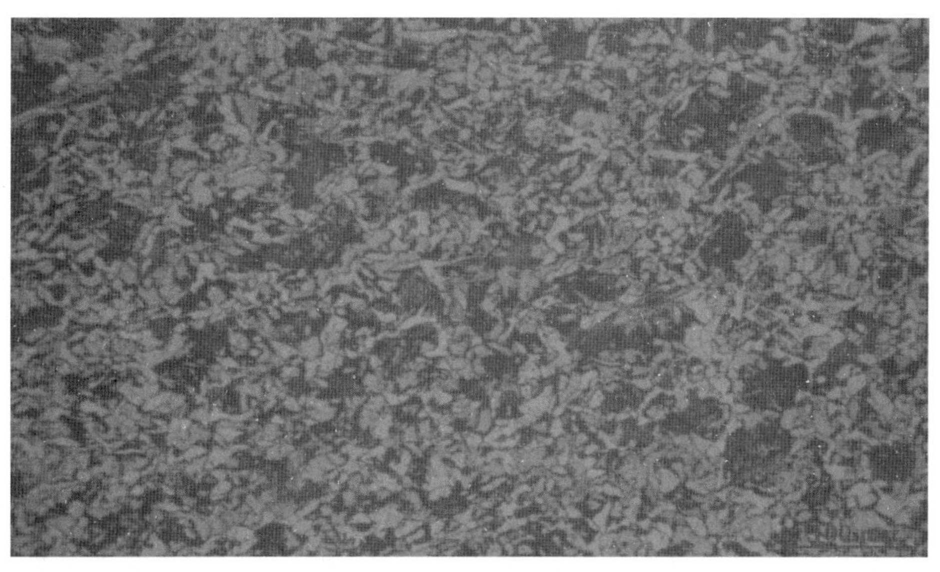

图2-6-9 连板金相检测结果

2.6.2.5 有限元计算分析

对试样进行有限元分析，计算连板合闸过程中的受力情况，计算中选取力值为5000N静力，计算结果显示断口裂纹源位置与应力最大值位置相符，位于受力侧，如图2-6-10所示。

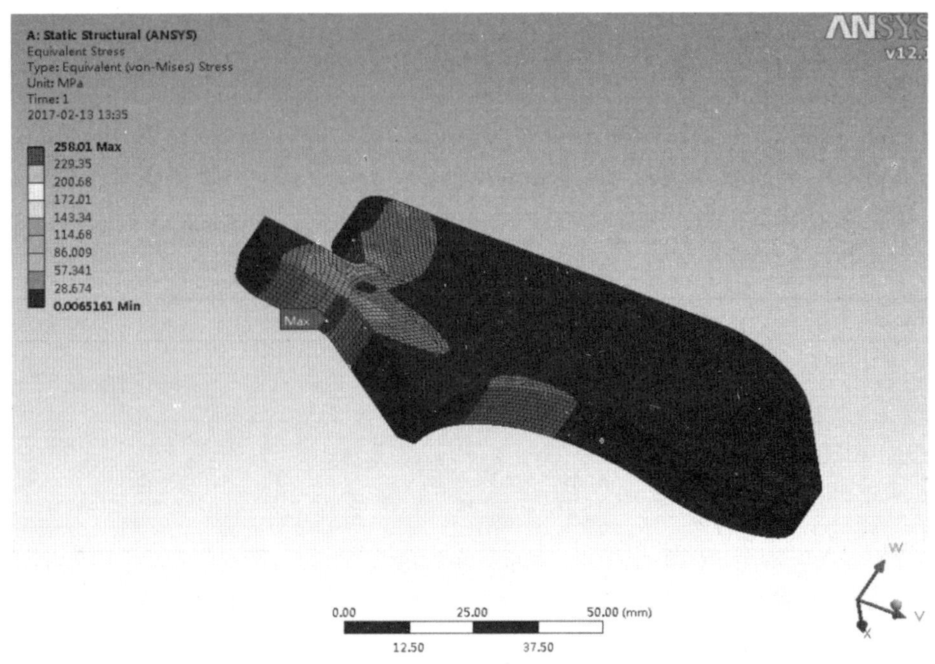

图 2-6-10 连板有限元分析结果

2.6.3 失效原因分析

1. 经渗透检测,连板表面及断口附近表面未发现缺陷。

2. 试样金相由铁素体和层片状珠光体组成,金相组织符合 45 号钢退火态特征。

3. 对连板进行有限元分析,应力最大位置与裂纹源位置相符。

4. 断裂样品材质与 GB/T 3077—1999《合金结构钢》中对 40Cr 钢成分要求不相符,C 含量偏高,Cr 含量严重偏低,断裂样品材质相当于 45 号钢。

5. GB/T 3077—1999《合金结构钢》中要求 40Cr 的抗拉强度不低于 980MPa,GB/T 699—2015《优质碳素结构钢》中要求 45 号钢抗拉强度不低于 600MPa,按此标准,实际用材强度比设计值低了约 40%。

6. GB/T 3077—1999《合金结构钢》中要求 40Cr 的冲击吸收功不低于 47J,GB/T 699—2015《优质碳素结构钢》中要求 45 号钢的冲击吸收功不低于 39J,实际用材冲击吸收功比设计值低了约 17%。

综合以上分析,该连板由于材料错用,使连板强度和冲击韧性明显低于设计值,操作过程中在冲击应力下发生脆性断裂。

2.7 安装不当导致某变电站220kV某Ⅰ回223断路器空压机铜管运行过程中断裂

2.7.1 案例概况

2016年5月22日17时34分，某500kV变电站220kV某Ⅰ回线223断路器发“220kV某Ⅰ回线223断路器空气压力禁止重合闸”信号，现场检查空气压力为1.36MPa(223断路器额定空气压力为1.50MPa、空压机启动压力为1.47MPa、禁止重合闸压力为1.38MPa、禁止分合闸压力为1.18MPa)，并有持续下降趋势，下降速度约为每10分钟0.01MPa，经检查，空压机与储压罐之间连接铜管有裂纹。

据提供资料，该断路器型号为250-SFM-50B，投运日期为2001年11月，断裂的铜管为空压机出口至断路器空气储气罐逆止阀之间的连接铜管(见图2-7-1)。铜管规格为：Φ16mm，材质铜，铜管管口两端通过卡套接头进行密封，断裂位置为卡套与铜管交界处(见图2-7-2)。在2012年至2015年，该型号断路器已发生断路器储气罐空气压力快速下降的同类缺陷4起，即空压机一启动打压，空压机出口连接部位就快速漏气，导致压力无法建立，拆开后均是发现连接铜管靠空压机出口侧铜管口密封卡套处断裂。

随后，将断裂的223断路器连接铜管送至某金化所进行断裂原因分析。

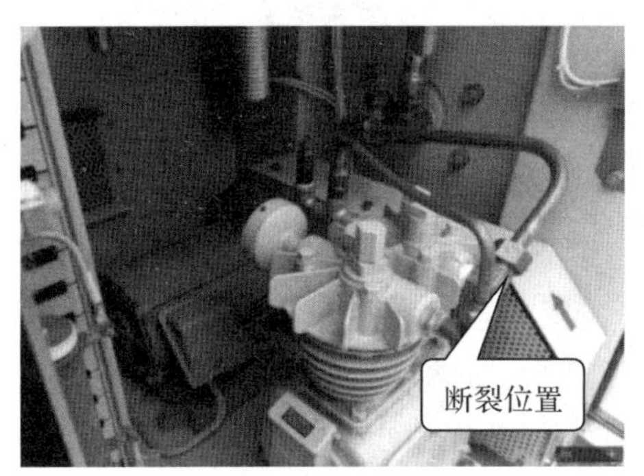

图2-7-1 223断路器空气储气罐逆止阀

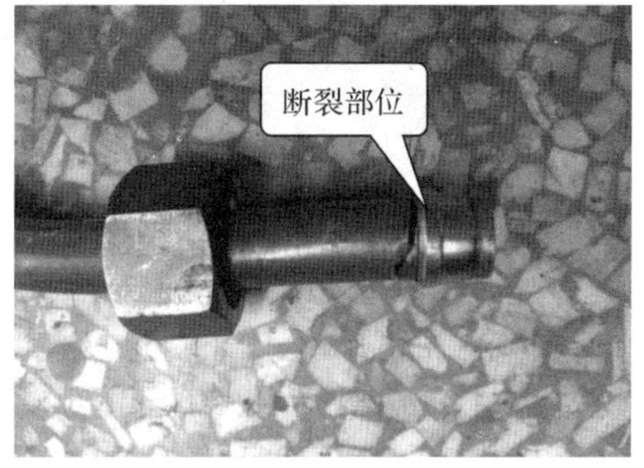

图2-7-2 铜管端头结构

2.7.2 检查、检验、检测

2.7.2.1 现场调查及宏观检查

来样为223断路器空压机及储气罐的连通铜管，连同两端卡套，铜管断裂部位为卡套与铜管的接触边缘。铜管直径为16mm，经过弯制后，连接储气罐一侧长约28cm，连接空压机一侧长约15cm，弯制角度为80°左右，铜管两头的卡套与铜管颜色不同，见图2-7-3。直至事故发生时，空压机开机运行时间约880小时。铜管断裂部位为密封卡套压紧处，约一半周长的断面沿卡套交界处分布，另一半略微向外突出，铜管断面大部分被机油污染，见图2-7-4。

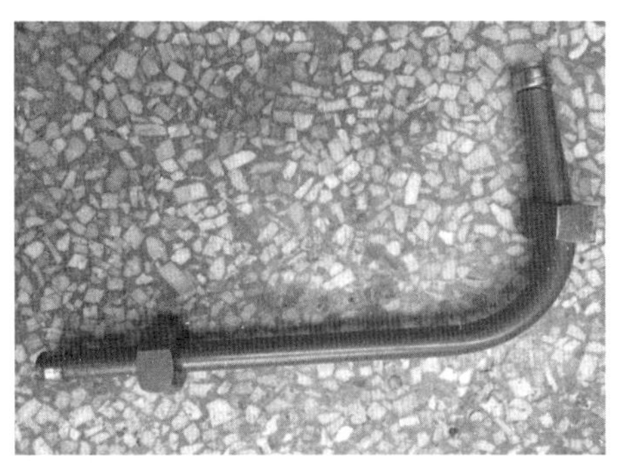

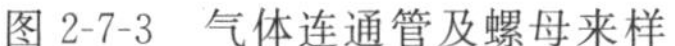

图 2-7-3　气体连通管及螺母来样

图 2-7-4　卡套结构及断裂部位

在体视显微镜下观察铜管断口，将油污清洗去除后，可见断面大部分区域有显著疲劳裂纹扩展痕迹。在断面上可观察到 2 处显著的疲劳源，位于铜管外表面，相对成近似 180°分布，见图 2-7-5。

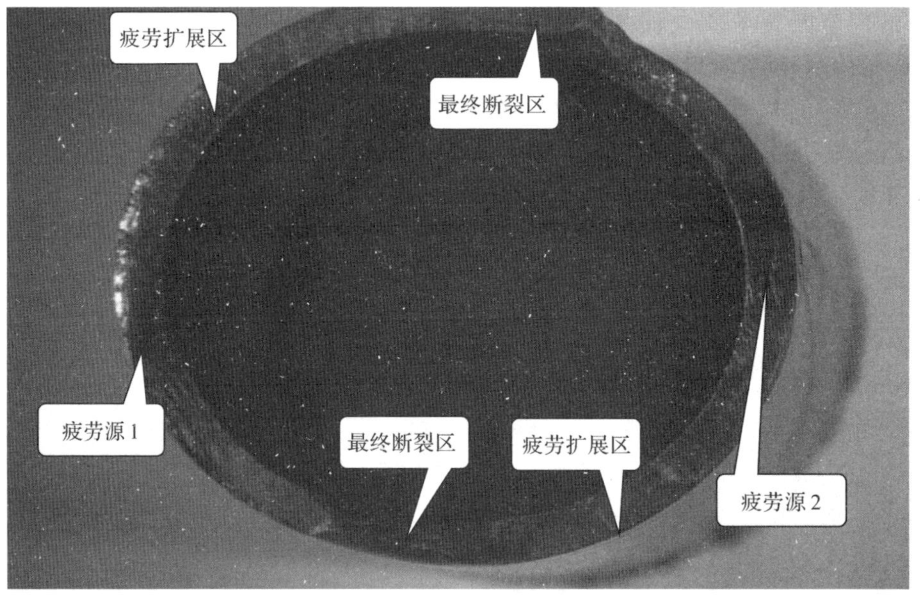

图 2-7-5　断面疲劳特征

观察两个疲劳源附近的铜管外表面，可见铜管表面有显著的机械挤压和磨损痕迹，痕迹呈环状分布在铜管与卡套接触部位附近，见图 2-7-6。这些挤压痕迹显示在运行过程中受到卡套的强烈挤压并导致变形，最终在变形处形成疲劳源。

2.7.2.2　材质分析

将铜管压扁后，使用电火花激发光谱分析方法检测铜管材质；采用手持式 X 射线荧光光谱仪检测卡套成分，检测结果见表 2-7-1。

铜管成分为纯铜，主要杂质为 P、S、Fe，杂质含量符合 GB/T 5231—2001《加工铜及铜合金化学成分和产品形状》中对 TP2 磷脱氧铜的要求，标准中说明该类材料适合被制造成管材。

图 2-7-6　疲劳源附近的挤压痕迹

卡套化学成分符合 GB/T 5231—2001《加工铜及铜合金化学成分和产品形状》中对 59-3 铅黄铜的要求。

表 2-7-1　铜管及卡套材质(wt/%)

	Cu	Zn	Pb	Fe	S	P
铜管材质	99.9	—	—	0.039	0.0011	0.024
TP2 磷脱氧铜	≥99.9	—	—	—	—	0.015～0.040
卡套材质	59.25	36.77	2.96	0.175	—	—
HPb59-3	57.5～59.5	余量	2.0～3.0	≤0.5	—	—

2.7.2.3　金相分析

对断口附近铜管取样进行金相检查，采用三氯化铁盐酸水溶液作为腐蚀剂，金相组织为 α 相单相晶粒，组织正常，见图 2-7-7。

图 2-7-7　铜管基体金相组织

2.7.3 失效原因分析

1. 该铜管采用卡套接头作为密封方式，卡套式密封结构采用螺母对卡套施加压力，将卡套与铜管表面压紧，通过卡套和铜管的变形来封闭接头缝隙，达到密封的目的。铜管断裂部位位于卡套安装位置，结构上为应力集中部位和铜管变形最大部位，断裂位置位于空压机出口旁，运行过程中属于整段铜管振动最大的部位。

2. 断面宏观和微观分析表明，失效铜管属于疲劳断裂，疲劳源位于卡套与铜管接触的铜管外表面，疲劳源位置的铜管外壁有明显的环状机械损伤痕迹，表明疲劳裂纹起源于运行过程中铜管与卡套碰撞造成的机械损伤。

3. 根据铜管运行情况判断，其运行过程中唯一受到的周期性应力作用来自空压机工作时产生的振动，空压机工作时的振动是疲劳裂纹产生和扩展的动力来源。

4. 铜管及卡套材质分析结果表明失效部件材质正常，铜管金相组织正常。

综上所述：造成此次铜管断裂的起因为卡套式接头安装时导致的铜管表面变形损伤和应力集中，卡套接头的密封原理决定了卡套对铜管表面的挤压变形不可避免。由此形成的疲劳源在空压机运行过程中产生的振动作用下发展为疲劳裂纹并持续扩展，直至铜管断裂。

2.8 制造缺陷导致某变电站某 220kV 线 235 断路器 C 相机构箱高压油管运行中断裂

2.8.1 案例概况

某供电局 220kV 某变电站 235 断路器 C 相机构高压油管在 2010 年 2 月下旬运行中发生断裂，如图 2-8-1、图 2-8-2 所示。应供电局要求，对断裂的原因进行分析。

图 2-8-1 断裂现场照片

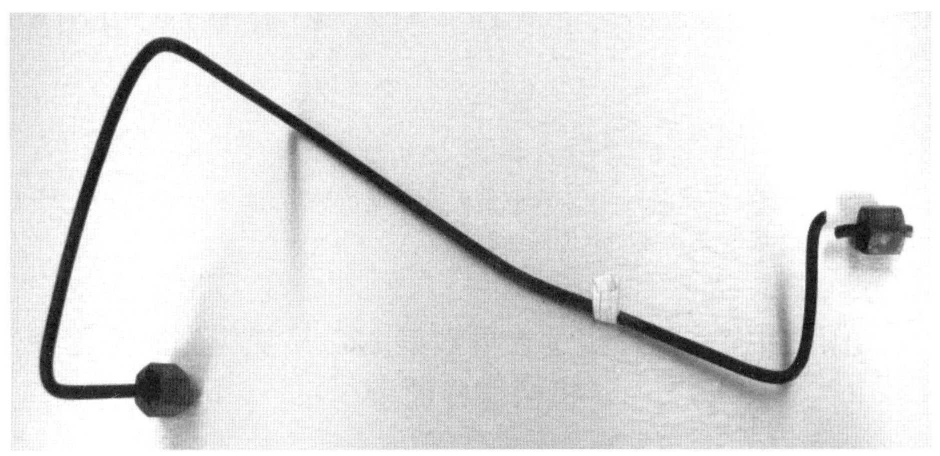

图 2-8-2 来样图片

此断路器为1977年某高压开关厂生产的少油断路器，该油管所属断路器型号为SW6-220，CY3型液压机构，使用介质为航空液压油，管内压力约19MPa，近几年其A、B相都发生过运行中断裂喷油的情况。

2.8.2 检查、检验、检测

来样断口平齐，无明显塑性变形，显微镜下可以看到断口明显分两个区域：

一块表面污染，明显为陈旧断口，此区约占断口面积的1/8，为裂纹起源和扩展区，其余区域表面光亮，属新断口，为最后的瞬时断裂区。

裂纹起源于断裂弯头的内弯外表面，而在该处有一块明显的缺失(分析认为，此应为制造缺陷)，裂纹正是发源于此处(见图2-8-3)。由于此缺失的存在，使该处成为薄弱环节，并

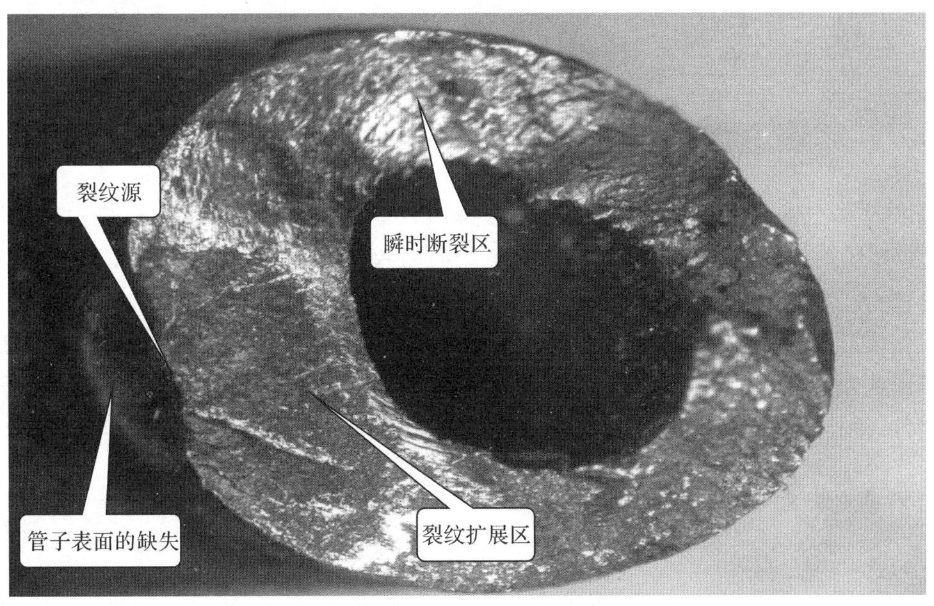

图 2-8-3 来样断口形貌

在该处形成应力集中，在长期的运行中，裂纹由该处（裂纹源）向内壁逐渐扩展，最后强度不足而发生瞬时断裂。

2.8.3 失效原因分析

造成此次油管断裂的原因为：由于在制造时存在遗留缺陷，油管在运行过程中从该处产生裂纹，裂纹扩展并最终导致强度不足而断裂。

2.9 出厂螺栓紧固力矩过大导致某220kV变电站断路器操作机构螺栓断裂

2.9.1 案例概况

2007年4月23日受某供电局生产技术部委托，对某220kV变电站断路器操作机构螺栓失效原因进行分析，所送样品为M10螺栓，共计3颗，其中2颗螺栓已断裂成两段；所送检样品及现场位置参见图2-9-1。

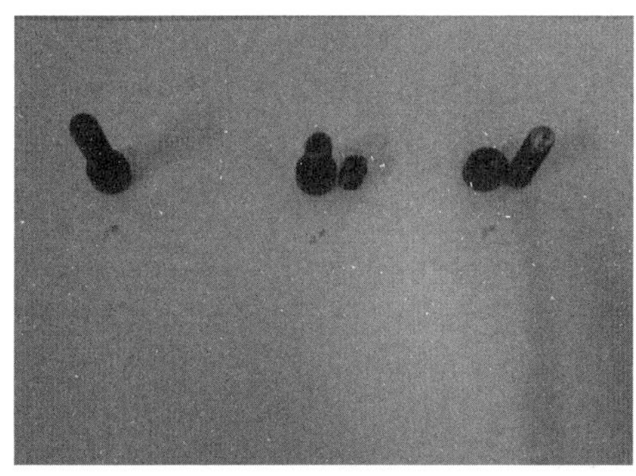

图2-9-1 来样螺栓

2007年4月3日某变电站运行人员发现某220kV线224断路器A相机构箱、220kV 1号主变高压侧212断路器A相机构都有折断的内六角螺栓，某供电局相关部门人员对断裂螺栓进行了初步分析。

根据实际运行情况，结合厂家所提供的资料（制造厂家为某公司，2007年5月22日所提供资料为断裂螺栓的基本信息），该连接螺栓位于操作机构箱中储能电机部位，为操作机构紧固件，规格M10×10，级别12.9级。

2.9.2 检查、检验、检测

2.9.2.1 宏观分析

送检样品共计3颗，其中1颗螺栓完好，另外2颗均已断裂。其中编号为2＃的螺栓从中下部断裂，断口已锈蚀；编号为3＃的样品从螺栓根部断裂，断面较为新鲜。两断裂螺栓断口宏观均成脆性断裂，见图 2-9-2。

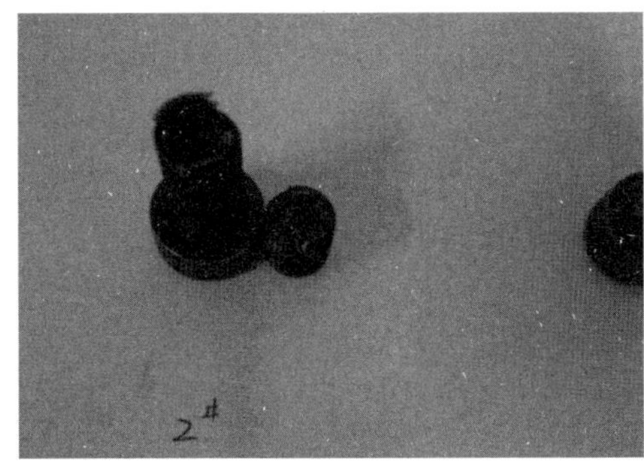

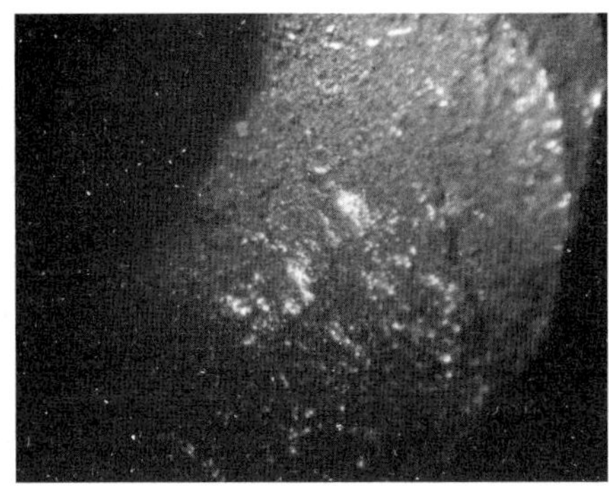

图 2-9-2　螺栓断口形貌

螺栓顶部钢印标识级别为 12.9 级，与厂家提供资料一致；经宏观检验未发现螺栓表面存在宏观缺陷。

宏观分析表明，编号为 2＃ 的螺栓沿螺纹断裂；在断裂过程中由于受到剪切作用力的影响，断裂面呈现台阶形，见图 2-9-3。

图 2-9-3　断口宏观形貌

2.9.2.2　金相分析

分别取编号为 1＃ 和 2＃ 螺栓进行金相检验，结果表明编号为 1＃(未断裂的螺栓)和编号为 2＃ 的螺栓(中下部断裂螺栓)，组织分布均匀，均为回火索氏体，参照 40Cr 铁素体含量评定级别图，所检样品铁素体含量为 1～2 级，符合 40Cr 螺栓的正常热处理的金相组织；所检样品均未发现夹杂、过烧等异常组织。详细情况参见图 2-9-4、图 2-9-5。

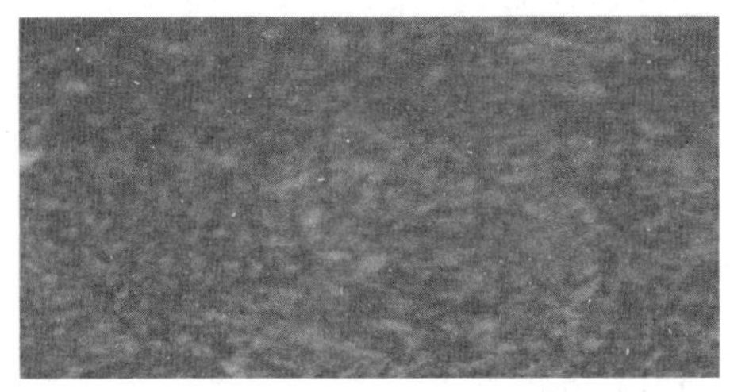

图 2-9-4　2＃ 螺栓组织形貌(×200)

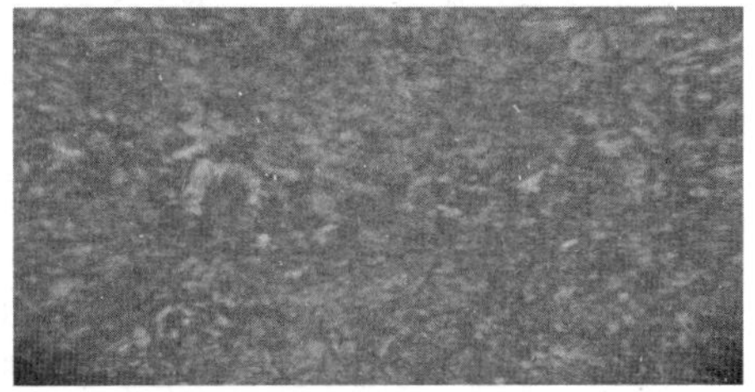

图 2-9-5　1＃ 螺栓组织形貌(×200)

2.9.2.3　成分分析

编号为 2＃ 的断裂螺栓断口处的化学成分为：C0.44%、P0.024% S0.008%、Cr0.88%、Si0.22%、Mn0.79%。

厂家所提供的材质为 35CrMo 或 40Cr，结合 GB/T 3098.1—2000 及 GB/T 3077—1999 对 40Cr 螺栓的规定，所检验样品符合对 40Cr 螺栓的化学成分规定。(注：GB/T 3077—1999《合金结构钢》中对 40Cr 化学成分的规定为：C0.37%～0.44%、Cr0.80%～1.1%、Si0.17%～0.37%、Mn0.5%～0.79%。GB/T 3098—2000《紧固件机械性能螺栓、螺钉和

螺柱》中化学成分要求为：C0.25%～0.55%、P≤0.035%、S≤0.035%。）

2.9.2.4 力学性能试验及分析

根据所提供资料，该断裂螺栓的抗拉强度的最小值为 1200MPa，洛氏硬度 HRC 为 39～44；对编号为 2# 的螺栓断裂面进行打磨、抛光处理后，实测布氏硬度值为 389。根据 GB/T 3098.1—2000 中对该性能等级的螺栓的布氏硬度值的标准，符合相应标准的要求；且厂家所提供螺栓的洛氏硬度值亦满足 GB/T 3098.1—2000 中的相关要求。

由于螺栓的硬度值在很大程度上反映了螺栓的强度指标，因此可以推断该断裂螺栓的强度亦满足相关标准的要求（因螺栓规格等因素，无法进行拉伸试验）。

通常情况下，受拉螺栓的受力情况如式(1)所述：

$$\sigma_r \leqslant [\sigma_r] \tag{1}$$

螺栓连接的机构在紧固过程中由于紧固力矩过大或紧固力矩在各个螺栓上分布不均，将会出现螺栓拉应力的相对增加或使部分螺栓受到较大的剪应力。由于操作机构工作过程中不可避免地出现轻微扰动导致螺栓受拉应力过大或剪应力增加，使编号为 2# 的螺栓在螺纹部位产生裂纹并迅速扩展、断裂，从而致使操作机构其他螺栓的应力增加而发生断裂。

2.9.3 失效原因分析

宏观分析表明所送样品中编号为 2# 的螺栓为初始断裂的螺栓，宏观断口形貌呈脆性断裂；金相分析表明断裂螺栓及未断裂螺栓的组织均符合相关标准的要求；化学元素分析及力学性能试验表明所送检螺栓的材质及力学性能符合相关标准的要求，且与厂家所提供的资料相一致。

结合资料及断口形貌、螺栓的力学性能试验及化学元素分析，认为某 220kV 变电站开关操作机构螺栓断裂失效的原因是由于螺栓在出厂时紧固力矩过大或紧固力矩在各个螺栓上分布不均衡所致。

建议设备制造厂家严格按照出厂安装工艺进行螺栓安装，保证螺栓扭紧力矩符合设计要求并确保各个螺栓扭紧力矩的均衡；在设备运行期间若发现其他操作机构存在异常现象（如异常声响或震动），应尽快查找原因，预防事故的发生。

2.10 腐蚀导致变电站控制阀与空气压力表连接转接头更换过程中断裂

2.10.1 案例概况

2014 年 12 月 14 日，某 500kV 变电站 2762 断路器发生重大缺陷："220kV 2762 断路器操作时出现合后即分"。检修人员现场处理更换控制阀时，在拆除控制阀过程中，解除空气压力表连接铜管时，转接头断裂。某 500kV 变电站 2762 断路器，断路器型号：LW23-252，CQ6 气动操动机构，额定电压：252kV，额定电流：2500A，额定短路开断电流：50kA；生产厂家：某高压电气股份有限公司；生产日期：2002 年 10 月；投运日期：2003 年 7 月；动作次数：273 次。

2015 年 1 月 14 日，某 500kV 变电站 5832 断路器空压机打压时间过长，超过 2 小时，运行人员现场检查，发现机构内部有漏气声音，经检查，控制阀连接空气压力表处漏气，汇报检修人员处理。检修人员缺陷处理过程中，发现是转接头漏气，使用扳手拧紧转接头，转接头随即断裂。某 500kV 变电站 5832 断路器，断路器型号：LW13-550，CQ6 气动操动机构，额定电压：550kV，额定电流：3150A，额定短路开断电流：50kA；生产厂家：某高压电气股份有限公司；生产日期：2002 年 10 月；投运日期：2003 年 7 月。

失效样品送某研究院进行分析。样品包括断裂铜接头 2 个，备件铜接头 1 个。

图 2-10-1 接头运行状态

2.10.2 检查、检验、检测

2.10.2.1 宏观检查

失效螺纹接头工作状态如图 2-10-1 箭头所示，铜接头断裂部位位于图 2-10-1 中螺栓旋合后的螺纹端部。失效管座断口表面大部分区域有较严重的锈蚀产物覆盖，锈蚀产物颜色为灰绿色，判断为碱式碳酸铜。在体视显微镜下对断面进行观察，结果见图 2-10-2，大部分断面呈现环状特征，内表面起的内环可见存在灰绿色锈蚀痕迹，在靠近外表面的外环附近，存在狭窄的具有金属光亮的断口。

图 2-10-2 断面整体

此类特征显示，裂纹起源于内壁，在管座最终断裂前很长时期，从管座内壁已经开始发生裂纹并逐步向外表面扩展。

裂纹进展速度缓慢，导致裂纹断面存在大量绿色腐蚀痕迹。经过长期发展的裂纹裂穿并导致漏气。在更换管座的过程中，剩余截面由于无法承受更换时的操作力而断裂。

经过测量，最终断裂部位宽度约 0.4～0.7mm，如图 2-10-3 所示。

为更清晰地观察断口形貌，对图 2-10-2 所示断口用 1：20 稀盐酸对断面铜锈进行清洗，图 2-10-4 所示为清洗后的断口，断口表面未见异常特征。

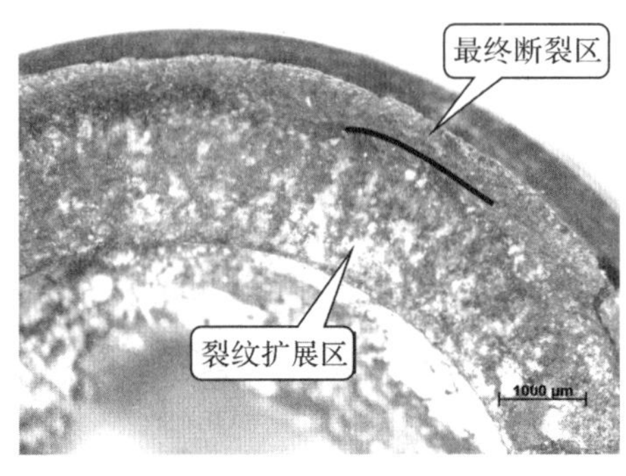

图 2-10-3　断面局部

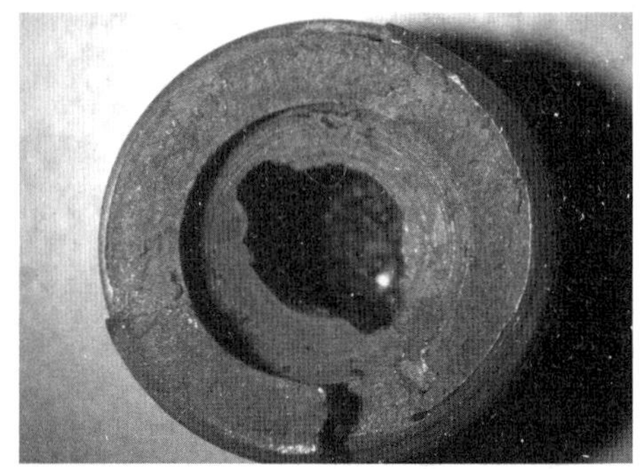

图 2-10-4　表面腐蚀清洗后的断口

2.10.3　失效原因分析

对断口形貌分析表明，此次管座断裂发源于内壁的裂纹。裂纹扩展区的腐蚀形貌显示，在彻底断裂前，源自内壁的裂纹经历了较长时间的发展。

最终断裂前，管壁剩余壁厚只有 0.4～0.7mm，在更换过程中由于无法承受拆卸时的应力而断裂。

2.11　某 500kV 变电站 2712 断路器罐内存在异物导致断路器运行中频繁跳闸

2.11.1　案例概况

根据某电网公司《检修工作座谈会会议纪要》(设(2014)第 81 期)要求，某电网有限责任公司决定将某供电局某 500kV 变电站 220kV 某Ⅰ回 2712、2713 断路器解体大修作为某电网有限责任公司检修规范化试点。

本次检修规范化试点拟采用工厂化检修轮替的方式开展，在某 500kV 变电站对 2712、2713 断路器进行轮替更换，由某送变电站负责，某供电局、某电气公司配合，某电网有限责任公司电力科学研究院全程参与检修过程。

2014 年 12 月 17 日至 23 日，2712 断路器首次解体后发现 A、B、C 三相触头下方均存在异物；首次解体检修完毕后将断路器装回。在进行了 200 次开合试验后，2014 年 12 月 28 日开罐又发现 A、B、C 三相触头下方均存在异物。按省公司要求，某电科院对 2712 断路器罐内收集到的首次解体和 200 次分合闸试验后开罐发现的 A、B、C 相异物进行分析。

现场情况：某 500kV 变电站 220kV 部分，接线方式为双母线 3/2 接线，220kV 每条出线均可由中、边 2 台断路器进行供电，共有 20 台 LW23-252 型断路器。

断路器型号：LW23-252。生产厂家：某高压电气股份有限公司。

出厂日期：2002 年 8 月。

2.11.2 检查、检验、检测

2.11.2.1 首次解体异物检查

2014 年 12 月 17 日，A 相进行解体，发现罐底距操作机构端 1120mm 处有颗粒状异物，异物编号：JH-M-2015-01004。见图 2-11-1。

2014 年 12 月 21 日，C 相进行解体，发现罐底距操作机构端 1120mm 及静触头支架处有颗粒状异物，罐底异物编号：JH-M-2015-01005；静触头支架异物编号：JH-M-2015-01006。见图 2-11-2。

2014 年 12 月 23 日，B 相进行解体，发现罐底距操作机构端 860mm 处有一油迹，其大小为 230mm × 110mm，油迹编号：JH-M-2015-01007；触头下方罐底在距离操作机构 1120mm 位置处有颗粒状异物，异物编号：JH-M-2015-01008。见图 2-11-3。

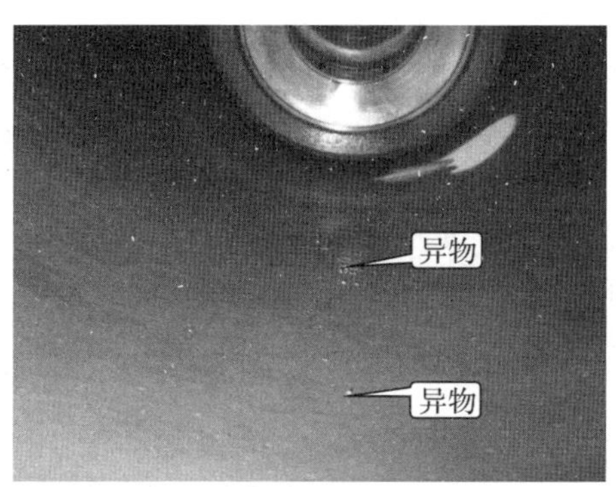

图 2-11-1 A 相首次解体罐底异物宏观照片

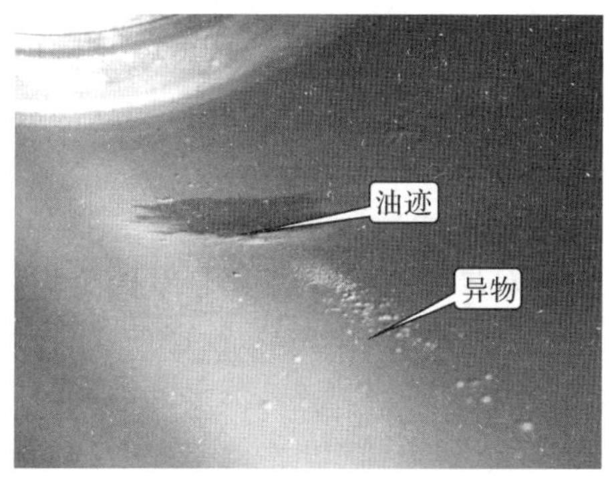

图 2-11-2 C 相首次解体罐底异物宏观照片

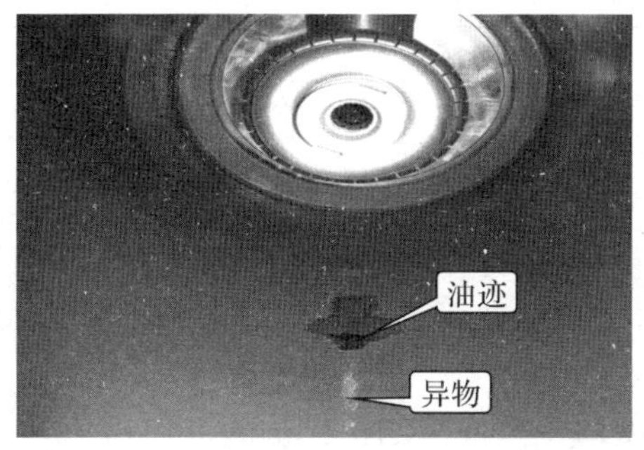

图 2-11-3 B 相首次解体罐底异物宏观照片

图 2-11-4 A 相 200 次分合闸试验后罐底异物宏观照片

2.11.2.2 2200次分合闸试验后现场开罐异物检查

2712断路器检修后，又进行了200次分合闸试验。2014年12月28日，对分合闸试验后的A、B、C相进行开罐检查，发现A、B、C相罐底距操作机构端1120mm处均有碎屑状异物。样品编号：A相JH-M-2015-01009、B相JH-M-2015-01010、C相JH-M-2015-01011，见图2-11-4至图2-11-6。

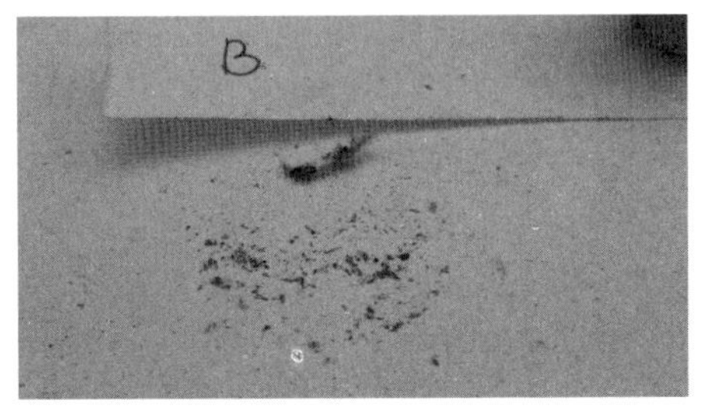

图2-11-5 B相200次分合闸试验后罐底异物宏观照片

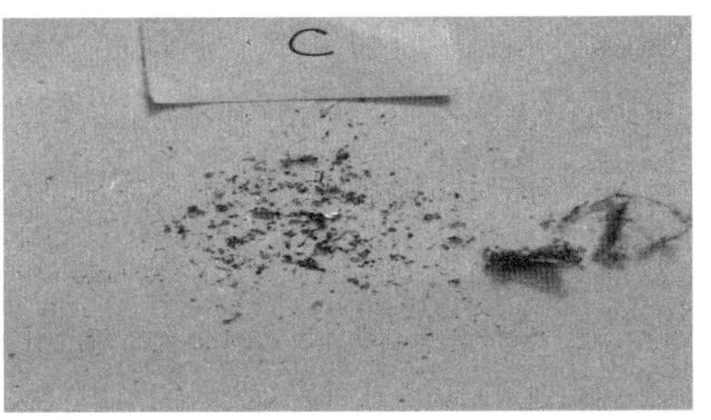

图2-11-6 C相200次分合闸试验后罐底异物宏观照片

2.11.2.3 罐内异物分析

2.11.2.3.1 A相异物分析

因A相罐内首次解体时的异物已被检修人员用吸尘器清理，所以分析仅针对200次分合闸试验后的异物。

将收集到的异物放在一张A4纸上，用磁铁在A4纸下对异物进行磁性和非磁性分拣，可把异物分为磁性异物、非磁性异物两类，见图2-11-7。

图2-11-7 200次分合闸试验后A相罐底异物磁性分拣宏观照片

将异物按磁性物和非磁性物分别用Ni-tongXL3t手持合金分析仪进行成分分析，结果见表2-11-1。

表2-11-1 200次开合试验后异物成分分析结果

异物分类	化学成分/wt%				
	Fe	Zn	Pb	Zr	Cu
磁性异物	34.38	62.07	2.03	1.52	—
非磁性异物	2.56	1.21	7.80	—	88.14

将200次开合试验后A相罐内异物放在体式显微镜下进行6.5～50倍的宏观、微观分析，结果如下：

磁性异物：主要由铁屑及其他磁性杂质组成，见图2-11-8、图2-11-9。

非磁性异物：主要由银屑、铜屑、有机物屑及其他杂质组成，见图2-11-10、图2-11-11。

2.11.2.3.2 B相异物分析

通过磁性分拣，可把首次解体和200次分合闸试验后发现的罐内异物分为磁性异物、非磁性异物两类。

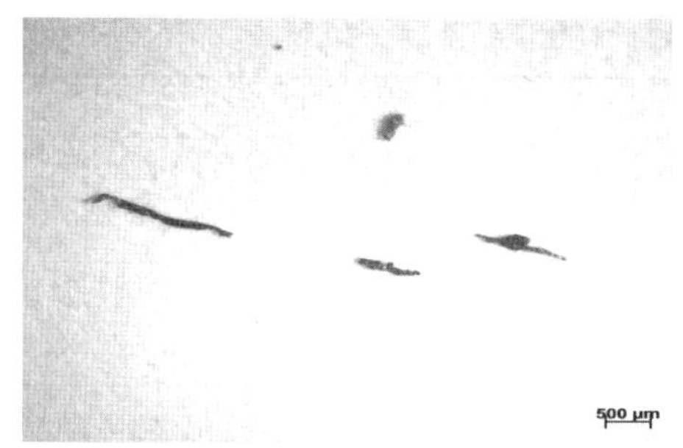

图 2-11-8　200 次开合试验后 A 相罐底磁性异物照片

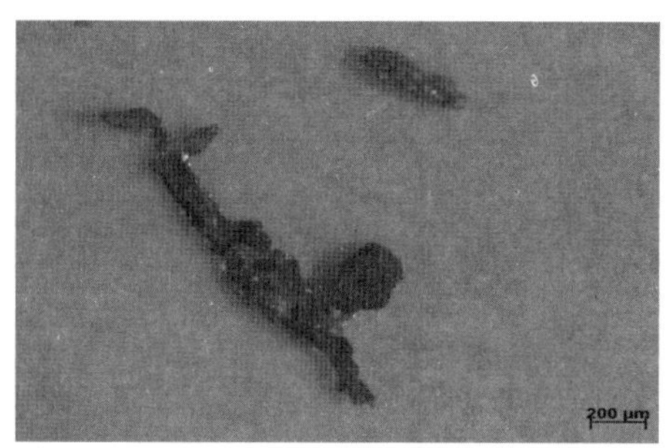

图 2-11-9　200 次开合试验后 A 相罐底磁性异物照片

图 2-11-10　200 次开合试验后 A 相罐底非磁性异物照片

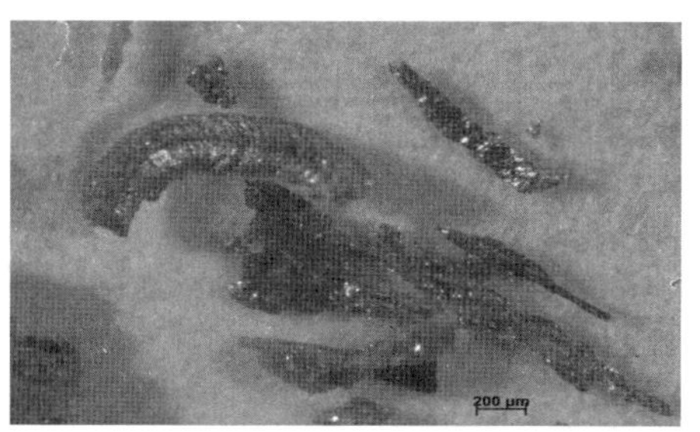

图 2-11-11　200 次开合试验后 A 相罐底非磁性异物照片

首次解体发现的异物，见图 2-11-12。

200 次分合闸试验后罐内异物，见图 2-11-13。

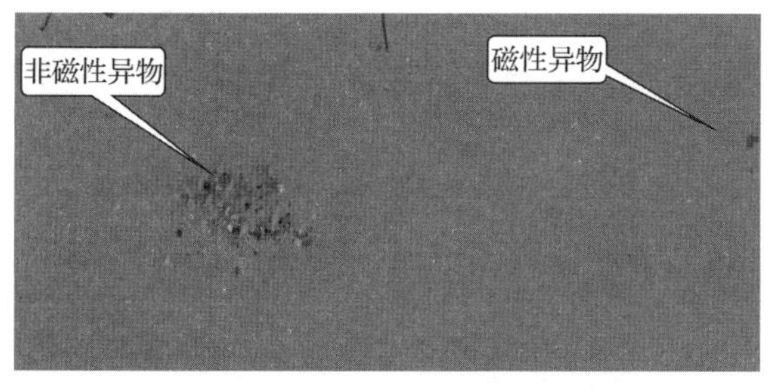

图 2-11-12　B 相首次解体罐底异物磁性分拣宏观照片

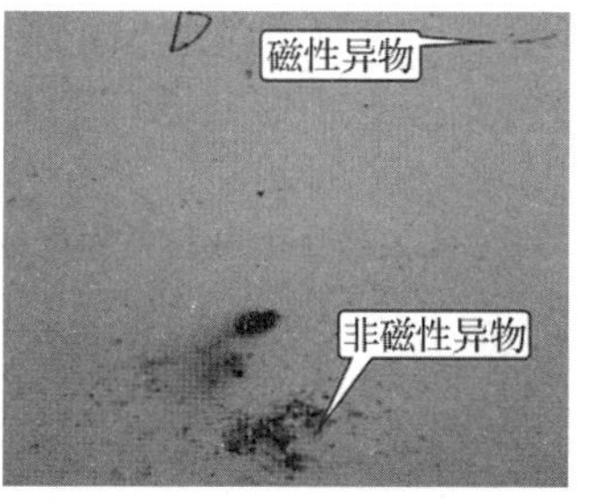

图 2-11-13　B 相 200 次分合闸试验后罐内异物磁性分拣宏观照片

对 B 相首次解体和 200 次开合试验后开罐发现的异物按磁性和非磁性两类用 NitonXL3t 手持合金分析仪进行成分分析，结果见表 2-11-2。

表 2-11-2　B 相异物成分检测结果

异物发现时间	异物分类	化学成分/wt%						
		Fe	Zn	Pb	Zr	Cu	Ag	W
首次解体	磁性	60.86	10.42	22.64	—	—	—	—
	非磁性	0.55	—	—	—	15.8	83.58	—
200 次开合试验后	磁性	86.35	11.35	—	2.29	—	—	—
	非磁性	6.43	26.72	—	—	16.83	47.34	2.42

对 B 相首次解体后罐底发现的油迹用 NitongXL3t 手持合金分析仪对油迹成分进行分析，结果见表 2-11-3。

表 2-11-3　B 相首次解体后罐底油迹成分检测结果(%)

Fe	Zn	Pb	Zr	Cu	Ag	W
0.71	0.61	22.64	0.11	78.47	9.94	9.59

将 B 相罐内磁性异物放在体式显微镜上进行 6.5～50 倍的宏观及微观分析，结果如下：

磁性异物：磁性异物主要由铁屑及其他磁性杂质组成，见图 2-11-14、图 2-11-15。

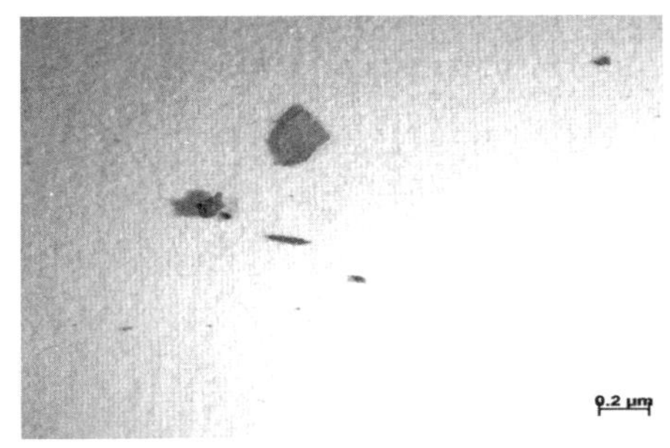

图 2-11-14　B 相首次解体罐底磁性异物照片

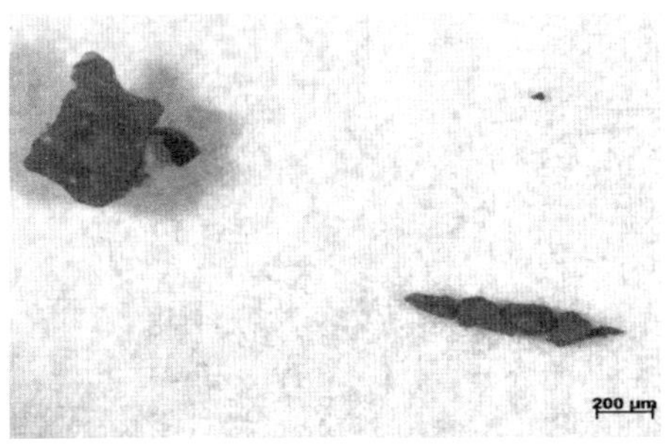

图 2-11-15　B 相首次解体罐底磁性异物照片

非磁性异物：非磁性异物主要由银屑、铜屑、有机物屑及其他杂质组成，见图 2-11-16、图 2-11-17。

图 2-11-16　B 相首次解体罐底非磁性异物照片

图 2-11-17　B 相首次解体罐底非磁性异物照片

将 200 次开合试验后 B 相罐内磁性异物放在体式显微镜上进行 6.5～50 倍的宏观及微观分析。

磁性异物：主要由铁屑及其他磁性杂质组成，见图 2-11-18、图 2-11-19。

非磁性异物：主要由银屑、铜屑、有机物屑及其他杂质组成，见图 2-11-20、图 2-11-21。

图 2-11-18　200 次开合试验后 B 相罐底磁性异物照片

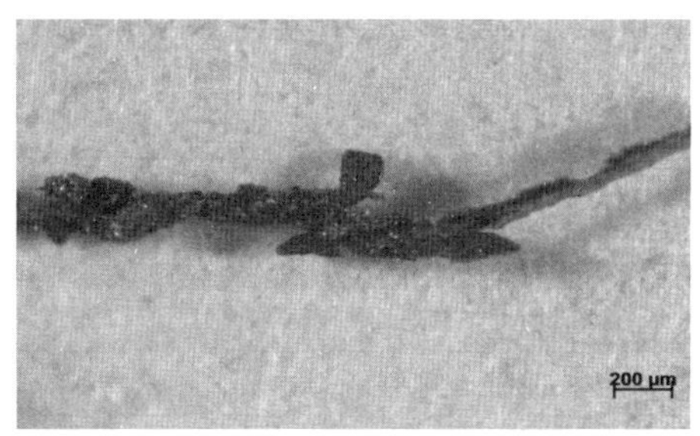

图 2-11-19　200 次开合试验后 B 相罐底磁性异物照片

图 2-11-20　200 次开合试验后 B 相罐底非磁性异物照片

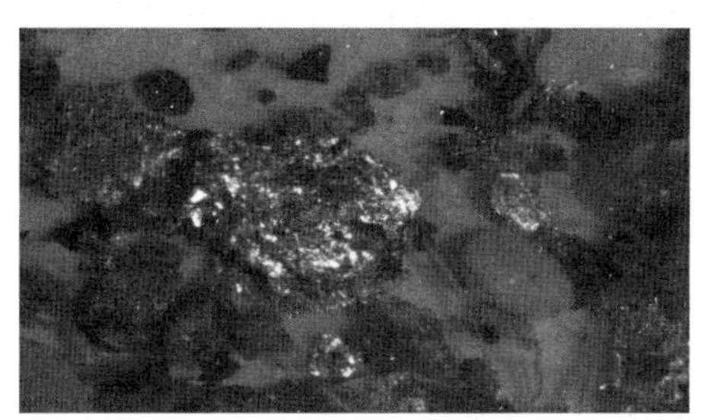

图 2-11-21　200 次开合试验后 B 相罐底非磁性异物照片

2.11.2.3.3　C 相异物分析

将首次解体和 200 次分合闸试验后罐底异物放在一张 A4 纸上，用磁铁在 A4 纸下对异物进行磁性和非磁性分拣，可把异物分为磁性异物、非磁性异物两类。

首次解体异物见图 2-11-22。

200 次分合闸试验后罐内异物见图 2-11-23。

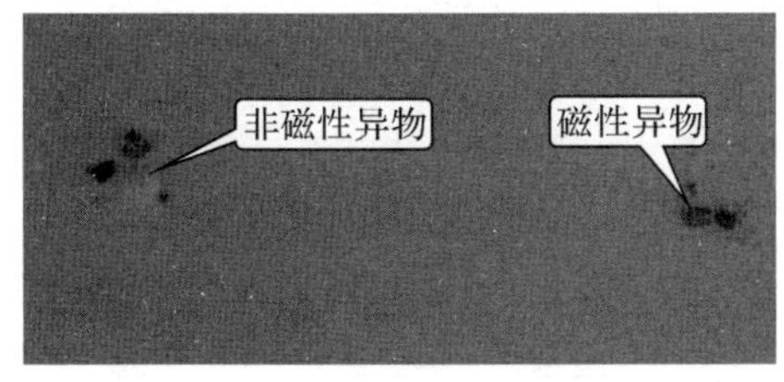

图 2-11-22　C 相首次解体罐底异物磁性分拣宏观照片

图 2-11-23　C 相 200 次分合闸试验后罐内异物磁性分拣宏观照片

对C相首次解体和200次开合试验后开罐发现的异物按磁性和非磁性两类用NitonXL3t手持合金分析仪进行成分分析，结果见表2-11-4。

表2-11-4 C相首次解体异物和200次开合试验异物成分检测结果

异物部位及发现时间	异物分类	化学成分/wt%								
		Fe	Zn	Pb	Ti	Cu	Ag	V	Zr	W
首次解体、罐底	磁性	32.22	4.99	1.63	39.93	11.30	—	8.58	1.34	—
	非磁性	23.12	2.74	0.91	47.59	10.72	—	13.54	1.39	—
首次解体、触头底部	磁性	—								
	非磁性	1.63	—	—	—	7.16	91.04	—	—	—
200次开合试验后	磁性	76.22	21.85	—	—	1.56	—	—	—	—
	非磁性	5.63	45.87	4.76	2.80	12.48	20.92	—	—	7.36

将C相罐内磁性异物放在体式显微镜上进行6.5～50倍的宏观及微观分析。

磁性异物：主要由铁屑及其他磁性杂质组成，见图2-11-24、图2-11-25。

非磁性异物：非磁性异物主要由银屑、铜屑、有机物屑及其他杂质组成，见图2-11-26。

将C相静触头底部异物放在体式显微镜上进行6.5～50倍的宏观、微观分析。

磁性异物：主要由铁屑及其他磁性杂质组成，见图2-11-27。

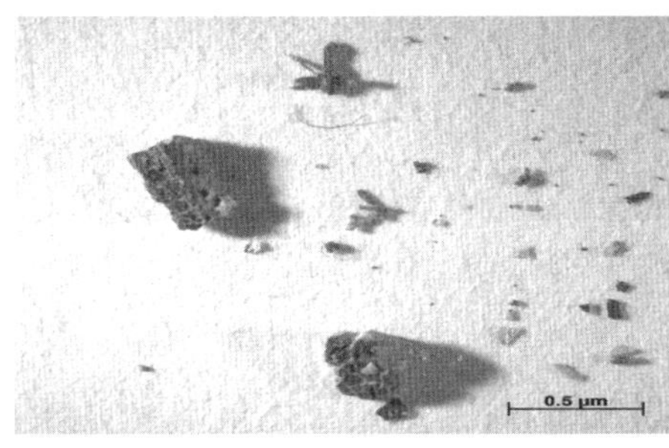

图2-11-24 C相首次解体罐底磁性异物照片

图2-11-25 C相首次解体罐底磁性异物照片

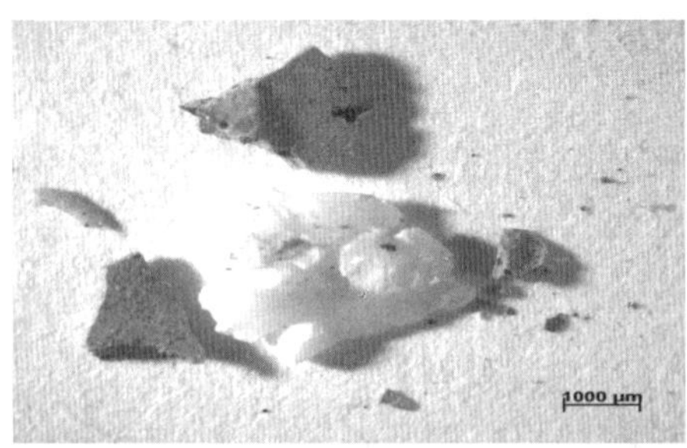

图2-11-26 C相首次解体罐底非磁性异物照片

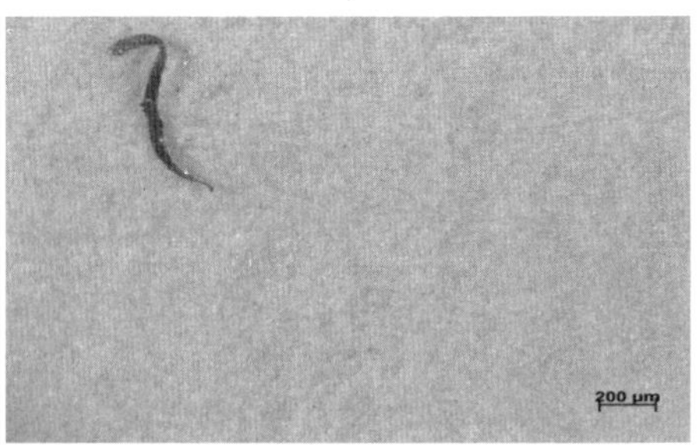

图2-11-27 C相静触头底部首次解体磁性异物照片

非磁性异物：非磁性异物主要由银屑、铜屑、有机物屑及其他杂质组成，见图 2-11-28。

将 200 次开合试验后 C 相罐底异物放在体式显微镜上进行 6.5～50 倍的宏观、微观分析。

磁性异物：主要由铁屑及其他磁性杂质组成，见图 2-11-29、图 2-11-30。

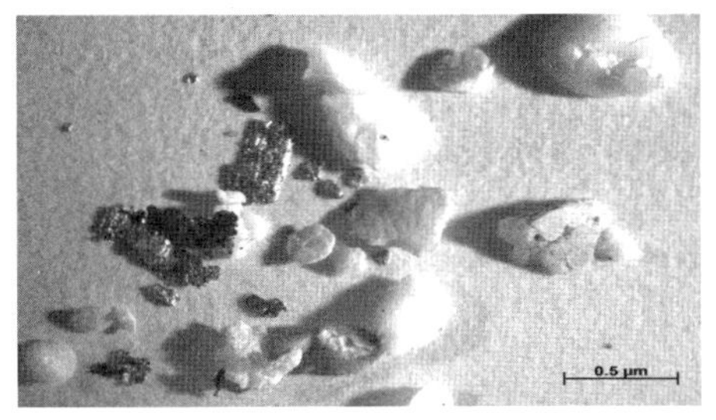

图 2-11-28 C 相静触头底部首次解体非磁性异物照片

图 2-11-29 200 次开合试验后 C 相罐底磁性异物照片

非磁性异物：非磁性异物主要由银屑、铜屑、有机物屑及其他杂质组成，见图 2-11-31、图 2-11-32。

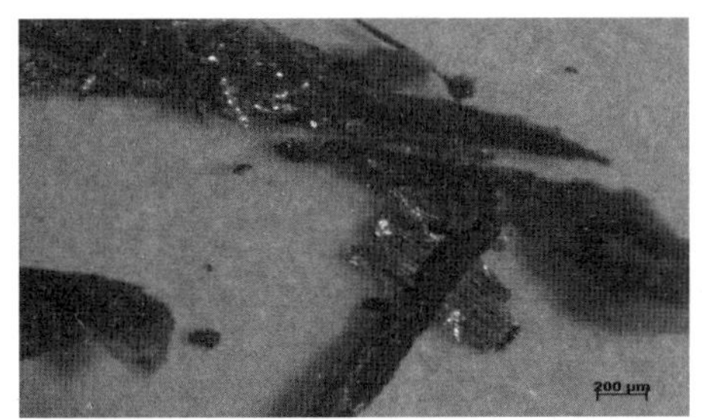

图 2-11-30 200 次开合试验后 C 相罐底磁性异物照片

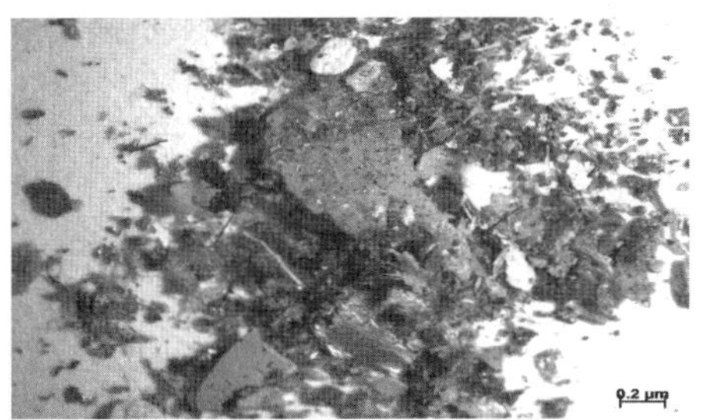

图 2-11-31 200 次开合试验后 C 相罐底非磁性异物照片

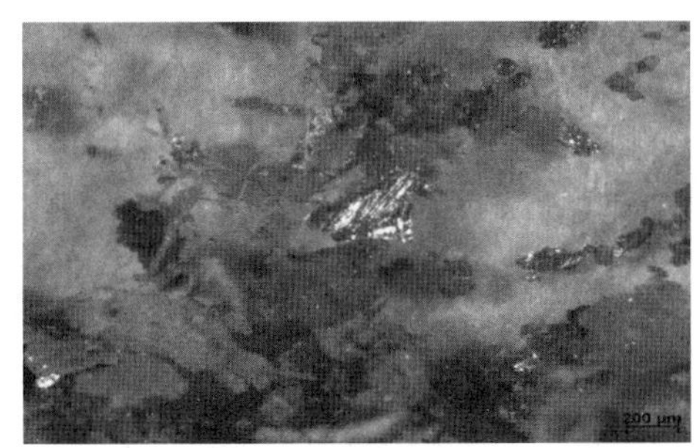

图 2-11-32 200 次开合试验后 C 相罐底非磁性异物照

图 2-11-33 C 相首次解体磁性异物 SEM 照片

磁性异物分析：对 C 相首次解体发现的磁性异物进行电子显微镜能谱分析，结果见图 2-11-33和表 2-11-5。

表 2-11-5　首次解体磁性异物能谱分析结果(wt%)

谱图	C	O	Mn	Fe	Cu	Zn
谱图 1	7.15	28.24	0.38	48.88	0.84	14.52

非磁性异物中的非金属颗粒：对 C 相解体前非磁性异物中的非金属颗粒进行电子显微镜能谱分析，结果见图 2-11-34 和表 2-11-6。

表 2-11-6　首次解体 C 相非磁性异物中的非金属颗粒能谱分析结果(wt%)

谱图	C	O	F	Mg	Al	Si	S	Cl	Ti	Cr	Fe	Cu	Ag
谱图 1	51.03	27.39		0.30	14.26	1.17	0.41	0.50	0.48		3.33	1.13	
谱图 2	6.31	6.48	32.30				1.49			0.44		41.69	11.30
谱图 3	3.84	4.85	3.39									1.02	86.91

非磁性异物中的银镀层颗粒：对首次解体 C 相非磁性异物中的银镀层颗粒进行电子显微镜能谱分析，结果见图 2-11-35 和表 2-11-7。

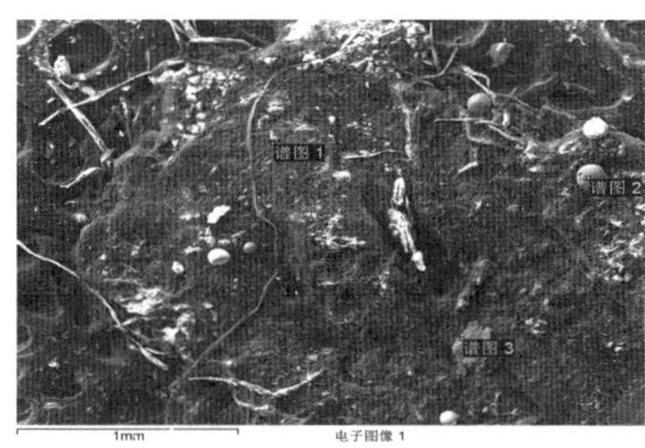

图 2-11-34　首次解体 C 相非磁性异物中的非金属颗粒 SEM 照片

图 2-11-35　首次解体 C 相非磁性异物中的银镀层颗粒 SEM 照片

表 2-11-7　磁性异物中的银镀层颗粒能谱分析结果(wt/%)

谱图	C	O	F	S	Cr	Cu	Ag
谱图 1	8.84	2.38	4.70	0.47	0.69	67.28	15.64

磁性异物分析：对 200 次开合试验后 C 相磁性异物进行电子显微镜能谱分析，结果见图 2-11-36 和表 2-11-8。

表 2-11-8　200 次开合试验后磁性异物能谱分析结果(wt%)

谱图	C	O	Si	Mn	Fe	Zn
谱图 1	9.85	2.75	0.37	0.66	85.94	0.42
谱图 2	11.31	4.38	0.31	0.61	79.72	3.67

非磁性异物中的非金属颗粒：对 200 次开合试验后 C 相非磁性异物中的非金属颗粒进行电子显微镜能谱分析，结果见图 2-11-37 和表 2-11-9。

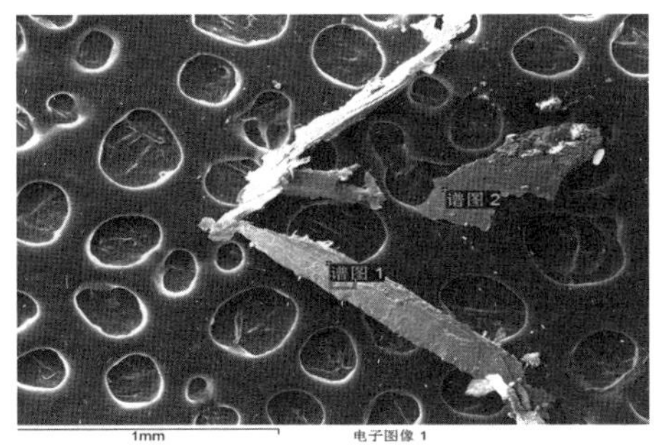

图 2-11-36 200 次开合试验后 C 相磁性异物 SEM 照片

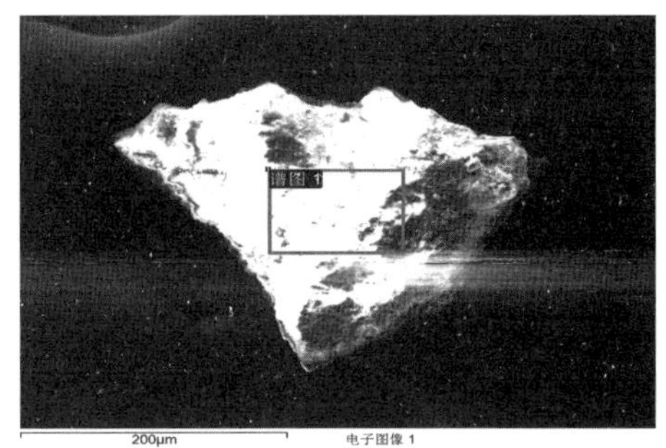

图 2-11-37 200 次开合试验后 C 相非磁性异物中的非金属颗粒 SEM 照片

表 2-11-9 200 次开合试验后 C 相非磁性异物中的非金属颗粒能谱分析结果(wt%)

谱图	C	O	F	Al	Si	P	S	Ca	Ti	Cr	Fe	Cu	Zn
谱图 1	15.30	46.07	10.50	1.75	5.48	0.44	0.97	0.16	0.27	0.43	16.03	1.27	1.34

非磁性异物中的银镀层颗粒：对 200 次开合试验后 C 相非磁性异物中的银镀层颗粒进行电子显微镜能谱分析，结果见图 2-11-38 和表 2-11-10。

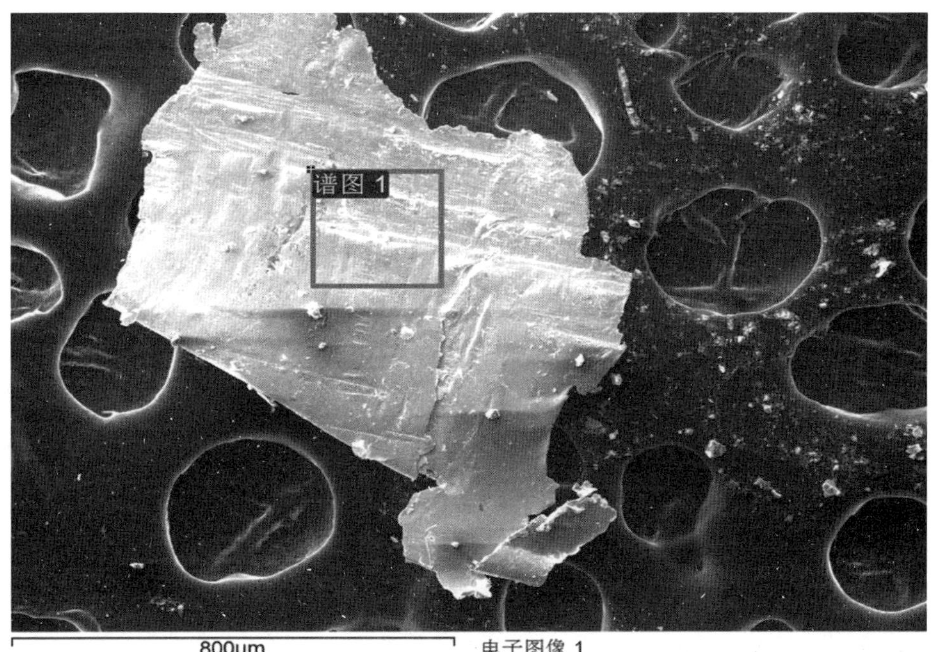

图 2-11-38 200 次开合试验后 C 相非磁性异物中的银镀层颗粒 SEM 照片

表 2-11-10 非磁性异物中的银镀层颗粒能谱分析结果(wt%)

谱图	C	O	Ag
谱图 1	4.67	3.96	91.38

2.11.3 失效原因分析

综合上述分析，2712 断路器，不论是首次解体还是修后 200 次分合试验后开罐发现的罐内异物均可通过磁性分拣为磁性异物和非磁性异物两类，经过异物成分分析、宏观及微观形貌分析、电子显微镜能谱分析，磁性异物主要由铁屑及其他磁性杂质组成，非磁性异物主要由银屑、铜屑、有机物屑及其他杂质组成。

第3章

隔离开关

隔离开关又叫隔离刀闸，在现场实际工作中，大多数称之为刀闸。它的主要用途是保证高压设备检修工作的安全，在需要检修的部分和其他带电部分之间，用隔离开关构成足够大的明显可见的空气绝缘间隔；隔离开关没有灭弧装置，不能用来断开负荷电流和短路电流，否则会在触头间形成电弧，这不仅会损害隔离开关，而且极易引起相间短路，对工作人员也十分危险。因此一般只有在电路已被断路器切断的情况下，才能闭合或断开隔离开关。运行证明隔离开关亦可用来开闭电压互感器、避雷器、母线和直接与母线相连设备的电容电流、励磁电流不超过2A的空载变压器、电容电流不超过5A的空载线路等，因这些情况下电流很小，触头上不会产生很大的电弧。隔离开关易在机械磨损、润滑失效、腐蚀老化、疲劳、机械卡塞等工作环境中发生传动部件变形、断裂、拒合拒分等故障。

3.1 制造质量差导致某供电局某500kV变电站隔离开关拉杆拐臂运行过程中断裂

3.1.1 案例概况

2013年2月27日，某500kV变电站某Ⅰ回线54532隔离开关A相小拉杆损坏，不能进行分合闸操作，断裂部位为拉杆的轴套部位，见图3-1-1。应供电局要求，对拉杆的损坏原因进行分析。

图3-1-1 断裂的拉杆

隔离开关为某高压开关集团股份公司生产。

产品型号:GW35-550DW/4000。

投运日期:2010-01-15。

3.1.2 检查、检验、检测

3.1.2.1 成分分析

据厂家介绍,拐臂的设计材质为不锈钢,但不清楚具体牌号。采用某直读式光谱仪分别在轴套外弧面和螺杆端部对其进行成分检测,检测结果见表 3-1-1。

表 3-1-1 检测结果

	Ni/%	Cr/%	Fe/%
外弧面	10.03	18.05	69.0
螺杆端部	8.66	18.44	70.55

参照 GB 5310—2008《高压锅炉用无缝钢管》,轴套的主要成分符合典型的 18-8 铬镍奥氏体不锈钢,这是常用的不锈钢材,从成分看,其材质符合设计要求。

3.1.2.2 宏观检查

来样为拉杆上损坏的轴套(见图 3-1-2),轴套总长 115mm,轴套部位直径为 45mm,轴套为一体加工成型。

轴套表面光亮,无明显锈蚀、氧化。

断口与拉杆呈上下 45°(图 3-1-2 中断口 1、断口 2),在轴套上还有两处未完全断开的裂纹(裂纹 1、裂纹 2),在图 3-1-2 中上弯外弧还有多处表面裂纹,编为裂纹 3、裂纹 4(见图 3-1-3、图 3-1-4),内弧面则裂纹很少。

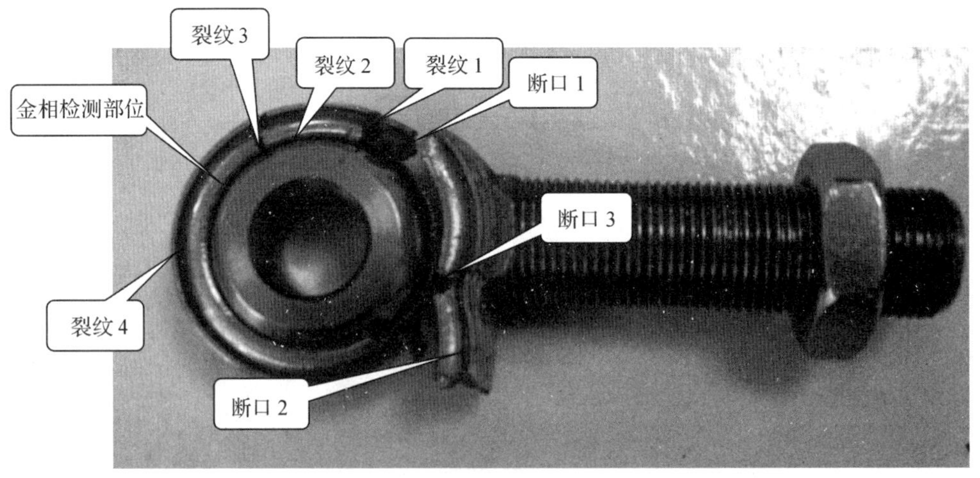

图 3-1-2 断裂的拉杆轴套

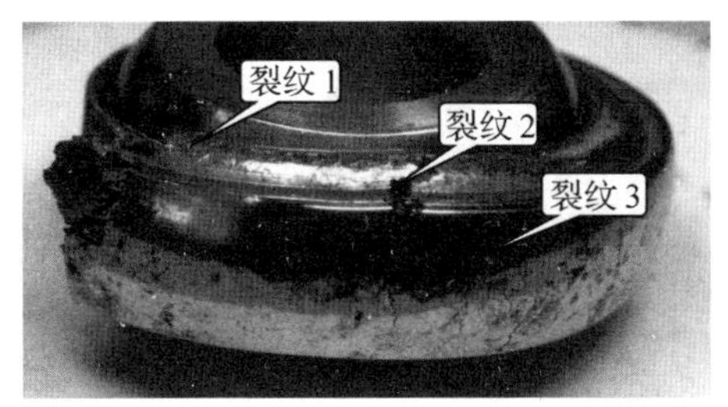

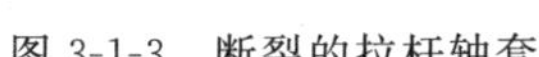
图 3-1-3 断裂的拉杆轴套

图 3-1-4 轴套外壁裂纹

断口 1 和断口 2 断口特征相似，均无明显的裂纹源，裂纹呈由轴套外表面开始、向内壁发展的脆性断裂特征。

断口 1 和断口 2 的断面上大部覆盖有黄色的沉积和氧化产物，将裂纹 1 和裂纹 2 打开后，发现轴套已经大部断裂，只有小部分粘连。断口上同样也覆盖有黄色的沉积和氧化产物，表明已经开裂了较长时间(见图 3-1-5、图 3-1-6，后经能谱检查，断口上的黄色产物主要为氧化铝、氧化硅、氧化钙等)。

图 3-1-5 轴套断口 1

图 3-1-6 打开裂纹 2 后的轴套断口

断口 3 向外弯折、未完全断裂，分析认为断裂过程为机构动作过程中断口 1 部位先断裂，并使断口 3 向外弯折，断口 2 部位同时受力，最终在断口 2 部位也断裂。

因此，扫描电镜观察断裂主要取初始断口 1 和污染较少的次生裂纹 2 进行分析。

3.1.2.3 扫描电镜分析

对断口 1 进行扫描电镜观察。分别在较干净的裂纹缝隙谱图 2 区域和表面氧化和沉积物比较严重的谱图 3 区域进行成分检测，见图 3-1-7，检测结果见表 3-1-2。从表 3-1-2 中可以看出，断口表面的产物主要为氧化硅、氧化铝和氧化钙，这些都是常见的氧化和污染物，未观察到和 18-8 型不锈钢应力腐蚀相关的典型腐蚀产物，也未见明显的夹杂。

表 3-1-2 断口 1 部位的能谱扫描结果

谱图	在状态	C	O	Al	Si	S	Ca	Cr	Fe	Ni	总和
谱图 1	是	10.79	26.73	0.87	2.46	1.81	1.70	12.57	38.95	4.12	100.00
谱图 2	是	59.94	36.93			0.55		0.94	1.64		100.00
谱图 3	是	9.03	25.92			1.03		22.13	37.67	4.22	100.00

因裂纹 2 尚未完全断开，后期的污染相对较少，将裂纹 2 打开后在靠近外壁的裂纹源附近进行电镜观察和能谱扫描，如图 3-1-8 所示。断口呈明显的解理断裂特征，断口表面较干

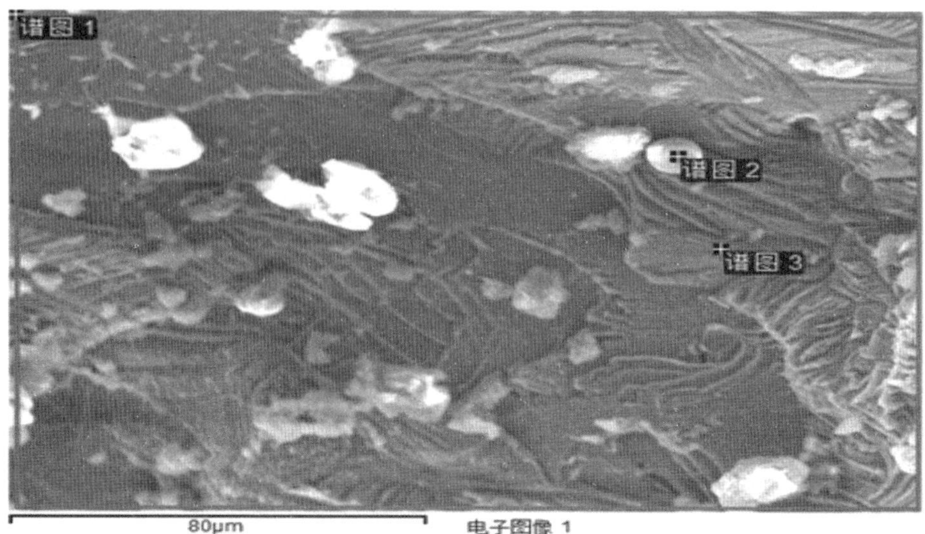

图 3-1-7　断口 1 的电镜图像和能谱观察部位

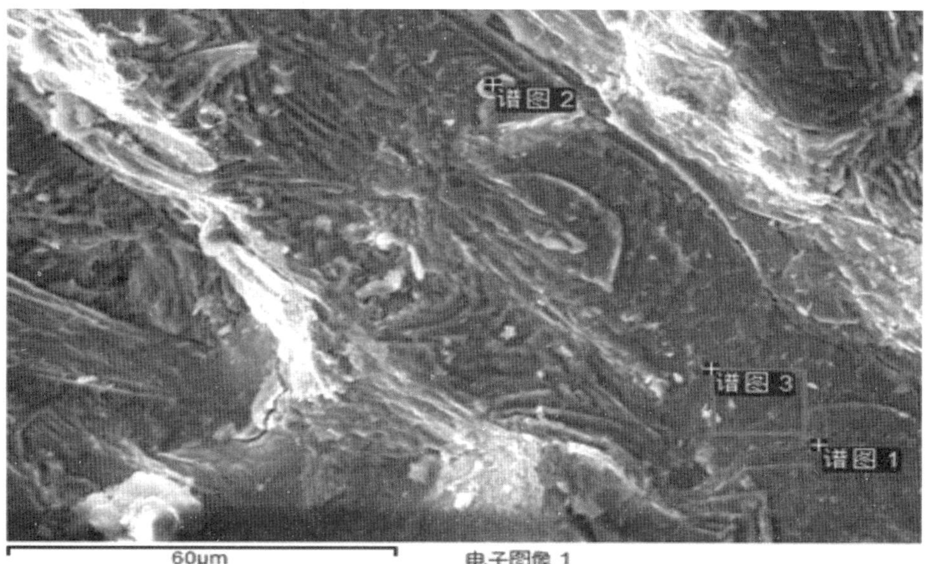

图 3-1-8　裂纹 2 的电镜图像和能谱观察部位

净，对断口表面选 3 个区域进行能谱检测，检测结果见表 3-1-3。从表 3-1-3 中的结果看出，断口表面总体较干净，断口表面的产物也是少量的氧化硅、氧化铝和氧化钙。

在靠近外壁的裂纹起始部位未观察到明显的夹杂物。

表 3-1-3　裂纹 2 部位的能谱扫描结果(wt/%)

谱图	C	O	Al	Si	S	Cr	Mn	Fe	Ni	总和
谱图 1	12.17	25.26		1.08	0.88	11.92	0.80	41.53	6.36	100.00
谱图 2	11.26	26.09	0.56	0.75	1.26	11.96		42.08	6.05	100.00
谱图 3	12.23	26.69	0.43	0.75	1.06	13.22	1.03	38.89	5.69	100.00

3.1.2.3　夹杂物分析

在裂纹 2 附近沿横截面截开进行非金属夹杂物检查（截取位置见图 3-1-2 中所示），经抛光后不腐蚀进行观察，断面上无明显夹杂物，总体未见异常，见图 3-1-9。

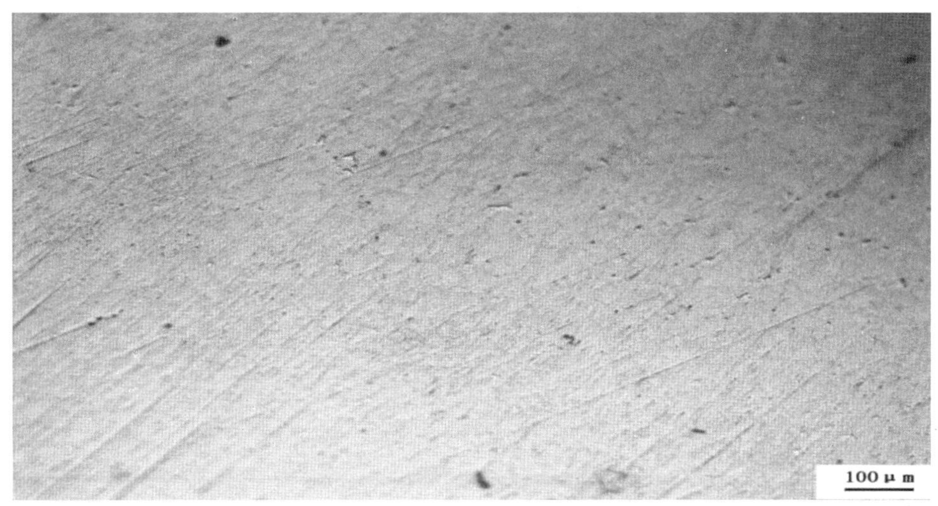

图 3-1-9　轴套断面抛光后非金属夹杂物检查

3.1.2.4　金相分析

将进行非金属夹杂物检查的截面经化学腐蚀后可以看到，金相组织为正常的奥氏体，但整个截面上晶粒大小不均，靠芯部晶粒粗大，靠外表面晶粒细小（见图 3-1-10 至图 3-1-12）。

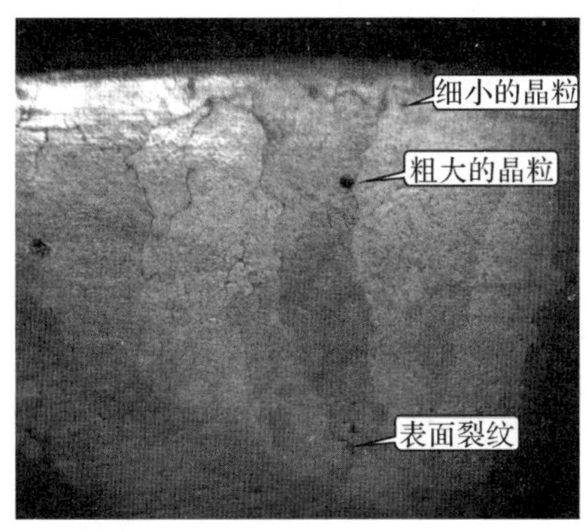

图 3-1-10　轴套横截面的金相组织

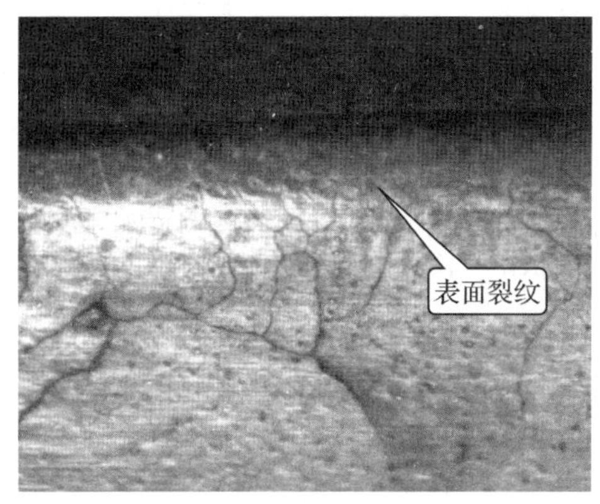

图 3-1-11　轴套横截面近外壁处

在铸造冷却的过程中由于截面上各处冷却速度不同，不同部位的晶粒的长大速度也不一样，没有经过回复和再结晶对轴套的晶粒进行处理，最后就会形成的晶粒内外大小不均的形态，因此晶粒分布呈显著的铸造组织特征。

铸造会使材料具有各向异性，导致某些方向的强度降低，通过锻造工艺则可以使晶粒的大小和分布均匀，组织更加致密，从而具有更好的力学性能。

靠近表面的晶粒间形成了众多的微小裂纹，裂纹已延伸至外表面，在外表面形成了大量的龟裂状沿晶裂纹（见图 3-1-11 至图 3-1-13）。

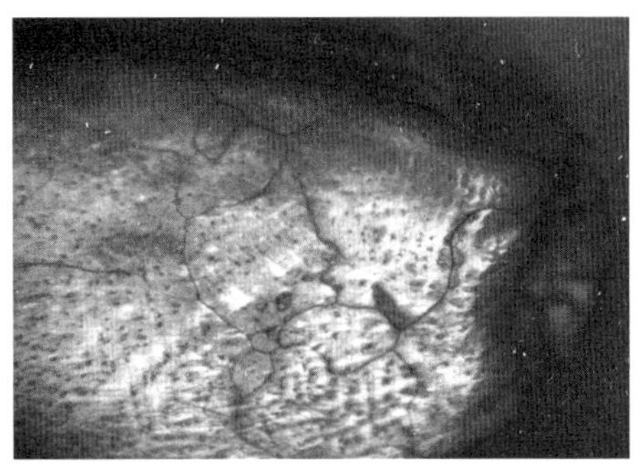

图 3-1-12 靠近表面的晶粒间已经形成了沿晶裂纹

图 3-1-13 轴套外壁的龟裂状沿晶裂纹

晶粒间和表面的裂纹都是沿晶裂纹，说明裂纹的产生主要和内部应力有关。如果是单纯受外部的拉应力，裂纹一般是穿晶裂纹。

3.1.3 失效原因分析

断裂的轴套化学成分未见明显异常。在断面上金相检查也未发现超标的夹杂物。通过扫描电镜和能谱观察，断口上主要呈现解理特征，说明断口上为脆性断裂，在断口上通过能谱检测未发现易导致轴套产生应力腐蚀的腐蚀产物以及应力腐蚀通常具有的泥状花样，可排除因应力腐蚀导致开裂的原因。断面和开裂部位众多的氧化和腐蚀产物说明开裂已经有较长时间。在电镜和 100 倍光学显微镜下均未在断面上观察到异常的非金属夹杂物，说明断裂和非金属夹杂物的含量无明显关系。通过金相检查发现，其应为铸造工艺生产，轴套表面大量的沿晶裂纹表明裂纹产生的主要原因为内部应力，这些应力在制造过程中就已经遗留。

综合上述分析，轴套的断裂原因为：

在制造过程中遗留的内部应力在轴套表面产生了裂纹，加之制造工艺不佳降低了轴套的强度，在隔离开关动作过程中就沿表面裂纹部位产生了脆性开裂，裂纹发展并最终导致轴套断裂。

建议对轴套采用锻造工艺进行生产，并严格控制制造过程中的参数以消除内部应力，使轴套的晶粒均匀并具有更好的强度。

3.2 制造工艺差导致某 220kV 变电站 110kV 某Ⅱ回 1721 隔离开关瓷瓶运行过程中断裂

3.2.1 案例概况

2016 年 5 月 6 日晚间，某供电局某 220kV 变电站运行人员在操作 110kV 某Ⅱ回 1721 隔离开关过程中，支撑柱的支柱绝缘子上法兰部位发生断裂(见图 3-2-1)。隔离开关型号为

GW22A-126D(W)Ⅲ/2000A，开关生产厂家为某隔离开关有限公司，断裂绝缘子为2012年4月某电瓷厂生产，绝缘子为高强瓷。开关厂家提供的资料称该开关安装调试到验收送电，应进行过不少于60次手动、电动操作。应供电局要求，某电科院对绝缘子断裂原因进行分析。

图 3-2-1　绝缘子断裂开关示意图

3.2.2　检查、检验、检测

3.2.2.1　宏观检测

来样共两段，分别为断裂的绝缘子主体侧及法兰侧，瓷件沿法兰面断裂，见图 3-2-2 至图 3-2-4。

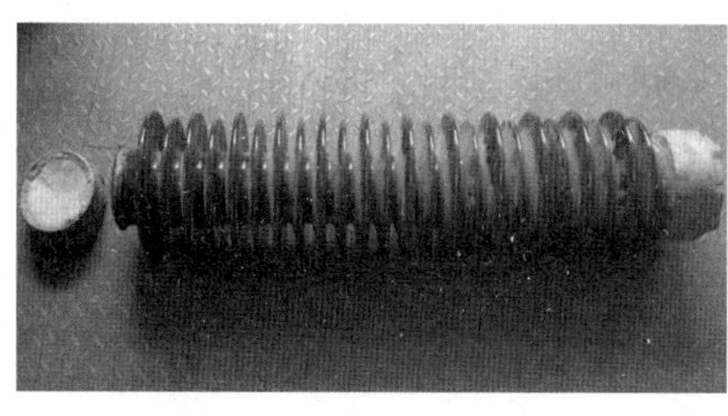

图 3-2-2　断裂绝缘子整体

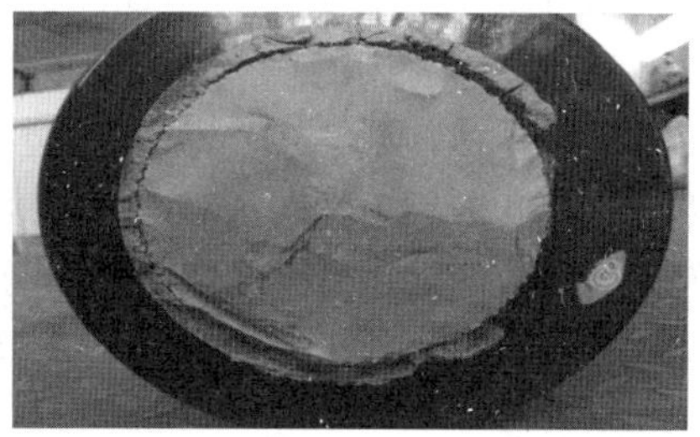

图 3-2-3　瓷柱侧断口

根据统计资料，运行中绝缘子发生的断裂，90%以上都是沿法兰部位断裂，但是下法兰部位断裂的居多。

绝缘子法兰部位由芯部向外结构依次为：瓷件—水泥—金属法兰，见图 3-2-4。

在金属法兰内的瓷件表面进行了喷沙处理，为了减小合闸时对瓷件的冲击应力以及在冬春季节金属法兰收缩对瓷件造成剪切应力，相关标准中规定在瓷件的表面和金属法兰的内表都还应涂有沥青。

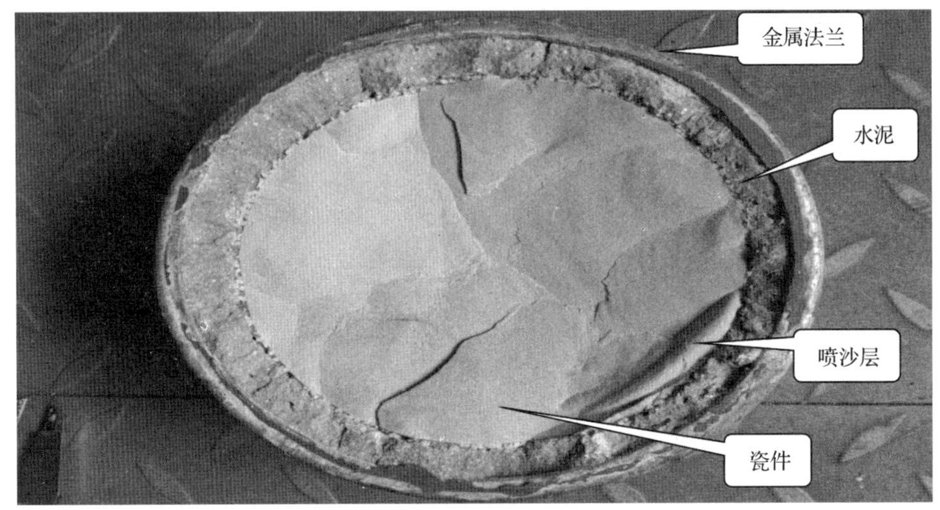

图 3-2-4 法兰侧断口

3.2.2.2 防水胶检测

水泥夹在法兰和瓷件之间，膨胀受到约束。当水泥胶装工艺未对暴露在空气中的水泥界面进行密封处理时，由于水泥具有吸水性，吸水后体积膨胀，必然对绝缘子胶装部位瓷件产生应力，长期经受这种应力会损伤绝缘子胶装部位的瓷体，是造成绝缘子断裂的原因之一。

对断裂绝缘子完好的一端进行检查，绝缘子防水胶密封较严；断裂端的防水胶已经断裂，观察黏在金属法兰端口的残留部分，黏合较牢固，拼合后可看到防水胶基本连续。结合瓷件断口较干净、无雨水侵蚀和污染痕迹特征分析，因密封不严导致进水的可能性不大。

3.2.2.3 裂纹扩展情况检测

法兰侧和主体侧的断口一一对应，只是凹凸形态正好相反，任取一侧的断口进行观察都是等效的，取断面保护较好的法兰侧断口进行观察（下同）。

断面瓷质均匀致密，宏观未见异常缺陷或陈旧损伤痕迹。

根据裂纹的发展规律，断口可分为裂纹源区、裂纹扩展区、瞬时断裂区，裂纹源区和瞬时断裂区面积均很小，裂纹扩展区占了瓷件的绝大部分区域，如图 3-2-5 所示。

在显微镜下可看到裂纹源区的瓷体与喷沙层结合部位存在一条细微裂纹，裂纹已经穿过喷沙黏结层和釉面侵入瓷体表面，见图 3-2-6 标示，而在喷沙层的其他区域未观察到裂纹。

3.2.2.4 水泥偏心情况检测

由图 3-2-7 中可以看到，瓷件周围水泥胶装厚度明显不均匀，显示瓷件在胶装过程中存在偏心。对水泥厚度进行测量，测点如图 3-2-7 所示，最厚 11.55mm，最薄 7.35mm，如图 3-2-8、图 3-2-9 所示，各点厚度数据见表 3-2-1。

胶装中支柱绝缘子在法兰内出现偏心会有以下两个危害：(1)使支柱绝缘子重心偏离中

图 3-2-5 法兰侧断口

图 3-2-6 裂纹源部位的裂纹

心线较大，偏心支柱绝缘子由于长期承受隔离开关及引线重力、隔离开关在操作中冲击力而引起的额外力矩作用，产生微裂纹的概率增大。(2)由于法兰、水泥、瓷是3种不同的物质，三者的膨胀系数不同，铸铁法兰的膨胀系数为 12×10^{-6}/K，水泥为 10×10^{-6}/K，瓷为 $(3.5\sim4.0)\times10^{-6}$/K，因此当温度降低时，法兰的收缩量大，而瓷件收缩量小，其收缩约束了铸铁的收缩，此时两者之间产生应力，温差变化大而导致应变力也相应增大，长此以往对绝缘子胶装部位的瓷件产生累积损伤效应。在温度变化时，水泥最厚的部位法兰收缩和膨胀时更容易产生较大的应力。

从图3-2-5中可以看到：胶装水泥最厚的部位，基本上也与裂纹源区相对应；胶装水泥最薄的部位，则与最终断裂的瞬时断裂区相对应。

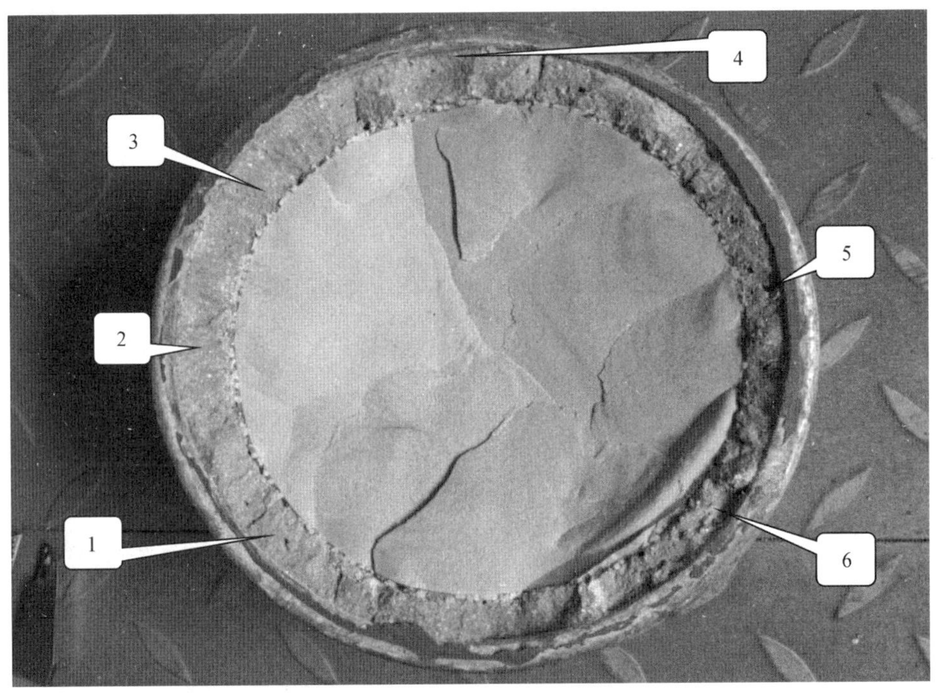

图3-2-7 法兰侧胶装水泥测厚位置

图3-2-8 最厚部位测量示意图

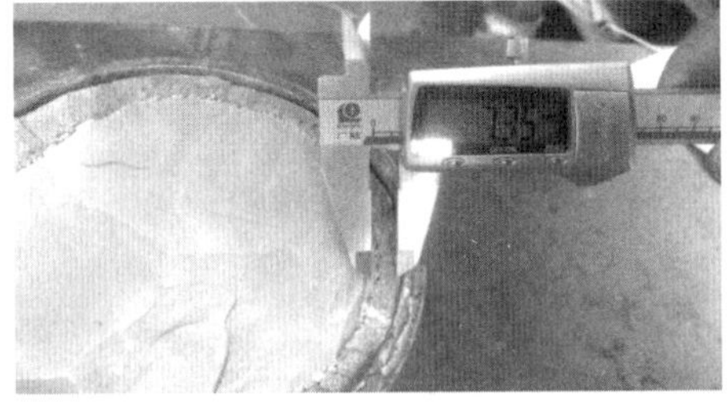

图3-2-9 最薄部位测量示意图

表 3-2-1　断口胶装水泥层厚度

测点编号	厚度/mm	备注
1	8.04	—
2	11.20	—
3	11.55	最厚部位
4	10.84	—
5	7.92	—
6	7.35	最薄部位

3.2.2.5　缓冲层检测

为了减小支柱绝缘子在合闸过程中的冲击力以及支柱绝缘子水泥、瓷件、金属附件在冬春季节收缩应力，GBT 8287.1—2008《标称电压高于 1000V 系统用户内和户外支柱绝缘子第 1 部分：瓷或玻璃绝缘子的试验》要求“绝缘件和附件与水泥胶合剂接触部分表面均匀涂覆沥青缓冲层”，但标准中并未对缓冲层的厚度做出要求。

根据绝缘子生产厂家的胶装工艺规范要求，绝缘子的瓷件在胶装法兰前，瓷件和金属附件与水泥胶合剂接触部位均匀地涂一层沥青漆，沥青漆厚度为 0.1～0.2mm。

将法兰解体以观察沥青层涂覆情况，可见金属法兰内表面和水泥表面均有沥青涂覆，但靠近断口附近无明显沥青层，往下沥青层由薄逐渐变厚，见图 3-2-10；造成此情况的原因应为在沥青在涂敷完以后，静置过程中沥青下淌作用所致。

图 3-2-11 和图 3-2-12 分别为在体式显微镜下的瓷件和水泥表面照片，观察结果表明瓷件表面涂有沥青层。

从上述观测结果看，在瓷件和金属附件与水泥胶合剂接触部分表面涂覆有沥青缓冲层，基本符合标准要求。但金属附件内壁靠近法兰口的沥青层较薄，靠近法兰底部的较厚，整体厚度不均匀。

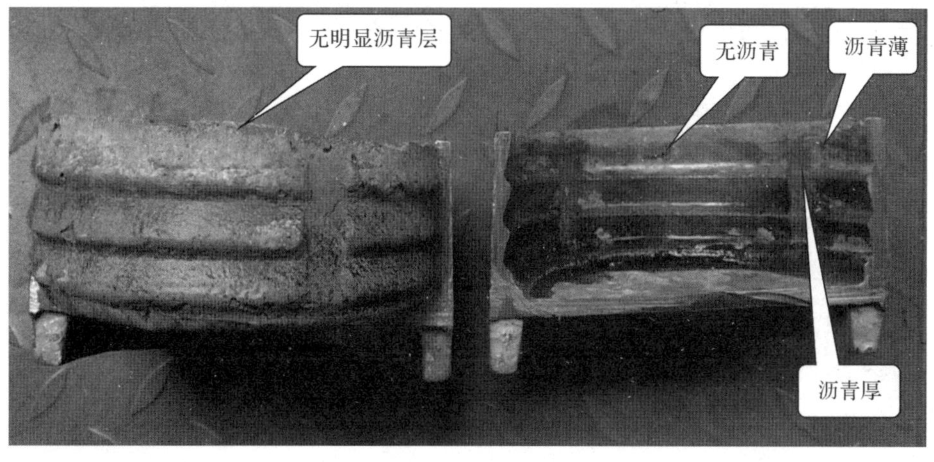

图 3-2-10　铁附件与水泥胶合剂接触表面沥青涂覆情况

图 3-2-11　瓷柱表面体视照片

图 3-2-12　水泥表面体视照片

3.2.2.6　无损检测

采用 EPOCHXT 超声波探伤仪，对断口附近的瓷柱进行了超声波检测，检测显示在断口附近绝缘子内部未发现缺陷。对瓷柱两侧法兰附近的直段进行表面渗透检测，表面未发现缺陷，见图 3-2-13。

采用数字射线对绝缘子两个法兰部位进行检测，检测表明，断裂一端的法兰内部未发现明显缺陷，见图 3-2-14，但是在完好的一端，法兰内部部分区域水泥填充不完全，见图 3-2-15。

图 3-2-13　表面渗透检测结果

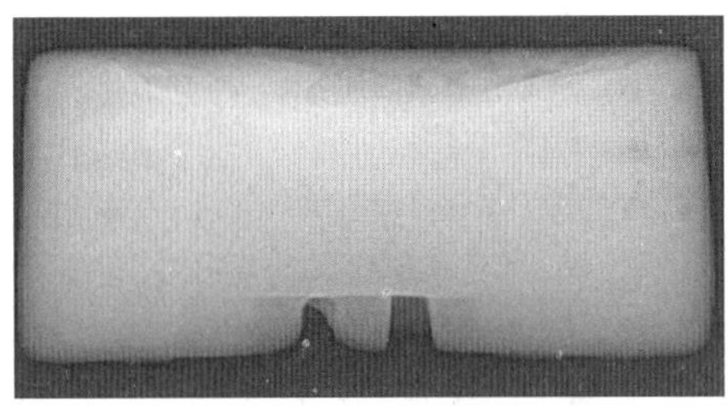

图 3-2-14　损坏端法兰射线照片

图 3-2-15　完好端法兰射线照片

3.2.3　失效原因分析

从现有资料上看，通常支柱绝缘子断裂 90% 以上都是从法兰断口部位断裂，但是下法兰部位断裂的居多。造成运行中绝缘子断裂的原因主要有:产品缺陷多、胶装偏心、防水胶失效导致的水泥膨胀、安装调试不当造成产品受非正常力等。

绝缘子断裂位置为法兰端口部,该部位为绝缘子应力较集中的部位。

观察黏在金属法兰端口的残留部分,黏合较牢固,拼合后可看到防水胶基本连续。结合瓷件断口较干净、无雨水侵蚀和污染痕迹特征分析,因密封不严导致进水的可能性不大。

对绝缘子瓷柱进行的超声和渗透检测未发现表面和内部存在缺陷。

射线检测表明在未断裂的一端法兰内水泥填充不完全,存在间隙或疏松。

断裂部位的瓷件胶装存在明显偏心,偏心会使支柱绝缘子重心偏离中心线较大,在引线重力、操作冲击力作用下会产生额外力矩,长期运行后产生微裂纹的概率增大。

偏心也导致了水泥厚度不均,温度变化时,水泥最厚的部位法兰收缩时会对瓷件产生更大的剪切应力。

在裂纹源区,也就是胶装水泥最厚的部位,可看到瓷体表面喷沙层与水泥结合处存在一条细微裂纹,裂纹已经穿过表面喷沙层和釉面侵入瓷体,而在喷沙层的其他区域,则未观察到裂纹。

综合上述分析,造成绝缘子断裂的主要原因为:绝缘子由于胶装水泥时偏心,在引线重力、操作冲击力作用下瓷件受到额外的力矩,加之水泥厚度不均,使温度变化时加在瓷件上的剪切应力增大,在多种应力综合作用下瓷件表面产生微小裂纹,裂纹扩展并在机构动作时发生断裂。

3.3 吊装不当导致某供电局某变电站110kV某隔离开关损伤

3.3.1 案例概况

某供电局某变电站110kV某线在吊车起吊水泥杆塔时,水泥杆塔倾倒,倒向128开关A相引流线,并与B相顶部引流板轻微碰撞,致使A相顶部引流板一侧被拉断,引流线脱落,与之对应的A相电流互感器瓷套受伤,电流互感器需要更换。受供电局委托,某研究院(集团)有限公司金属所检验人员于2006年4月7日对某供电局某变电站110kV某线128开关A、B相瓷套进行了超声波检验。

3.3.2 检查、检验、检测

使用仪器、探头及试块:

超声波探伤仪:泛美4B超声波探伤仪;探头:1R90瓷瓶探伤专用爬波探头;试块:瓷瓶探伤专用试块Φ100×300。

执行标准:《高压支柱瓷绝缘子超声波检测导则》。

3.3.2.1 超声波检测

110kV某线128开关上有三组瓷套,对应A、B、C三相,考虑到128开关A、B相的瓷套在水泥杆塔的倾倒中承受了附加的弯曲应力,一侧受拉,另一侧受压,故本次检验的瓷套为

128 开关 A、B 相的瓷套，检验重点为瓷套受拉侧。检验方式如图 3-3-1 所示。

(1)A 相：对 A1、A2 及 A3 位置进行超声波检测，如图 3-3-2 所示，图中 AN 位置由于检测面达不到要求，未进行检验。A1、A2 可检测位置如图 3-3-3 所示，A3 可检测位置如图 3-3-4所示。

(2)B 相：对 B1、B2 及 B3 位置进行超声波检测，如图 3-3-2 所示，图中 BN 位置由于检测面达不到要求，未进行检验。B1、B2 可检测位置如图 3-3-3 所示，B3 可检测位置如图 3-3-4所示。

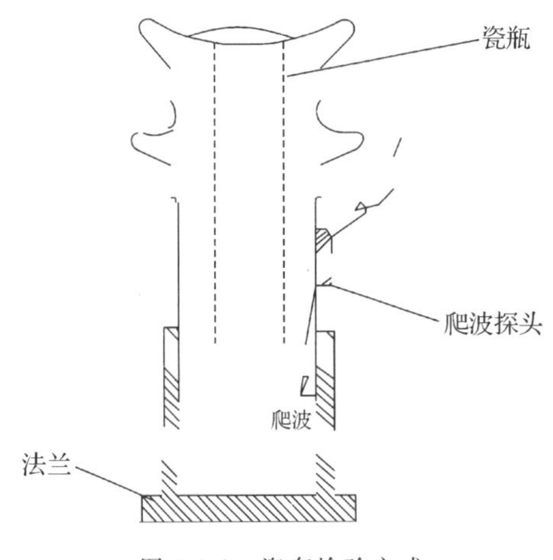

图 3-3-1　瓷套检验方式

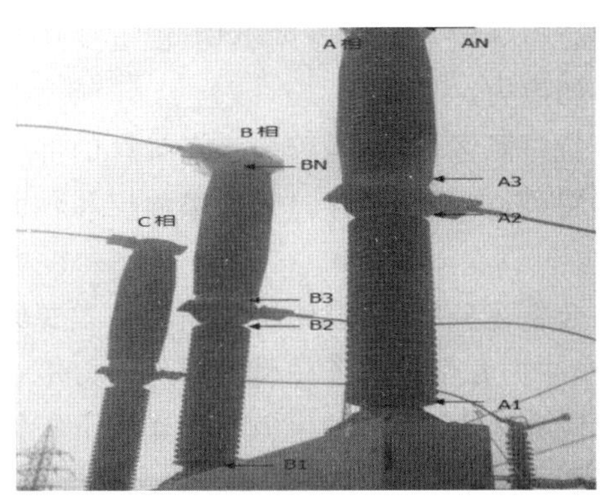

图 3-3-2　瓷套检验位置

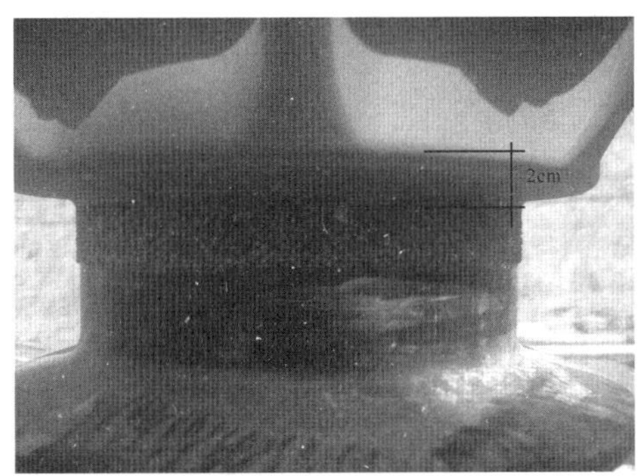

图 3-3-3　A1(B1)、A2(B2)可检测位置示意

注：A1(B1)、A2(B2)超声波可检区域为：瓷瓶法兰口内 2cm 和第一瓷沿之间。

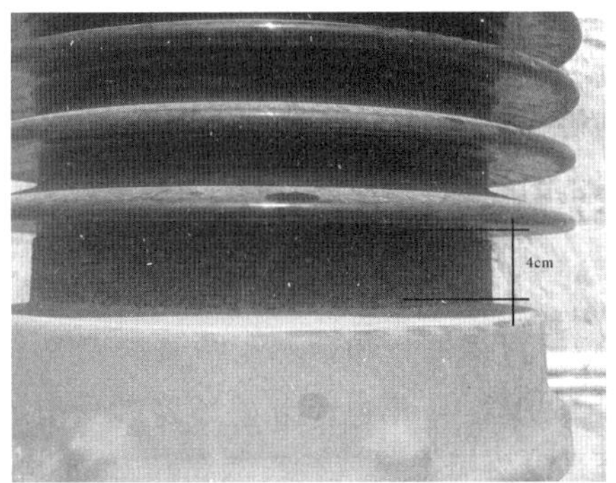

图 3-3-4　A3(B3)可检测位置示意

注：A3(B3)超声波可检区域为：瓷瓶法兰口和第一瓷沿之间

本次检验对某变电站 110kV 某线 128 开关 A、B 相瓷套进行了超声波检验，瓷套检验部位未发现裂纹波显示。

3.3.3　失效原因分析

吊装不当造成 A 相隔离开关引流板断裂，瓷套超声波检验部位未发现裂纹波显示。瓷瓶(套)出现断裂的部位，大多出现在法兰口内 1.5cm 与第一瓷沿之间。随着运行年限的增加，出现裂纹的概率就越大。所以，建议对隔离开关瓷瓶或使用年限较长的瓷瓶进行超声波检验，以避免恶性事故的发生。

3.4　操作不当导致某变电站某线 3473 隔离开关瓷瓶运行中断裂

3.4.1　案例概况

某变某线于 2000 年开工建设，2001 年建成投产。2006 年 3 月某日，某变某线 3473 隔离开关在操作拉地刀时，瓷瓶突然发生断裂，见图 3-4-1。3473 隔离开关型号为 GW14-35G630A，昆明开关厂生产，结构见图 3-4-2。

图 3-4-1　断裂后的隔离开关瓷瓶

图 3-4-2　未断裂前的隔离开关结构

3.4.2　检查、检测、检验

3.4.2.1　宏观分析

来样为断裂的隔离开关瓷瓶，分两部分，见图 3-4-3、图 3-4-4。从断口宏观形貌上看，断口不存在夹渣、夹层、生烧及气孔等缺陷，且断口位于法兰边缘，这与瓷瓶法兰口内 3cm 和第一瓷沿之间在这个范围内受力较大有关，整个断口为一次断裂形成，呈现明显的瞬时扭断特征，断裂的瓷瓶断面为一致且均匀的白色，并非存在陈旧性裂纹源所致。对整圈瓷瓶断口附近进行渗透检验，未发现瓷瓶外表面开口裂纹存在，见图 3-4-5。

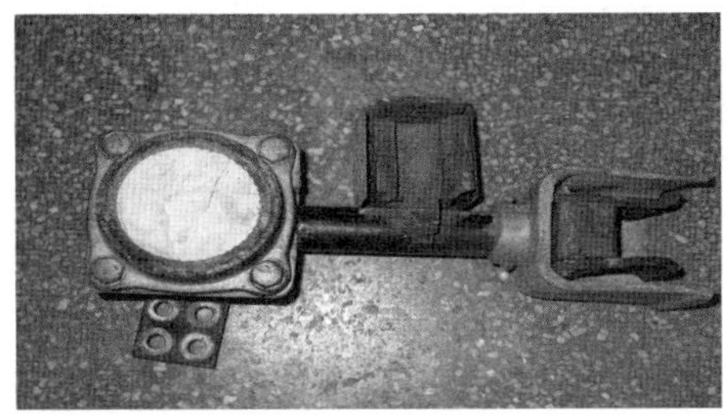

图 3-4-3　隔离开关瓷瓶断裂的一部分

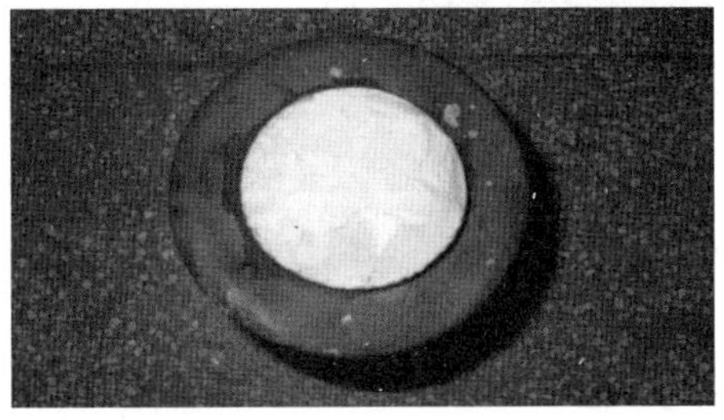

图 3-4-4　隔离开关瓷瓶断裂的另一部分

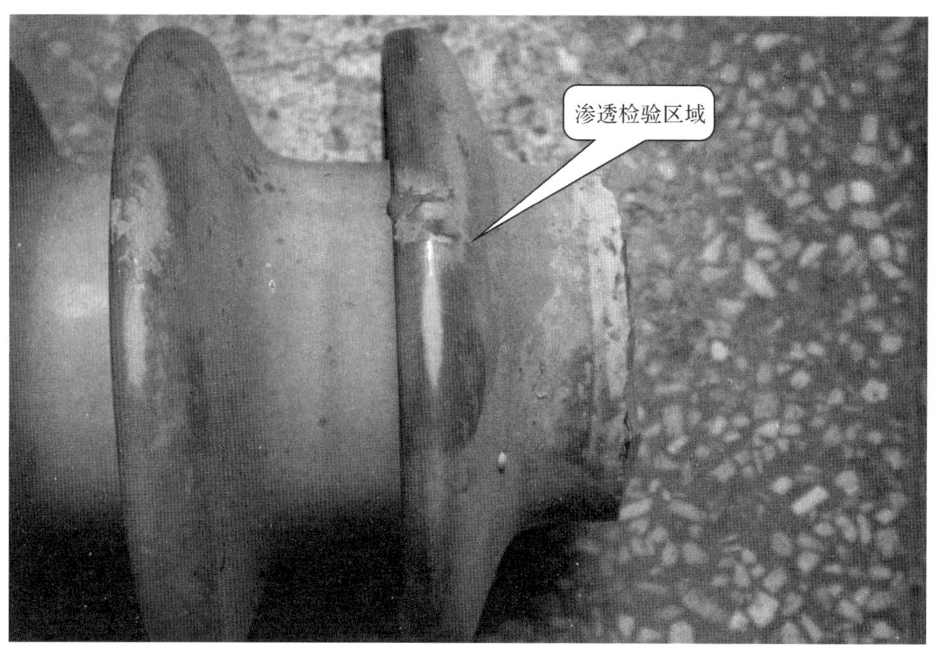

图 3-4-5　隔离开关瓷瓶断裂位置经渗透检验

3.4.2.2　超声波检测

对隔离开关瓷瓶极易产生裂纹源的 A、B 位置进行超声波检验，如图 3-4-6 所示；由于爬波检测速度较快，探测表面下 1～15mm 的裂纹非常敏感，故采用爬波超声波进行检测，扫查方式为径向旋转扫查，如图 3-4-7 所示。

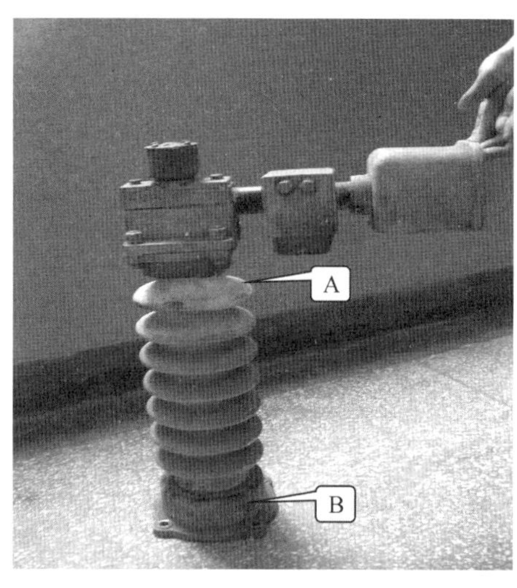

图 3-4-6　隔离开关瓷瓶超声波检验示意

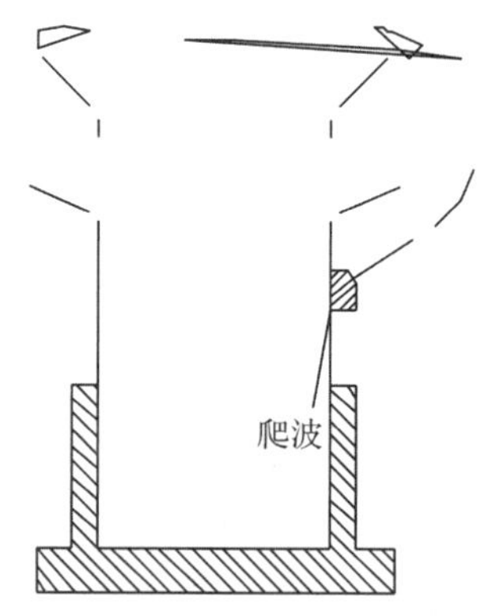

图 3-4-7　爬波斜角超声波检测

超声波检测结果：A 位置除断口本身产生的反射波外，未发现其他裂纹波显示；B 位置整圈经超声波检测后未发现裂纹波显示。注：超声波可检区域为瓷瓶法兰口内 4cm 和第一瓷沿之间。

3.4.3 失效原因分析

由分析可以看出,3473 隔离开关瓷瓶本身不存在制造缺陷,瓷瓶断口位于法兰边缘,呈现明显的瞬时扭断特征,不排除操作力过大引起断裂的可能。因此,为了防止类似事故,建议一是控制操作力不要过大;二是防止隔离开关操作机构锈蚀、卡滞、卡死、别劲,避免瓷瓶异常受力开裂。

3.5 隔离开关三角板制作工艺不良导致某供电局 220kV 某变电站 155 间隔某隔离开关异常跳闸

3.5.1 案例概况

2021 年 3 月 19 日,为开展 155 间隔 B 修、空开电源改造、综自改造等工作,在操作间隔转检修过程中,当分开 1551 及 1552 隔离开关后,在合上 15517 地刀时,110kV Ⅰ母母线差动保护动作跳闸。设备型号:ZF12-126(L)生产厂家:河南平高电气股份有限公司,生产日期:2007 年 2 月,出厂编号:2007.90;2021 年 3 月 25 日,供电局、设备厂家及电科院在现场开展了故障气室的解体,发现 1551 隔离开关托架三角板断裂,见图 3-5-1。

图 3-5-1 气室内原始状态

3.5.2 检查、检验、检测

3.5.2.1 宏观检测

断裂三角板表面经过硬质阳极氧化处理，表面呈黑色，三角板的厚度 14.04mm。三角板 A 相位置沿着轴台阶断裂成两半，分别编号为 1＃和 2＃。

断口表面平齐，无明显塑性变形，如图 3-5-2 所示。

断口表面光洁，因为罐体内较清洁缘故，尚不能通过断口的光洁程度判断断裂时间。

目视和体式显微镜下观察，断口上材料较致密，未发现明显的气孔、疏松、裂纹等缺陷。

三角板最后采用了硬质阳极氧化工艺，表面呈黑色，如果阳极氧化前台阶部位就存在裂纹，则在断口上该部位应该可以看到黑色痕迹，但宏观和体式显微镜下未观察到黑色痕迹，所以在硬质阳极氧化工艺前没有裂纹。

根据断口裂纹走向分析，裂纹是从台阶处产生，结构上该部位为应力集中位置。并据此初步推断，三角板是在分闸过程中发生开裂(向上运动)，且因断裂的三角板上没有碰撞痕迹，应是最后一次分闸时发生的断裂。

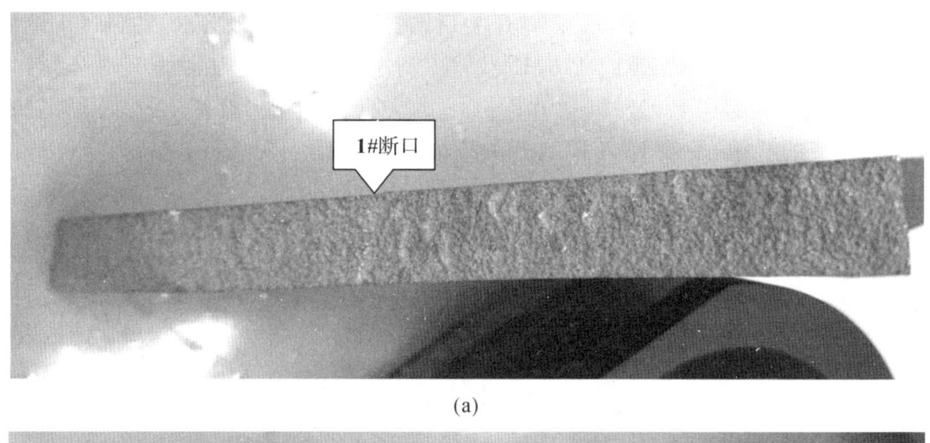

(a)

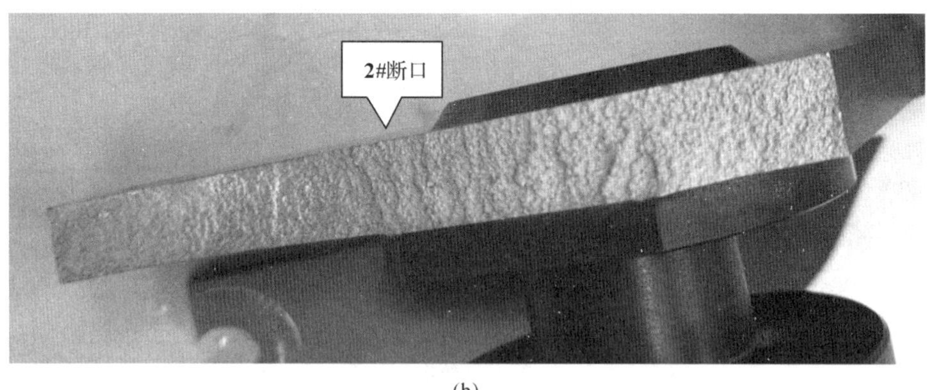

(b)

图 3-5-2 三角板断口宏观照片

将 1＃和 2＃试样放置在体式显微镜下进行观察，轴与平板的过渡为圆弧过渡，轴与台阶的过渡未采用圆弧过渡，如图 3-5-3、图 3-5-4 所示。

仿真结果表明三角板台阶过渡处应力集中，断口观察表明裂纹起源于该部位，如果对台阶过渡进行改进可减小应力集中的程度。

图 3-5-3　2#试样轴与平板过渡位置、轴与台阶过渡位置体式显微照片

图 3-5-4　2#样品表面阳极氧化层铣床处理后应力集中处表面形貌照片

3.5.2.2　成分检测

根据厂家提供资料，三角板的设计材质为 2A12-H112 铝合金，按 GB/T 7999—2015《铝及铝合金光电直读发射光谱仪》和 GB/T 3190—2008《变形铝及铝合金化学成分》，电科院对断裂三角板进行成分检测，检测结果均显示断裂三角板的 Si 含量高于 GB/T 3190—2008

《变形铝及铝合金化学成分》中 2A12 铝合金的要求，其余元素含量满足标准要求，化学成分基本符合厂家设计。

检测结果见表 3-5-1。

表 3-5-1 断裂三角板化学成分检测结果(wt/%)

试样	Si	Cu	Mg	Zn	Mn	Ti	Ni	Fe
2A12	≤0.5	3.8～4.9	1.2～1.8	≤0.3	0.3～0.9	≤0.15	≤0.1	≤0.50
断裂三角板(电科院检测)	0.791	4.705	1.18	0.132	0.722	0.003	0.011	0.245

3.5.2.3 力学性能检测

3.5.2.3.1 硬度检测

电科院采用台式布洛维硬度计按 GB/T 4340.1—2009《金属材料维氏硬度试验 试验方法》对 1＃断裂三角板表面(未打磨和打磨后)以及截面的心部进行维氏硬度检测，分别测量 6 个点，检测结果如表 3-5-2 所示。

表 3-5-2 1＃样断裂三角板维氏硬度检测结果(HV)

试样	1	2	3	4	5	6	平均值
表面(未打磨)	184	195	195	184	188	182	188
表面(打磨后)	130	132	127	125	127	129	128
心部	116	117	112	110	116	112	114

3.5.2.3.2 抗拉强度检测

取 1＃样品加工 2 个直径为 10mm 的圆形横截面拉伸试验，按照 GB/T 228.1—2010《金属材料拉伸试验第 1 部分试验方法》检测三角板的抗拉强度。

1＃拉伸试件断抗拉强度为 278.1MPa(断在试样夹持位置处)；

2＃拉伸试件的抗拉强度为 311.1MPa，检测结果如表 3-5-3 所示。

表 3-5-3 1＃样断裂三角板抗拉强度检测结果

试样	直径/mm	最大力/kN	抗拉强度/MPa
1＃拉伸试样	10.03	21.96	278.1
2＃拉伸试样	9.99	24.37	311.1

检测结果分析：

硬度：GB/T 3880—1997《铝及铝合金轧制板材》中未规定硬度值的要求，但根据厂家提供资料，硬度值 HV≥250，实测硬度值均低于该值。

抗拉强度：GB/T 3880—1997《铝及铝合金轧制板材》标准中对 2A12-H112 铝合金的力学性能要求为：板厚 10～12.5mm 应≥420MPa，板厚 25～40mm 应≥390MPa。两组取样的试样抗拉强度平均值分别为 294.6MPa、267.3MPa，均明显低于标准要求值，强度偏低的原因应和热加工工艺有关。

3.5.2.4 显微结构分析

金相组织观察：在 2＃样品上取样抛光腐蚀后在金相显微镜下观察，三角板局部区域的金相组织存在明显偏析，如图 3-5-5 所示。

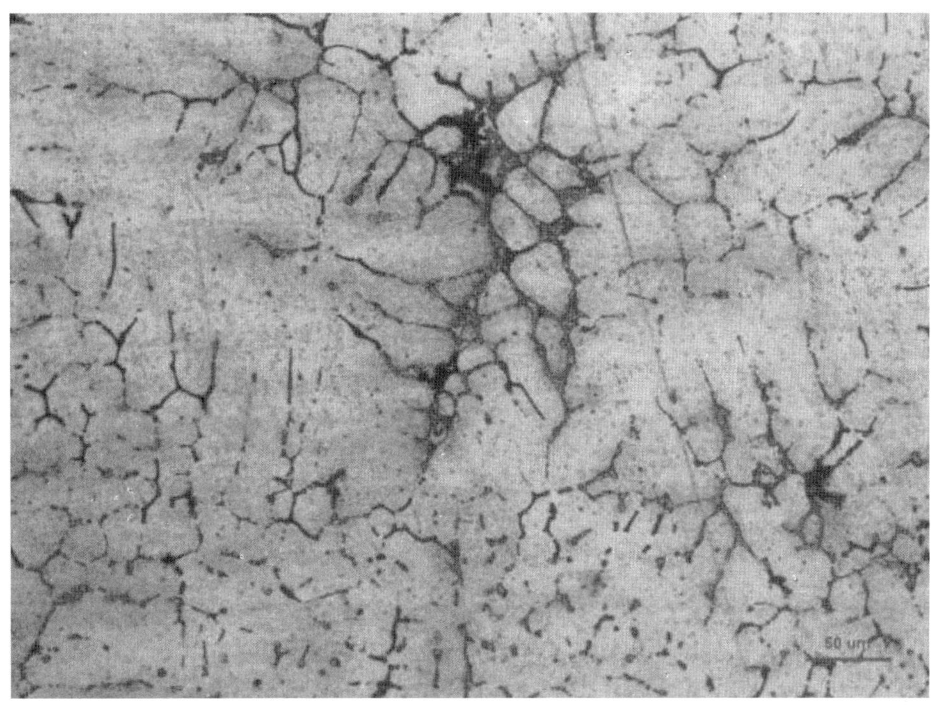

图 3-5-5 三角板金相组织照片

断口扫描电镜观察及能谱分析：

取 2＃样品裂纹源区域断口进行扫描电镜观察及能谱分析。在断口的裂纹源处的局部区域呈现沿晶断裂特征，其余区域呈现为穿晶断裂特征，如图 3-5-6 所示。

对图 3-5-6 中的图谱 1 至图谱 4 进行能谱分析，其中图谱 1 和图谱 2 为沿晶断裂区域，图谱 3 和图谱 4 为穿晶断裂区域。

能谱检测结果显示沿晶断裂区域的 Cu 和 Mg 含量低于穿晶断裂区域的 Cu 和 Mg 含量，见表表 3-5-4。沿晶断裂表明晶界存在缺陷，在受力时沿晶界发生开裂。

表 3-5-4 图 3-5-6 中 4 个位置能谱检测结果(wt%)

位置	Mg	Al	Si	P	K	Mn	Fe	Cu
图谱 1	0.64	89.03	5.58	0.50	1.22	—	—	3.03
图谱 2	0.85	86.17	3.11	0.84	0.81	—	—	8.22
图谱 3	1.40	76.89	4.10	1.36	1.30	—	—	14.95
图谱 4	3.22	66.42	7.21	1.17	1.59	—	—	20.39

检测结果分析：

金相组织观察结果表明三角板局部区域存在明显偏析。

断口的裂纹源处的局部区域呈现沿晶断裂特征，且沿晶断裂区域的 Cu 和 Mg 含量低于穿晶断裂区域的 Cu 和 Mg 含量，表明裂纹源位置的局部区域有成分偏析，形成局部区域缺陷。

由于三角板设计导致在裂纹源处有应力集中，再加之安装中存在 A 相相拉杆及动触头

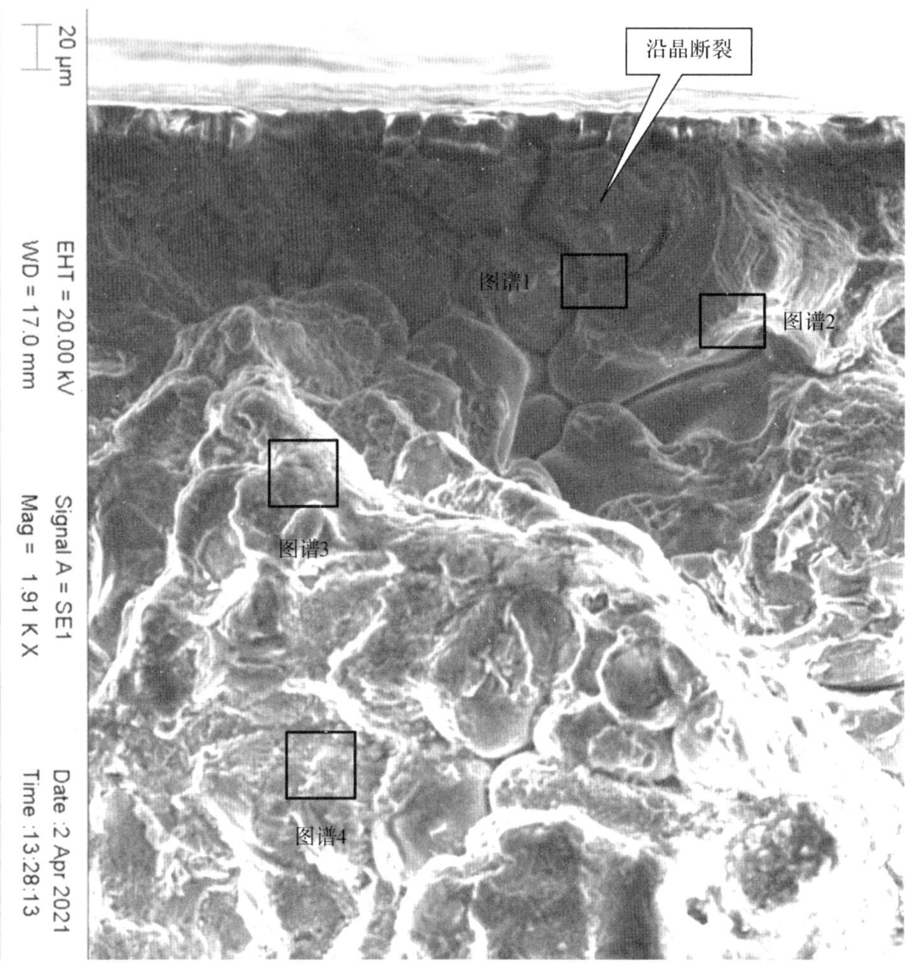

图 3-5-6 裂纹源附近断口扫面电镜照片

存在未对中的情况，会造成触头摩擦力增大(摩擦力的值需要厂家通过接近实际工况的模拟试验测量)，使在应力集中处的应力增大，在存在局部缺陷的区域产生裂纹并扩展。

3.5.3 失效原因分析

综上，认为故障隔离开关三角板主要存在以下三点异常：

(1)成分检测：对断裂三角板进行成分检测，检测结果均显示断裂三角板的 Si 含量高于 GB/T 3190—2008《变形铝及铝合金化学成分》中 2A12 铝合金的要求，其余元素含量满足标准要求。

(2)抗拉强度检测：抗拉强度平均值明显低于标准中对 2A12-H112 铝合金的力学性能大于等于 390MPa 的要求。但依据仿真计算结果，在三角板抗拉强度为 266MPa 的假设条件下仍有 3.6 的安全系数，可以保障正常分合闸。

(3)显微结构分析：金相显微镜下观察三角板局部区域的金相组织存在明显偏析，裂纹源区域断口进行扫描电镜观察及能谱分析。在断口的裂纹源处的局部区域呈现沿晶断裂特征，其余区域呈现为穿晶断裂特征，沿晶断裂表明晶界存在缺陷，在受力时沿晶界发生开裂。

故障原因：三角板存在因制作工艺不良导致的抗拉强度偏低且存在局部缺陷，加之托架三角板存在A相拉杆及动触头未对中插入静触头中的情况，使得动触头和拉杆的运行工况发生改变，托架三角板的受力增大，且该操作机构为快速隔离开关弹簧机构，操作功较大，分闸时从托架三角板的应力集中处发生断裂。

3.6 热处理工艺不当导致某500kV变电站隔离开关操作机构齿轮损坏

3.6.1 案例概况

受某电网公司建设分公司委托，某电力试验研究院(集团)有限公司电力研究院金属所技术人员于2008年5月23日—5月29日对某500kV变电站隔离开关操作机构齿轮进行检测、试验。

3.6.2 检查、检验、检测

样品形貌及偏号见图3-6-1。

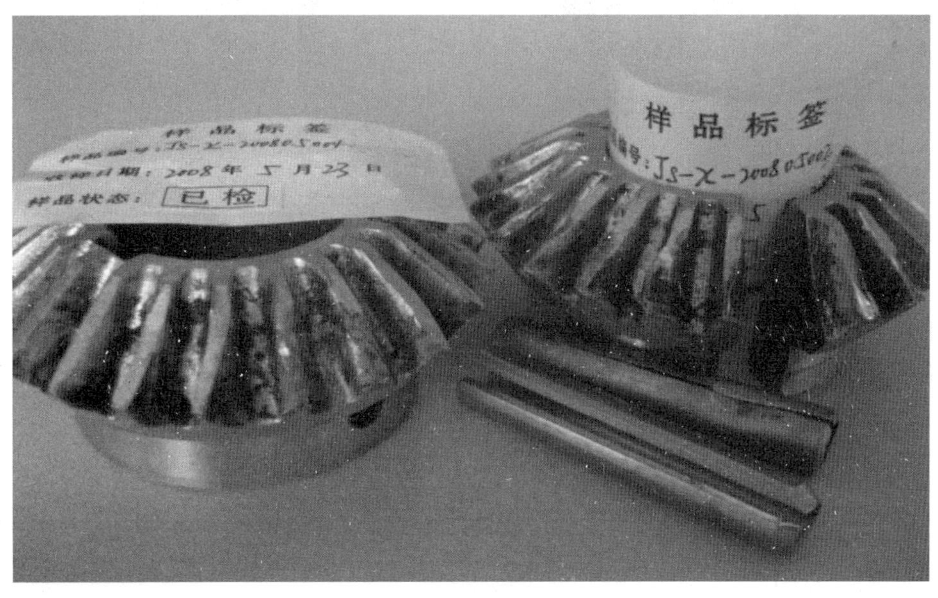

图3-6-1 样品形貌及编号

3.6.2.1 化学元素分析

对样品齿边缘位置做成分分析，结果见表3-6-1。

表 3-6-1　成分分析结果

样品编号	分析结果/%						
	C	Si	Mn	S	P	Cr	Fe
JS-X-200805003	0.40	0.23	0.61	0.017	0.014	0.91	余量
JS-X-200805004	0.39	0.23	0.63	0.017	0.018	0.90	余量

GB/T 3077—1999 中对 40Cr 化学成分规定为：

C0.37%～0.44%，Si0.17%～0.37%，Mn0.5%～0.8%，Cr0.8%～1.1%，P、S≤0.035%(优质钢)

所检验化学成分符合 GB/T 3077—1999 对 40Cr 化学成分的规定。

3.6.2.2　硬度测试

如图 3-6-2 所示，对编号为 JS-X-200805003 的齿轮(沿中部剖开)进行硬度测试，测试结果见表 3-6-2。

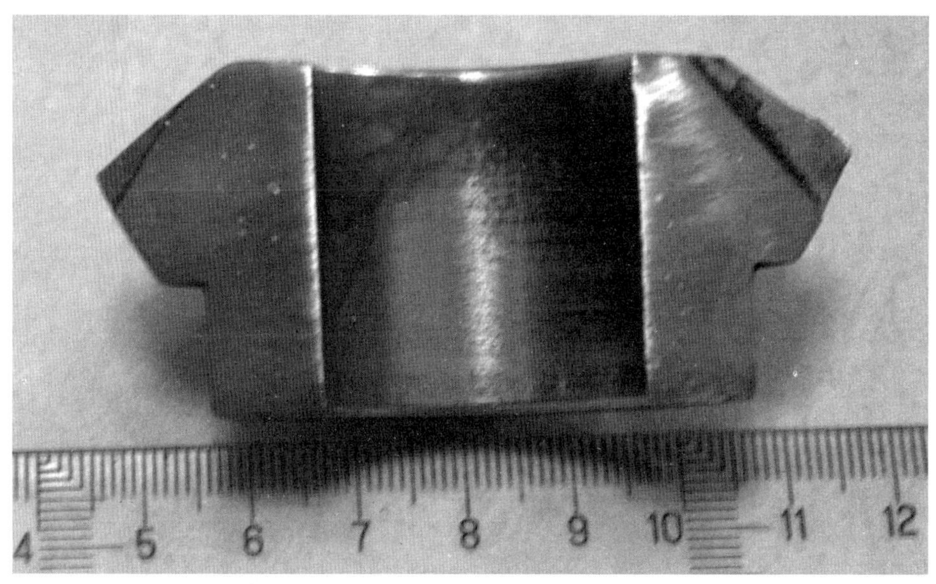

图 3-6-2　编号为 JS-X-200805003 的齿轮(沿中部剖开)硬度测点示意图

表 3-6-2　硬度测试结果

测点编号	硬度(HB)			
	1	2	3	平均值
1	165	164	163	164
2	162	164	163	163
3	157	159	158	158
4	155	155	154	155
5	122	120	121	121

续表

测点编号	硬度(HB)			
	1	2	3	平均值
6	124	124	122	123
7	100	98	98	99
8	97	97	95	96
9	102	101	101	101
10	98	98	96	97
11	168	166	164	166
12	164	160	162	162

硬度试验表明，该工件齿边缘部位硬度平均值为 98HB，远低于工件芯部硬度(160HB)；结合《热处理手册》及《齿轮材料及热处理质量检验的一般规定》等关于 40Cr 齿轮热处理的规定，该齿轮齿边缘硬度偏低。

3.6.3 失效原因分析

齿轮的损坏形式主要有齿面接触疲劳、磨损及齿面折断、齿面变形，诸如此类的失效形式主要与齿轮材料的热处理情况有密切关系，通常情况下材质为 40Cr 的齿轮毛坯预热处理中正火后硬度范围为 179～229HB。所检样品中齿轮齿面大多存在不同程度的变形，齿轮硬度从芯部向齿面逐渐降低且齿面硬度为 98HB，低于 40Cr 正火、调质、淬火、表面硬化等热处理后硬度。

结合试验结果及《齿轮材料及热处理质量检验的一般规定》(GB/T 8539—2000)、《热处理手册》等相关标准、资料进行分析，齿轮啮合齿边缘硬度偏低是导致该齿轮失效的主要原因，建议生产厂家审核热处理工艺的合理性并严格控制热处理工艺。

3.7 热处理不当导致某变电站 050127 地刀 C 相传动机构运行过程中失效

3.7.1 案例概况

2017 年 4 月 11 日，某换流站在检修过程中发现阀厅 050127 地刀 C 相分闸不到位。地刀传动机构的齿轮发生变形(见图 3-7-1)，轴在动作过程中被剪断，应供电局要求，某电科院对机构失效原因进行分析。

按照厂家提供的资料，地刀型号为 ZJN1-515，该地刀传动机构设计图纸中，失效轴及齿轮的标注材质均为 45＃钢，齿轮热处理工艺为调质，表面镀硬铬 30μm，设计硬度为 HRC25-30；轴未提供热处理工艺。

图 3-7-1　失效的地刀传动机构

3.7.2　检查、检验、检测

3.7.2.1　宏观检测

图 3-7-2、图 3-7-3 所示分别为送检的失效轴、齿轮。轴与齿轮之间通过花键配合。失效轴如图 3-7-2 所示，轴断裂面位于齿轮端面附近，失效轴整体未见锈蚀、磨损，断裂断面较为平整，无锈蚀，大部分断面存在摩擦痕迹，该摩擦痕迹为断裂后机构之间滑动摩擦导致的，轴断面仅图 3-7-2 所标识的原始断面部位保存了较为完好的原始断口，在保存的原始断口区未见宏观疲劳痕迹，断面附近的轴表面未见可能构成疲劳源的缺陷。

图 3-7-2　失效轴及断口

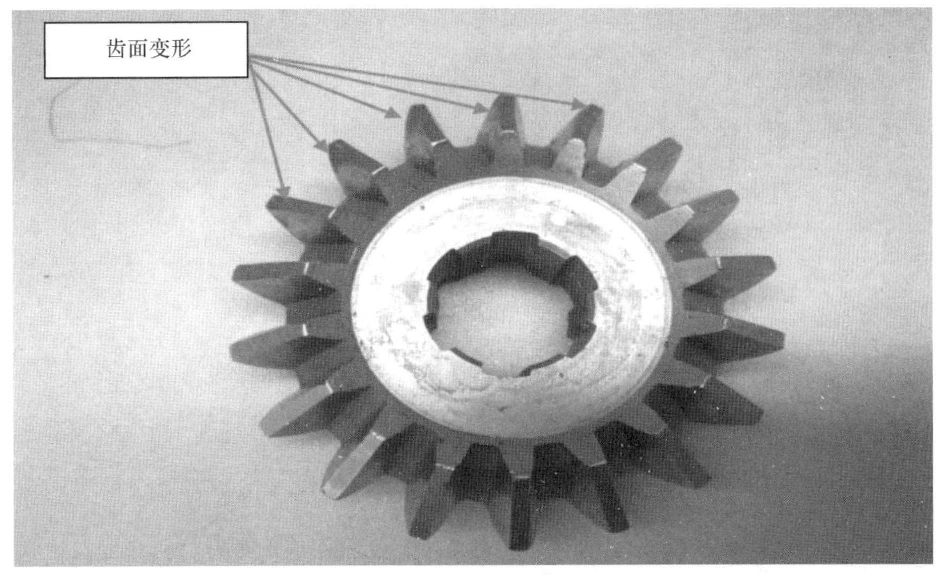

图 3-7-3　失效齿轮

图 3-7-3 所示的失效齿轮共有 5 个齿发生变形，所有变形齿均在同一侧表面有磨损痕迹，并向同一侧偏斜，齿轮其他部位未见磨损和变形。齿轮表面未见锈蚀和其他缺陷。

3.7.2.2　成分分析

采用电火花光谱对失效齿轮及轴材质进行分析(结果见表 3-7-1)，其材质均符合 GB/T 699—1999《优质碳素结构钢》对 45＃钢的要求。

表 3-7-1　失效轮及轴材质成分检测结果(wt/%)

样品	C	Si	Mn	P	S	Cr	Ni	Cu
轴	0.485	0.203	0.532	0.015	0.009	0.027	0.008	0.013
齿轮	0.500	0.278	0.631	0.019	0.031	0.031	0.008	0.060

3.7.2.3　金相组织检测

金相检测参照 GB/T 13299—1991《钢的显微组织评定方法》进行。图 3-7-4 所示为失效轴横截面金相组织，其组织为铁素体＋珠光体，该组织为 45＃钢退火状态的典型金相组织。

图 3-7-5 为齿轮表面及中心部位金相图片，其组织均为回火索氏体＋团块铁素体。回火索氏体呈团块状分布，其马氏体相位已经消失，表明回火温度较高，马氏体分解程度较高。其组织特征符合 45＃钢调质处理的典型组织，表面未发现脱碳层存在。齿轮表面可见白亮镀层组织，符合镀铬特征。

3.7.2.4　硬度检测

参照 GB/T 230.1—2009《金属材料洛氏硬度试验第 1 部分：试验方法(A、B、C、D、E、F、G、H、K、N、T 标尺)》中对 HRC 的要求对失效齿轮齿截面进行检测，在齿截面根部、截面中心、截面顶端各布置一个测点。

参照 GB/T 231.1—2009《金属材料布氏硬度试验第 1 部分：试验方法》对失效轴横截面进行硬度检测，检测标尺 HBW2.5/187.5。

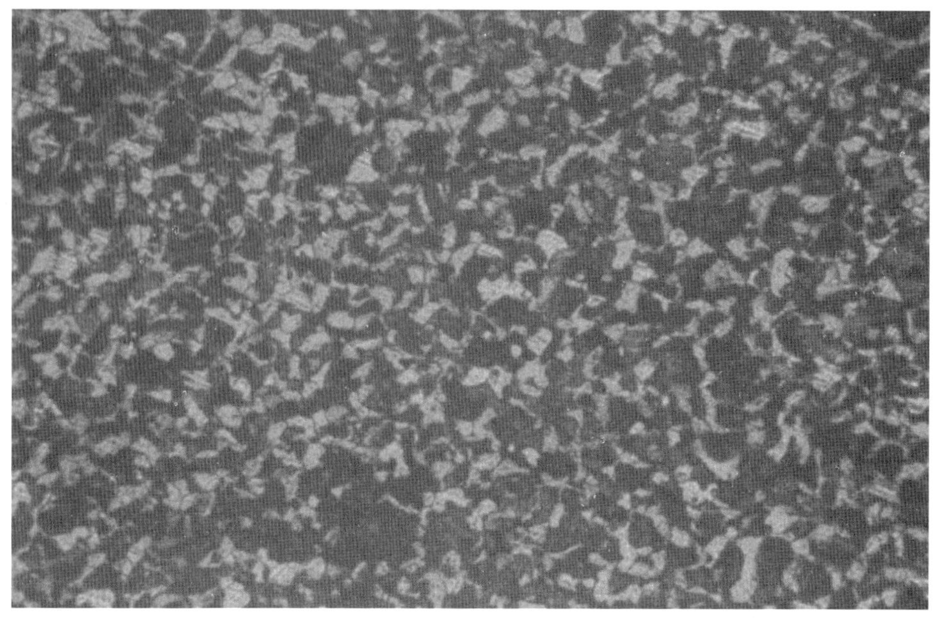

图 3-7-4　失效轴金相组织

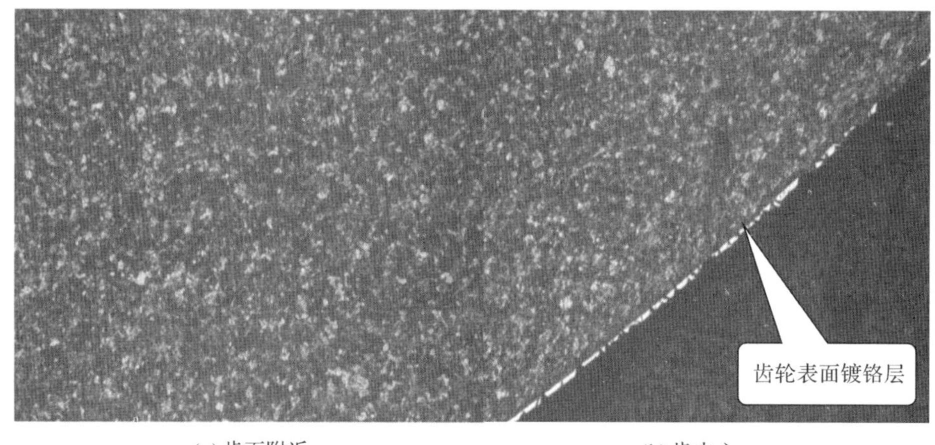

(a) 齿面附近　　(b) 齿中心

图 3-7-5　失效齿轮金相组织

轴和齿轮的硬度检测结果见表 3-7-2、表 3-7-3，轴布氏硬度值符合 GB/T 699—1999《优质碳素结构钢》中 45＃钢退火状态硬度的参考值。根据 GB/T 1172—1999《黑色金属硬度及强度换算值》的计算方法，轴硬度相当于 HRC11.3 至 HRC13.4。由于齿轮表面为曲面。不符合硬度检测要求，因此在齿轮截面上进行硬度检测，检测数值表明齿轮硬度偏低，但考虑到采用调质处理的部件其中心硬度低于表面硬度，齿轮表面硬度应符合设计要求。

表 3-7-2 轴硬度检测结果

样品	硬度值(HBW)			等效 HRC
	1	2	3	
轴	185	189	194	11.3～13.4

表 3-7-3 齿轮硬度检测结果

样品	硬度值(HBC)		
	1	2	3
齿轮	24.6	21.7	22.1

3.7.2.5 扫描电镜检测

对轴原始断口进行扫描电镜检查，结果见图 3-7-6、图 3-7-7，图 3-7-6 所示为断口中心，呈现脆性穿晶断裂特征。图 3-7-7 所示为断口原始部位微观形貌(对应图 3-7-2 中原始断口区)，可见断口上显著的剪切韧窝，显示明显的塑性剪切断裂特征。

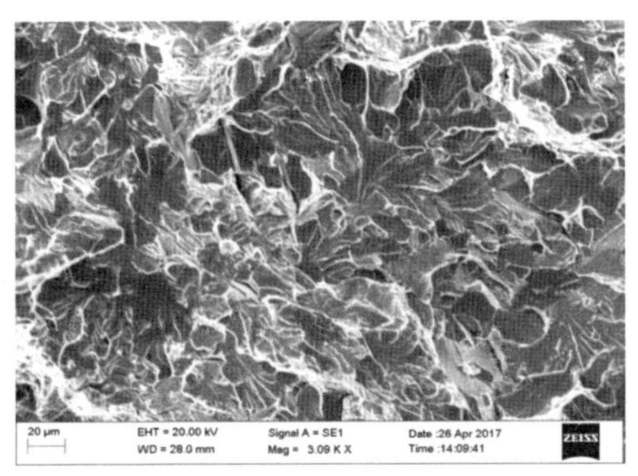

图 3-7-6 失效平键轴侧原始断口中心部位

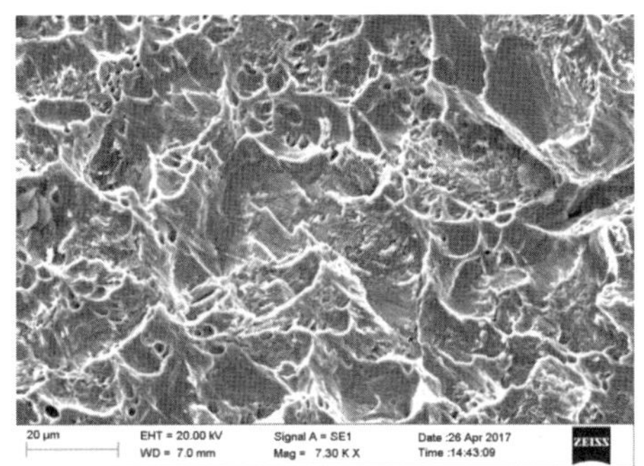

图 3-7-7 失效轴原始断口周边部位

3.7.3 失效原因分析

对此次断裂的轴和齿轮进行外观检测，未发现异常缺陷和锈蚀，轴断口的微观检查表明其破坏过程为韧性断裂，未发现疲劳和制造缺陷痕迹。轴和齿轮进行材质检测，其材质符合图纸设计要求。金相检测显示，齿轮热处理状态及硬度符合设计的调质处理要求。厂家提供资料未明确轴的热处理状态，其实际热处理状态为退火，采用退火处理的轴硬度和强度相对于同样材质的齿轮较低。

综合上述分析：失效传动机构中，送检轴和齿轮部件的材质均符合设计要求的 45＃钢。45＃钢材质的机械部件通常应结合调质处理以获得较好的机械强度。本次失效的轴未进行调质处理，其硬度和机械强度较低，对应的破坏载荷较小。此时失效轴的强度是否能够承受地刀动作时的应力载荷，需要由厂家根据设计参数和图纸进行校核。

应由厂家对该动作机构在操作中轴所承受的载荷进行复核计算，复核时轴应按照退火状态 45＃钢的许用应力进行计算。

第4章

GIS(含 HGIS)设备

GIS(gas insulated substation)是全部或部分采用气体而不采用处于大气压下的空气作为绝缘介质的金属封闭开关设备。它是由断路器、母线、隔离开关、电压互感器、电流互感器、避雷器、套管7种高压电器组合而成的高压配电装置,GIS采用的是绝缘性能和灭弧性能优异的六氟化硫(SF_6)气体作为绝缘和灭弧介质,并将所有的高压电器元件密封在接地金属筒中,因此与传统敞开式配电装置相比,GIS具有占地面积小、元件全部密封不受环境干扰、运行可靠性高、运行方便、检修周期长、维护工作量小、安装迅速、运行费用低、无电磁干扰等优点。但是,断路器、母线、隔离开关、电压互感器、电流互感器、避雷器都密封在管状设备内,管内部易发生触头不到位、卡涩、传动件变形、传动件断裂等问题。管外部易发生导流排断裂、膨胀受阻、支撑裂纹等缺陷。

4.1 导流排选型错误导致某变电站110kV GIS波纹管处导流排断裂

4.1.1 案例概况

2012年4月26日,某变电站110kV GIS波纹管处的导流排多数出现断裂情况。通过对现场取样的断裂样品进行断口分析、外形尺寸检测、X射线数字成像检测、渗透检测、拉伸试验、弯曲试验,并综合现场勘察情况,对导流排断裂原因进行了综合分析。图4-1-1所示为断裂导流排的现场安装情况。

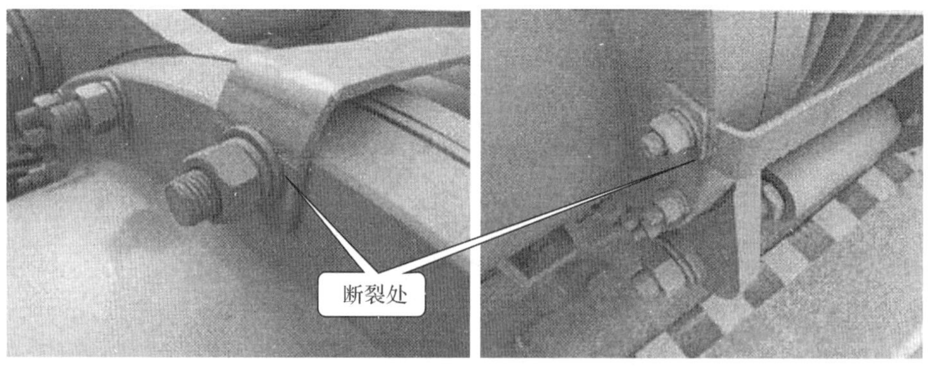

图4-1-1 导流排现场安装照片

4.1.2 检查、检验、检测

4.1.2.1 宏观分析

通过对变电站的现场勘察,发现一个问题:错误安装了导流排,即把无膨胀补偿的导流排安装到了需要膨胀补偿的波纹管两端。图4-1-2所示为1号主变220kV侧201断路器处波纹管的导流排安装情况,其显示导流排的长度为590mm,导流排无膨胀补偿所需的弧形结构。图4-1-3显示了有弧形膨胀补偿的导流排结构。

图4-1-2 无膨胀补偿的导流排

图4-1-3 有膨胀补偿的导流排

4.1.2.2 取样情况

取样共5件,详细信息见表4-1-1(尺寸包括了弧形长度)和图4-1-4。

表4-1-1 来样详细信息

样品名称	样品编号	样品规格	样品情况
1#导流排	JS-X-201206006	656×40×5	两端断裂
2#导流排	JS-X-201206007	623×40×5	一端断裂
3#导流排	JS-X-201206008	691×40×5	两端被弯折
4#导流排	JS-X-201206009	697×40×5	两端被弯折
5#导流排	JS-X-201206010	696×40×5	完好

经过对比,发现来样1#～4#与图4-1-2中无膨胀补偿的导流排结构基本一致。

4.1.2.3 断口分析

对断口断裂进行宏观检查,断口上有明显的疲劳裂纹,属疲劳断裂,见图4-1-5和图4-1-6。根据疲劳纹可以推断,1#、2#样品在运行过程中经历过周期性的应力,周期性应力来自于导流排的热胀冷缩。

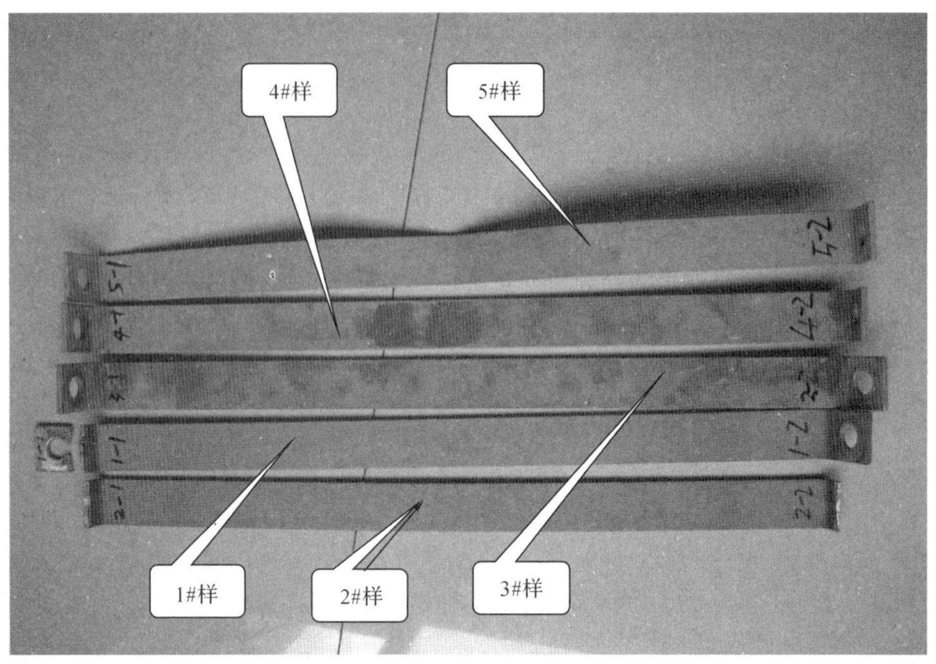

图 4-1-4　取样宏观照片

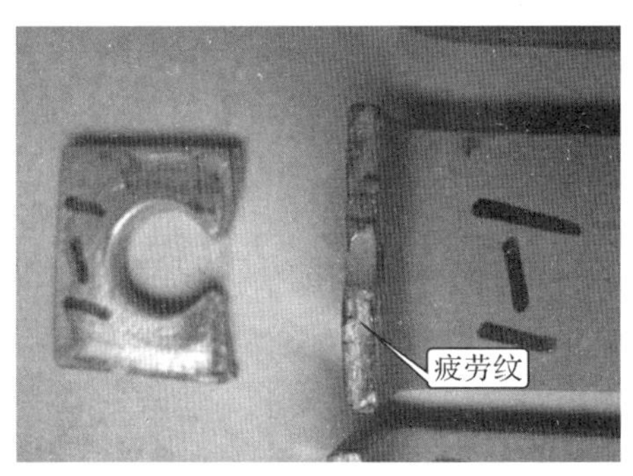

图 4-1-5　1＃样断口宏观照片

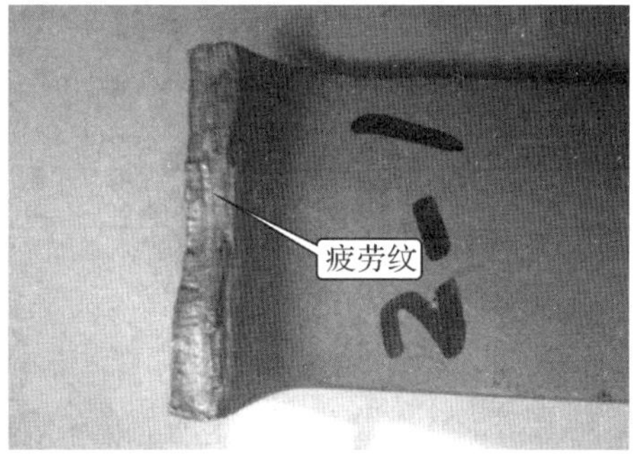

图 4-1-6　2＃样断口宏观照片

4.1.2.4　试样分布

1＃～5＃样取样位置见图 4-1-7。

4.1.2.5　外形尺寸检测

4.1.2.5.1　断口附近塔材尺寸测量

对断口附近的塔材进行外形尺寸检测，检测结果见表 4-1-2。

表 4-1-2　断口附近的塔材外形尺寸检测结果

	长度/mm	宽度/mm	厚度/mm
1＃样	656	40	5.0
2＃样	623	40	5.0
3＃样	691	40	5.0

续表

	长度/mm	宽度/mm	厚度/mm
4#样	697	40	5.0
5#样	696	40	5.0

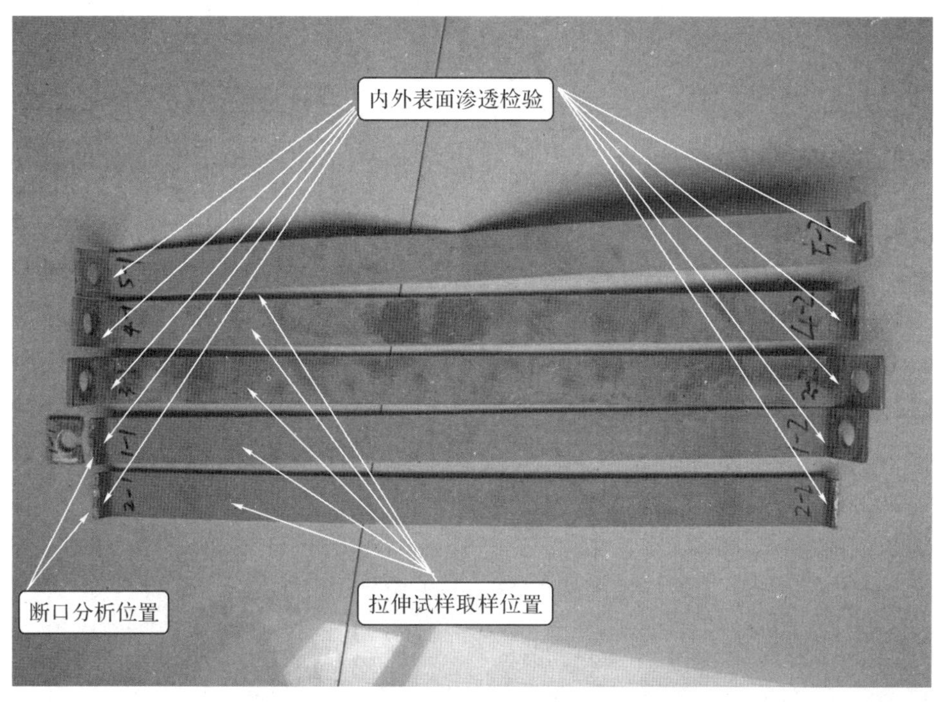

图 4-1-7 试样取样位置

4.1.2.5.2 直角弯曲处角度变化情况

对断口处的几何尺寸进行检测，发现导流排直角处存在变形现象，说明导流排在运行过程中存在膨胀补偿不足的问题。各试样直角弯曲处变形情况见表 4-1-3 和图 4-1-8、图 4-1-9。

表 4-1-3 直角弯曲处角度变化情况

	1 端直角变化角度 α	2 端直角变化角度 α	备注
1#样	+18°	+20°	角度增大为+
2#样	+20°	+20°	
3#样	+15°	+30°	
4#样	+0°	−5°	角度减小为−
5#样	0°	0°	
设计值	90°	90°	

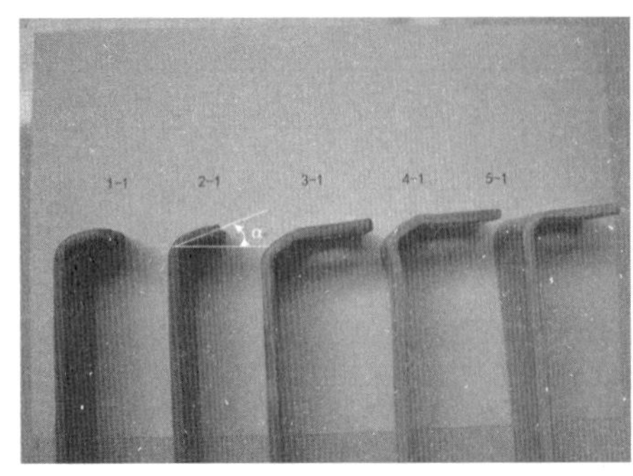

图 4-1-8　1 端角度变化宏观照片

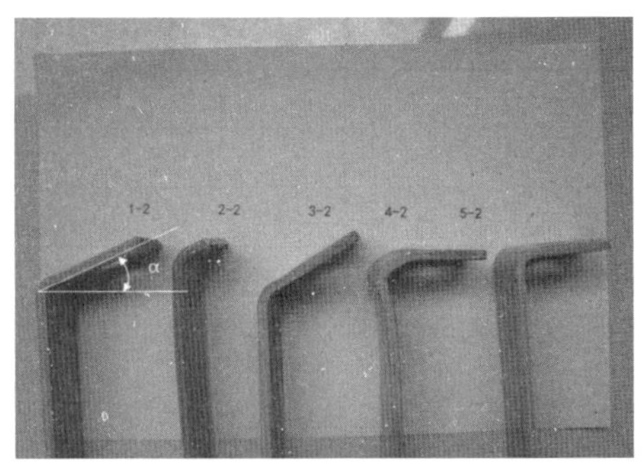

图 4-1-9　2 端角度变化宏观照片

4.1.2.6　X 射线数字成像检测

对 1 端断口附近进行 X 射线数字成像检测，发现该部位存在多处裂纹。检测结果不合格。见图 4-1-10。

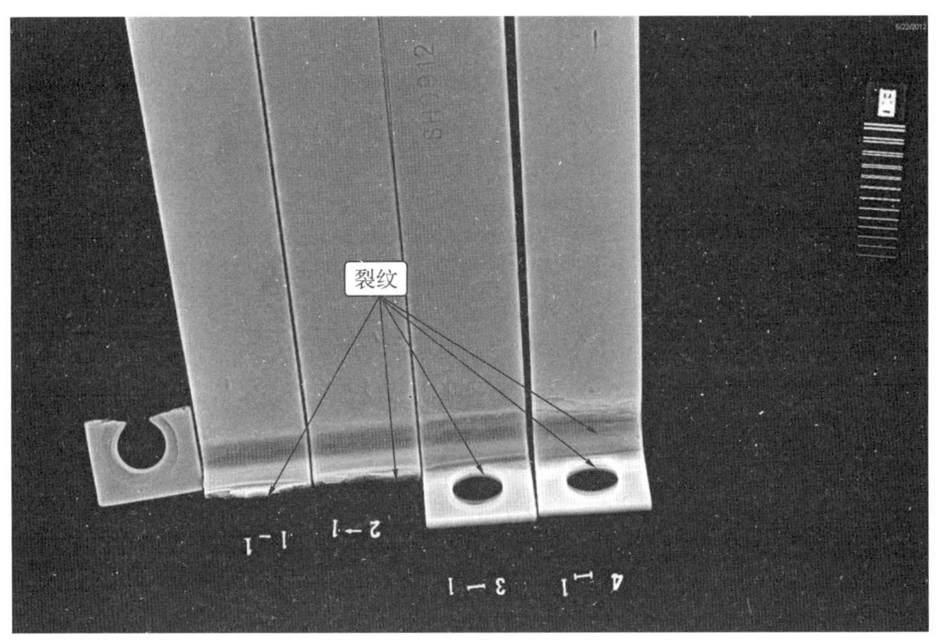

图 4-1-10　1 端断口附近数字射线照片

对 2 端断口附近进行 X 射线数字成像检测，发现该部位存在多处裂纹。检测结果不合格。见图 4-1-11。

4.1.2.7　渗透检测

为了检测来样断口附近表面是否存在裂纹，对 5 个来样直角弯曲部位内外表面按 JB/T 4730—2005 进行渗透检测，见图 4-1-12、图 4-1-13、图 4-1-14、图 4-1-15。检测结果见表 4-1-4。其中 A、B 分别代表导流排的两个端面。

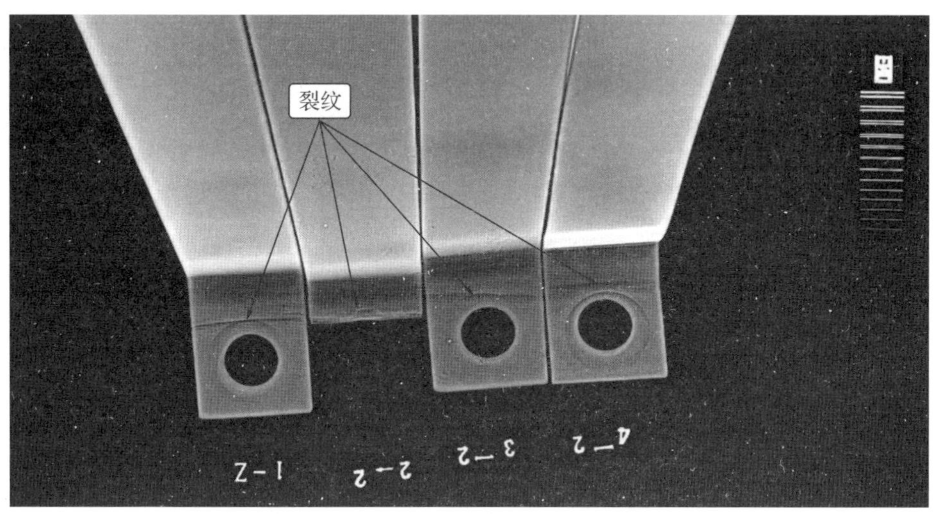

图 4-1-11 2 端断口附近数字射线照片

图 4-1-12 1 端直角弯曲部位内表面渗透检验照片

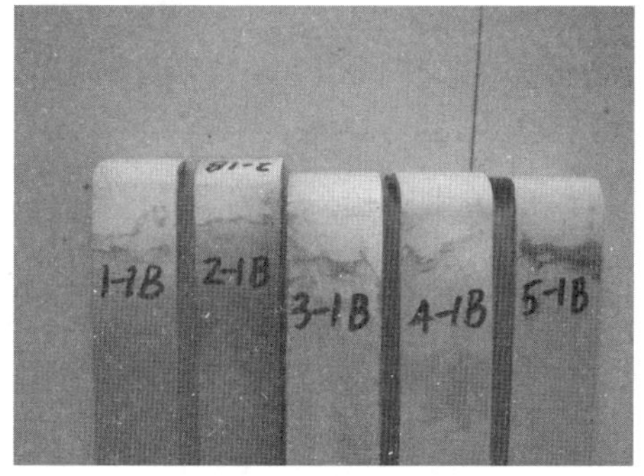

图 4-1-13 1 端直角弯曲部位外表面渗透检验照片

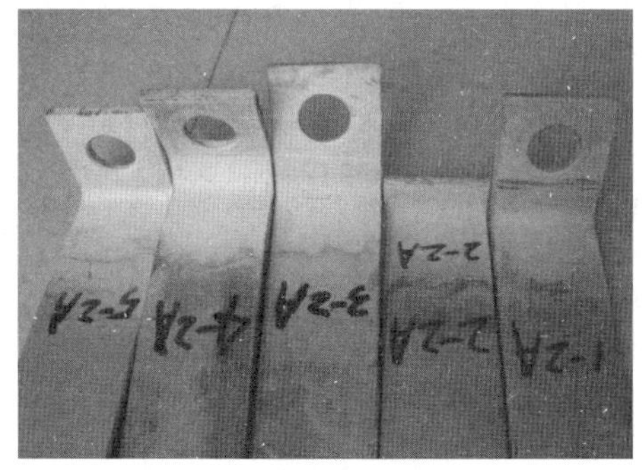

图 4-1-14 2 端直角弯曲部位内表面渗透检验照片

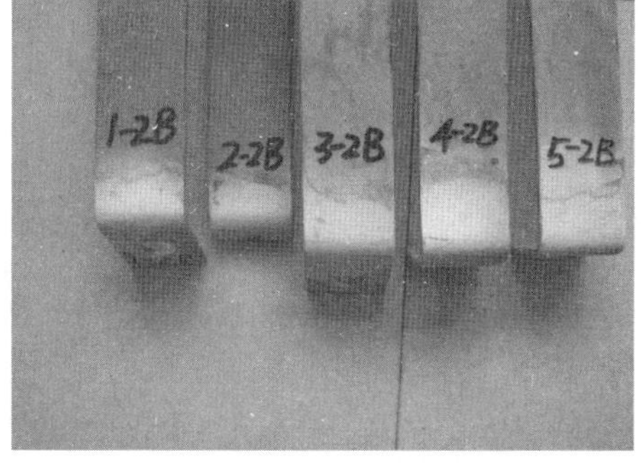

图 4-1-15 2 端直角弯曲部位外表面渗透检验照片

表 4-1-4　直角弯曲部位渗透检测结果

	1A 内表面	1B 外表面	2A 内表面	2B 外表面
1#样	完全断裂	完全断裂	裂纹 40mm	无裂纹
2#样	完全断裂	无裂纹	完全断裂	完全断裂
3#样	断续裂纹 30mm	无裂纹	断续裂纹 15mm	无裂纹
4#样	裂纹 32mm	无裂纹	未发现	无裂纹
5#样	无裂纹	无裂纹	无裂纹	无裂纹

4.1.2.8　拉伸试验

对 5 个来样进行拉伸试验，试验结果见表 4-1-5。

表 4-1-5　拉伸试验结果

编号	抗拉强度/MPa	延伸率/%
1-1	127.8	6.7
2-1	127.8	6.7
3-1	124.1	断标距外
4-1	126.5	13.3
5-1	127.1	10.7

4.1.2.9　弯曲试验

对 5#导流排(备用导流排)的一端直角进行弯曲试验，得到图 4-1-16 至图 4-1-21 所示的结果。根据结果，导流排直角弯折角度 α 为 0°(无弯折)时，表面无裂纹(图 4-1-16)；当导流排的直角被弯折到 10°时，便开始出现少量表面裂纹(图 4-1-17)；弯折角度达 30°时，表面裂纹增多(图 4-1-18)；弯折达 90°时，形成一整条裂纹(图 4-1-20)；经两次 90°反复弯折后，表面形成一条连续的深裂纹(图 4-1-21)。

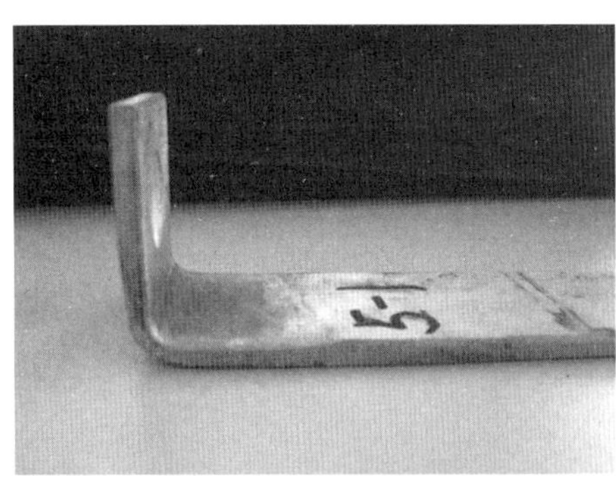

图 4-1-16　未弯折(直角)时的导流排

图 4-1-17　弯折 10°后的导流排

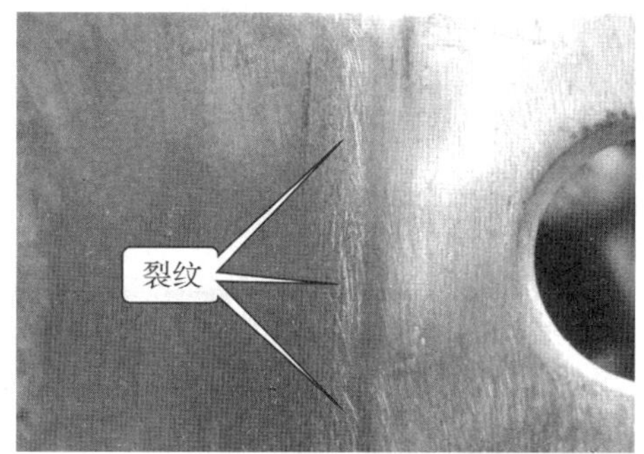

图 4-1-18　弯折 30°后的导流排

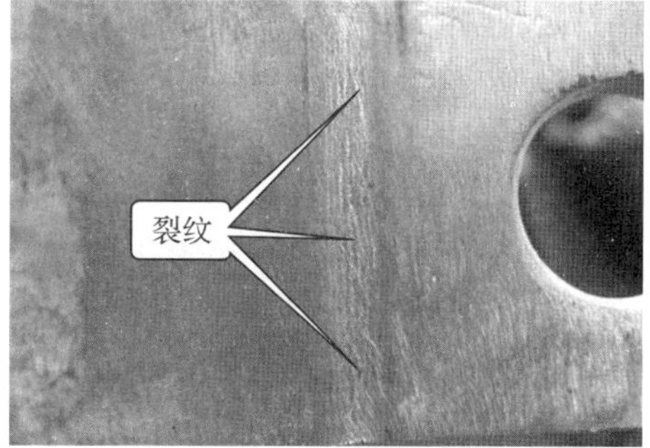

图 4-1-19　弯折 60°后的导流排

图 4-1-20　弯折 90°后的导流排

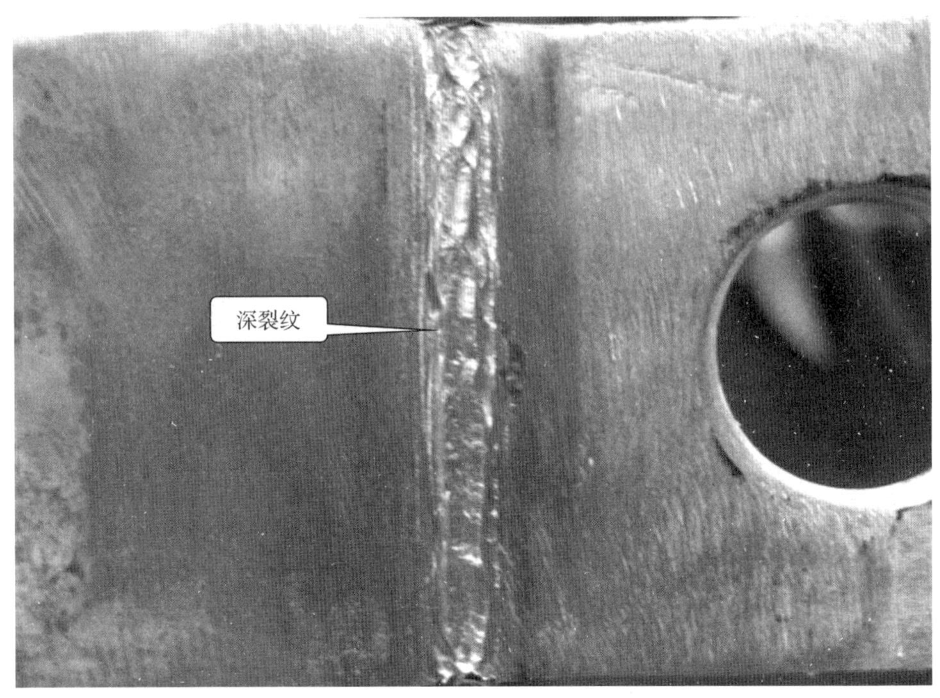

图 4-1-21 经两次 90°反复弯折后的导流排

4.1.3 失效原因分析

对现场安装的导流排进行勘察,并与来样进行对比,发现:来样 1#~4#为无膨胀补偿结构的导流排,断裂前被错误安装在有膨胀补偿结构的波纹管两端;现场仍有部分无膨胀补偿结构的导流排被安装到了有膨胀补偿结构的波纹管两端。来样 1#~4#导流排无膨胀补偿所需的弧形结构,被错误地安装在了有膨胀的波纹管两端,膨胀补偿不足是导流排断裂的根本原因。膨胀补偿不足的导流排,其直角弯曲处在热胀冷缩过程中反复弯折,造成疲劳断裂。

对两个来样的 3 个断口进行宏观分析,断口有明显的疲劳断裂特征,属疲劳断裂。

对四个来样直角弯曲部位进行 X 射线数字成像检测,发现 1#、2#、3#、4#样直角弯曲部位存在多处裂纹,检测结果不合格。

对五个来样的直角弯曲部位内外表面和断口表面进行渗透检测,发现 1#、2#、3#、4#样 1A 内表面存在裂纹缺陷,1#、2#、3#样 2A 内表面存在裂纹缺陷,检测结果不合格。其余部位检测结果合格。

对 5#来样进行弯曲试验,发现当导流排直角弯折角度 α 达到 10°时,直角弯曲部分便开始出现表面裂纹,且随着弯折角度的增加,表面裂纹增多,最终形成一整条裂;当导流排经过两次 90°反复弯折后,直角弯曲部分表面出现一条深裂纹。

4.2 某供电局500kV变电站GIS绝缘拉杆端部磨损造成绝缘拉杆损坏

4.2.1 案例概况

研究所人员于2015年1月29日对某供电局500kV GIS绝缘拉杆端部卡槽磨损物进行化学成分能谱分析。来样为树脂材料的绝缘拉杆两只(见图4-2-1和图4-2-2),自编号JH-M-20150113(57222前A,截面编号:20.02.12)、JH-M-20150114(57222后B,截面编号:15.10.12),绝缘杆端部卡槽内有黑色磨损物(见图4-2-3和图4-2-4),其化学成分见能谱分析报告。

图4-2-1 绝缘拉杆1

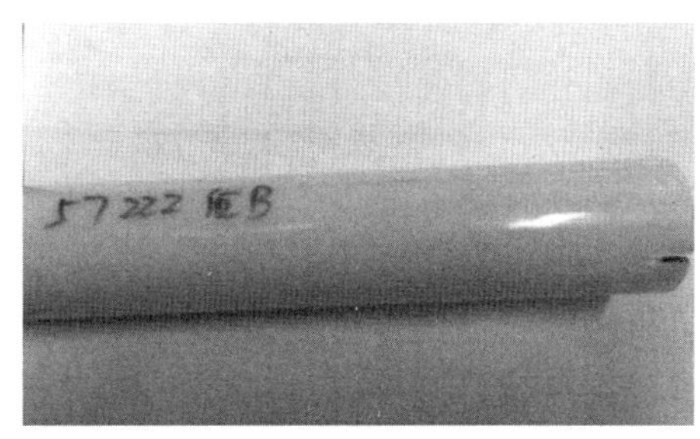

图4-2-2 绝缘拉杆2

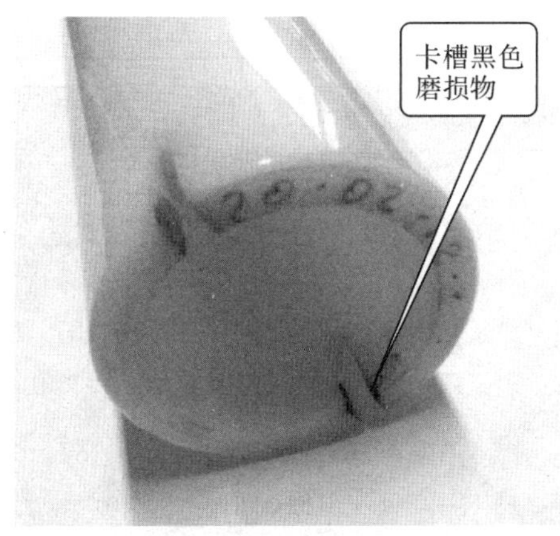

图4-2-3 绝缘杆端部1

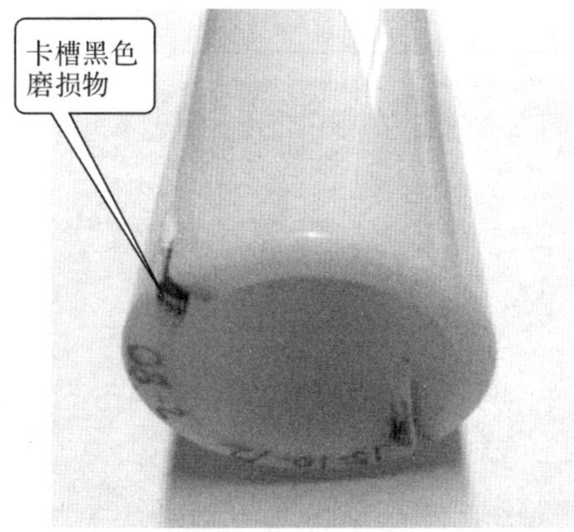

图4-2-4 绝缘杆端部2

4.2.2 检查、检验、检测

对绝缘杆端部卡槽内黑色磨损物进行扫描电镜能谱分析试验,黑色磨损物所含金属成分为Al,试样JH-M-20150113磨损物能谱分析部位及结果见图4-2-5及表4-2-1,试样JH-M-20150114磨损物能谱分析部位及结果见图4-2-6及表4-2-2。

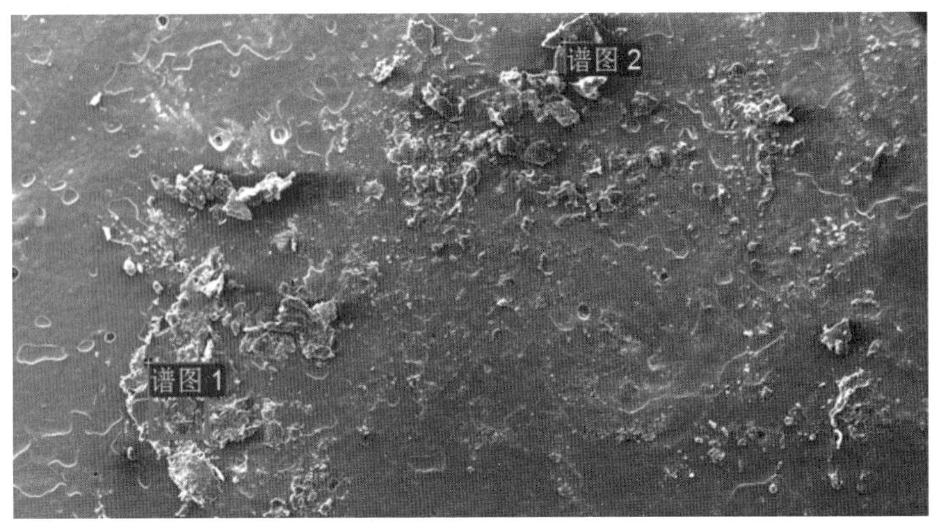

图 4-2-5　57222 前 A 磨损物分析部位

表 4-2-1　57222 前 A 磨损物能谱分析结果(wt%)

谱图	在状态	C	O	F	Al	Si	总和
谱图 1	是	56.20	22.89	10.16	8.08	2.67	100.00
谱图 2	是	70.97	19.66	4.88	3.40	1.09	100.00
平均		63.59	21.27	7.52	5.74	1.88	100.00
标准偏差		10.45	2.29	3.73	3.31	1.11	
最大		70.98	22.89	10.16	8.08	2.67	
最小		56.20	19.66	4.88	3.40	1.09	

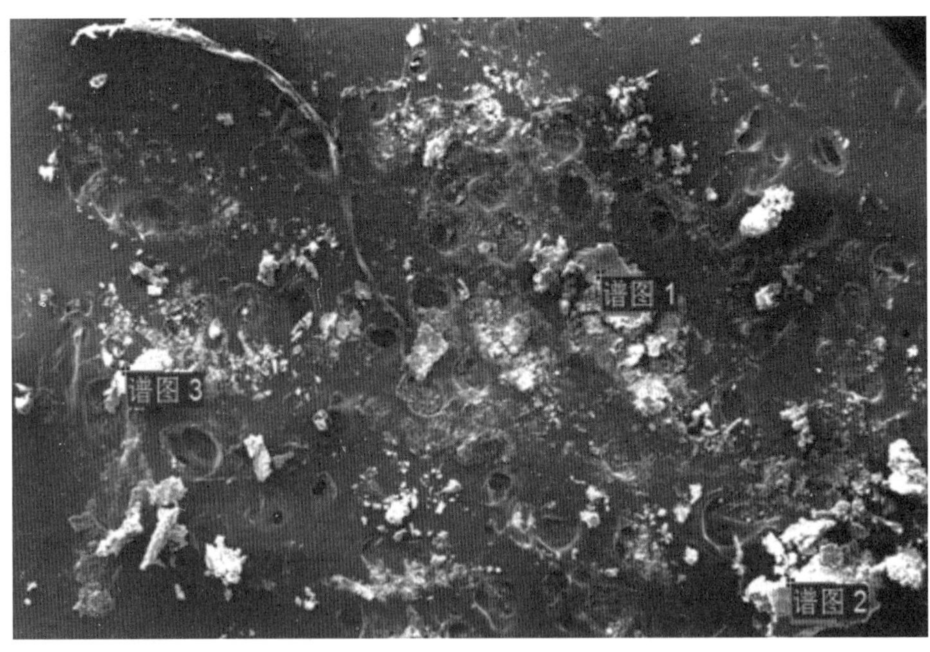

图 4-2-6　57222 后 B 磨损物分析部位

表 4-2-2 57222 后 B 磨损物能谱分析结果(wt%)

谱图	在状态	C	O	F	Al	总和
谱图 1	是	34.09	38.89		27.02	100.00
谱图 2	是	36.99	37.75		25.26	100.00
谱图 3	是	45.47	35.09	2.07	17.37	100.00
最大		45.48	38.89	2.07	27.02	
最小		34.09	35.09	2.07	17.37	

4.2.3 失效原因分析

综上可得,造成某供电局 500kV GIS 绝缘拉杆端部卡槽损坏的原因是运动磨损。

4.3 修补工艺控制不当导致某 500kV 变电站 500kV GIS 隔离开关罐体修后再次开裂

4.3.1 案例概况

某 500kV 变电站 57621 隔离开关由某高压开关有限公司生产,隔离开关型号为 ELK-TE3,SF_6 气体额定压力为 460kPa,补气报警压力为 410 kPa,设备于 2012 年出厂,2012 年 12 月 10 日投产运行。

据某供电局介绍,57621(57612)隔离开关气室渗漏及补气情况:

2012 年 12 月 10 日投产时抄录 57621(57612)隔离开关气室 SF_6 气体压力为 470kPa,2013 年 4 月 SF_6 气体压力下降为 460kPa。

2013 年 10 月 5 日将 SF_6 气体压力由 439kPa 补充至 460kPa。

2014 年 5 月 23 日将 SF_6 气体压力由 442kPa 补充至 480kPa。

2014 年 10 月 25 日 SF_6 气体压力降低至 450kPa。

57621(57612)隔离开关气室渗漏检查及罐体补焊更换情况:

2013 年年中发现 57621(57612)隔离开关气室存在渗漏后,检修运行人员多次使用 TIF 生产的 XP-1A 型定性检漏仪检查未发现渗漏点,采取压力降低后定期补气的方式开展维护。

2014 年 5 月 22 日 SF_6 气体下降为 442kPa,采用红外检漏仪开展检漏,发现 57621(57612)隔离开关气室 VT 模块罐体存在砂眼,造成缓慢渗漏。当天将检漏情况通知某高压开关有限公司,厂家人员到现场开展勘察后决定采用补焊的方式对罐体沙眼补漏。

补漏情况:2015 年 2 月 1 日对罐体补焊周围涂层打磨后采用间歇性点焊 3 次停顿检查 1 次为 1 个周期的方式补焊,点焊同时通过 VT 模块防爆孔观察罐体内部涂料变化情况,补焊时未发现涂料发生变化,2 月 1 日中午补焊结束,补焊结束再次交叉检查时发现补焊处内壁涂料较周围稍微变浅,并有一条 1.5cm 左右痕迹,用手探视未感觉有裂痕及不光滑现象,确认不影响运行后设备恢复,下午 5 时开始抽真空,2 月 2 日上午检查发现真空未建立,判断气室存在渗漏点，少量充气后检漏发现补焊处左上方有一条 1.5cm 左右纵向裂纹（见图 4-3-1）。

更换及检查情况：2015 年 2 月 4 日更换 VT 模块，缺陷模块拆卸后检查发现 2 月 1 日补焊内壁 1.5cm 左右痕迹发展为裂纹。

应供电局委托，研究人员对罐体开裂原因进行分析。

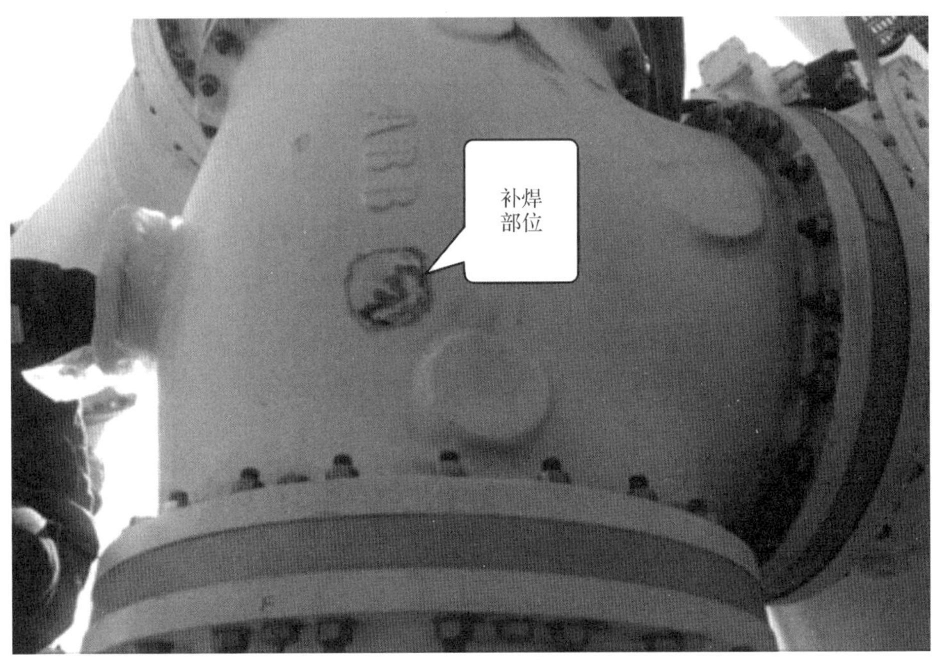

图 4-3-1　泄漏的罐体现场补焊后照片

4.3.2　检查、检验、检测

4.3.2.1　宏观检查

来样为泄漏罐体，见图 4-3-2，补焊部位位于图中罐体中下侧，补焊区域为 70mm×50mm 的椭圆形。

在补焊区域（见图 4-3-3）用渗透方法检测表面裂纹，检验发现在补焊边缘可见两条长分别为 5mm 和 10mm 的裂纹，除此之外未发现其他表面裂纹显示，见图 4-3-4。

在补焊区域对应位置的罐体内壁可见数条断续裂纹，长度 25mm（经后续的 X 射线检测表明该裂纹仅为涂层开裂），见图 4-3-5。

4.3.2.2　CR 检测

为了检测补焊区域裂纹及焊接质量，利用 CR 技术对补焊区域进行了 X 射线检测。用铅字对图 4-3-5 中的裂纹进行了定位，见图 4-3-6，检测的 X 射线照片见图 4-3-7。

X 射线检测表明：

图 4-3-5 中显示的内壁裂纹位于补焊区，在射线检测中无裂纹显示，表明该裂纹只是表面涂层开裂。结合该部位颜色略发黄的特征可以断定，该裂纹仅为焊接时受热导致的涂层开裂。

图 4-3-2 来样分析的泄漏罐体

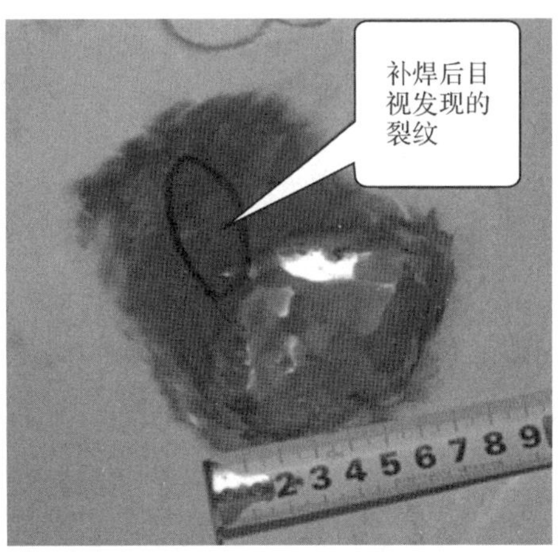

图 4-3-3 补焊区域

图 4-3-4 补焊区域渗透检测发现的表面裂纹(即图 4-3-3 中裂纹)

图 4-3-5 补焊部位罐体内壁裂纹

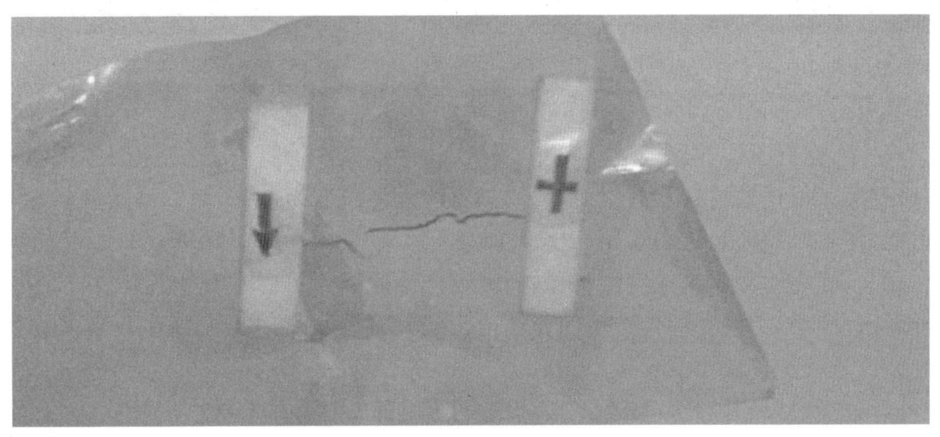

图 4-3-6 对内壁裂纹用铅字进行定位

补焊部位有密集气孔,见图 4-3-7,补焊部位及附近区域有一条“左下—右上”方向走向的裂纹,裂纹长度 117mm,图 4-3-3 和图 4-3-4 中目视检测发现的裂纹即为该裂纹在表面的扩展。该裂纹的左下段为两条相对平直的裂纹,穿过 10 个大小不一的气孔后,裂纹在中段

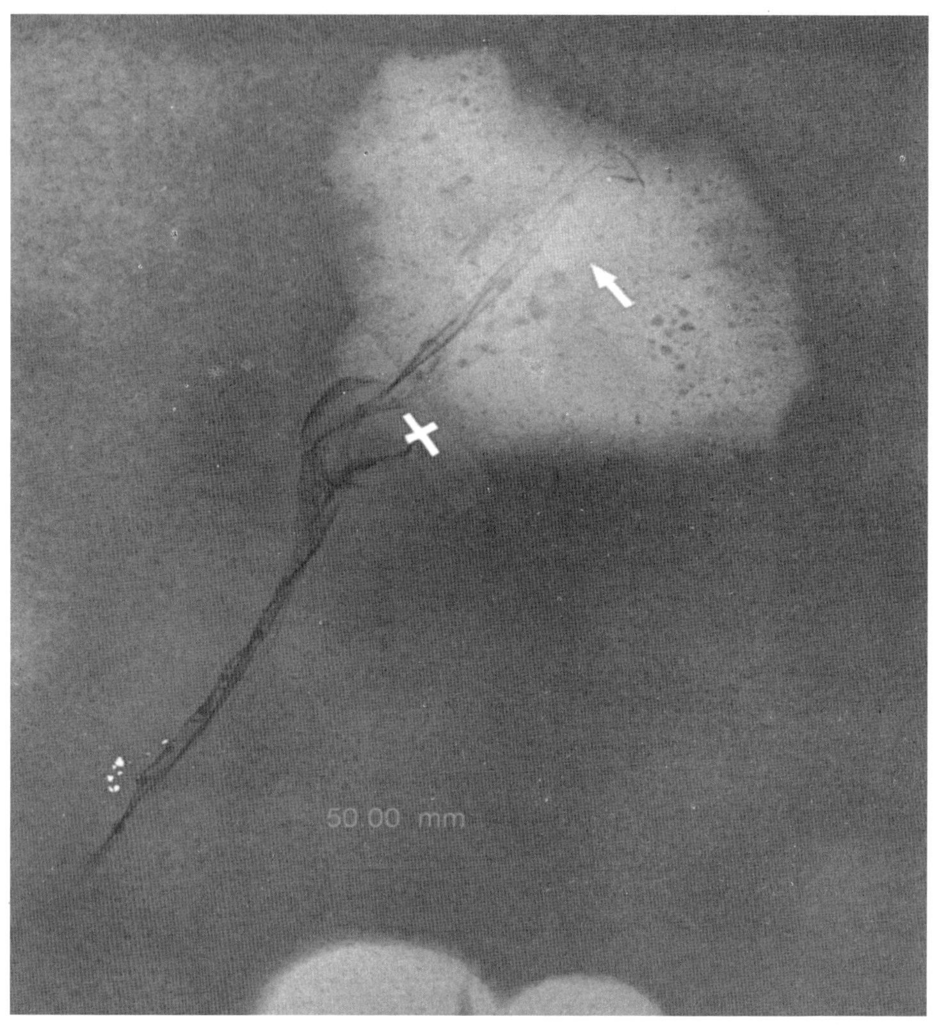

图 4-3-7 罐体部位 CR 检测发现裂纹

分叉变为 4 条，在后段即补焊区域，裂纹变为 3 条，颜色变浅，颜色较浅的原因应和部分裂纹已被打磨有关。根据裂纹的发展规律，裂纹只可能由一条变为多条，而不可能由多条汇总为一条，因此，平直阶段为裂纹的初始产生部位。

众多的气孔表明罐体铸造质量不佳，而裂纹产生原因为铸造时产生了众多的气孔，在铸造时或运行过程中，沿气孔部位产生了裂纹，在运行中裂纹逐渐发展，到中段后裂纹发生分叉，最终裂纹进一步扩展导致罐体渗漏。

在补焊处理时，只是对部分泄漏点表面进行了打磨，裂纹并未被彻底挖除，因此在抽真空时仍然发生真空抽不上的情况。

4.3.2.3 材质分析

据供电局提供的资料，厂家设计材质为 EN AC-AlSiMg0.3ST6，控制的化学成分见表 4-3-1。采用手持式合金光谱分析仪对罐体补焊部位、补焊部位旁的母材进行材质分析，分析结果见表 4-3-2。

检出成分与设计值略有差异，分析认为部分元素差异不是导致此次罐体开裂的原因。

表 4-3-1 罐体设计材质(%)

成分	Si	Ti	Fe	Zn	Mg	Cu	Mn	Al
设计材质	6.5～7.5	0.08～0.25	≤0.19	≤0.07	0.25～0.45	≤0.05	≤0.10	余量

表 4-3-2 罐体材质检测结果(%)

检测部位	Si	Ti	Fe	Zn	Mg	Cu	Mn	Al
补焊部位	7.49	0.124	0.110	0.005	—	—	—	91.68
补焊部位旁罐体	9.51	0.055	0.125	0.003	—	—	—	89.45

4.3.3 失效原因分析

材质检测结果表明罐体主要成分基本符合设计值，部分元素差异不是导致此次罐体开裂的原因。

从补焊部位的CR照片可以看出，罐体及补焊部位存在大量气孔，表明罐体的铸造质量不佳。裂纹的产生原因为罐体在铸造时或在运行过程中在气孔部位产生了裂纹，在运行中裂纹逐渐发展，到中段后发生分叉，最终裂纹进一步扩展导致罐体泄漏。而在后续补焊处理时，裂纹未被全部消除，导致了抽真空时抽不上的情况。

4.4 HGIS爆破片材料选择不当导致某500kV5722断路器B相漏气短路跳闸

4.4.1 案例概况

2021年1月26日16时27分14秒36毫秒，某供电局500kV某电站5722断路器B相(额定气压:0.56MPa)SF_6泄漏动作(0.52MPa);16时27分15秒430毫秒，该断路器SF_6气体闭锁动作(0.50MPa);16时28分38秒226毫秒，主变及Ⅱ组母线差动保护动作，造成2#主变停运、Ⅱ组母线失压。

现场检查，发现该罐式断路器B相气压为0MPa(A、C相气压正常)，顶部爆破片破裂，表面为灰绿色;断路器本体靠Ⅱ母侧端部屏蔽罩对外壳放电，现场情况见图4-4-1，故障后破裂爆破片的碎片已无法找到。断路器为某高压开关有限公司生产，型号3AP2-DT-FI 550kV，机构型号FA5，2012年制造，2013年9月27日完成出厂测试，2015年1月23日现场投运。生产商是德国sinus公司，为平板型爆破片，金属双侧用橡胶层密封保护。

4.4.2 检查、检验、检测

2020年2月1日，破裂爆破片送云南电科院金属化学研究所进行检测分析，送样包括爆破片胶保护盖和破裂爆破片，爆破片大气侧金属表面已完全变黑，SF_6侧有胶覆盖，见

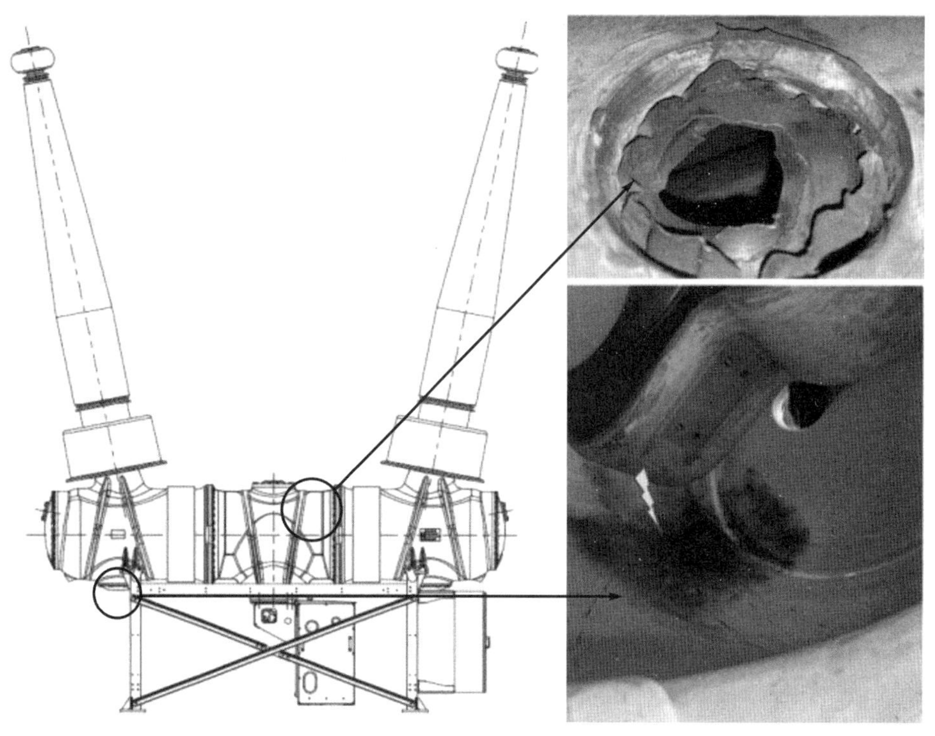

图 4-4-1　工作样品

图 4-4-2、图 4-4-3。故障爆破片直径 120mm，厚度 1.33mm，满足设计要求。

图 4-4-2　来样

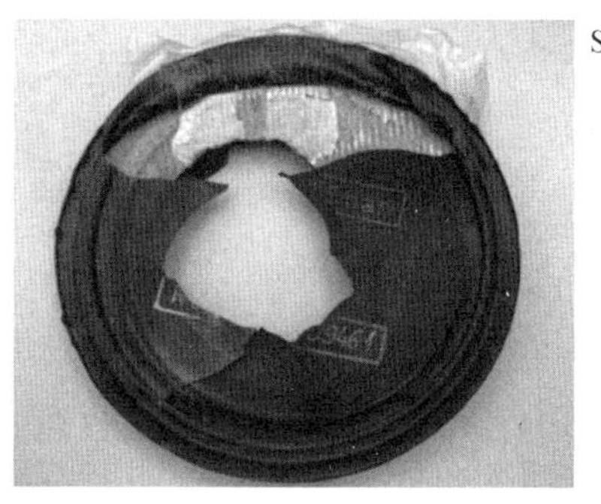

图 4-4-3　来样(SF_6 侧)

4.4.2.1　宏观检查

爆破片两侧黑色保护橡胶层和中间金属部分均完全破裂，对爆破片进行拆卸检查，靠大气侧橡胶层已明显脱胶，金属表面未发现锈蚀痕迹。靠 SF_6 侧金属表面用胶粘有橡胶保护膜，撕开保护膜，用酒精除去黄色胶黏剂后呈金属暗灰色，通过显微镜对破裂爆破片 SF_6 侧面表面进行观察，金属表面不致密，发现爆破片断口附近表面有大小不一的气孔状间隙，见图 4-4-4(a)、(b)。按照国标 GB 567.1—2012《爆破片安全装置 第 1 部分：基本要求》7.5.1 要求，见图 4-4-5，爆破片内、外表面应无微孔等缺陷。

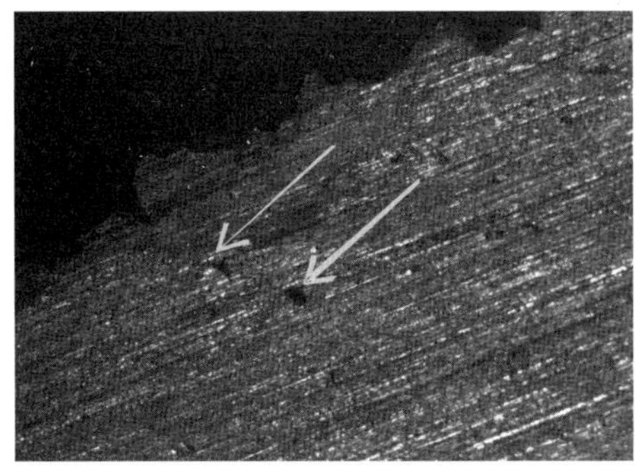

(a) 靠破裂位置

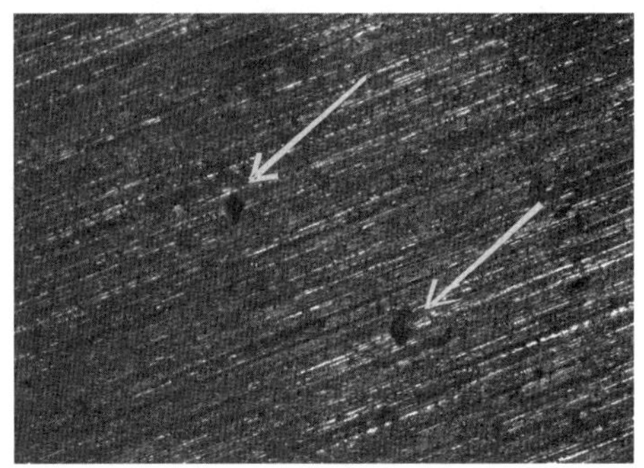
(b) 靠边缘位置

图 4-4-4　爆破片表面

7.5.1　外观检验

爆破片外观检验应满足下列要求：

a）正常照明条件下的逐片目测，必要时可借助于3～5倍放大镜。当材料厚度小于0.2 mm时，除做上述外观目测检查外，必要时还应逐片进行透光检查，光照度不小于5 000 lx，凡透光者应判为不合格；

b）外观形状与几何尺寸应满足设计图样要求；

c）爆破片的内、外表面应无裂纹、锈蚀、微孔、气泡、夹渣和凹坑等缺陷，不应存在可能影响爆破能的划伤等缺陷；

d）开缝型或带槽型爆破片的缝（孔）或槽的周边应无毛刺，缝（孔）或槽的几何形状及尺寸应满足设计样的要求。

图 4-4-5　国标要求

4.4.2.2　成分检测

依据 GB/T 16597—1996《冶金产品分析方法 X 射线荧光光谱法通则》标准，采用手持式荧光光谱仪对破裂爆破片样品进行成分检测，爆破片靠 SF_6 侧(图 4-4-6 红框内)检测结果见表 4-4-1，由于手持式荧光光谱仪不能识别碳(C)元素，由元素成分检测结果初步判定破裂爆破片为铁基材质。

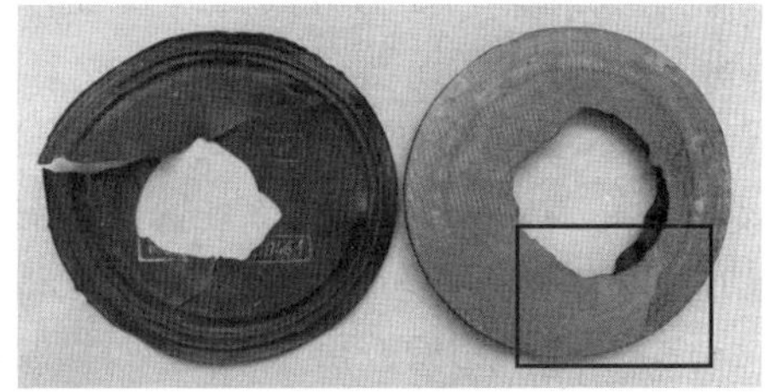
图 4-4-6　爆破片大气侧

表 4-4-1　样品化学成分(质量分数)/%

	Si	P	S	Cr	Mn	Cu	Fe
试样	4.18	0.031	0.152	0.046	0.702	0.184	94.67

4.4.2.3　金相检测

选取破裂爆破片样品制作金相试样，经抛光腐蚀后，在偏光金相显微镜下进行观察，见图 4-4-7，组织为铁素体+少量的珠光体+片层状石墨，为典型灰铸铁的形态，由金相检测可断定爆破片为铸铁。铸铁中石墨脆性大且强度低，可视作空位，铸铁件相当于布满孔洞或裂纹的钢,力学性能低,同时抗疲劳性能差。

根据国标 GB 567.1—2012《爆破片安全装置 第1部分:基本要求》,材料应具有良好的耐腐蚀性能、均匀稳定的力学性能,但化学成分检测结合金相分析结果显示材质为铸铁,铸铁很难有良好的耐腐蚀性能。国标中爆破片提及材料包括:纯铝、纯镍、奥氏体不锈钢、镍基合金、石墨,其中未出现铁基材质。

4.4.2.4 扫描电镜检测

通过扫描电镜观察断口形貌,爆破片断口暴露大气环境数天后被换下,断口表面已覆盖腐蚀产物,无法观察其形貌。金相取样过程中选取样品局部敲碎,对敲碎新断口进行观察,见图 4-4-8,发现断口有明显的解理台阶,为解理断裂,解理断裂为材料脆性较大的特征。

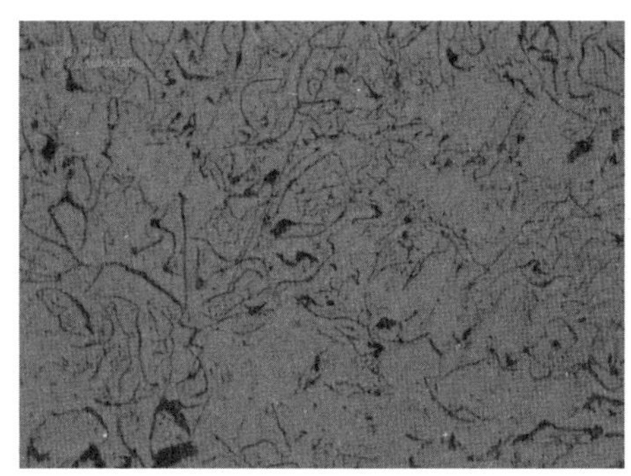

图 4-4-7 金相组织

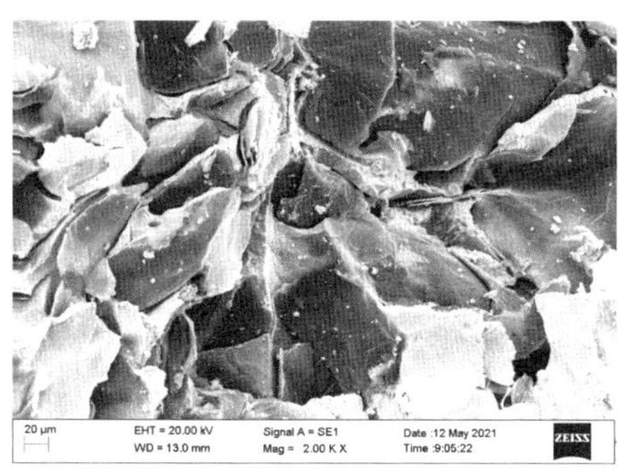

图 4-4-8 人工敲击断口形貌

4.4.3 失效原因分析

1. 通过保护逻辑时序,可确认先发生断路器气室压力骤降,后发生断路器内部击穿放电故障,排除罐体内压力升高导致破裂的可能。

2. 该型罐式断路器爆破片为平板型结构,材质为灰铸铁,材料脆性大,投运后爆破片承受气体压力,超过其屈服强度,产生不可逆变形。

3. 断路器运行于户外,该地区全年温差较大,温度变化造成罐体内气体压力变化,造成爆破片疲劳,爆破片表面存在微孔缺陷,易产生裂纹源。

4. 爆破片采用橡胶层密封保护,橡胶层在大气环境中氧老化龟裂,防护失效,顶部无防护罩,雨水可渗入空腔,水汽从龟裂裂痕进入,爆破片锈蚀,但锈蚀不是导致爆破压力下降的关键原因。

事故原因:故障断路器爆破片抗疲劳性能不足,自身存在质量问题,断路器正常运行中额定压力下爆破片异常破裂,导致罐体内 SF_6 气体泄露,造成断路器本体对外壳放电。

第5章

导地线

导地线是输电线路中或变电站中最重要的元件，依靠导线输送电力至用户，依靠它形成电力网络，平衡各地电力供应。依靠地线防雷保护通信。导线通常用铜、钢、铝等金属材料制作成单芯导线或多芯绞线。地线通常由钢或钢加光纤做成多芯绞线。导地线在大风、暴雪、雷雨等天气和振动、高应力、腐蚀、剧烈温差变化等恶劣环境中长期运行，易发生疲劳、腐蚀、雷击、过载等导致的断股、断线等故障。

5.1 接触放电导致某110kV线路导线断裂

5.1.1 案例概况

2016年4月16日，某110kV线路断路器保护动作跳闸，重合不成功。运维人员到达现场发现25＃～26＃杆段双地线均断线掉落到地上，掉落地线部分搭落在导线上，部分直接落在地面上，见图5-1-1和图5-1-2。该线路管辖全长12.872km，断线的25＃～26＃塔段为1973年投产，使用档距为556m，架空地线型号为GJ-35，导线型号为LGJ-185/30，该段线路跨越冶炼厂厂房，存在烟尘污染，见图5-1-3，导、地线表面腐蚀严重。

来样为型号LGJ-185/30的钢芯铝绞线5段(见图5-1-4)，对断股及腐蚀严重的1＃导线进行分析。取样位置为：断股较严重的中线距26＃杆15m处(1＃)，导线长约2m。

图5-1-1　26＃塔地线断点位置

图5-1-2　26＃地线掉落于B相导线

图 5-1-3　25＃～26＃塔段线路运行环境

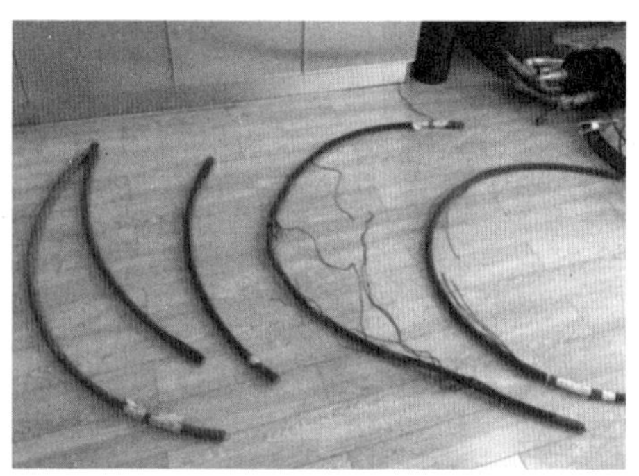

图 5-1-4　导线样品

5.1.2　检查、检验、检测

5.1.2.1　外观及尺寸测量

1＃导线外表面被均匀的黑灰色腐蚀物覆盖，光洁度较差，断点附近有黑色放电痕迹，断股位置附近存在 3 处直径约 12mm 的白色灼伤点，其他几段导线上未见类似的损伤痕迹，见图 5-1-5、图 5-1-6。导线断股 7 根，断口处存在凹坑及拉长变形，从外层铝股损伤处可见内层铝股大部分为黑色，表面较为平整，未见腐蚀产物，见图 5-1-7。

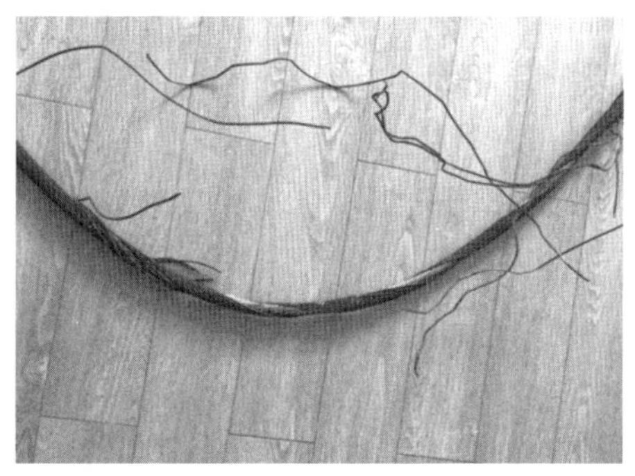

图 5-1-5　1＃导线形貌

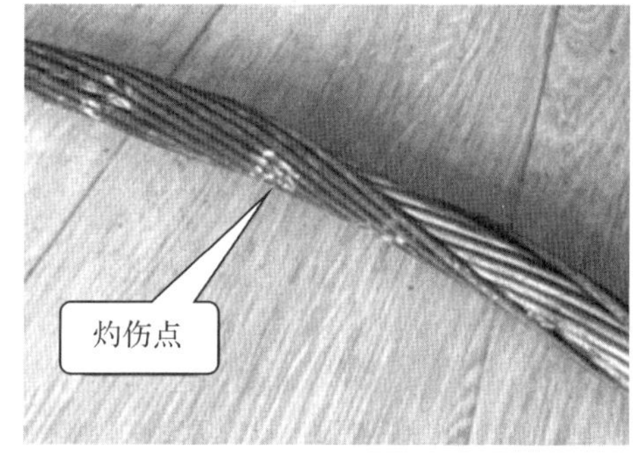

图 5-1-6　1＃导线外观形貌

对 1＃、2＃导线进行尺寸结构的测量，两段导线镀锌钢线直径整体偏高(平均高出标准直径 0.2mm)，1＃导线外层铝股腐蚀层比较紧实，内外层铝股直径略微减小，而 2＃导线外层铝股腐蚀层较厚，易剥落，铝股直径正常，两段导线的腐蚀情况有所不同。

图 5-1-7　1＃导线断口形貌

5.1.2.2　显微镜观察

在体式显微镜下面观察 1＃导线断口，铝股外露部分有黑灰色腐蚀物覆盖，断口形状不规则，大部分存在弯曲、伸长变形，断口均呈现高温烧融的形貌，部分铝股内侧与其他铝股接触部分存在凹坑变形，有 3 根铝股断裂位置为灼伤点处，断口附近也可见银白色灼伤点，见图 5-1-8、图 5-1-9、图 5-1-10。

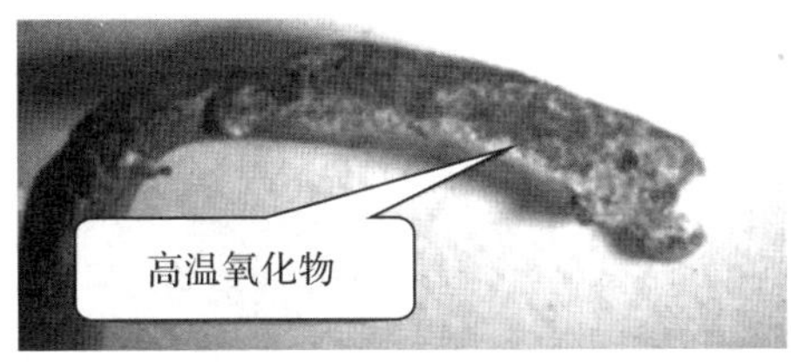

图 5-1-8　1＃导线铝股断口 1

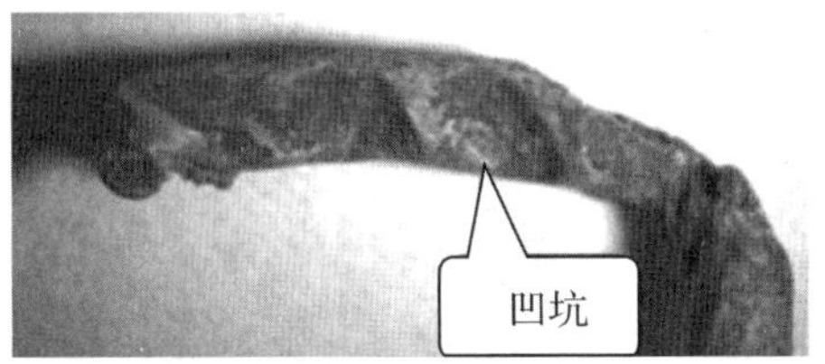

图 5-1-9　1＃导线铝股断口 1

从 1＃导线的外观及断口形貌可见，导线外层铝股存在均匀腐蚀，钢芯部分锈蚀严重，腐蚀介质顺着铝股缝隙逐渐向内侵蚀，镀锌钢线的腐蚀速率高于内层铝股线，这是由于酸溶液中金属的自然电位呈 Zn、Al、Fe 依次增大所致。

导线断点附近有黑色放电痕迹及白色灼伤点，说明该段导线曾受到较大电流冲击，断口形状不规则，存在弯曲拉长变形，且部分断点位于灼伤点处，断股处主要损伤形式为放电损伤。

图 5-1-10　1＃导线铝股断口 2

5.1.2.3　机械性能

取 1＃导线相对完好的单丝进行机械性能试验，1＃导线样品部分铝股抗拉强度低于标准 GB/T 1179—2008、GB/T 17048—2009 中对 JL/G1A-185/30 钢芯铝绞线铝股抗拉强度的要求，最低值约为额定抗拉强度的 85％；镀锌钢线抗拉强度均满足 GB/T 1179—2008 和 GB/T 3428—2012 标准的要求；铝单线的卷绕试验均合格，镀锌钢线的卷绕试验及扭转试验均合格。

由此可见，铝股受到腐蚀后抗拉强度有所降低，但仍达到额定抗拉强度的 82％以上，钢线机械性能满足要求，两段导线铝股机械性能的下降程度不足以导致导线整体断裂，1＃导线断股主要原因仍是放电灼伤所致。

5.1.2.4　导线铝股电阻率测试

对 1＃、2＃导线铝股取样，按照标准 GB/T 17048—2009 要求进行电阻率试验，结果显示：两根导线的大部分铝股电阻率都高于标准要求的 28.264nΩ・m，且外层铝股电阻率高于内层铝股，腐蚀程度高会导致电阻率升高。

5.1.2.5　扫描电镜能谱分析

1＃导线 7 根铝股断口形貌不一，大部分断口呈现弯曲、拉长变形后的扁平形貌，铝股从一侧减薄，边缘处曲线不完整；部分铝股断口可见高温作用产生的熔滴及氧化层覆盖，少部分区域可见塑性变形的拉长韧窝形貌，见图 5-1-11、图 5-1-12。

对 1＃导线断口进行能谱分析(EDS)试验，断口未被腐蚀物覆盖的基体区域仅含有 C、O、Al、Si、S 几种元素，主要元素为 Al；而边缘处被腐蚀物覆盖的区域除了 C、O、Al、Si、S 元素外，还含有 F、P、Ca、Fe、As 元素，且 O、S 元素含量明显高于未腐蚀区域，见表 5-1-2。

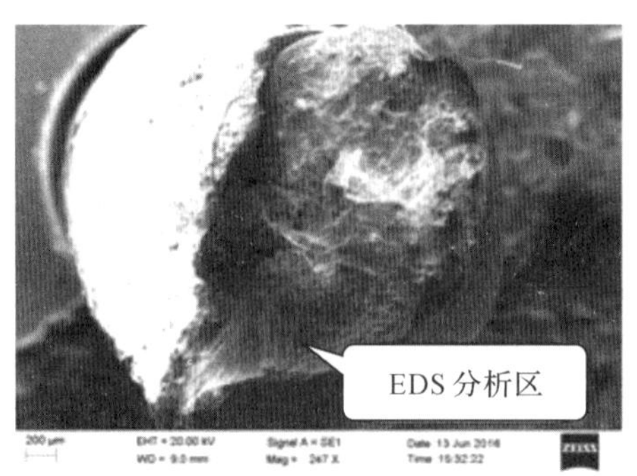

图 5-1-11　1＃导线铝股断口形貌 1

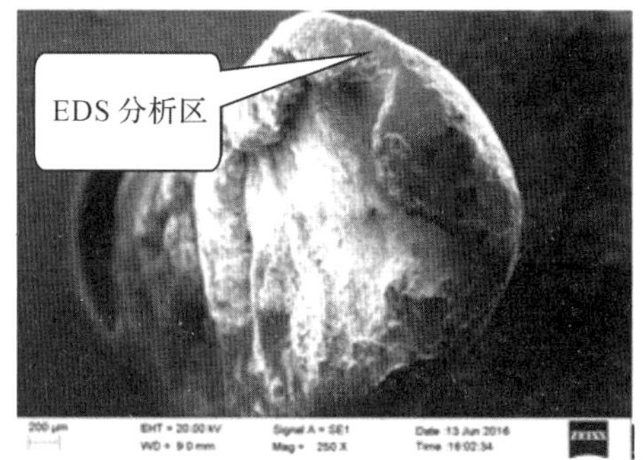

图 5-1-12　1＃导线铝股断口形貌 2

表 5-1-1　基体部分能谱分析结果

谱图	C	O	Al	Si	S	总和
谱图 1	17.91	15.06	65.74	1.29		100.00
谱图 2	16.91	12.07	69.69	0.93	0.40	100.00

表 5-1-2　腐蚀物覆盖区域能谱分析结果

谱图	C	O	F	Al	Si	P	S	Ca	Fe	As	总和
谱图 1	18.52	46.45	7.81	14.68	4.23	1.54	2.67	0.57	1.94	1.59	100.00

5.1.2.6　腐蚀物的 X 射线衍射分析

收集 2＃导线外层铝股表面的灰白色腐蚀物进行 X 射线衍射分析（XRD）试验，结果表明，铝股表面污染物成分较为复杂，主要的结晶体由 $CaSO_4 \cdot 2H_2O$、$Ca(SO_4)(PO_3OH) \cdot 2H_2O$ 组成，还有 $CaPO_3(OH) \cdot 2H_2O$、$Cd(H_2PO_2)_2$、$Zn(SeO_3)Cl_2$ 等少量结晶体（衍射峰较弱），见图 5-1-13。

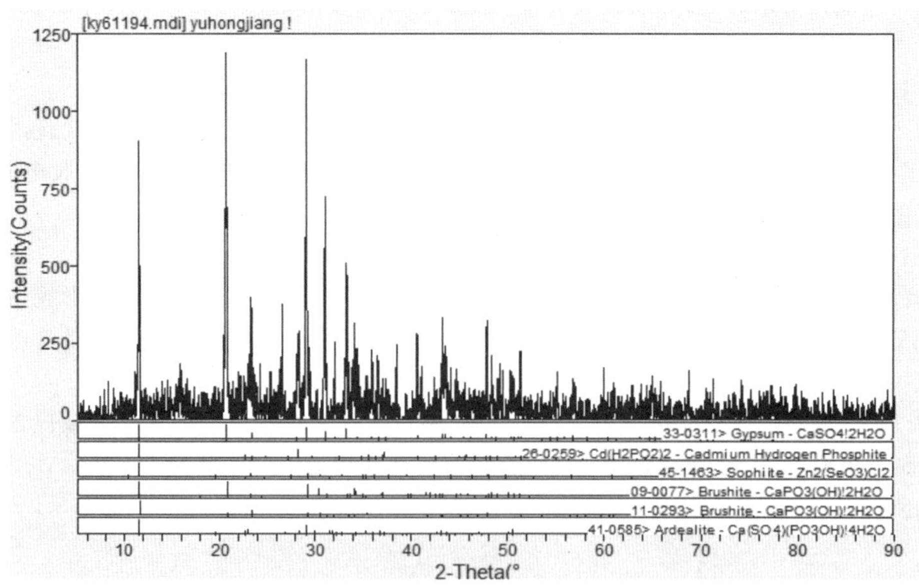

图 5-1-13　2＃导线铝股表面腐蚀物 XRD 分析谱图

5.1.3 失效原因分析

该段线路导线受到工业污染区的大气污染而发生均匀腐蚀，导线外层铝股机械性能及电气性能均略有降低，但断线的主要原因是导线上方的地线断裂，与导线发生接触放电，受到灼伤的铝股在截面面积减小以及较大电流的冲击作用下发生弯曲、拉长变形，并最终熔断。

5.2 覆冰导致某220kV线路导线断裂

5.2.1 案例概况

2014年2月上旬，某220kV线路发生断线，断线时段该区域有较严重的覆冰。

取断股导线7段(具体分属线路不明)，分为两组，一组为4段断裂的导线(其中一段见图5-2-1)；另一组为三段压接好的导线，取自同一根断裂的导线，导线型号为JL/G1A-300/40。

5.2.2 检查、检验、检测

5.2.2.1 外观及尺寸测量

导线由24根铝股和7根钢芯绞制而成(见图5-2-1)，钢芯断口呈杯锥状，为典型塑性断裂形貌(见图5-2-2)。多数铝股断口正常，少数断口附近铝股有磨损的痕迹(见图5-2-3)。

四根来样导线钢芯断口整齐，铝股较散乱，钢芯和铝股分别在同一截面断裂，但钢芯和铝股断裂部位前后不一，四段来样钢芯与铝股断裂位置前后约150～500mm。

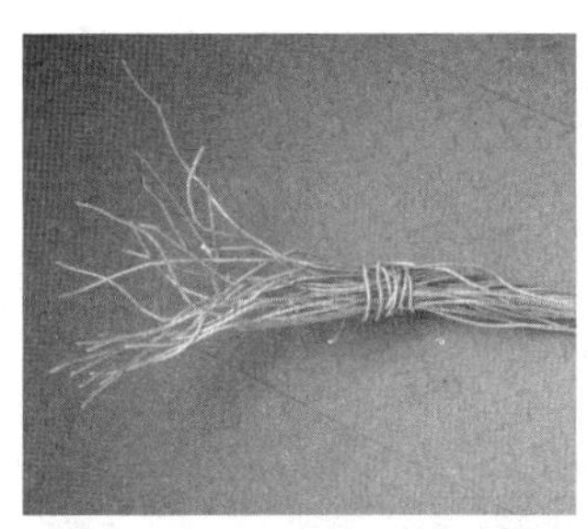

图5-2-1 导线断口

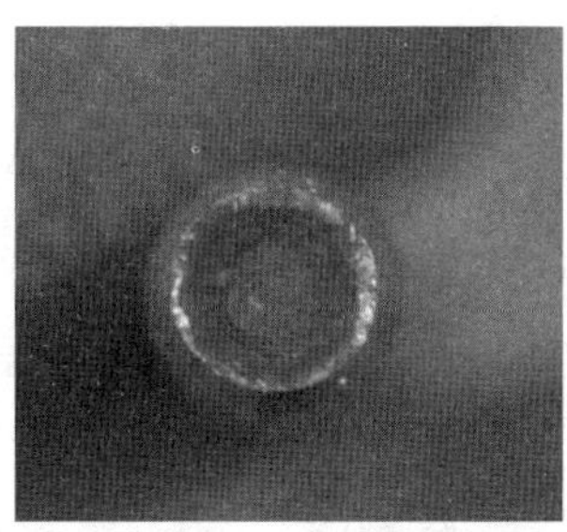

图5-2-2 钢芯断口

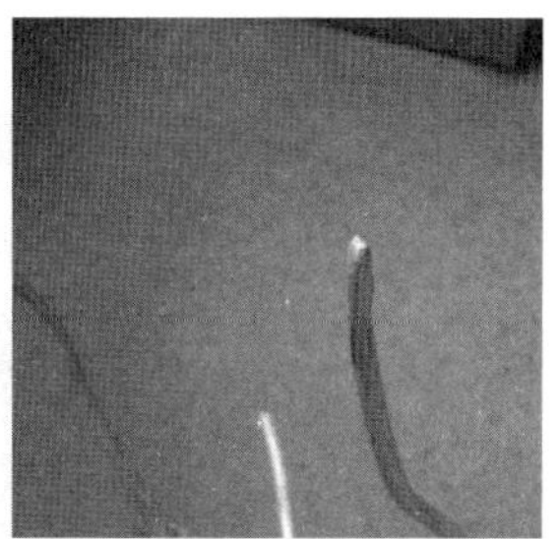

5-2-3 铝股断口

5.2.2.2 断口检查

在体视显微镜下观察钢芯及铝股断口，钢芯断口形貌为正常塑性断裂的杯锥状断口，未见疲劳痕迹等其他特征(见图5-2-4)。铝股断口可见显著缩颈，呈现塑性拉断特征，部分断口附近可见磨损和变形痕迹，未见疲劳特征(见图5-2-5)。

在扫描电镜下观察钢芯及铝股断口微观形貌。磨损变形的铝股断口如图5-2-6所示，断面微观可见明显的磨损痕迹，断口显示塑性断裂特征。

钢芯断口为正常的单拉伸塑性断口，中心可见显著的韧窝区域，显示钢芯为正断型塑性拉裂（见图 5-2-7）。

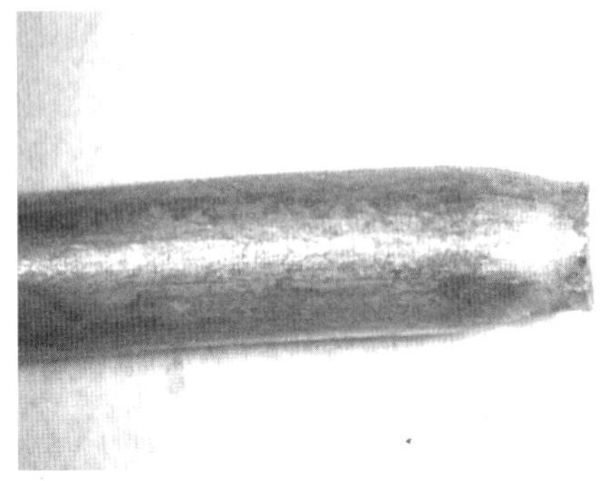

图 5-2-4　钢芯断口

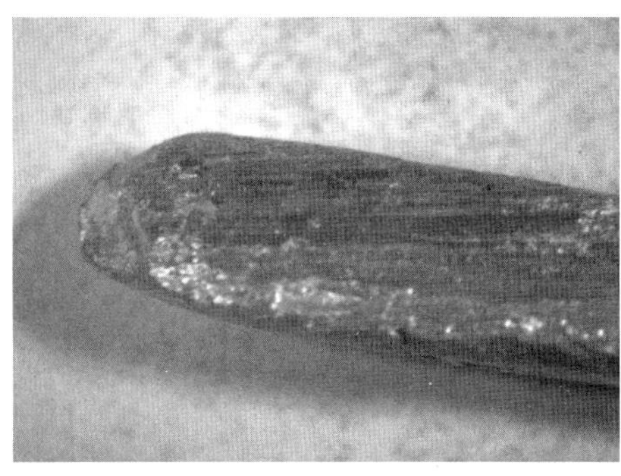

图 5-2-5　铝股断口

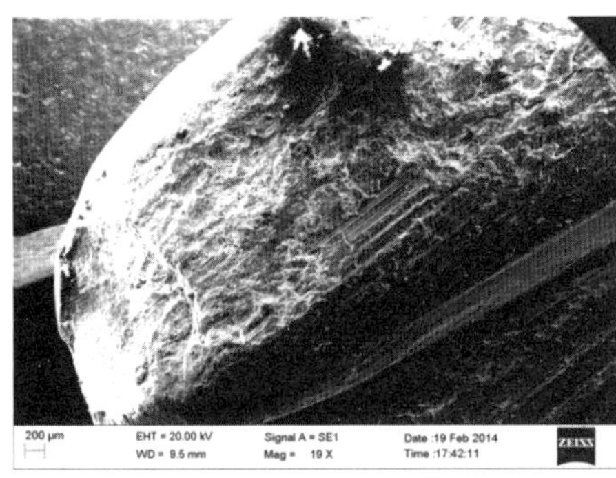

(a) 低倍

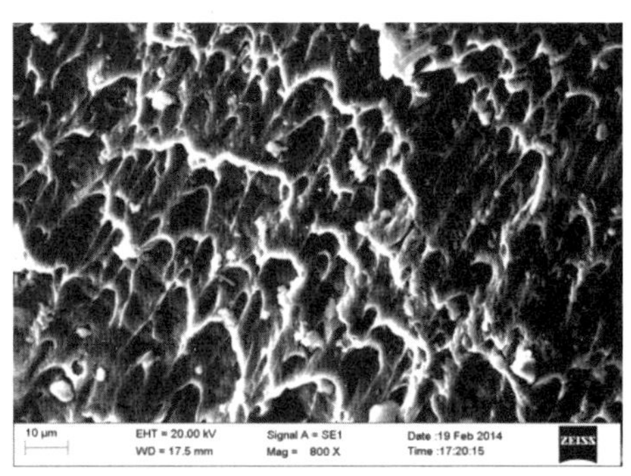

(b) 高倍

图 5-2-6　铝股断口微观

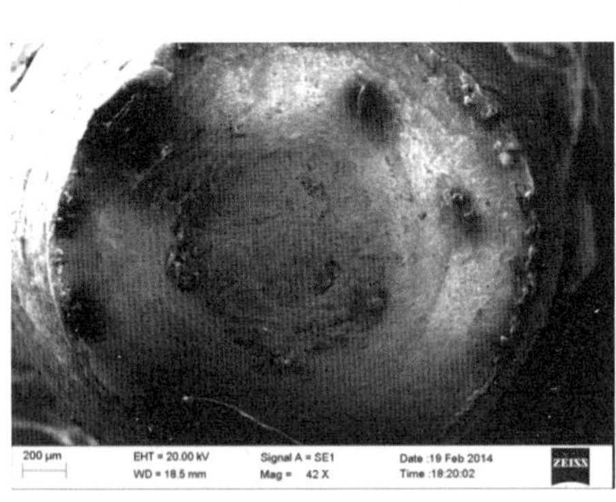

(a) 低倍

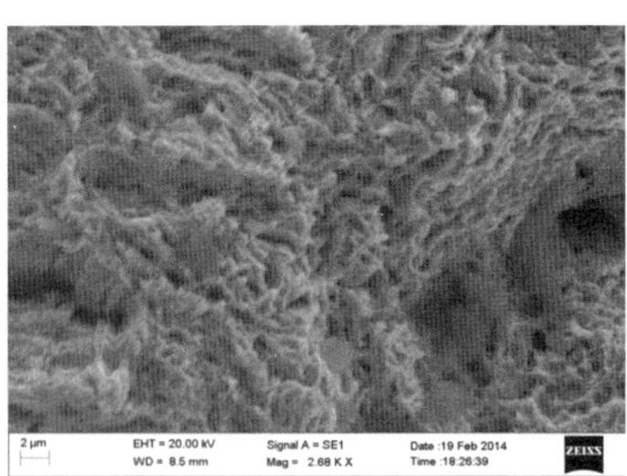

(b) 高倍

图 5-2-7　钢芯断口微观

5.2.2.3　化学成分分析

根据 GB/T 17048—2009《架空绞线用硬铝线》，铝含量应不低于 99.5%。对 4 段来样的导线铝股按火花源原子发射光谱分析方法取样进行材质分析，所有铝股成分符合要求。

对断股的四段钢芯每段各取1根进行元素分析，编为1#～4#，对比GB/T 699—1999《优质碳素结构钢》，断股导线钢芯材质相当于65#钢，且S、P含量均较低，已达到该标准中规定的特级优质钢标准，化学成分未见异常。

5.2.2.4　拉力试验

对钢芯及铝股进行单线拉力试验，每段导线抽取8根铝股及全部钢芯进行拉断力测试，同时对单线外径进行检测。根据GB/T 1179—2008圆线同心绞架空导线、GB/T 17048—2009、GB/T 3428—2002的规定，多数抽查铝股直径略低于标准要求(3.99±1%mm)，抽查的32根铝股中，17根抗拉强度低于标准要求(要求不低于152MPa)。所有钢芯符合标准要求(要求不低于1245MPa)。钢芯单丝拉断力符合标准要求，铝股单丝的部分拉断力低于标准要求，但考虑到铝股为从绞合和运行后的导线上取制，有部分的强度损失，且导线的主要承力为钢芯，部分铝股强度低于标准应不是此次导线断裂的主要原因。

根据GB/T 1179—2008《圆线同心绞架空导线》规定，该类型导线抗拉强度不低于87.06kN，来样强度合格。试样断裂位置均位于铝管压接管内。

5.2.3　失效原因分析

从导线的断口特征和强度试验结果分析可知，导线断裂的原因为所受应力过大导致的一次性整体拉断。因断线时导线覆冰严重，而当覆冰并有大风伴随时，因覆冰受风面积很大，在冰风荷载、导线舞动的某种组合大于规程规定的情况时，就会发生断线。导线覆冰严重，在大风、舞动等恶劣气象条件的综合作用下，强度不足而断裂。

5.3　外力过大导致某220kV线路导线断裂

5.3.1　案例概况

2014年2月12日，某220kV线路31～32号塔导线C相发生断线，A相线导线发生断股，见图5-3-1、图5-3-2。

图5-3-1　31～32号塔导线断股

图5-3-2　31～32号塔导线断线

该线路全长 55.763km，共 115 基杆塔，于 2005 年 12 月建成投运。31 号塔海拔 1571m，32 号塔海拔 1492m，31～32 号塔（档距 854m）大跨越、大高差，地处风口。导线型号：JLA1/G1A-400/50。31～32 号塔线路设计气象条件：按 10mm 覆冰、26m/s 风速设计，属于轻冰区。2 月 12 日，31～32 号塔线路实际覆冰 11.92mm。

5.3.2 检查、检验、检测

5.3.2.1 宏观分析

导线样品为断口附近截取（见图 5-3-3），钢芯与铝股较为散乱，钢芯断口呈杯锥状，为典型塑性断裂形貌（见图 5-3-4）。多数铝股断口正常（见图 5-3-5），1 根铝股有熔化痕迹（见图 5-3-6），应为断线后放电所致。

图 5-3-3 来样导线

图 5-3-4 钢芯断口

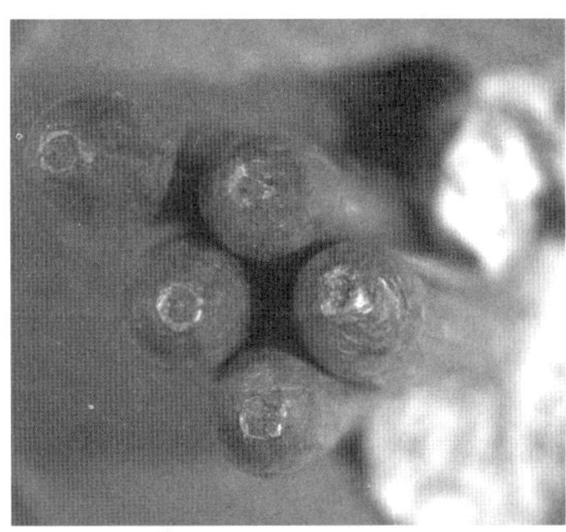

图 5-3-5 铝股断口

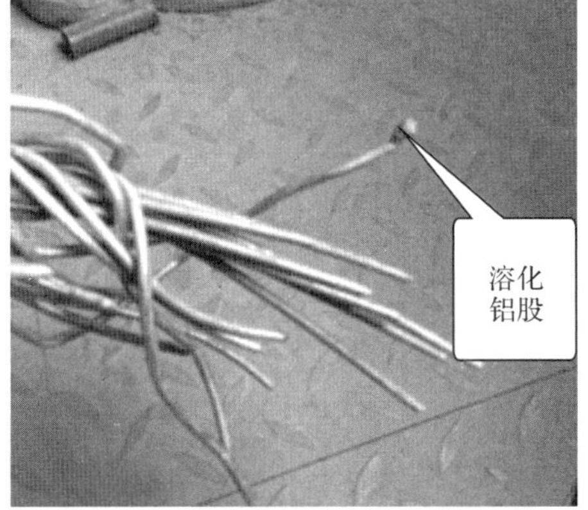

图 5-3-6 一根铝股熔化

5.3.2.2 断口检查

在体视显微镜下观察钢芯及铝股断口，钢芯断口形貌为正常塑性断裂的杯锥状断口（见图 5-3-7）；铝股断口可见显著缩颈，呈现塑性拉断特征（见图 5-3-8）；断口周围均未观察到机械损伤痕迹。

图 5-3-7 钢芯断口

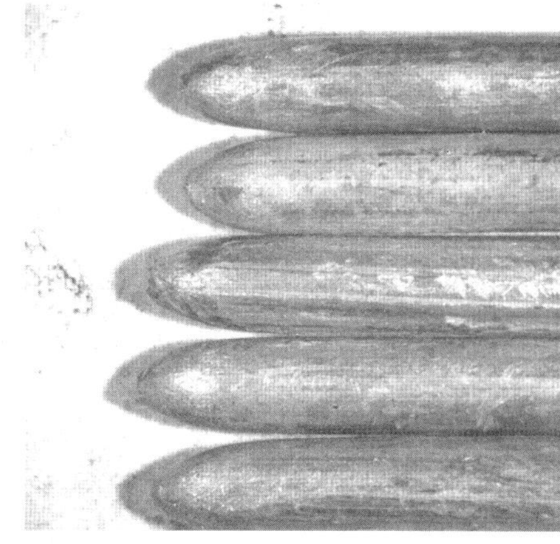

图 5-3-8 铝股断口

5.3.2.3 化学成分检测

5.3.2.3.1 铝股成分分析

根据 GB/T 17048—2009《架空绞线用硬铝线》，铝含量应不低于 99.5%。对来样导线铝股按 DL/T 991—2006《电力设备金属光谱分析技术导则》进行材质分析，铝股成分符合要求。

5.3.2.3.2 钢芯成分分析

从来样导线上取一根钢芯进行元素分析，检测结果见表 5-3-1，参照 GB/T 699—1999《优质碳素结构钢》，钢芯成分相当于 70#钢，且 S、P 含量均较低，已达到该标准中规定的特级优质钢标准(见表 5-3-2)，钢芯化学成分未见异常。

表 5-3-1 钢芯成分(%)

C	Si	Mn	P	S
0.73	0.26	0.65	0.014	0.014

表 5-3-2 钢材(钢坯)化学成分允许偏差

组别	P	S
	不大于/%	
优质钢	0.035	0.035
高级优质钢	0.030	0.030
特级优质钢	0.025	0.020

5.3.2.4 单线拉断力试验

取 8 根铝股及 6 根钢芯对单线外径进行检测并进行拉断力试验。根据 GB/T 1179—2008《圆线同心绞架空导线》、GB/T 17048—2009《架空绞线用硬铝线》、GB/T 3428—2002《架空绞线用镀锌钢线》的规定，铝股直径符合标准要求(标准为 3.07±0.03mm)，抗拉强度低于标准 GB/T 17048 要求的 157MPa(165MPa 的 95%)。试验的钢芯直径和抗拉强度均达到标准中对高强度镀锌钢线(A 级镀锌层，不小于 1410MPa)的要求。

5.3.3 失效原因分析

导线断裂处散股严重，化学成分未见异常，铝股抗拉强度低于标准要求，但考虑到铝股为从绞合和运行后的导线上取制，有部分的强度损失，且导线的主要承力为钢芯，部分铝股强度低于标准不是此次导线断裂的主要原因，钢芯直径和抗拉强度均达到标准中对高强度镀锌钢线的要求；铝股断口及钢线断口呈典型的正向拉断断口，端口附近未见机械损伤，综上所述，此次断线的原因为运行过程中导线所受拉力过大导致的一次性整体拉断。

5.4 绝缘子存在缺陷导致相邻导线断裂

5.4.1 案例概况

2016 年 6 月 21 日，某 10kV 线路断线，运维人员发现断裂位置位于 27＃杆 C 相大号侧(28＃杆塔一侧)针式绝缘子处。

该线路于 2016 年 6 月 14 日投运，导线型号为 LGJ-70/10，绝缘子型号为 P-15T，27＃杆呼称高 15m，27＃～28＃杆档距为 78m；线路通道环境为地势平坦的油橄榄地。导线断裂位置为 27＃杆 C 相绝缘子上部的固定绕线附近，绝缘子瓷件断裂成 3 块，2 块随导线掉落到地上，另 1 块仍固定在杆塔线路上，见图 5-4-1、图 5-4-2。

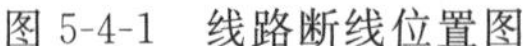
图 5-4-1　线路断线位置图

图 5-4-2　断裂导线及绝缘子瓷件

5.4.2 检查、检验、检测

5.4.2.1 导线质量检测

对取样导线进行结构尺寸、绞合质量、单位质量、表面质量、整体拉断力、铝股及钢芯的单丝机械性能、钢芯镀锌层质量以及铝股电阻率等品控试验项目的检测，各检测项目试验结果均符合 GB/T 1179—2008、GB/T 17048—2009、GB/T 3428—2012 等检测标准要求。

5.4.2.2 导线、绝缘子的宏观形貌

5.4.2.2.1 导线断口形貌

从导线断口来看，6 根铝股中有 2 根呈明显的烧融状，且这 2 根铝股一侧的导线表面放电损伤的痕迹较为明显，另外 4 根铝股断口为拉长的缩颈形貌，钢芯断口也呈拉长的缩颈形貌，导线上缠绕的固定绕线至断口的区域内铝股表面还可见擦伤痕迹，见图 5-4-3。

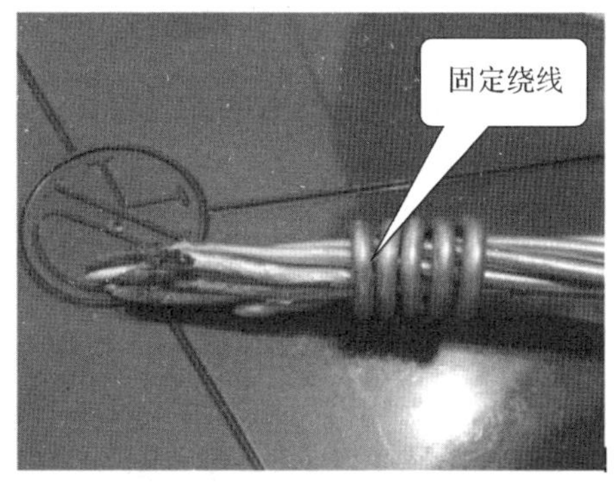

图 5-4-3 大号侧导线断口

在体式显微镜下观察，导线两根铝股断口呈明显的烧融状态，并被黑色氧化物覆盖，未见塑性变形形貌(见图 5-4-4)；另外四根铝股断口呈拉长的缩颈形貌，但其中两根断口附近一侧存在烧伤、变形痕迹(见图 5-4-5)，部分铝股断口至固定绕线之间的区域存在擦伤痕迹(见图 5-4-6)，导线由两个固定绕线固定于绝缘子上方凹槽中，断裂位置位于凹槽处，导线下方的绝缘子断裂，说明存在烧融痕迹的铝股靠近绝缘子一侧；钢芯断口呈塑性变形的缩颈形貌，有黑色氧化物覆盖(见图 5-4-7)，说明钢芯在发生放电时仍然承载载荷，部分铝股断裂后，钢芯在载荷增大及电流作用下最终断裂。

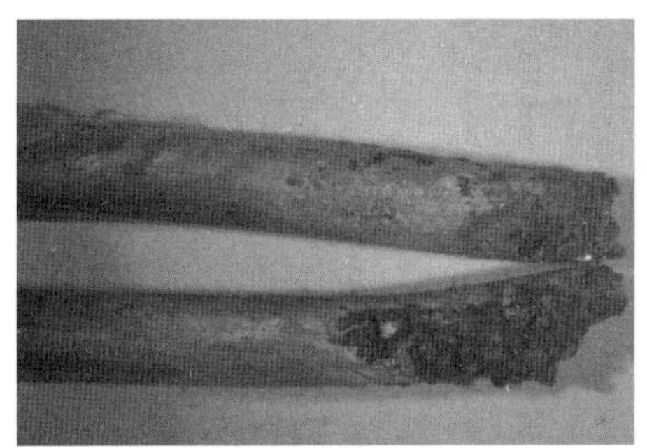

图 5-4-4 铝股烧融断口

图 5-4-5 铝股塑性变形拉长断口

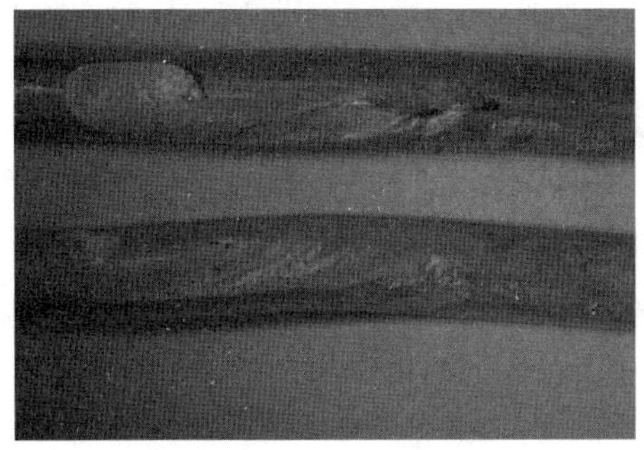

图 5-4-6 铝股断口附近擦伤

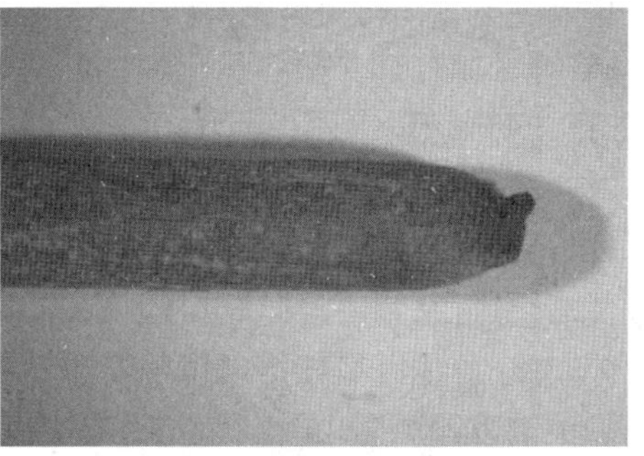

图 5-4-7 钢芯断口

5.4.2.2.2　绝缘子瓷件宏观形貌

对掉落到地面的两瓣绝缘子瓷件进行实验室检测，该绝缘子瓷件表面存在裂纹及灰白色修补缺陷(见图 5-4-8)，在体式显微镜下观察，裂纹沿下凹缺陷边缘分布，应为修补材料与瓷件基体的交界处，裂纹长度约为 16mm，两处临近的修补缺陷总面积达 680mm² 左右，其中存在裂纹的下凹碰损面积约 200mm²，见图 5-4-9、图 5-4-10。

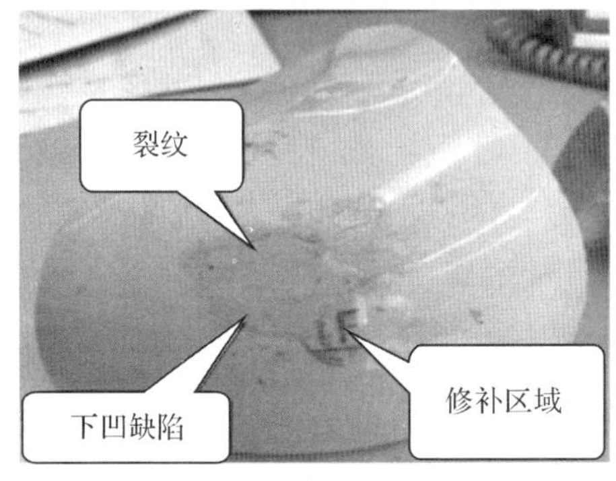

图 5-4-8　掉落绝缘子的表面缺陷

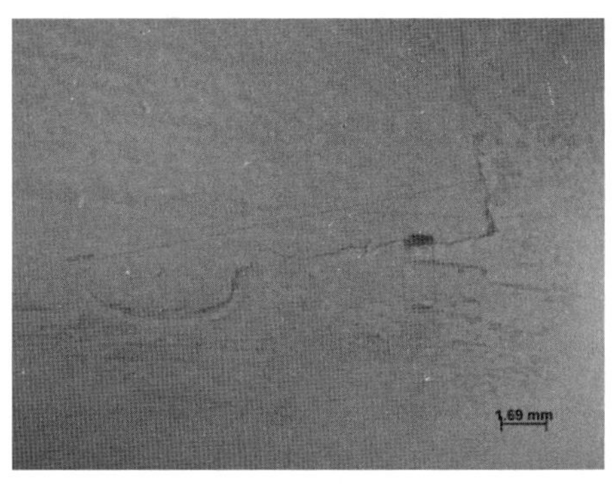

图 5-4-9　绝缘子表面裂纹

根据标准 GB/T 772—2005 及 GB/T 1001.1—2003 的规定，绝缘子瓷件釉面应无裂纹，没有其他不利于良好运行的缺陷。该绝缘子型号为 P-15T，高度 H 为 185mm，最大外径 D 为 190mm，根据 GB/T 772—2005 规定，线路绝缘子瓷件不允许有裂纹，且 $5000<H\times D\leqslant 40000$ 的瓷件，单个碰损面积不得超过 25mm²，外表面缺釉面积单个不得超过 50mm²，线路针式或悬式绝缘子外表面缺陷总面积不得超过 100mm²，因此，该绝缘子表面修补处为超标缺陷。

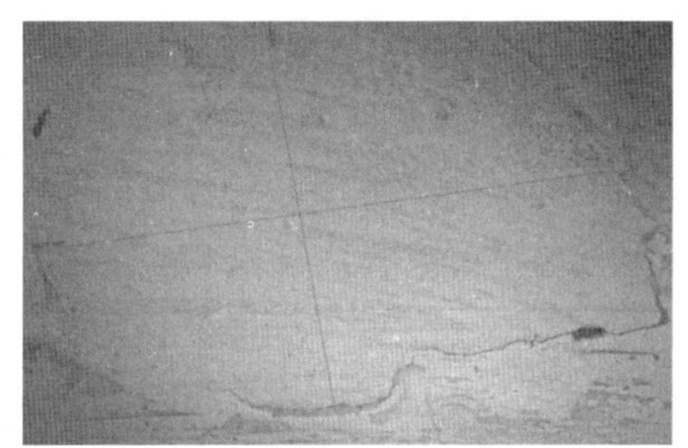

图 5-4-10　绝缘子表面缺损区域

5.4.2.3　射线检测

对掉落的绝缘子进行 X 射线检测，图 5-4-11 为两瓣绝缘子的透照照片，左图为未见表面缺陷的绝缘子残片，其瓷件内部可见较多气孔，断面位置测量气孔直径在 1mm 以内，图 5-4-11 右图所示为存在表面缺陷的绝缘子残片，透照位置为缺陷面朝下放置，将右图局部放大，可见修补区域存在缺损，等比例测量后，缺损深度实际约为 2.1mm，标准 GB/T 772—2005 规定，$5000<H\times D\leqslant 40000$ 的瓷件，单个缺陷深度应不大于 1mm。

从断裂绝缘子宏观观察及射线检测结果可知，导线断点下方的绝缘子残件表面存在面积和深度超标的修补缺陷，导致其绝缘强度达不到设计要求，容易在雷雨天气等气候条件下因绝缘性能下降而引起局部放电，致使临近导线局部温度升高而发生断裂。

5.4.2.4　导线断口扫描电镜观察

在扫描电镜下观察，导线钢芯断口呈现正向拉断的缩颈形貌，断口可见典型拉伸断口的放射区和剪切唇，但断口部分区域可见高温熔融物覆盖，见图 5-4-12；导线铝股断口有两种，一种呈正向拉断的缩颈断口，是断口在正向应力的作用下产生拉长变细的塑性变形所致，但

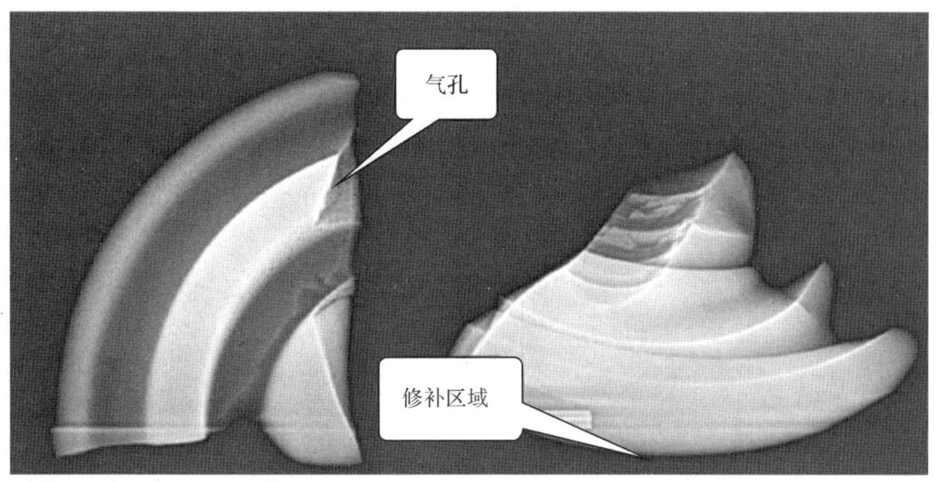

图 5-4-11 掉落的两瓣绝缘子瓷件透照照片

断口附近可见一侧存在放电损伤痕迹，另一侧较为平整，见图 5-4-13；另一种是高温烧融的平断口，断面完全被高温氧化物覆盖，存在疏松及孔洞。

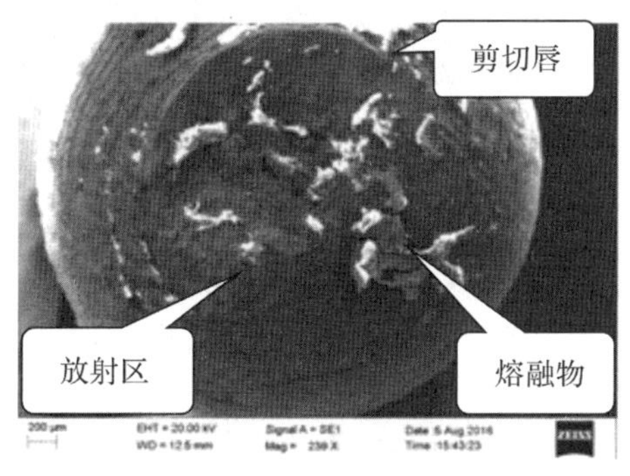

图 5-4-12 导线钢芯断口

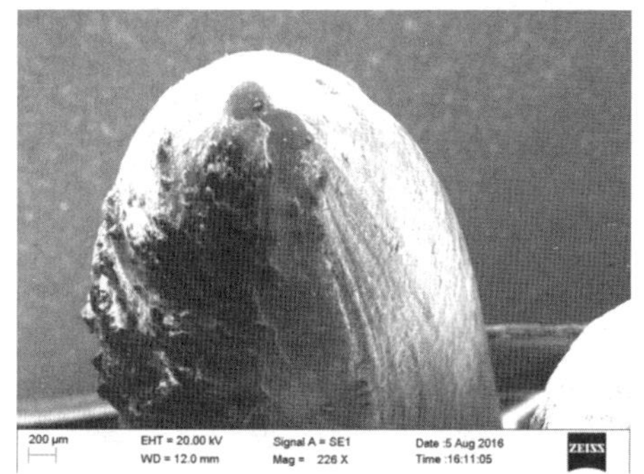

图 5-4-13 导线铝股断口形貌

5.4.3 失效原因分析

综合试验分析结果，该段导线是由于下方绝缘子存在超标修补缺陷，在运行时绝缘性能下降，导致靠近绝缘子的一侧铝股发生局部放电损伤，部分铝股断裂后，剩下的铝股和钢芯在高温放电和载荷增大的作用下最终整体断裂。

5.5 压接不良致铝股损伤导致导线断裂

5.5.1 案例概况

2017 年，某 220kV 线路多条导线接续管处发生断股，随后供电局将 13 根发生断股的导线接续管及1根地线接续管送检，试样照片如图5-5-1所示。

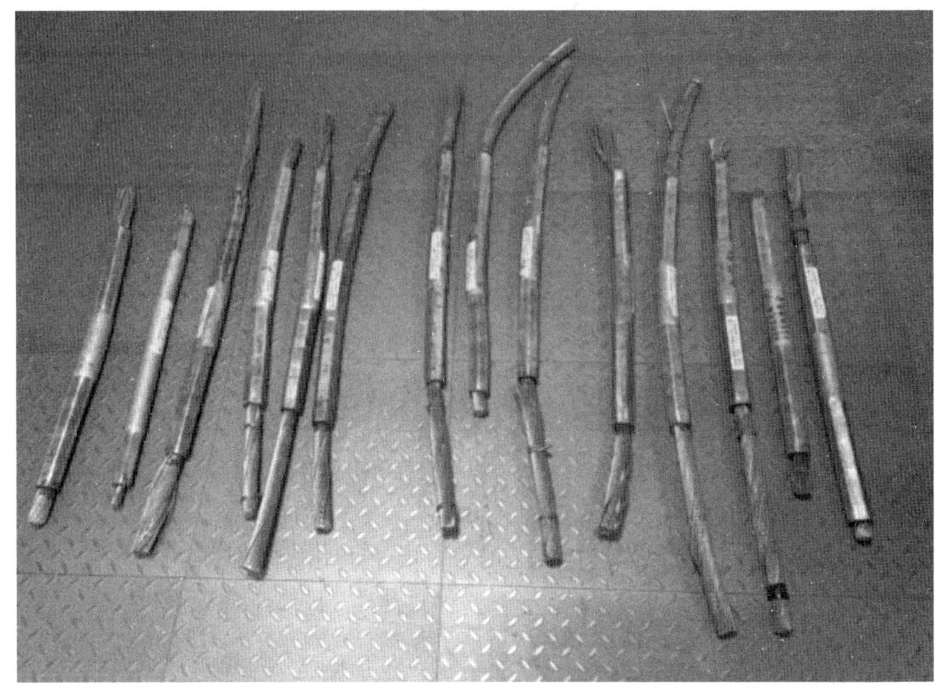

图5-5-1　接续管试样照片

5.5.2　检查、检验、检测

5.5.2.1　宏观观察

在14根接续管来样中，地线接续管未发生断股，其余13根铝绞线接续管均有断股，且断股均发生在最外层铝股，各接续管情况相近。为满足试验过程中单丝试验的要求，选取06、07、04三根保留铝绞线较长的接续管进行分析试验，将其分别编号为1＃、2＃和3＃；为分析过程中提供参照组，选取两根实验室压接的同型号接续管进行对比分析，分别编号为4＃和5＃。

分别对三根接续管断股进行观察，可观察到断股大部分发生在外层铝股，且断裂位置在接续管端头，1＃试样部分内层铝股发生断股，1＃和3＃部分内层铝股发生拉伸后的颈缩现象。所有断股均是发生塑性变形后断裂，呈颈缩特征；部分断口可能因搬运过程中的碰撞前端变平钝，断股宏观照片如图5-5-2所示。

对接续管端头进行观察，1＃接续管未断裂端铝股如图5-5-3所示。因1＃、2＃、3＃接续管铝股断裂端断股较多，选取03试样断股端进行观察，如图5-5-4所示。接续管外沿铝股均有挤压损伤的情况存在。对4＃接续管进行对比观察，外沿铝股无挤压损伤，如图5-5-5所示。

图 5-5-2 1#接续管断股宏观照片

图 5-5-3 1#接续管未断裂端铝股

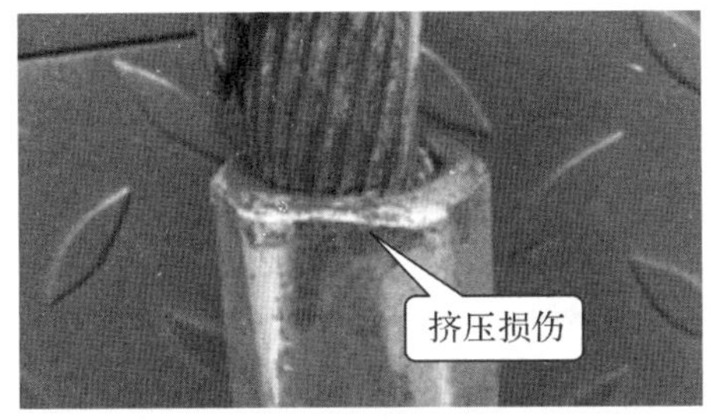

图 5-5-4 03 接续管断股侧端头铝股

图 5-5-5 4#接续管端头铝股

对接续管导线单股进行宏观观察，各层铝股均有挤压痕迹。分别对1#铝股外、中、内层铝股损伤最严重的部位进行观察，如图 5-5-6 所示，损伤程度由外至内逐渐增加。

分别对1#和2#接续管导线内层铝股损伤严重区域进行观察，结果如图 5-5-7 所示，铝股两侧均有严重的挤压和磨损痕迹。

分别对1#试样和实验室拉断导线内层铝股进行观察，如图 5-5-8 和图 5-5-9 所示，1#试样损伤最严重区域损伤程度与拉断试样断口相近。

对比可知，导线内部压痕是在较大的作用力下形成的。

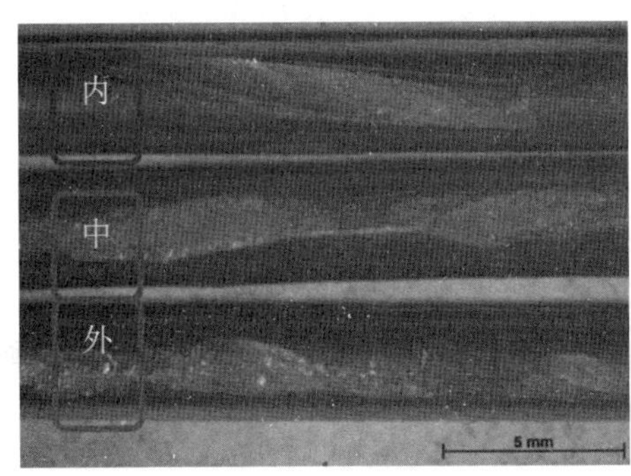

图 5-5-6 1#接续管导线铝股形貌

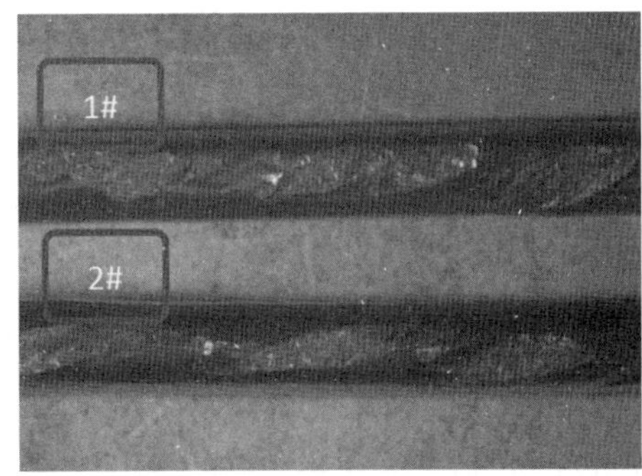

图 5-5-7 1#和2#接续管内层导线形貌

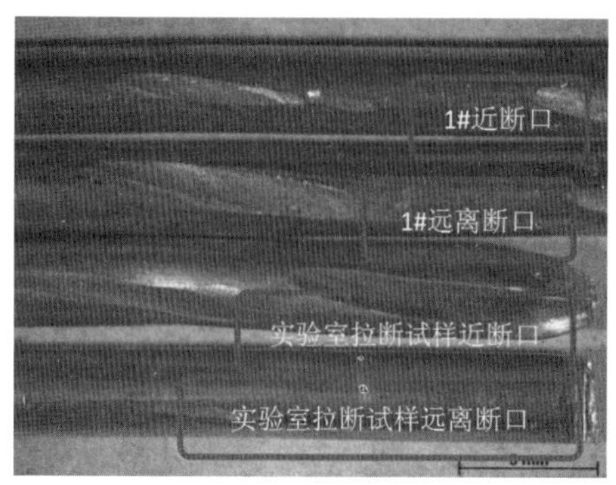

图 5-5-8　1＃和对样导线铝股形貌

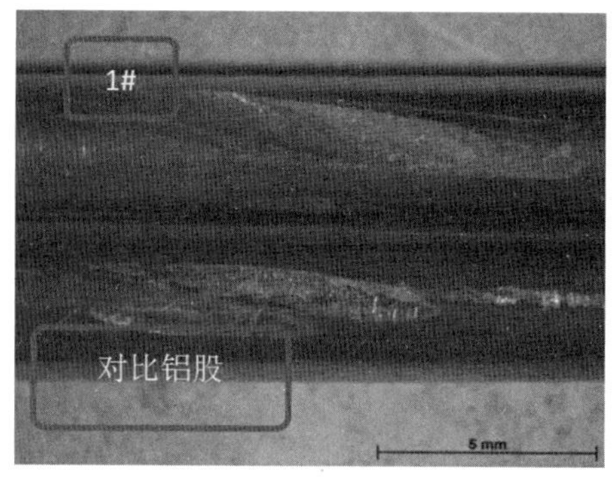

图 5-5-9　1＃导线和对比拉断导线铝股形貌

5.5.2.2　导线质量检测

来样压接管型号为400/50，配合导线型号应同为400/50。根据标准 GBT 1179—2008、GBT 17048—2009 和 GBT 3428—2002 对三根接续管导线进行外形尺寸、抗拉强度、卷绕试验、扭转试验等质量检测。

1＃、2＃和3＃接续管的铝股、钢线数量及直径均符合标准要求；铝单线抗拉强度均大于直径 3.0～3.5mm 硬线标准要求的 157MPa，卷绕试验合格；所有抽检镀锌钢线抗拉强度均大于直径 3.0～3.5mm 镀锌钢线标准要求的 1226MPa，扭转次数大于标准要求的 16 次，卷绕试验合格。

5.5.2.3　压接质量检测

5.5.2.3.1　对边距测量

根据 D/LT 5285—2013《输变电工程架空导线及地线液压压接工艺规程》，钢管相邻两模重叠压接应不少于 5mm，铝管相邻两模重叠压接应不少于 10mm。压接管压后对边距尺寸 S 的允许值按公式(1)选取，三个对边距中只允许有一个达到最大值。

$$S=0.866kD+0.2 \tag{1}$$

式中：S——压接管六边形的对边距离，mm；

D——压接管外径，mm；

k——压接管六边形的压接系数。

线路：钢芯、镀锌钢绞线、720mm² 及以下导地线压接管 k 取 0.993。

测量接续管未被压接部位直径，得到平均直径为 45.47mm。根据 GB 2331.4—1985，JYD-400/50 外径为 45mm。根据 GB/T 2314—2008，$32<D\leqslant 50$mm 挤压铝管外径极限偏差为＋0.6mm，接续管直径符合要求。将所测直径代入公式(1)，得到对边距尺寸允许值为 39.30mm。

分别测量三根导线各压接段对边距离及重叠段距离，所测对边距均在允许值范围以内，部分重叠位置距离小于标准要求的 10mm。

分别将 1＃接续管断股侧端头、4＃和 5＃接续管端头切开进行观察，如图 5-5-10 所示。三根接续管内部开口处均有一定的锥度，分别测量切开部位内径最大和最小值，结果如表 5-5-1 所示。1＃试样设计锥度最小，在端口位置有较深的压痕；4＃试样设计锥度最大，端口附近位置无压痕。5＃试样在端口部位设计有倒角，除去倒角段其余参数与1＃试样相近，端口位置无压痕。

根据DL/T 5285—2013的4.3.5条：压接管内孔端部应加工平滑的圆角，其相贯线处应圆滑过渡。5＃试样相比1＃试样在相贯线位置设计倒角，具有更好的过渡。

图5-5-10　1＃、4＃和5＃接续管端头

表5-5-1　1＃、4＃和5＃接续管端头测量数据

<table>
<tr><th>编号</th><th>最大值/mm</th><th>最小值/mm</th><th>差值/mm</th><th>锥度长度/mm</th></tr>
<tr><td>1＃</td><td>25.49</td><td>23.18</td><td>2.31</td><td>30</td></tr>
<tr><td>4＃</td><td>28.46</td><td>23.21</td><td>5.25</td><td>41</td></tr>
<tr><td rowspan="2">5＃</td><td>倒角位置：26.83</td><td rowspan="2">23.11</td><td>3.72</td><td rowspan="2">32</td></tr>
<tr><td>其余位置：25.56</td><td>2.45</td></tr>
</table>

对4＃和5＃接续管外层铝股进行观察，如图5-5-11和图5-5-12所示，外表面无严重挤压痕迹，挤压位置过渡平滑。

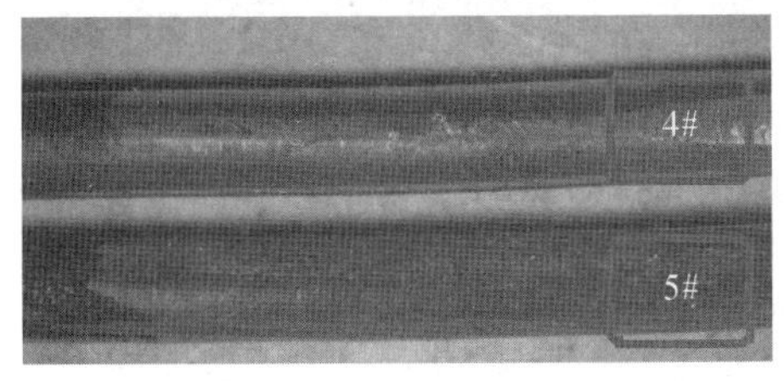

图5-5-11　4＃和5＃外层铝股

图5-5-12　4＃和5＃外层铝股2

接续管使用钢模为G24，按接续管直径为24mm，代入公式(1)计算，接续管对边距允许值为20.83mm，所测结果如表5-5-2所示，部分对边距大于接续管对边距允许值。

表 5-5-2　1＃、2＃和 3＃钢芯接续管各压接段对边距

压接顺序		1	2	3	4	5	6	7	8	9
1＃	1	20.69	20.49	20.43	20.66	20.44	20.47	20.63	20.45	20.50
	2	20.94	20.83	20.64	20.60	20.30	20.63	20.97	20.77	20.92
	3	20.77	20.80	20.73	21.17	21.13	20.87	20.59	20.87	20.86

5.5.2.3.2　射线检测

对 1＃、2＃和 3＃接续管进行射线检测，铝绞线接续管部位射线检测结果如图 5-5-13至图 5-5-15 所示，内部钢芯接续管部位射线检测照片如图 5-5-16 所示。经射线检测，铝绞线及内部钢芯压接无断股缺陷。

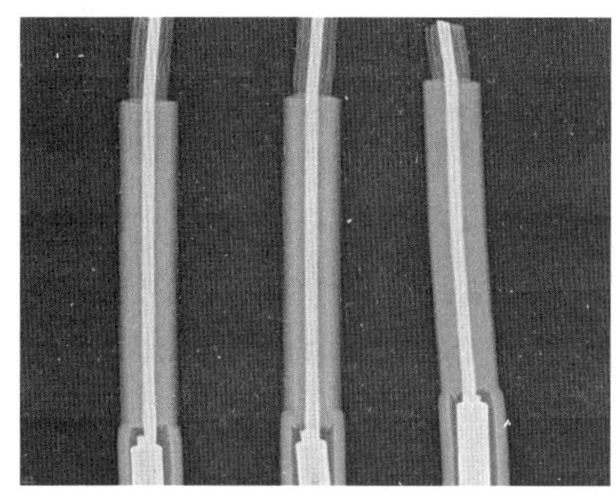

图 5-5-13　无断股端接续管射线照片

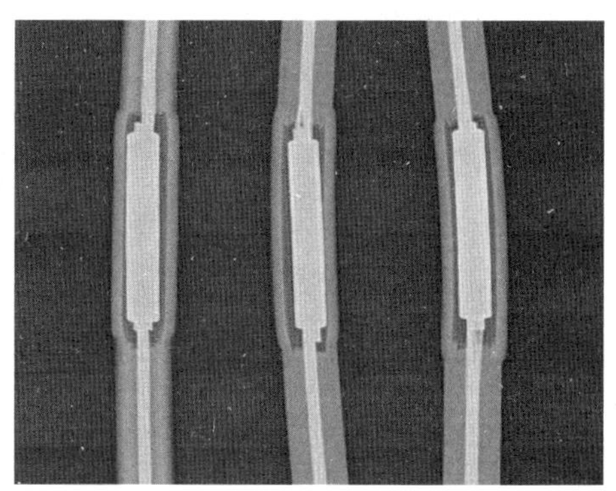

图 5-5-14　接续管中部射线照片

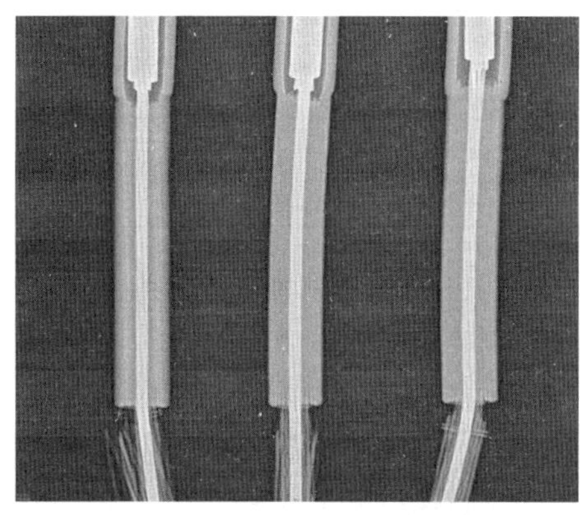

图 5-5-15　断股端接续管射线照片

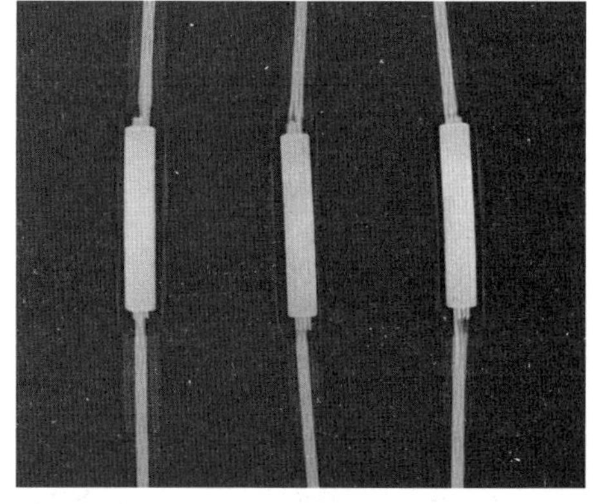

图 5-5-16　内部钢芯接续管射线照片

5.5.2.4　断口形貌

对 1＃、2＃和 3＃接续管断口在体式显微镜下进行观察，形貌如图 5-5-17 所示，各断口均是在塑性变形后形成颈缩断口后断裂，但从断口宏观形貌可看到，各断口附近均有挤压痕迹。

分别选取 1＃导线颈缩断口和平断口在扫描电镜下观察，颈缩断口宏观形貌如图 5-5-18所示，断口中部位典型的韧窝特征如图 5-5-20 所示。分别对断口芯部及外表面进行能谱分析，结果如表 5-5-3 所示，两个区域基体元素均为 Al，含有少量 Si，相比之下外围区

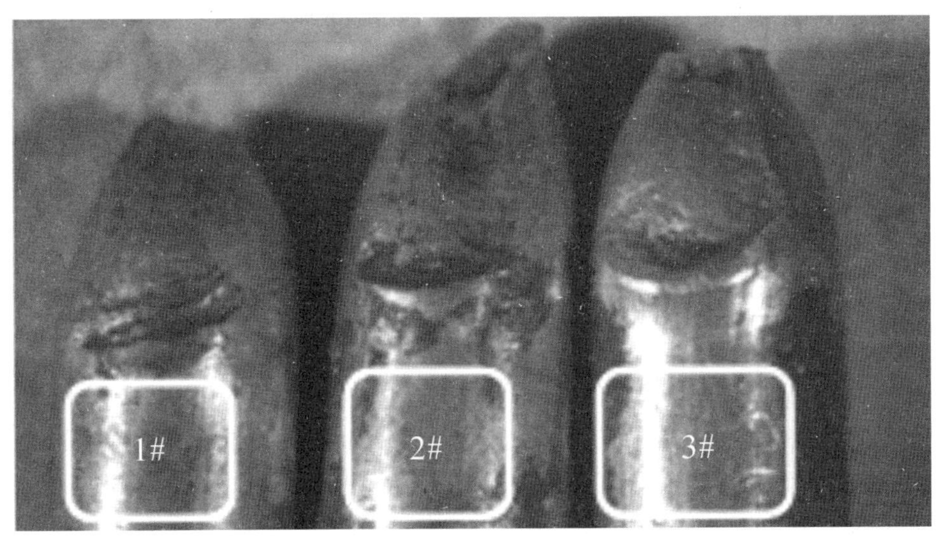

图 5-5-17　各接续管断口体式照片

域还有 K 和 Fe 元素，为外来杂质元素。平断口宏观形貌如图 5-5-19 所示，表面平整部分位置有凸起。在高倍下观察其微观形貌，可观察到断口表面部分区域仍保留有韧窝特征，如图 5-5-21所示。分别对图中所示区域进行能谱分析，韧窝区域和平整区域元素种类及含量相近，可判断平整区域为断后外力造成。

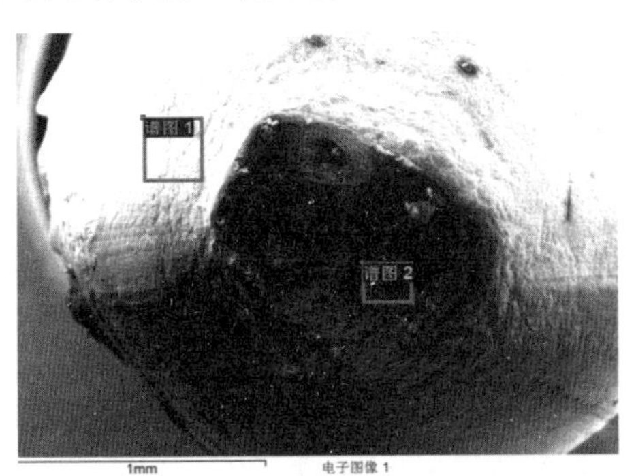

图 5-5-18　1＃导线颈缩宏观断口

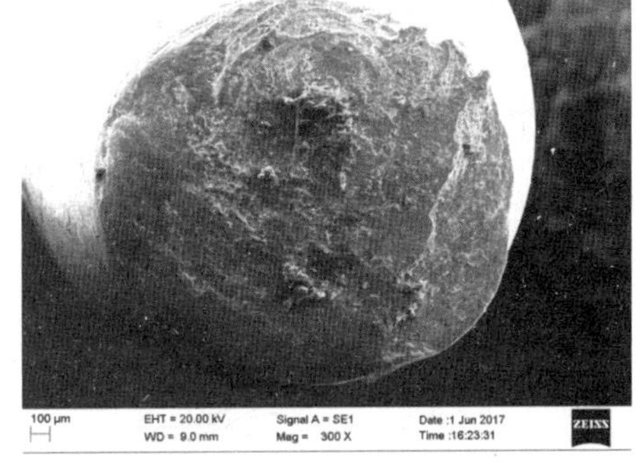

图 5-5-19　1＃导线平断口宏观形貌

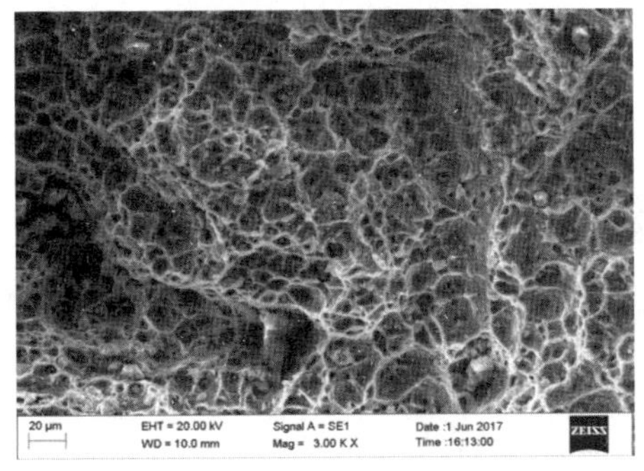

图 5-5-20　1＃导线颈缩断口微观形貌

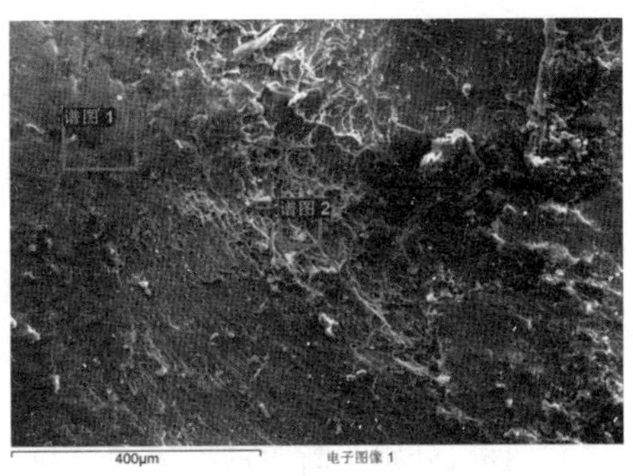

图 5-5-21　1＃导线平断口微观形貌

表 5-5-3　1#接续管导线断口能谱分析结果

试样	谱图	C	O	Al	Si	K	Fe	总和
颈缩断口	谱图 1	40.42	16.91	41.86	0.81			100.00
	谱图 2	38.13	20.72	38.25	2.02	0.26	0.62	100.00
平断口	谱图 1	25.61	11.19	61.68	1.52			100.00
	谱图 2	27.56	10.79	60.68	0.97			100.00

5.5.3　失效原因分析

综上所述，来样导线质量合格，接续管外沿铝股存在挤压痕迹，内部无断股，内部铝股表面有严重挤压和磨损痕迹，铝绞线压接部位对边距符合标准要求，钢芯压接部位部分位置对边距超过标准要求，接续管端头未设计圆滑过渡。铝绞线由于接续管端头过渡不够平滑，外层铝股在压接过程中挤压变形，铝股挤压痕迹表明导线曾受较大的作用力，运行过程中导线铝股在以上因素的共同作用下发生断裂。

5.6　接续管压接工艺不良导致导线断裂

5.6.1　案例概况

2009 年 5 月 18 日 8 点 58 分，某 110kV 线路跳闸，经检查为该线路第 4#塔与第 5#塔之间的接续管靠 4#塔一侧发生断股（见图 5-6-1），断线时天气为毛毛雨，无风，股线规格为 LGJF2-240 型。

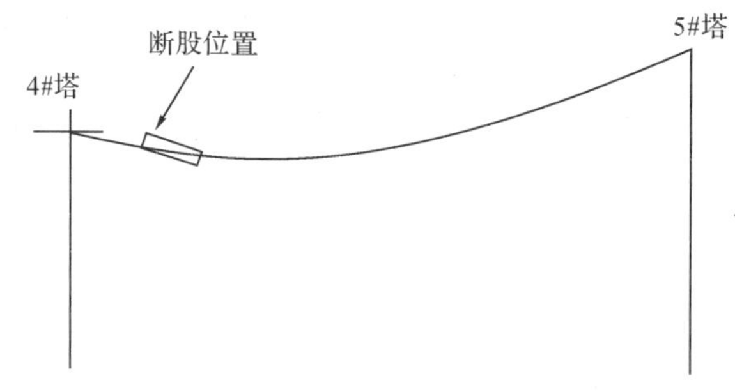

图 5-6-1

5.6.2　检查、检验、检测

5.6.2.1　宏观观察

来样共两段，分别为断股的接续管及与之相连导线（见图 5-6-2）。

股线共两层铝股，外层 17 根，内层 11 根，钢芯共 7 根，抽取 10 根铝股测量直径，均集中

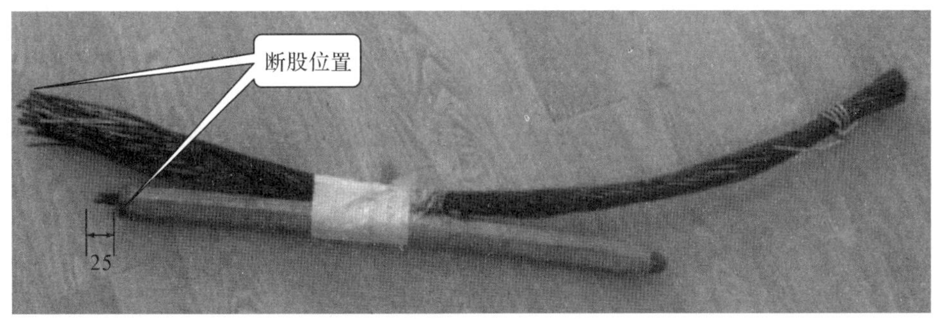

图 5-6-2

在 3.58～3.64mm 范围，7 根钢芯的直径均集中在 2.80～2.86mm 范围。经查询标准，与之规格相接近的股线型号为 GB1179-74 中的 LGJ240 型钢芯铝绞线。

接续管一侧仅有钢芯，其断口距接续管边缘约 25mm（见图 5-6-2），钢芯表面有明显烧熔的痕迹（见图 5-6-3）。

股线侧断口铝股突出于钢芯约 40～50mm，铝股有 7 根的断口表面有明显烧熔痕迹（见图 5-6-4 至图 5-6-6），钢芯断口则保留完好。这些烧融痕迹应该是断股后接地所致。

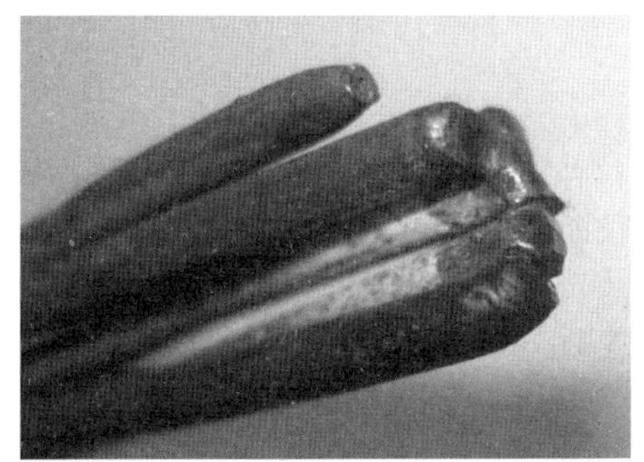

图 5-6-3　接续管侧的钢芯断口

图 5-6-4　股线一侧的断口

图 5-6-5　铝股断口烧熔痕迹 1

图 5-6-6　铝股断口烧熔痕迹 2

铝股和钢芯表面均涂有防腐层，股线侧钢芯自断口起约 50mm 范围内表面发灰和发黑，防腐层消失，呈现受热迹象，其余位置表面防腐层均较完好。

取样做拉伸试验的钢芯断口则表面发灰，缩颈变形集中在断口很小范围内，除断口缩颈部位，钢芯直径变化不大。股线侧钢芯断口发蓝，说明钢芯断股前温度较高；断口表面完好，大多呈缩颈的杯锥状，钢芯在断口约 20mm 范围内均匀变细，分析为在断裂前因受热塑性提高所致(见图5-6-7、图5-6-8)。原始钢芯表面发黑发灰，与取样拉伸的钢芯相比较细，分析为在受热情况下塑性提高所致。

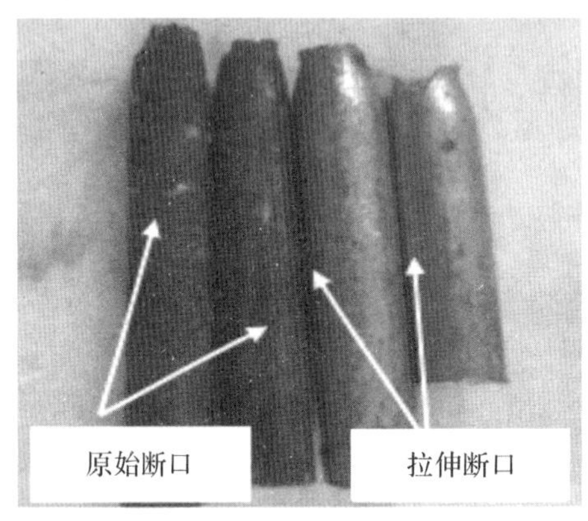

图 5-6-7　原始钢芯断口与取样拉伸断口比较视角 1

图 5-6-8　比较视角 2

以上迹象表明，钢芯在拉断前曾严重受热。

铝股断口大多平齐或呈 45°，与后来铝股做拉伸试验时的缩颈断口完全不同，实际锯开接续管后发现铝股完全从接续管内拉脱而并非拉断。

5.6.2.2　压接尺寸测量

接续管上钢印号为 JYD-240/50，经查询标准 DL/T 758—2001《接续金具》，该接续管适用于 LGJ-240/50 型的钢芯铝绞线液压搭接。

5.6.2.2.1　测量接续管尺寸

如图 5-6-9 所示，接续管总长 488mm，标准 DL/T758—2001《接续金具》中要求为 490mm，因图中右侧接续管略有弯曲变形，因此总长度符合要求。中间未压的一段直径为 36mm，也与标准相符。

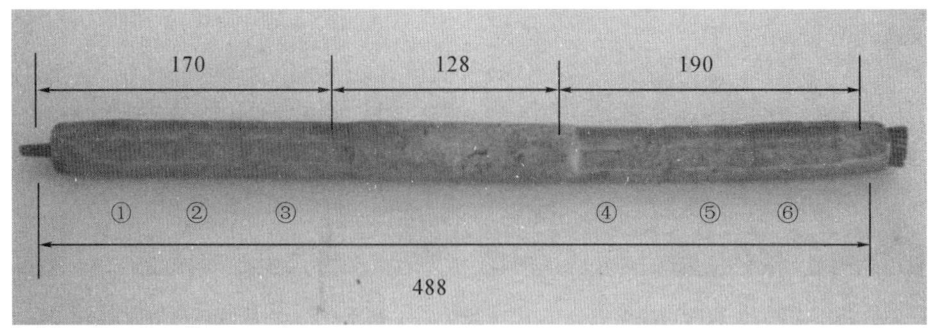

图 5-6-9　接续管尺寸

接续管左右各压了三段，如图5-6-9所示分别编号为①至⑥。截面为正六边形，测量其对边距尺寸，分别为表5-6-1所示。

表5-6-1 对边距尺寸

序号	对边距/mm		
①段	31.00	31.18	31.14
②段	30.08	31.28	31.86
③段	30.72	30.98	31.92
④段	31.08	31.14	31.12
⑤段	31.28	31.04	31.08
⑥段	31.10	31.24	31.18

据SDJ 226-87《架空送电线路导线及避雷线液压施工工艺规程》第4.0.2条，各种液压管压后对边距尺寸S的最大允许值为：

$$S=0.866\times(0.993D)+0.2\text{mm}$$

其中D为管外径。

该管外径为36mm，最大允许值S应为31.16mm，考虑到除了图中右段变形使尺寸略有增大外，管子整体压接的对边距尺寸符合标准要求。

5.6.2.2.2 内部压接尺寸

锯开管子以检查其内部压接工艺是否符合DL/T 758—2001《接续金具》要求：

如图5-6-10所示，接续管上方数值为根据标准算出的应压铝股长度，下方为接续管压接各部位实际长度，经检查共发现有以下几处问题：

(1)根据此接续管的型号应按搭接型施工，但是实际却是对接型，其钢管连接截面如图5-6-11所示，图中可见钢芯共7根，为对接型施工工艺；根据标准DL/T 758—2001《接续金具》规定，如果采用对接型的液压接续管，则应该使用总长为640mm的JY-240/50型接续管。

(2)铝管压接的正确范围应如图5-6-9中接续管上方数值所示，左右各压130mm，但实际上左端最多压了70mm，图中右端部分铝股并未压实(见图5-6-12)，实际只压了100mm，均低于标准值。

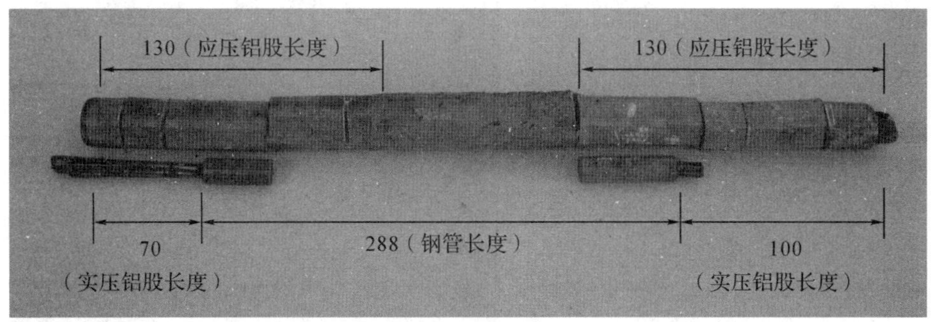

图5-6-10 接续管压接尺寸

图 5-6-11　钢管连接截面

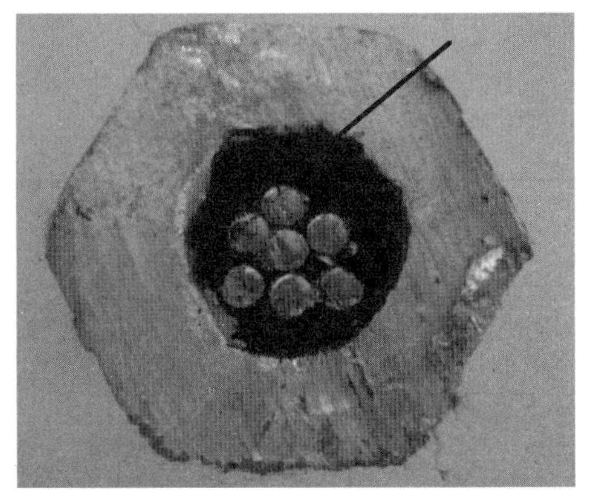

图 5-6-12　右端部分铝股未压实

5.6.3　失效原因分析

由于接续管施工工艺欠佳，导致接续管握力不足，运行中铝股从接续管中拔脱，钢芯中因电流通过而发热，进而在高温下强度不足而最终发生断裂。

5.7　间隔棒未安装衬垫导致 500kV 线路导线断裂

5.7.1　案例概况

2016 年 11 月 15 日，某 500kV 线路 124＃～125＃档内 A 相四分裂导线中的 2＃子导线距 125＃塔约 150m（位于第 3 个间隔棒）处断线，断裂后的两端导线塌落在地上。124＃塔、125＃塔身未受影响，124＃～125＃档内的 A 相间 7 个隔棒受损、变形。现场照片见图 5-7-1 至图 5-7-4。该线路全长 49.213km，铁塔 127 基，导线型号为 4×JL/G1A-500/45。124＃、125＃塔位于耕地中，地形低于附近山体，124＃较 125＃塔低约 11m。

图 5-7-1　125＃塔

图 5-7-2　125＃（大号侧）断线点

图 5-7-3　断线处间隔棒

图 5-7-4　间隔棒磨损

技术人员赴现场对断线区域进行了查勘，并取回分析试样：124＃～125＃塔断大号侧（125＃塔侧）包含断口的导线一段、小号侧（124＃塔侧）包含断口的导线一段，现场取回间隔棒 7 个。

5.7.2　检查、检验、检测

5.7.2.1　宏观分析

大号侧铝股：外层铝股 22 根，中层铝股 16 根，内层铝股 10 根，44 根铝股有明显的磨损痕迹，为斜断口，其中 8 根断口位置磨损后减薄严重，越靠里的铝股磨损长度越长，内层铝股磨损长度 3～42mm；4 根铝股有熔融特征，断口前端为圆球状，断口附近存在磨损痕迹，见图 5-7-5 至图 5-7-7。大号侧钢芯断口均有明显熔化痕迹，其中 3 个断口保留有部分原断口特征，见图 5-7-8。

图 5-7-5　大号侧外层铝股断口

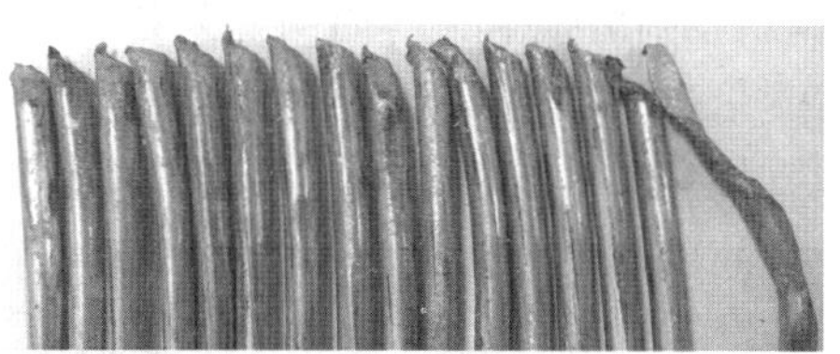
图 5-7-6　大号侧中层铝股断口

图 5-7-7　大号侧内层铝股断口

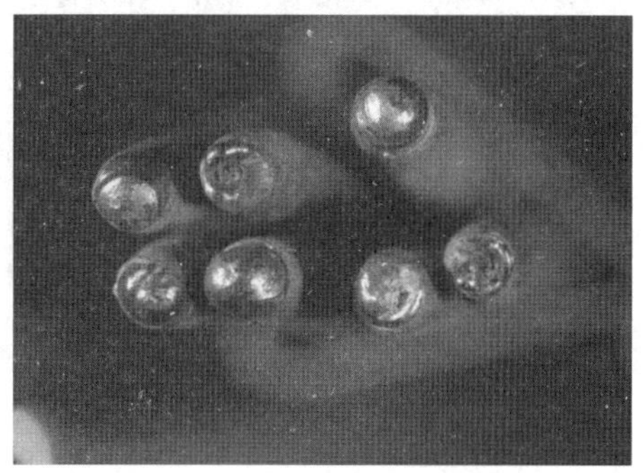
图 5-7-8　大号侧钢芯断口

间隔棒:对现场收集的7个间隔棒进行检查,其中1个完整,2个变形,4个断裂。从125#塔至124#塔方向将间隔棒编号为1#～7#,其中3#为完整间隔棒,1#、2#、4#、5#为断裂间隔棒,6#和7#为变形间隔棒,见图5-7-9。

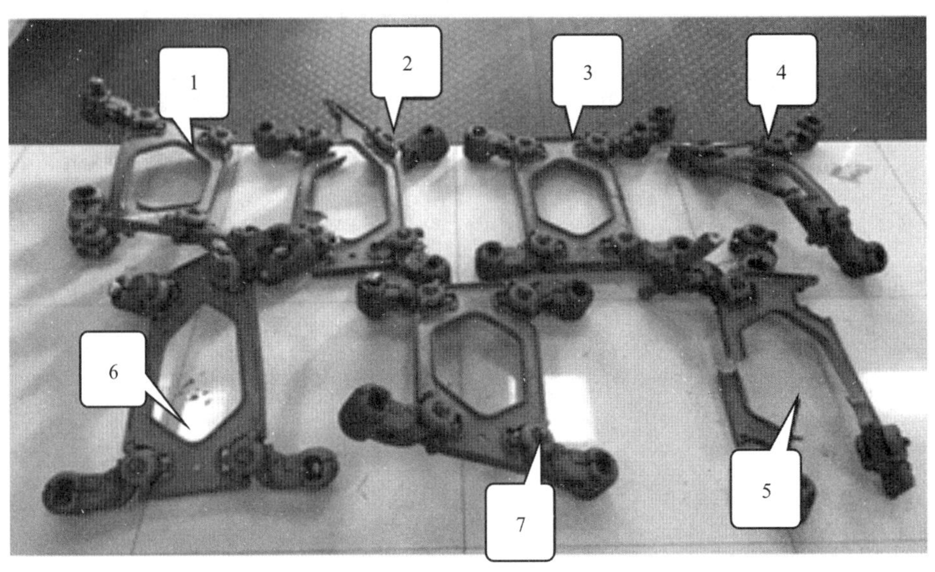

图5-7-9 收集到的损坏间隔棒

经检查:完整间隔棒(3#)的1个卡头有磨损痕迹,根据间隔棒上向上箭头和"up"标记,此卡头为3#间隔棒左上卡头,与现场该间隔棒断裂导线位置吻合,该卡头上部内壁有明显的光亮的磨损痕迹,下部内壁侧面有轻微磨损痕迹,见图5-7-10、图5-7-11。与正常卡头相比,观察到磨损卡头内周明显外扩,见图5-7-12、图5-7-13。对卡头短边和长边长度进行间距测量,结果如表5-7-1所示,磨损卡头长边和短边间距均大于正常卡头,说明该位置与导线直接接触并长期摩擦。其余卡头内壁均无明显磨损痕迹,说明卡头未与导线直接接触。断裂间隔棒均为新断口,无陈旧断口。

图5-7-10 卡头上部内壁

图5-7-11 卡头下部

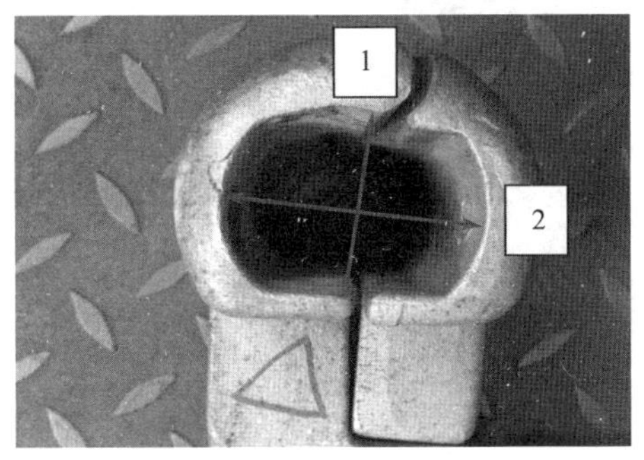

图 5-7-12 磨损卡头内周外扩

图 5-7-13 正常卡头

表 5-7-1 卡头测量数据

测量位置	磨损卡头/mm	正常卡头(4 个)/mm
1	36.85	33.42～34.44
2	49.09	46.30～48.31

5.7.2.2 导线质量检测

对小号侧的导线取样进行尺寸结构的测量，导线根数、节径比、绞向、外径、单线直径均符合标准要求。

对大号侧和小号侧断口附近的钢芯铝绞线各取一段进行压接，做导线的整体拉断力试验，每段长度为 13m；大号侧及小号侧导线整体拉断力均满足标准 GB/T 1179—1999 的要求。

在小号侧钢芯铝绞线上取相对完好的单丝进行机械性能试验，导线各层铝股抗拉强度均满足 GB/T 1179—1999、GB/T 17048—1997 中对 JL/G1A-500/45 钢芯铝绞线铝股抗拉强度的要求。导线的 7 根镀锌钢线抗拉强度均满足 GB/T 1179—1999 和 GB/T 3428—2002 标准的要求。

取 2 根镀锌钢线、6 根铝股，按 GB/T 17048—1997 和 GB/T 3428—2002 要求进行卷绕试验，钢线和铝股均合格。

取两根镀锌钢线按 GB/T 3428—2002 要求做扭转试验，试验结果合格。

5.7.2.3 扫描电镜和能谱分析

选取大号测钢芯断口 1 根进行观察，其断口表面被氧化层覆盖，可见部分塑性变形的韧窝形貌，如图 5-7-14、图 5-7-15 所示。

选颈缩断口 1# 和熔融断口 4# 进行能谱分析，结果显示：未完全熔融断口主要金属元素为 Fe，含有少量 Mn、Al、Zn，含有少量非金属元素 Si，断口上 Mn 为钢中合金元素，Al 和 Zn 的来源应分别为铝股和钢芯表面的镀锌层；完全熔融断口只含金属元素 Fe，表面附着层氧含量较高，氧化程度较高，化学成分无明显异常。

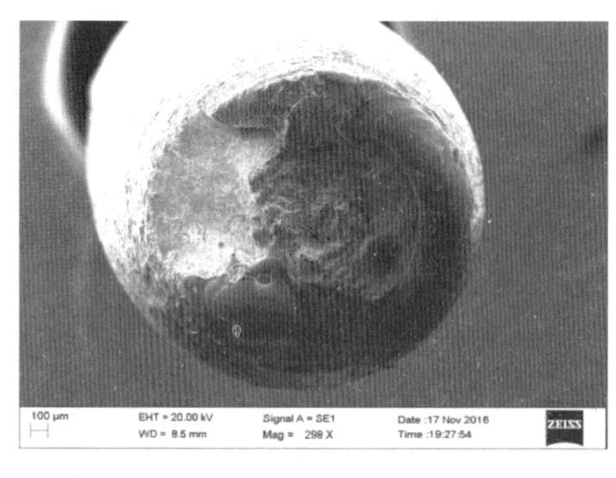

图 5-7-14　1＃钢芯断口形貌

图 5-7-15　1＃断口微观形貌

5.7.3　失效原因分析

造成此次导线断线的原因为导线与间隔棒卡具接触处无衬垫阻隔，导线铝股与间隔棒长期摩擦，造成铝股严重磨损并断裂，仅余钢芯受力，长期运行中在各种应力作用下，导线荷载超过钢芯抗拉强度后发生断裂。

5.8　铝股损伤及弧垂不足导致导线断裂

5.8.1　案例概况

2016 年 2 月 29 日，某 110kV 线路断路器保护动作跳闸，重合闸不成功，当时天气情况为雷雨。维护人员在对线路开展故障巡视时，发现 5＃塔大号侧距杆塔 50m 处 C 相导线断落地面。见图 5-8-1、图 5-8-2。

图 5-8-1　导线一侧断口

图 5-8-2　导线另一侧断口

该线路投运时间为 2005 年 10 月 29 日，线路长度为 59.997km，导线型号为 LGJ-185/25，断线的 5＃～6＃档处于风口位置，使用档距 1093m，接近 LGJ-185/25 钢芯铝绞线在当地典型Ⅰ级气象区的极限使用档距 1099m。5＃～6＃塔导线的实际弧垂为 58.2m，比计算值的74.3m(按当地典型Ⅰ级气象区、导线安全系数2.5)少16.1m,安全系数低于2.5。断点距离5#塔防震锤约90m,离6#塔防震锤约180m。故障当天风力5级并伴有雷雨,现场地理为多雾气候,雷击最大电流为21.9A。

5.8.2 检查、检验、检测

5.8.2.1 宏观检查

来样为换下的导线两端断口各一段,见图5-8-3、图5-8-4(以下简称为A、B段),A段长约2.8m,B段长约1.7m。

导线由24根铝股及7根钢芯绞制,外层15根铝股,第二层9根铝股,内部为7根镀锌钢线。导线铝股表面间隙中存在污染物,断裂处铝绞线散股,铝股断口位置基本一致,A段导线离钢芯断口约0.7m处有一处约130°的弯折,内弯处铝股有陈旧损伤痕迹,见图5-8-5。此外,在铝股表面多处存在较深的陈旧损伤痕迹,见图5-8-6。钢芯断口伸出铝股断口约0.3m,断口位置基本一致。在断口附近铝股和钢芯上均未观察到雷击的放电痕迹,可排除雷击所致断裂的可能。

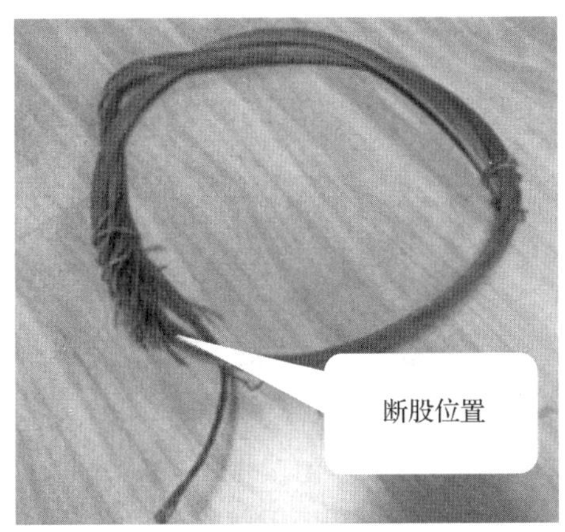

图5-8-3 导线断口A段

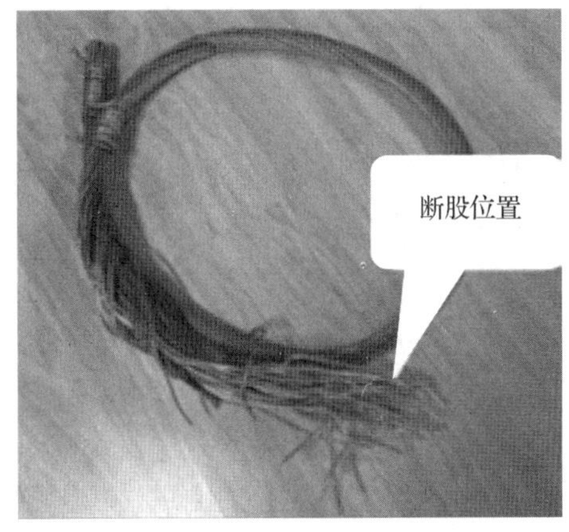

图5-8-4 导线断口B段

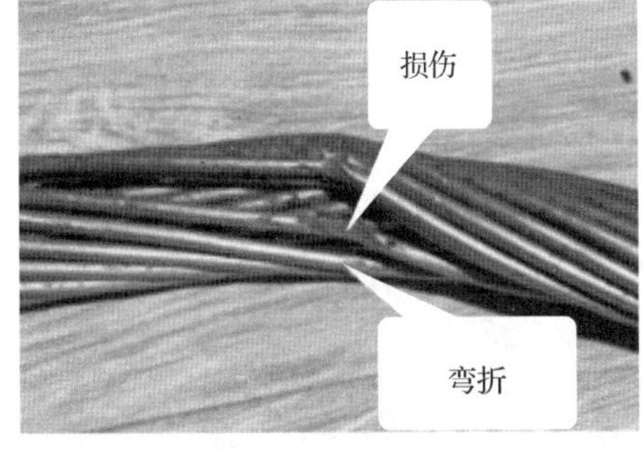

图5-8-5 弯折处铝股损伤

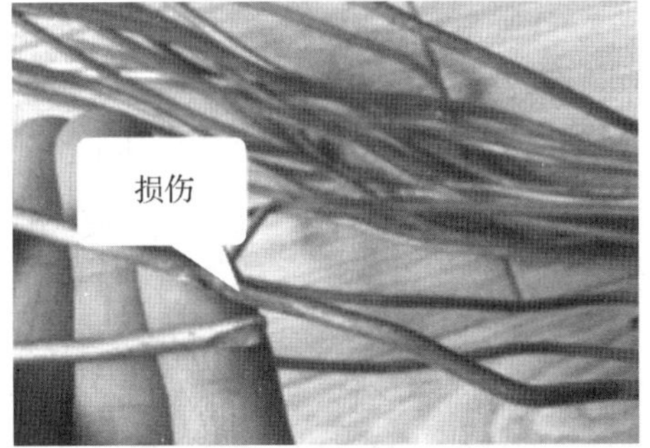

图5-8-6 铝股表面损伤

5.8.2.2 断口观察

A段导线铝股断口均可见显著缩颈,呈现正断型塑性拉断特征,断口附近有磨损、擦伤痕迹(见图5-8-7)。B段导线铝绞线断口除1根铝股断口变形外,其他铝股断口可见明显缩颈,4根铝股断口处有较深擦痕,见图5-8-8。

A段导线7根钢芯断口均可见缩颈痕迹，但有2根钢芯断口上有黑色熔化痕迹，见图5-8-9、图5-8-10、图5-8-11，熔化较为明显的一根是中心钢芯；B段导线7根钢芯断口均可见缩颈，断口未见熔化痕迹。存在熔点的钢芯只有一侧有熔点，另外一侧为正断型断口，因此钢芯上的熔点应是先拉断，而后某个时刻放电所致。

图5-8-7　A段导线铝股断口

图5-8-8　B段导线铝股断口

图5-8-9　A段导线钢芯断口

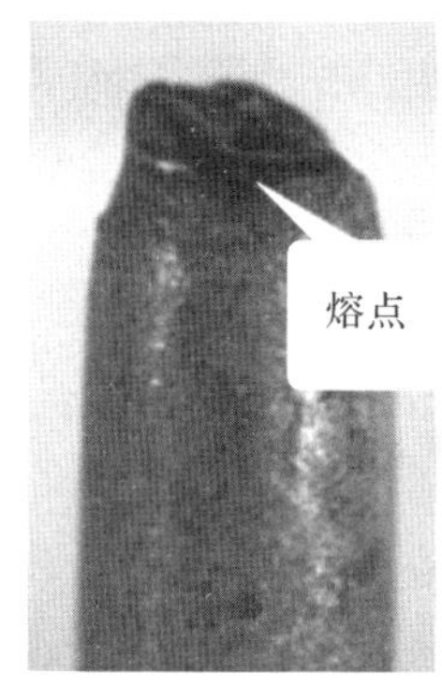

图5-8-10　中心钢芯断口

图5-8-11　钢芯断口

取A段导线钢芯断口在扫描电镜下观察，7根钢芯均存在缩颈，未见机械损伤痕迹，其中5根钢芯断口呈正向拉断的杯锥型断口，断口中心区域为塑性变形的韧窝形貌，见图5-8-12、图5-8-13。1#及6#钢芯断口处可见缩颈，部分区域可见韧窝形貌，但熔点区域不存在塑性变形或脆性断裂形貌，断面上还存在孔洞和开裂的块状组织，见图5-8-14、图5-8-15。

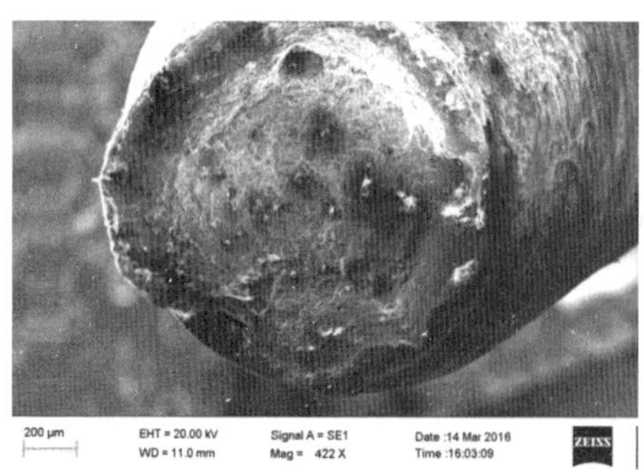

图5-8-12　A段2#钢芯断口形貌

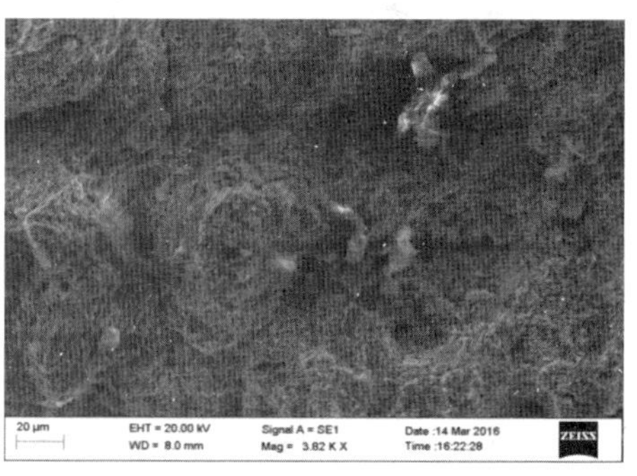

图5-8-13　A段2#钢芯断口中心韧窝

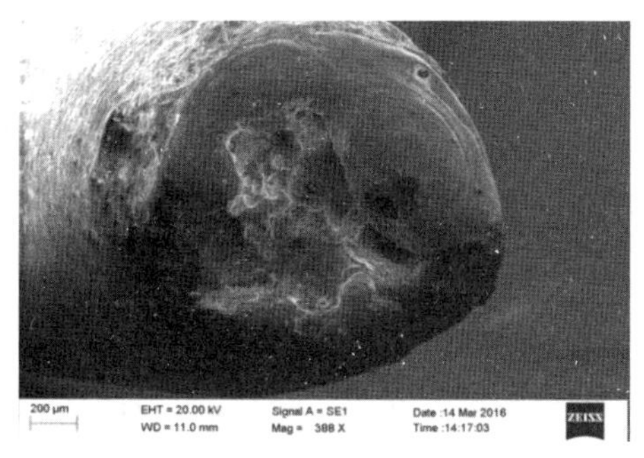

图 5-8-14　A 段 1＃钢芯断口形貌

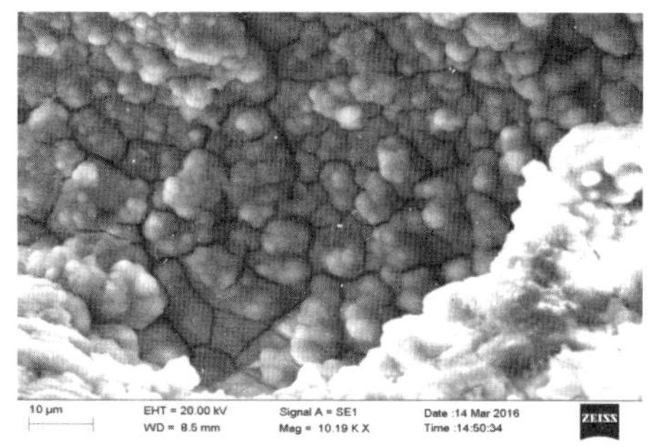

图 5-8-15　A 段 1＃钢芯断口的块状组织

5.8.2.3　能谱分析

对 A 段导线钢芯断口进行能谱分析，A 段导线 2＃、3＃、4＃、5＃、7＃钢芯断口化学成分相似，无明显差异，中心区域除 C、O 元素外，金属元素主要为 Fe，以及少量的 Mg、Al、Si、Mn、Zn、Ca，外沿区域较中心区域含有更多的 Zn 元素，见图 5-8-16。1＃及 6＃钢芯断口除熔点区域外，其他区域 Zn 含量较高，见图 5-8-17，但 B 段导线 1＃钢芯断口能谱分析结果与 A 段导线 2＃、3＃、4＃、5＃、7＃钢芯断口相似，无熔化区域，可见 A 段导线存在熔点的 2 根钢芯应是断裂后才发生熔化。

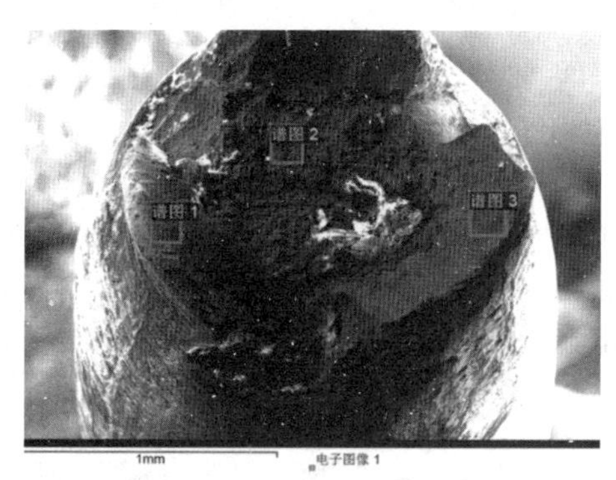

图 5-8-16　3＃钢芯能谱分析部位

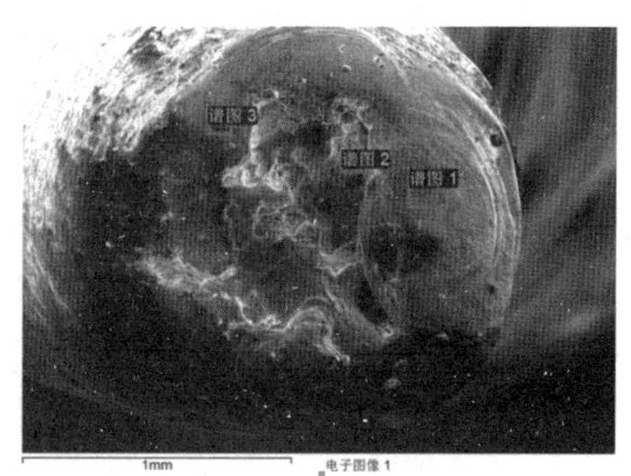

图 5-8-17　1＃钢芯能谱分析部位

5.8.2.4　质量检测

对来样导线进行直径、节径比、绞向质量的测量，导线直径、铝股内外层及钢芯层节径比、绞向均符合 GB/T 1179—2008 标准要求。

对铝股及镀锌钢线进行单线拉力试验，共抽取 16 根铝股及 7 根钢芯进行拉力试验。根据 GB/T 1179—2008、GB/T 17048—2009、GB/T 3428—2002 中对 JL/G1A-185/25 型钢芯铝绞线的规定：铝单线直径要求为 3.150～3.182mm，抗拉强度要求≥157MPa；镀锌钢线直径要求为 2.070～2.130mm，抗拉强度≥1340MPa。来样钢芯的直径、抗拉强度均达到标准要求，铝股直径均小于标准要求，抗拉强度外层铝股有 6 根略低于标准要求，内层铝股抗拉强度均合格，外层铝股直径及抗拉强度都小于内层铝股，但部分外层铝单线的直径和抗拉强度略低于标准不是此次断线的主要原因。

选取 2 根钢芯，按照 GB/T 3428—2012 要求进行卷绕试验，钢芯未断裂；选取 3 根相对完好的铝股，按照 GB/T 4909.7—2009 要求做卷绕试验，3 根铝股均未出现断裂现象。

选取 2 根钢芯，按照 GB/T 3428—2012 要求进行扭转试验，钢芯分别扭转至 25 圈及 30 圈断裂，大于标准要求的 18 圈。

5.8.3 失效原因分析

由于铝股表面存在较深的擦伤和磨损，造成导线局部应力集中，抗拉强度下降；加之断线档档距较大，处于风口位置，且导线弧垂偏小，安全系数不足 2.5，导线应力较大，长年运行下导线在应力集中部位逐渐发生损伤，最终在雷雨大风天气下强度不足而断裂。

5.9 施工不当导致导线过载断裂

2015 年 12 月，某 500kV 输电线路施工人员在对 183＃～184＃塔段进行挂线作业准备，在抽线过程中发生

5.9.1 案例概况

1 根子导线断裂事件，断线位置距 184＃塔约 15m。此段线路档距 623m，高差约 200m，采用的导线型号为 JL/G1A-500/45，额定拉断力（RTS）为127.13kN，抽线所使用的机动绞磨及紧线器额定载荷为 5t。根据现场勘查和 500kV 线路施工平衡挂线的特点，导线由靠近 184＃塔的紧线器夹持，紧线器由通过铁塔横担上施工预留孔的拉线拉紧。另外，该段线路位于山区，通道下方有较为茂密的林木，导线靠近 184＃铁塔一侧（以下称大号侧）的断线仍挂在塔上，但紧线器缺失，没有施工过程、安全距离、驰度观测等记录，靠近 183＃塔一侧（以下称小号侧）的断线掉落在山林间，现场情况见图 5-9-1。

图 5-9-1　184＃塔一侧断裂导线

5.9.2 检查、检验、检测

5.9.2.1 宏观检查

将挂在铁塔上的大号侧断线取样进行分析，距离导线钢芯断口 260mm 处（以下称为 A 点）存在一处 5°～10°的小变形，距离钢芯断口 470mm 处（以下称为 B 点）存在 130°左右的弯折变形，A、B 两点间距离为 210mm，而现场使用过的 500-630 型号的紧线器夹持长度也为 210mm，见图 5-9-2、图 5-9-3；在断口至 B 点范围内，外层铝股与中层铝股的接触面、中层铝股内外侧、内层铝股外侧均存在较深磨损，见图 5-9-4；另外，如图 5-9-2 所示，外层铝股大部分断在 A 点附近，中间层铝股大部分断在 A 点至钢芯断口之间，内层铝股基本断在钢芯断口附近。

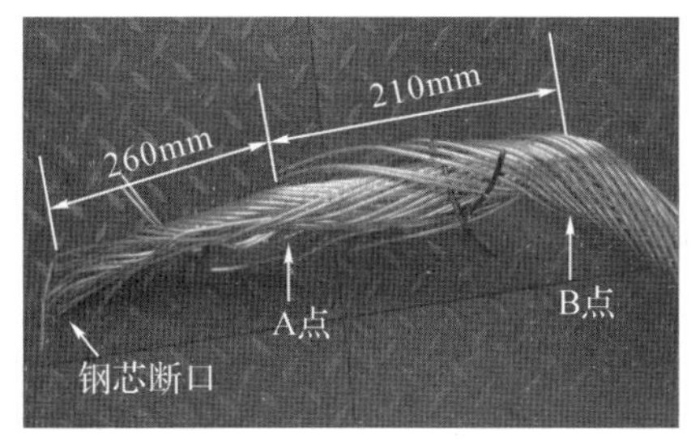

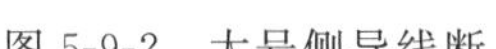
图 5-9-2 大号侧导线断

图 5-9-3 现场使用的型号为 500-630 紧线器

5.9.2.2 几何尺寸检查

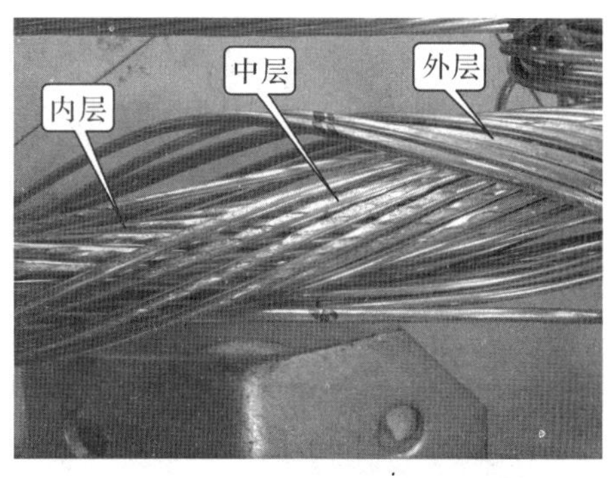

图 5-9-4 A、B 点之间铝股形貌

对小号侧断线（试验编号 1＃）、大号侧断线（试验编号 2＃）以及剩余的钢芯铝绞线新线（试验编号 3＃）取样进行结构及尺寸测量，3 个样品的绞合结构、外径、节径比符合标准要求，但 1＃、2＃样品铝单线和钢线平均直径低于标准 GB/T 1179—2008 要求，且 1＃、2＃样品内层铝股直径均小于外层铝股，2＃样品铝股直径小于 1＃铝股直径，而新导线截取的 3＃样品钢线及铝股平均直径均符合标准，可见内层铝股和钢芯受力时间更长，导线受到的较大拉力载荷来自于大号侧方向。具体数据见表 5-9-1。

表 5-9-1 直径测量结果（平均值，mm）

项目	标准要求	1＃	2＃	3＃
外层铝股直径	3.60～3.64	3.58	3.54	3.60
中层铝股直径	3.60～3.64	3.57	3.52	3.61
内层铝股直径	3.60～3.64	3.51	3.52	3.60
钢线直径	2.75～2.85	2.71	2.70	2.76

5.9.2.3 材质检验

取 10cm 长的 3 段钢芯，脱锌后按标准 GB/T 20123—2006、GB/T 20125—2006 进行 C、Si、Mn、P、S 五个元素的含量检测，钢芯化学成分满足 70＃特级优质钢的要求。按标准方法 GB/T 7999—2015 对导线铝股进行光谱分析，该导线铝含量为 99.7%，满足标准 GB/T 17048—2009 要求的硬铝线应由含量不小于 99.5%的铝制成。

5.9.2.4 力学性能检测

对现场的小号侧导线取三段样品进行整体拉断力试验，按标准 GB/T 1179—2008 规定，JL/G1A-500/45 型导线应能承受额定拉断力的 95%，即 120.94kN，三根导线拉断力均达到标准要求，且断裂位置均在压接处。

对小号侧导线样品距断口 9.7m 处截取单丝做抗拉强度试验，铝单线及镀锌钢线抗拉强度均达到标准要求。取 6 根铝股及 2 根钢线，按标准 GB/T 17048—2009、GB/T 3428—2012 要求做卷绕试验，铝股及钢芯均未断裂；取 2 根钢线做扭转试验，标准要求扭转 16 圈以上不断，样品分别扭转至 32 圈及 36 圈断裂。

5.9.2.5 断口观察

对大号侧断裂导线进行断口形貌观察，7 根钢芯中 4 根呈明显的杯锥状拉伸断口，见图 5-9-5(a)，另外三根为 45°斜断口和缩颈混合的断裂形态，见图 5-9-5(b)；7 根钢芯断口均为典型的正向拉断断口，断口附近未发现机械损伤；观察大号侧铝股断口，48 根铝股均呈现明显缩颈的拉伸特征，为正向拉断断口，见图 5-9-5(c)。

使用 ZEISS EVO18 扫描电镜对杯锥状钢线断口及 45°混合钢线断口进行观察，断口可见明显的剪切唇、放射区和纤维区，断口上未见机械损伤及有害杂质，见图 5-9-6、图 5-9-7。

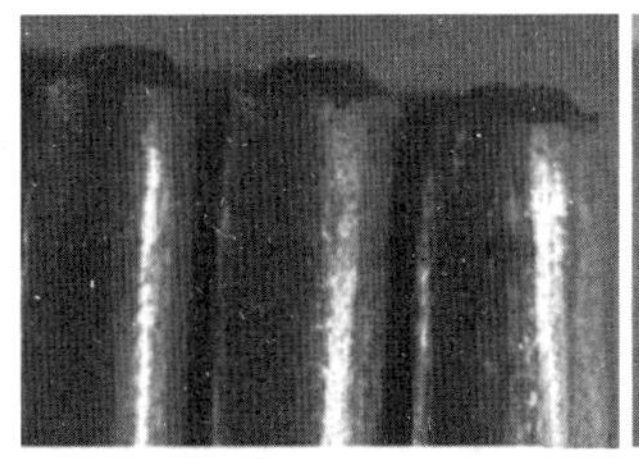

(a) 杯锥状钢线断口　　(b) 45° 钢线断口

(c) 铝股断口

图 5-9-5 大号侧断裂导线断口形貌

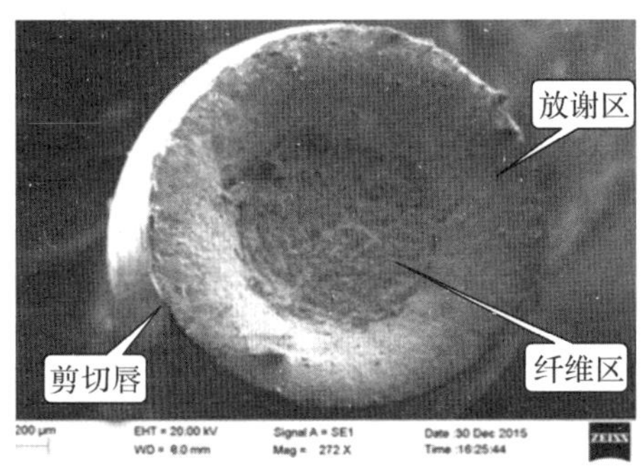

图 5-9-6 钢芯杯锥状断口形貌

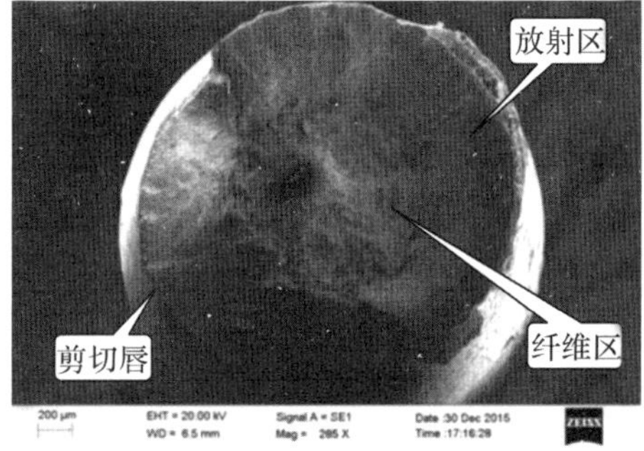

图 5-9-7 钢芯 45°断口形貌

5.9.2.6 模拟试验

为探求铝股逐层断裂后导线的承载能力，对该段线路新的钢芯铝绞线取样进行逐层拉断力试验，试验条件及加载速度采用标准 GB/T 1179—2008 中 B6.8 的要求。4 盘导线分别按整体拉断、剥离一层铝股拉断、剥离两层铝股拉断、仅剩钢芯拉断四种情况做拉力试验，4 根样品均为导线铝股先断，外层铝股全部剥离的 2＃样品，仍能承受 75％左右的 RTS (127.13kN)，仅剩钢芯的 4＃样品可以承载导线 50％的 RTS，试验结果见表 5-9-2。

表 5-9-2 导线逐层拉断试验结果

编号	加载速度/(kN/s)	试验条件	拉断力/kN	断线位置
标准	0.32～0.64	整体拉断	127.13	——
1	0.6	整体拉断	123.9	中段，铝股先断
2	0.6	剥离一层铝股	94.4	中段，铝股先断
3	0.4	剥离两层铝股	71.3	中段，铝股先断
4	0.3	仅剩钢芯	64.4	中段

截取三段15m的钢芯铝绞线进行紧线器夹持的力学模拟试验，采用现场使用的500-630及500/45两种型号紧线器，两种紧线器额定载荷均为50kN。以两种方式进行拉力试验：一种是一端用紧线器夹持，另一端用耐张线夹压接，在均匀速率下拉断导线，如图5-9-8(a)所示；第二种是导线两端用紧线器夹持，在均匀速率下加载至50kN后卸载，如图5-9-8(b)，试验结果见表5-9-3。

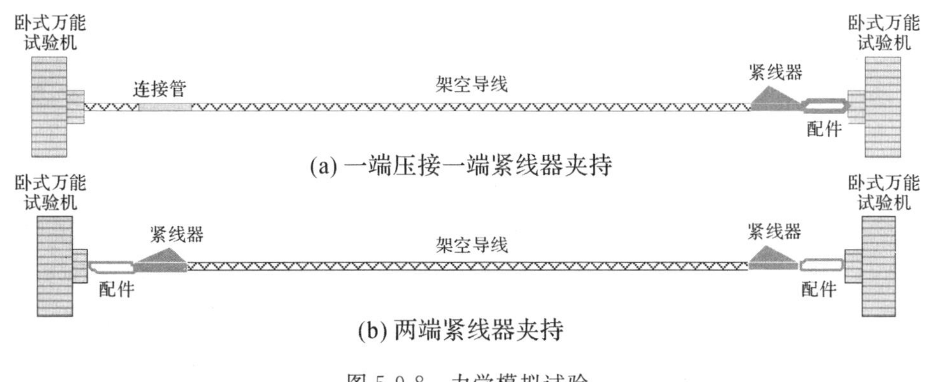

图5-9-8　力学模拟试验

表5-9-3　紧线器夹持导线拉力试验

编号	紧线器型号	夹持状态	加载速度/(kN/S)	拉断力/kN	断线位置
1#	500～630	一端紧线器，另一端压接	0.4	118.0	断于紧线器压紧处
2#	500/45	一端紧线器，另一端压接	0.4	124.5	断于紧线器压紧处
3#	500～630、500/45	两端紧线器	0.6	50(加载至50kN卸载)	未断

观察拉断的1#及2#导线断口，其夹持部位外层铝股表面存在滑移痕迹，1#导线外层有规律分布的压痕，两根导线外层铝股内侧及中层铝股内外侧均存在较深的压痕，见图5-9-9(a)、图5-9-9(b)；3#导线外层铝股无滑移痕迹，中层铝股的形貌与1#、2#导线存在明显差别，铝股压痕较浅、较小、分布范围较少，见图5-9-9(c)。从模拟试验及现场断裂导线的断口来看，现场导线铝股外表面有滑移痕迹，铝股压痕的大小和深度与模拟试验的1#、2#断裂导线相似，见图5-9-9(d)。

体式显微镜的观察结果可见现场断裂导线夹持部位中层铝股的压痕大小及深度与实验室拉断的1#、2#导线类似，3#导线铝股压痕相对较小较浅，见图5-9-10。

5.9.3 失效原因分析

综合大号侧导线镀锌钢线及铝股的断裂位置及宏观形貌，以及紧线器的结构尺寸，可见导线断裂位置应为紧线器夹持出口处，由断裂导线钢芯及铝股的微观形貌可见，铝股和钢芯均呈典型的正向拉断特征，断口上未见机械损伤和有害杂质。

导线逐层拉断力试验结果表明，导线在投运之前，若钢芯未断裂，即便外层铝股全部受到机械损伤而断裂，在加载至机动绞磨及紧线器额定载荷50kN的情况下也不会发生整体断裂；从现场导线受力情况的模拟试验结果来看，一端紧线器夹持、另一端压接的导线均是

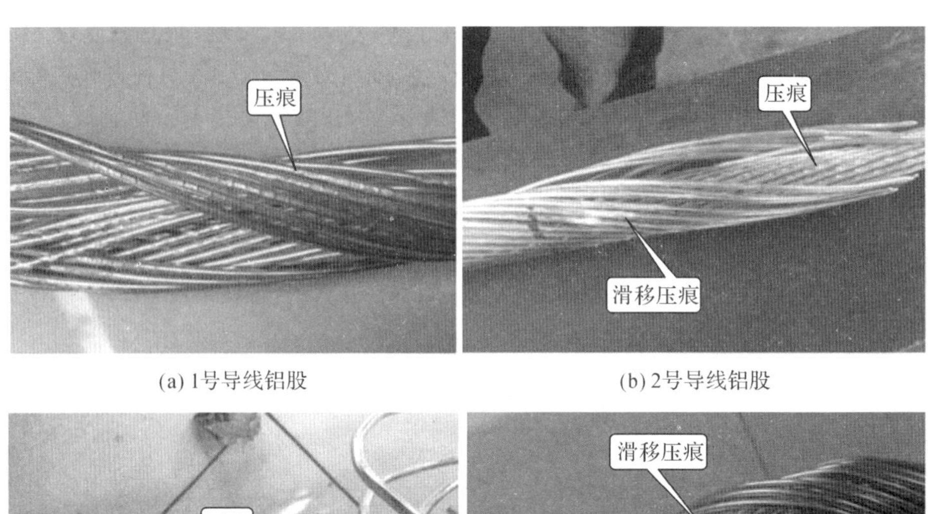

(a) 1号导线铝股　(b) 2号导线铝股

(c) 3号导线中层铝股　(d) 现场断裂导线铝股

图 5-9-9　铝股形貌

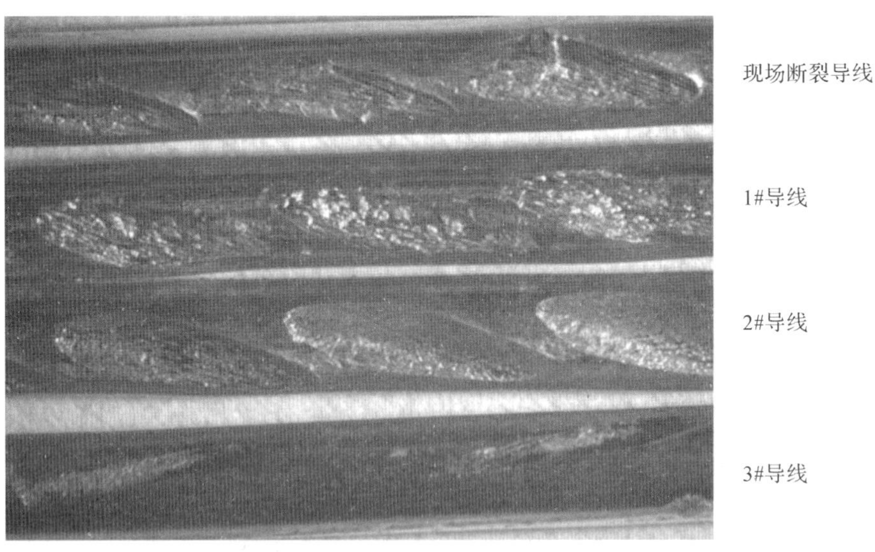

图 5-9-10　导线夹持部位中层铝股形貌

在受到 90%RTS 的载荷下才被拉断，导线断裂位置为紧线器夹持部位出口处，其断口附近形貌也与现场断裂导线相似，而两端由紧线器夹持，加载至 50kN 即卸载的导线未滑移、未断裂、铝股损伤程度轻；现场机动绞磨额定载荷为 5t，两种紧线器额定载荷为 5t，可见现场施工时，导线断裂时受到的载荷大大超过 50kN，承受接近额定拉断力的载荷，于紧线器夹持部位发生断裂。

5.10 铝股损伤及变形导致某 110kV 线路导线断裂

5.10.1 案例概况

2016 年 8 月 26 日，某 110kV 线路故障跳闸，重合不成功，现场调查，该线路 A 相断线点(见图 5-10-1)位于 83＃塔前侧约 90cm，见图 5-10-1，2＃导线处，83＃塔至 84＃塔档距为 234m，两杆塔高差 10m。

该线路全长 46.151km，于 1999 年 2 月投运，按当地典型Ⅰ级气象区设计，覆冰厚度 5mm，基本风速 30m/s。导线型号为 LGJ-185/25。

图 5-10-1　83＃～84＃杆 A 相导线断点处

5.10.2 检查、检验、检测

取 83＃～84＃杆 A 相断裂导线 2 段，大号侧导线编号为 1＃，小号侧导线编号为 2＃，1＃导线样品长约 90cm，2＃导线样品长约 75cm，如图 5-10-2所示。

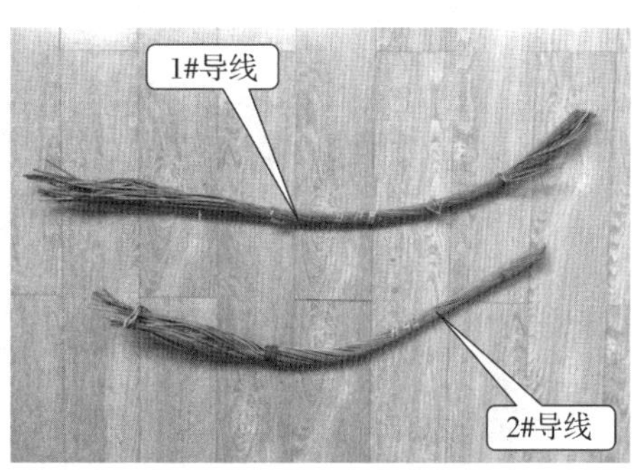

图 5-10-2　来样导线

5.10.2.1 宏观分析

导线外层铝股 15 根，内层铝股 9 根，中心为 7 根钢芯绞线。宏观观察导线断线位置，1＃导线外层铝股断裂位置在钢芯断口后 30mm 左右，内层铝股断裂位置在钢芯断口后 70mm 左右，如

图 5-10-3所示。1# 导线在距断股位置 32cm 左右处可观察到弯折，外层导线在弯折附近以及距断股位置可观察到损伤痕迹，如图 5-10-4 所示。2# 导线铝股剥去，可观察到钢芯表面存在红褐色锈蚀及白色的腐蚀物。擦伤会降低铝股的单股强度，在运行中易从擦伤处发生断股，进一步导致断股处导线整体应力集中并发生渐次断股。

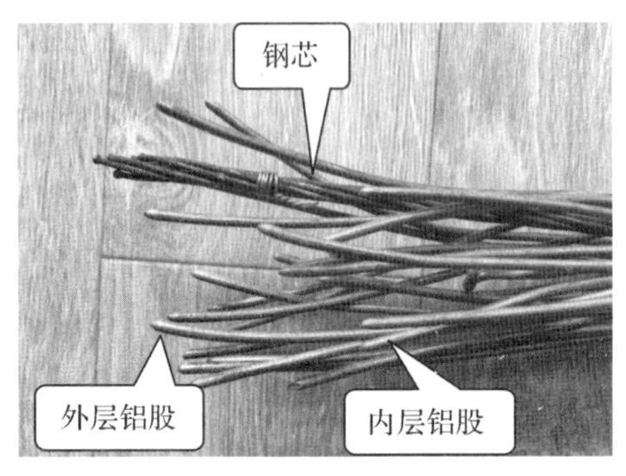

图 5-10-3　1# 导线断股位置

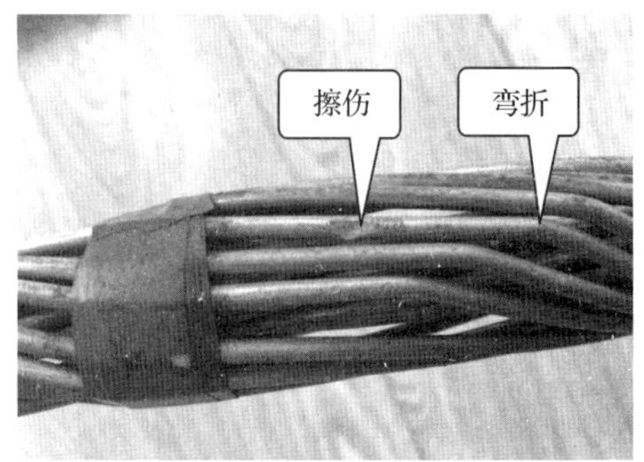

图 5-10-4　2# 导线损伤和弯折位置

5.10.2.2　导线质量检测

技术人员对该线路 44#～45# 塔导线进行检测，除铝单线直径略低于标准 GB/T 17048—2009《架空绞线用硬铝线》规定外，其他结构尺寸、单位质量、绞合质量、镀锌层质量、整体拉断力、单丝抗拉强度卷绕试验、扭转次数等指标均符合相应标准要求。取 83#～84# 杆导线外层铝股 5 根、内层铝股 3 根进行直径测量，发现导线内外层铝股直径均低于标准要求，与 44#～45# 塔导线质量检测结果一致，但直径略低于标准要求不足以导致导线断裂。

5.10.2.3　显微镜观察

对 2# 导线断口进行观察，铝股有 4 个 45°斜断口及 1 个平断口，其中外层铝股 2 个，内层铝股 3 个，内层铝股 3 个断口有熔融特征，其余铝股均为塑性变形颈缩断口，如图 5-10-5、图 5-10-6 所示；2# 导线钢芯断口全部为塑性变形的缩颈断口，外表面有锈蚀特征，如图 5-10-7所示。

对 2# 导线铝股损伤处取样进行观察，外层铝股共有 8 根有机械损伤，内层大部分铝股表面都存在与外层铝股发生相对滑动而产生的擦痕，如图 5-10-8 所示。

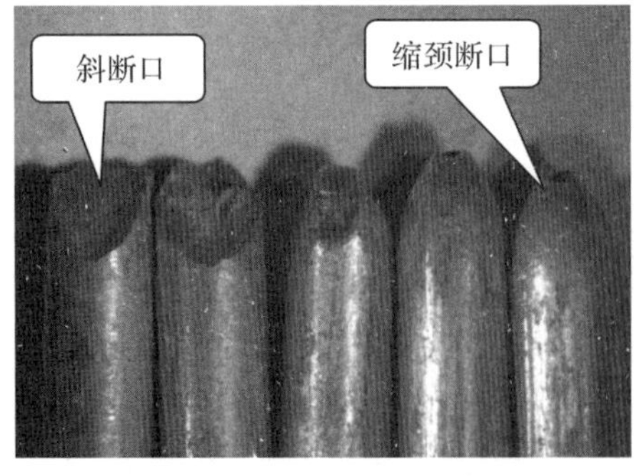

图 5-10-5　2# 导线外层铝股断口

图 5-10-6　2# 导线内层铝股断口

图 5-10-7　2＃导线钢线断口

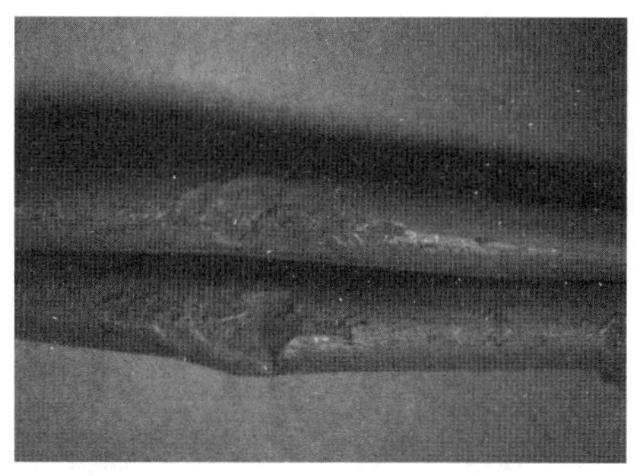

图 5-10-8　2＃导线铝股损伤形貌

5.10.2.4　钢线金相检验

选取 2＃导线钢线进行金相试验，在金相显微镜下可观察到钢线周向发生腐蚀，部分区域镀锌层已经完全腐蚀，有向基体腐蚀的趋势，如图 5-10-9 所示。

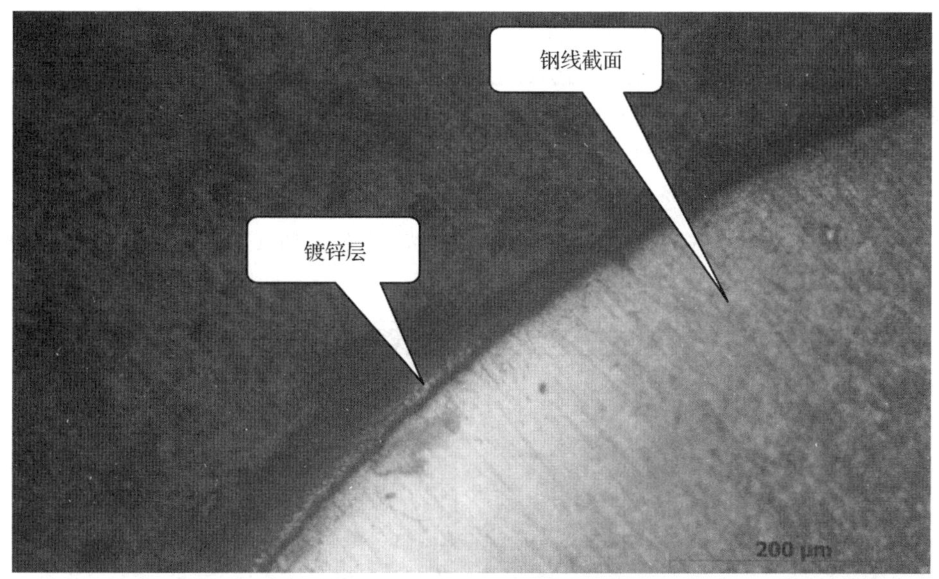

图 5-10-9　2＃导线钢线截面金相形貌

5.10.2.5　断口和能谱分析

在扫描电镜下，选取 2＃导线外层铝股斜断口进行观察。45°斜断口边部区域为剪切韧窝形貌，由剪切韧窝拉长方向可知断裂时的剪切应力由铝股边部指向中心，断面中部则呈等轴韧窝的形貌特征，如图 5-10-10、图 5-10-11 所示。有熔融特征的铝股断口表面圆滑，在高倍下可以观察到熔融金属凝固后形成的氧化组织及孔洞，如图 5-10-12 所示。其余颈缩形貌的铝股为典型的正向拉断断口，断口受到拉伸变形而截面面积减小，断口呈现等轴韧窝形貌，如图 5-10-13 所示。

斜断及平断的 5 根铝股最大受力方向为与轴线成 45°或垂直于轴线，其他铝股断口及一侧钢线断口呈现正向拉断缩颈形貌，导线另一侧钢线断口被高温熔融物覆盖，说明除斜断及平断的铝股断口是在轴向扭转应力及拉应力作用下断裂外，其他铝股及钢芯是受到正向拉应力而发生断裂，熔融的钢线断口应是断裂后触地放电所致。

对图 5-10-10、图 5-10-12 中所示位置进行能谱分析，铝线断口金属元素除 Al 外，含有少量 Fe，非金属元素为 C、O 及少量的 Si，断口化学成分无明显异常。

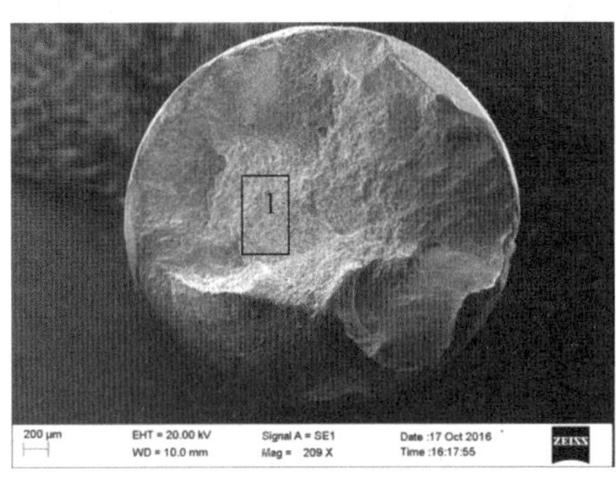

图 5-10-10 导线铝线 45°斜断口形貌

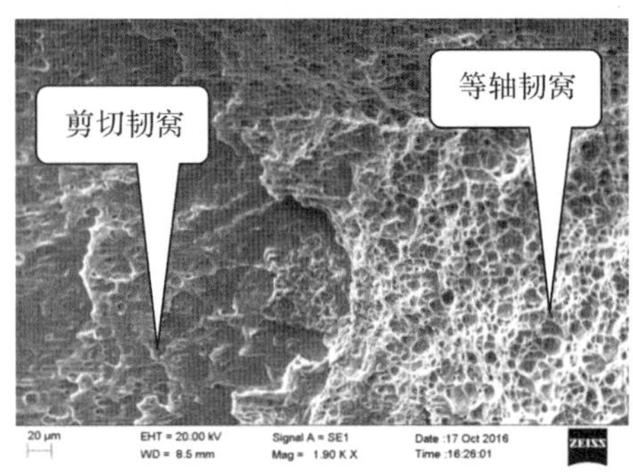

图 5-10-11 导线铝线 45°斜断口形貌

选取钢线典型断口在扫描电镜下进行观察。1＃导线钢线断口因熔融外观呈圆球状，表面基本被氧化物及污物覆盖，如图 5-10-14 所示。2＃导线断口呈现正向拉断的缩颈特征，断口微观图像除非金属污物外，中间区域可见塑性变形产生的韧窝及孔洞，未见有害的非金属夹杂物，如图 5-10-15 所示。

对 1＃导线熔融断口及 2＃导线缩颈断口进行能谱分析，断口成分显示，除 Fe、C、O、S、Al 等元素外，Zn 元素来自于镀锌层，还含有少量 Ca、K、Mg、Si、Cl 等成分，应来自于大气及泥土的污染物。

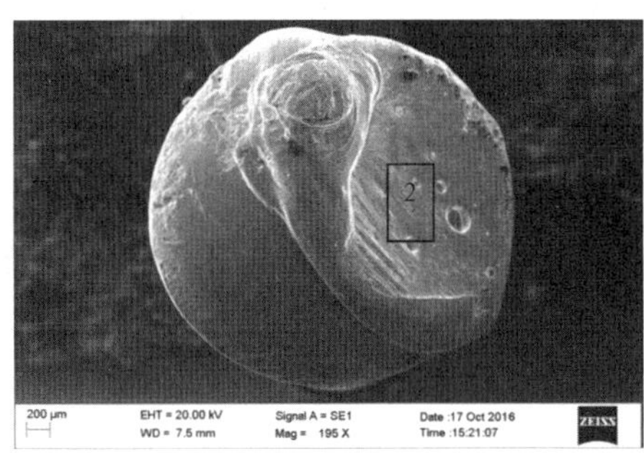

图 5-10-12 导线铝线熔融断口形貌

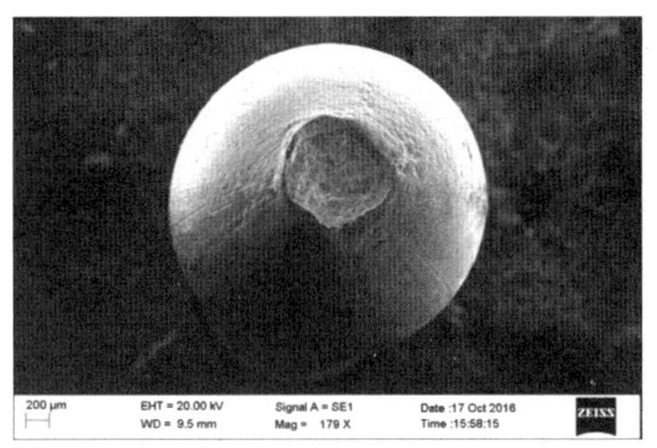

图 5-10-13 导线铝线颈缩断口形貌

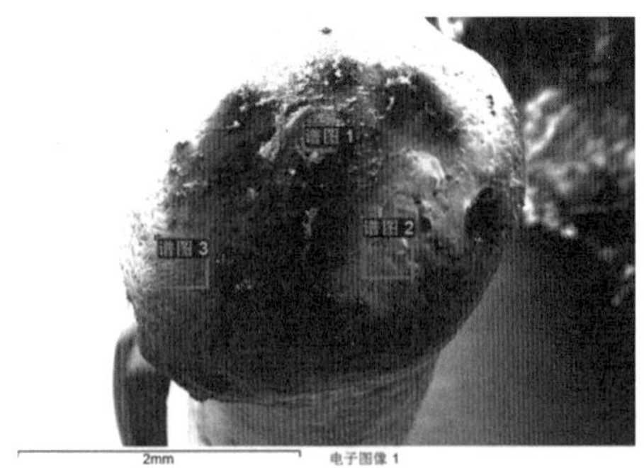

图 5-10-14 1＃导线钢线断口

图 5-10-15 2＃导线钢线断口微观形貌

5.10.3 失效原因分析

该段导线斜断及平断的铝股表面存在损伤或变形，在运行过程中损伤部位受扭转应力和拉应力的共同作用而断裂，剩余铝股受到的载荷加大，在运行中逐渐发生断裂，最终钢芯在各种载荷作用下被拉断，从而导线整体发生断裂。

5.11 耐张线夹承力不足导致导线断裂

5.11.1 案例概况

2015年2月2日，某220kV线路40＃～41＃塔发生断线(见图5-11-1、图5-11-2)，事件发生时气象及自然灾害情况：气温为－4℃、雨夹雪、线路覆冰。

该线路全长37.371km，共99基杆塔，杆塔型号：JBF2331A-27(40＃塔)，JBF2331A-24(41＃塔)；导线型号：2×JLHA1/GIA-365/25；使用档距：521m。

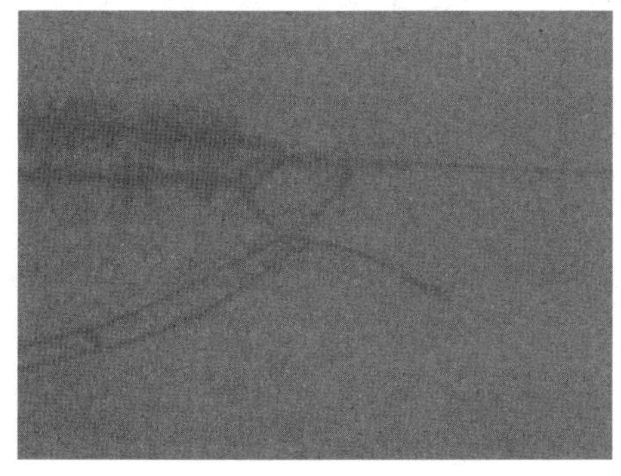

图5-11-1 41＃塔A相导线挂点

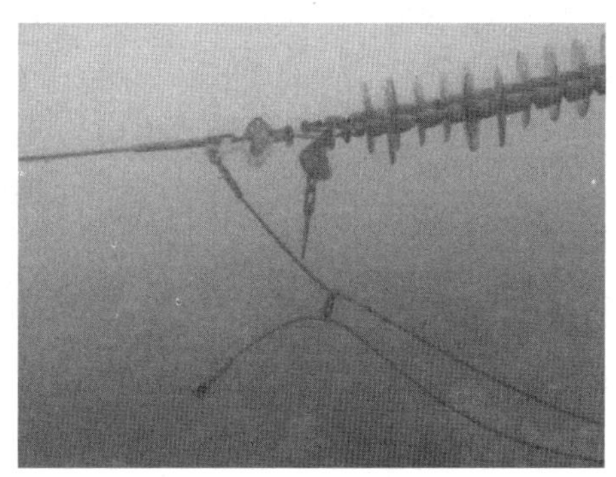

图5-11-2 钢锚拉断现场照片

5.11.2 检查、检验、检测

来样共3段，第一段为钢锚脱出、引流板折断的耐张线夹及与之相连的一段导线，导线编为1＃，见图5-11-3，图5-11-4为线夹的断口，编为1-1＃线夹；第二段为脱出的钢锚，见图5-11-5，钢锚的断口见图5-11-6，编为1-1＃钢锚；第三段为断线导线的另一端，耐张线夹完好，见图5-11-7，编为1-2＃线夹。

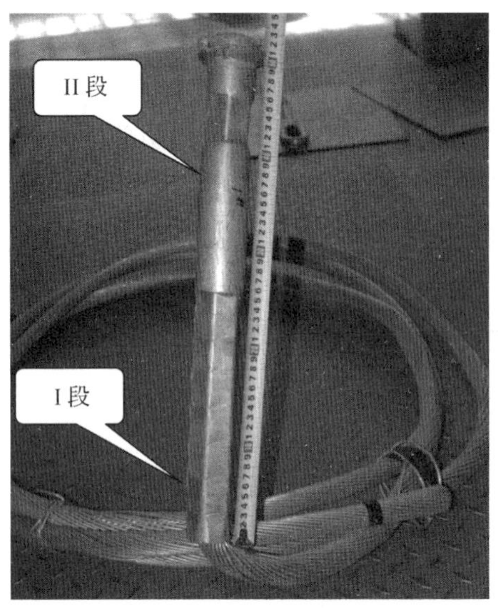

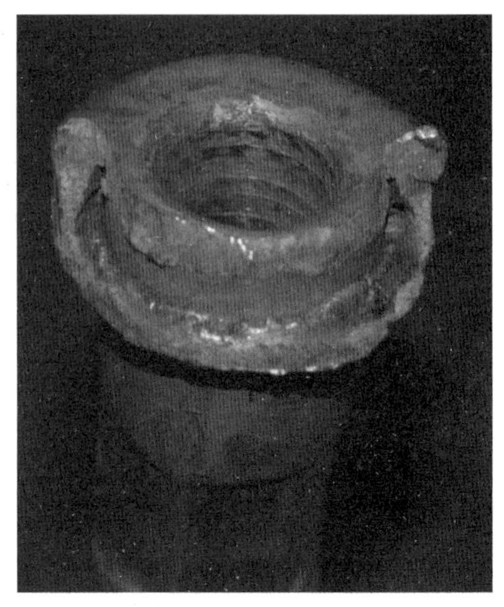

图 5-11-3　1-1＃线夹

图 5-11-4　钢锚脱出的压接管

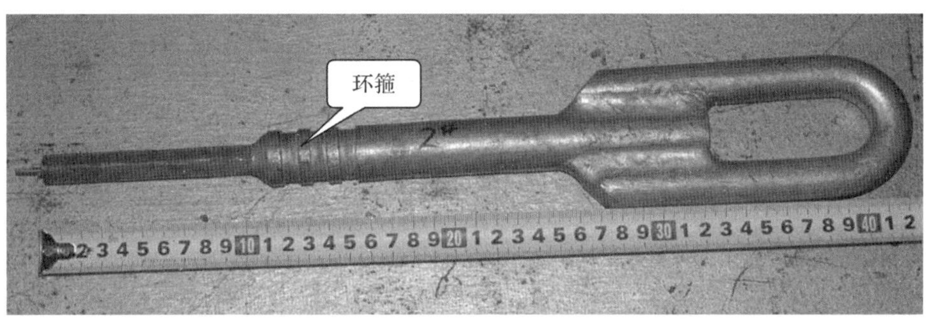

图 5-11-5　1-1＃钢锚，从压接管中脱出的钢锚，钢芯拉断

5.11.2.1　对边距测量

为了检查线夹压接是否符合规范，对线夹的对边距进行测量。线夹分两段进行压接，靠入口一段编为 I 段，靠出口一段编为 II 段，如图 5-11-3 和图 5-11-7 所示。

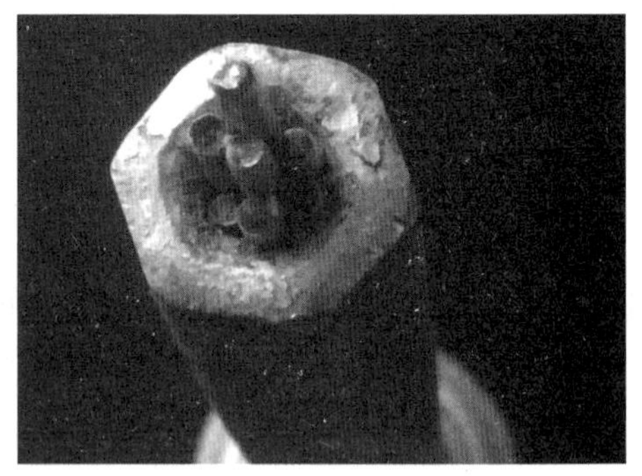
图 5-11-6　1-1＃钢锚断口

铝管对边距测量：1-1＃铝管和 1-2＃铝管分别有 1 模和 7 模对边距超过标准要求，超过的对边距数值介于 45.10～45.36mm 范围，此次断线的 1-1＃线夹仅有 1 处对边距超过标准要求 0.05mm，因此对边距略超不是造成此次导线断裂的原因。

钢锚对边距测量：根据 SDJ 226—87《架空送电线路导线及避雷线液压施工工艺规程》，钢锚外径 16mm，最大允许值 S 为 13.95mm。1-1＃钢锚共压了 5 模，每一模测量三组对边距，按设计外径 16mm 计算，有 2 模对边距超过标准要求。

在带有 1-2＃线夹的导线另一端，按压接钢锚三道环箍的工艺压接线夹后进行拉断试

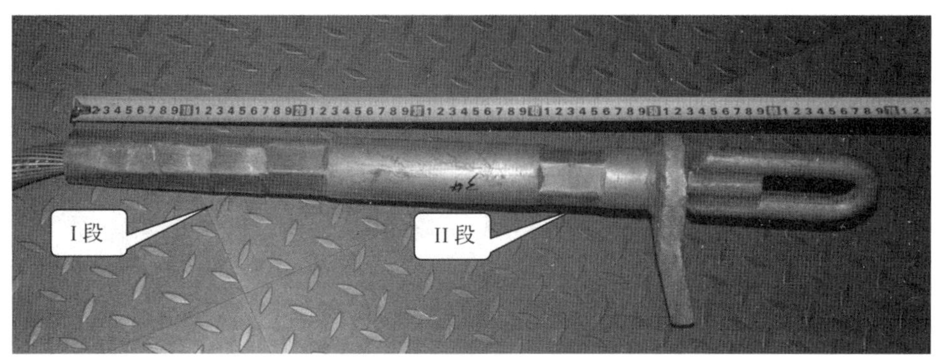

图 5-11-7 断线导线另一头完好的线夹，编为 1-2#

验，试验中 1-2#线夹钢锚被拉出，钢芯被拉断，断裂位置为钢锚出口处，测量钢锚的对边距，对边距均符合标准要求。

5.11.2.2 断口检查

在体视显微镜下观察钢芯及铝股断口，钢芯断口形貌为正常拉断的杯锥状和 45°斜断口，呈现单向拉断特征，断口边缘无机械损伤痕迹，见图 5-11-8、图 5-11-9。

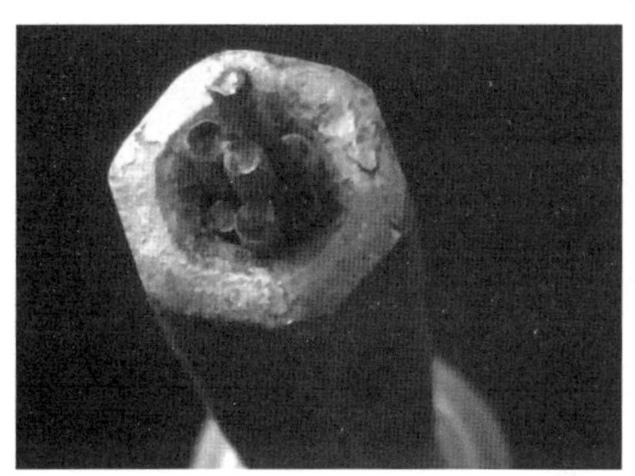

图 5-11-8 1-1#钢锚断口

图 5-11-9 1-1#钢锚断口

5.11.2.3 导线整体拉断力试验

由图 5-11-10 和图 5-11-11 所示，1-1#线夹和 1-2#线夹分两段压接，将压接的这两段分别编为I段和II段，I段压接钢芯和铝股，I段和II段之间铝管不压接，II段主要压接钢锚

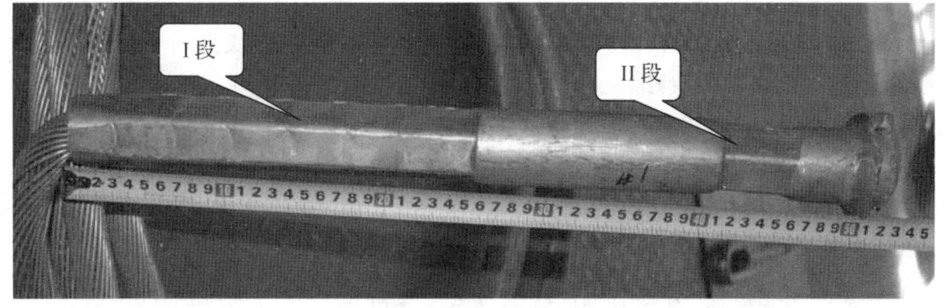

图 5-11-10 1-1#线夹

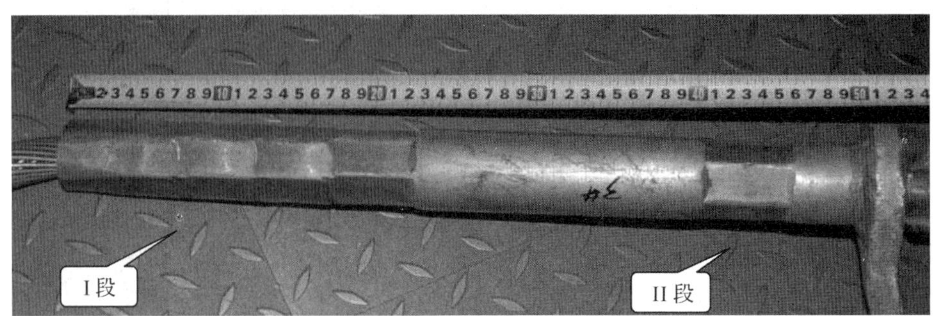

图 5-11-11　1-2＃线夹

的环箍，钢锚上有三道环箍，环箍与铝管压缩成一个整体，传递整根导线的拉力。将钢锚与 1-1＃线夹相比较，可以看出钢锚仅压接了靠出口端的一道环箍，见图 5-11-12。由图 5-11-10和图 5-11-11 可见，1-1＃和 1-2＃线夹的 II 段压接范围基本一致，都是距线夹入口处 405～455mm 范围内。

对 1-2＃线夹进行 X 射线检测，结果见图 5-11-13，由图中可见，钢锚的环箍仅压到了靠线夹出口处的一环。

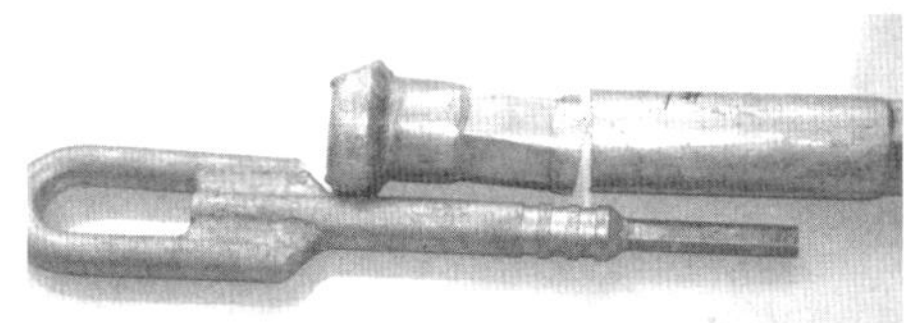

图 5-11-12　1-1＃钢锚与铝管

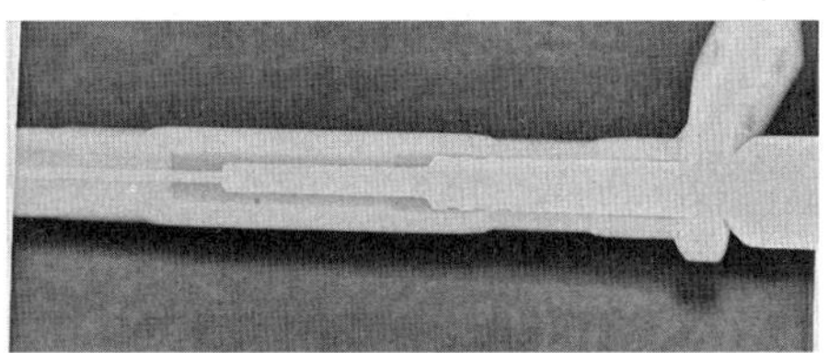

图 5-11-13　1-2＃线夹 X 射线透视检测影像

为了检验 1-2＃线夹的拉断力，在该线夹导线的另外一端按 3 道环箍均压接的工艺压接后进行拉力试验，编为 1-3＃线夹，1-2＃线夹在 141.7kN 时钢锚被拉断。

为了检验导线在压接三道环箍、只压一道环箍和不压环箍的情况下导线的拉断力，取 6 段导线，分别编号为 2＃至 7＃，按这三种工艺压接并进行拉断力试验。每根导线两端各压一个线夹，线夹分别编号，如 2-1＃表示 2＃导线的 1＃线夹、2-2＃表示 2＃导线的 2＃线夹，以此类推。

2＃、3＃、4＃导线 6 个线夹均压接三道环箍。5＃导线 2 个线夹均不压接环箍。6＃、7＃导线原计划 4 个线夹均只压一道环箍，但经 X 射线检测表明除了 6-1＃为压了一道外，另外 3 只线夹均压了三道环箍。上述导线试验结果见表 5-11-1。

(1)根据 GB/T 1179—2008《圆线同心绞架空导线》规定，导线的试验抗拉强度不低于 95％RTS，即 141.3kN。7 根导线的抗拉强度，除了 5＃导线的抗拉强度为 74.2kN(线夹 5-1＃)，仅为标准要求的 53％以外，其余 6 根导线的抗拉强度均满足标准要求，拉断力介于 141.7～147.8kN 范围。说明在不压接环箍时会严重降低导线的抗拉强度。

表 5-11-1 拉断力试验结果

导线编号	线夹编号	压接箍数	是否拉断	断口部位	拉断力/kN
1	1-2#	1	是	钢锚出口	141.7
	1-3#	3	否	—	—
2	2-1#	3	是	铝管出口	147.8
	2-2#	3	否	—	—
3	3-1#	3	是	铝管出口	146.6
	3-2#	3	否	—	—
4	4-1#	3	否	—	—
	4-2#	3	是	铝管出口	147.4
5	5-1#	0	是	钢锚出口	74.2
	5-2#	0	否	—	—
6	6-1#	1	是	钢锚出口	143.2
	6-2#	2	否	—	—
7	7-1#	2	是	—	—
	7-2#	2	否	铝管出口	144.9

(2)在导线两端线夹均压接了 2 道或 3 道环箍的情况下，线夹从导线铝管出口处断裂(2-1#、3-1#、4-2#、7-2#)；在只压接 1 道环箍或不压环箍的情况下，导线从钢锚出口处断裂(1-2#、5-1#、6-1#)。说明在此工艺下会改变导线的受力状况，钢锚出口处的钢芯为受力最大部位。

(3)从 6-1#线夹的情况可知，在导线一端压接 1 道环箍，另外一端压接 2 道环箍的情况下，导线从只压接 1 道环箍的线夹处断裂，说明线夹在压接 2 道环箍的抗拉强度要大于只压 1 道环箍。

5.11.2.4 单线拉力试验

对钢芯及铝股进行单线拉力试验，从来样的导线上铝股每层抽取 3 根，全部 7 根钢芯进行拉断力测试，同时对单线外径进行检测。试验根据 GB/T 1179—2008、JB/T 8134—1997、GB/T 348—2002 的规定进行。实测单线直径均符合标准要求。铝股的抗拉强度略低于标准要求。因铝股为从绞合以后的导线上取样，铝股较弯曲，与矫直后的铝股相比其强度有一定降低，考虑此因素后，其强度应基本符合标准要求。

钢芯实测单线直径介于 2.10～2.215mm 范围，平均直径 2.12mm，低于标准要求。按 GB/T 3428—2002《架空绞线用镀锌钢线》：按钢芯的抗拉强度应不小于 1340MPa，绞合后允许有 5%的强度损失，即抗拉强度应不小于 1273MPa，所检钢芯抗拉强度平均值为 1578MPa，超过标准要求约 24%。

因此，虽然钢芯的直径比标准设计细了 5.7%，但单根强度比标准高 24%，所以整体抗拉强度仍然高于标准要求。

5.11.2.5 钢芯成分分析

从来样导线上取 3 根钢芯进行元素分析，对比 GB/T 699—1999《优质碳素结构钢》，断股导线钢芯材质相当于 55#钢，且 S、P 含量均较低，已达到该标准中规定的特级优质钢标准,钢芯化学成分未见异常。

5.11.2.6 铝股化学成分分析

对1#导线采用尼通XL3T型手持式直读光谱仪对铝股进行成分分析,随机测量三点,主要成分为硅铝合金,材质未见异常。

5.11.2.7 线夹铝管成分分析

采用尼通XL3T型手持式直读光谱仪对线夹的铝管进行成分分析,检测结果表明,断裂线夹的铝管化学成分与另外7个线夹的成分无明显差异。

5.11.3 失效原因分析

本次导线的断线,是由于受较大的拉应力时,钢锚上的应力直接传导到了钢锚出口处,导致钢芯受力过大而断裂。而1-1#线夹尺寸、化学成分与其他线夹相比无明显不同,因此综合推断,导致钢芯直接受力的原因应是线夹铝管与钢锚之间的配合不够紧密(环箍压接部位与铝管之间纵向间隙、铝管内径偏大导致的摩擦力不足等),但因为钢锚已经被拉出,已不可能100%还原出断线前钢锚与铝管和钢锚的压接状态,所以这个间隙只是建立在试验和分析的基础上的一个合理推断。

通过试验和分析可看出,在三道环箍均压接的情况下,可充分发挥铝股分担应力的作用,进而可明显提高线夹的可靠性。因此,为了保障导线安全,建议在可能的情况下,对只压缩了一道环箍的线夹进行补压。

5.12 火灾导致导线损伤断裂

5.12.1 案例概况

2017年1月31日某35kV线路断路器保护动作跳闸,重合闸动作,重合不成功,跳闸前C相接地,无故障电流和相别显示,站内设备检查无异常。经巡查,线路63#～64#杆塔档距中段线路下方家具厂着火,B、C相导线烧断掉落至地面,64#杆塔拉线及配套金具损坏,导线现场损坏照片见图5-12-1、图5-12-2。

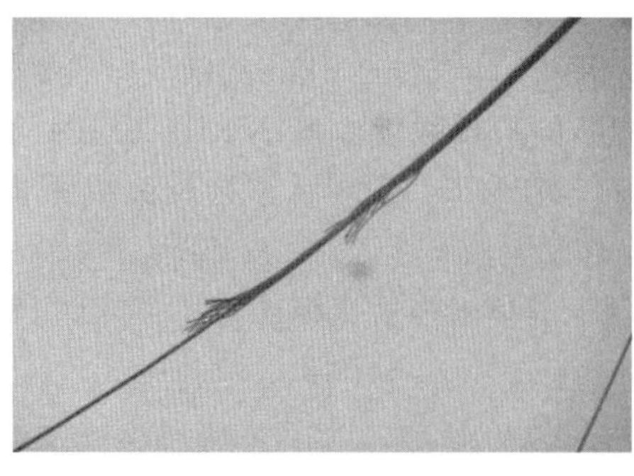

图5-12-1 导线断线点照片

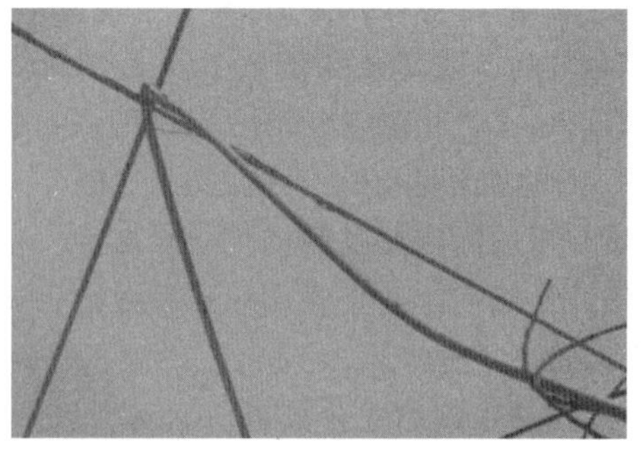

图5-12-2 断落的导线及受损拉线照片

该线路62#～64#为1985年迁改，主要导线型号为LGJ-120、LGJ-150/25，地线型号为GJ-35、GJ-50。导线对家具厂房屋最大距离7.8m，导线至着火点最大距离为9.8m，满足规程要求，见图5-12-3，取样导线见图5-12-4。

图5-12-3 着火点导线对地距离示意图

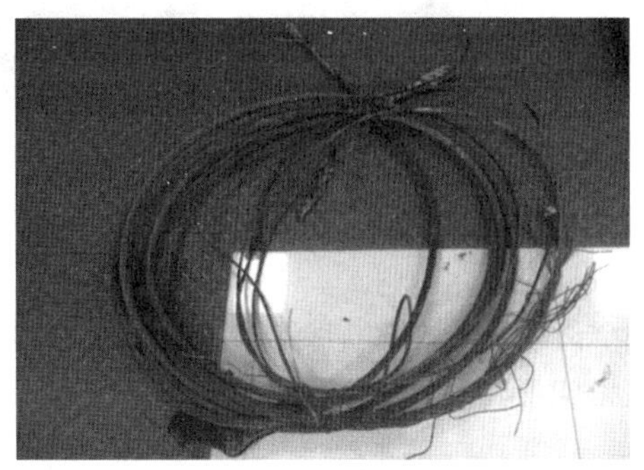

图5-12-4 断裂导线取样

5.12.2 检查、检验、检测

5.12.2.1 宏观检查

来样为断裂导线两段(以下称1#、2#)，1#导线长约12.7m，有2.1m的损伤段；2#地线分为两段，A段长约7.6m，烧损较为严重；B段长约19.5m，多处存在散股、断股，有一处导线全部断裂。经过外形尺寸及结构测量，两段导线型号不一致，1#导线为型号LGJ-120/20的钢芯铝绞线，2#导线型号不符合现有的国标及行标。

1#导线有一处明显的烧断点，烧损位置导线严重断股，散开的断口多呈45°斜断口，其他断口及未断一侧的铝股因高温作用而产生粘连，断股处及左右约20mm范围内呈现黑灰色，擦拭可见细密的黑色粉末，应为燃烧后的氧化物及烟尘覆盖，见图5-12-5。

2#导线A段铝股全部断裂，端头1.3m左右的区域可见断裂后散乱的铝股，其他区域仅剩钢芯，见图5-12-6。A段铝股表面外露部分有红褐色物质覆盖，内侧银色，断口分为两种形貌，一种断裂区域呈现拉长减薄变形，断口形状不规则，见图5-12-7；另一种断口呈现圆锥状，部分断口处可见熔化痕迹和周向裂纹，见图5-12-8；7根钢芯断口均呈现正向拉断的锥形断口，伸长塑性变形明显，断口附近区域钢芯内侧呈黑色，外侧及缝隙处可见灰白色物质沉积，见图5-12-9。

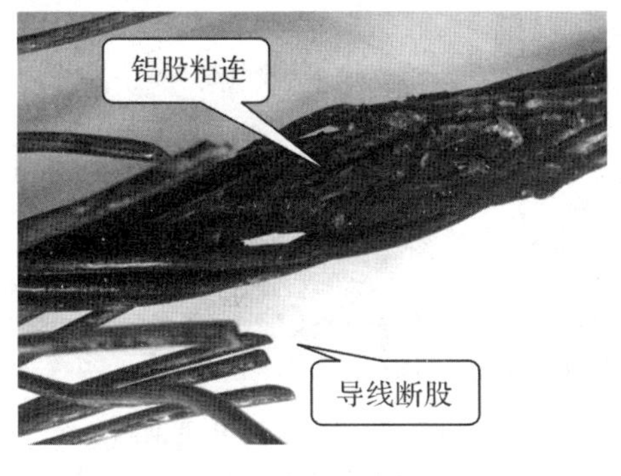

图5-12-5 1#导线断股处形貌

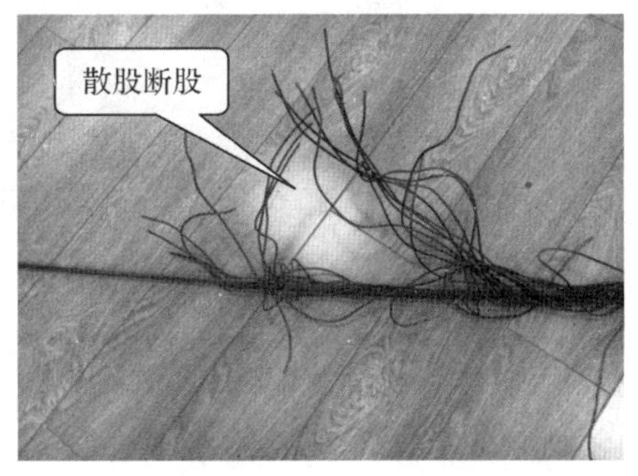

图5-12-6 2#导线A段断股处形貌

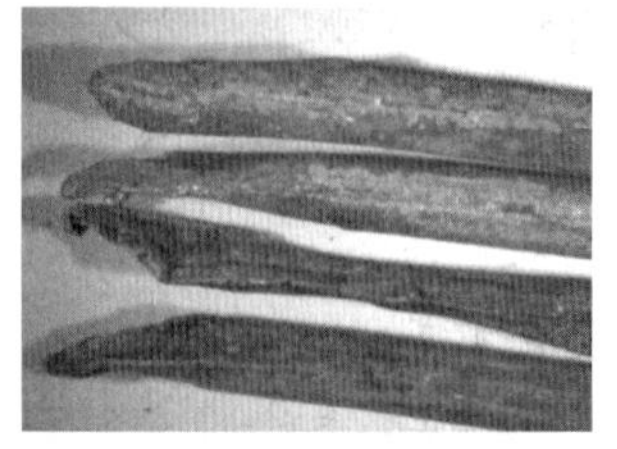

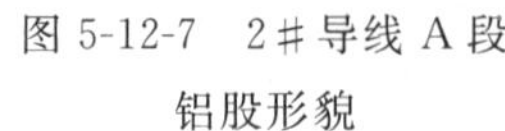

图 5-12-7　2＃导线 A 段铝股形貌

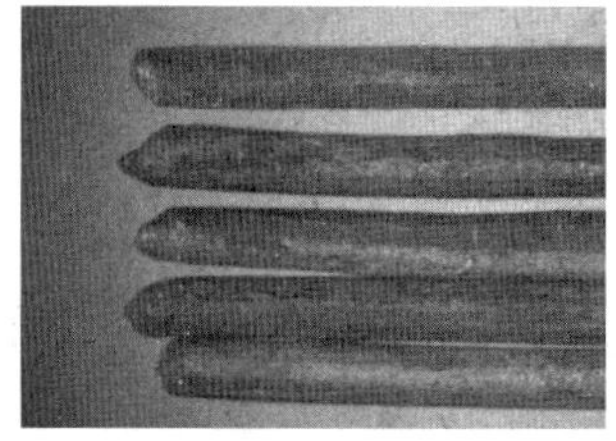

图 5-12-8　铝股形貌 2

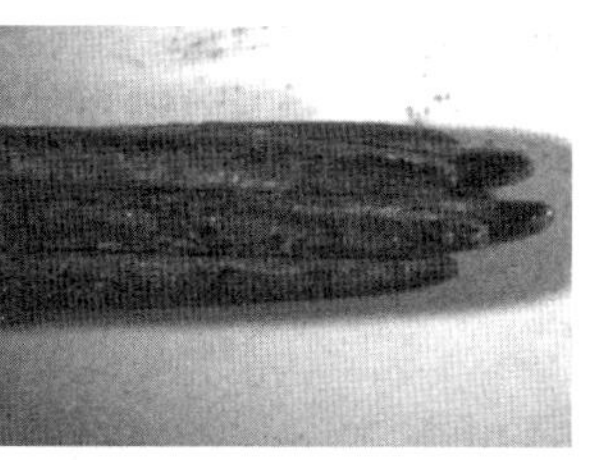

图 5-12-9　钢芯断口形貌

2＃导线 B 段散股断股严重，有两处明显的断股点：一处断股 5 根，为导线一个侧面邻近的几根铝股，断口附近铝股表面呈黑灰色，类似烟熏物覆盖，断股处 5m 范围内存在散股，见图 5-12-10，断口基本为 45°斜断口，断口附近可见明显的熔坑，熔坑最低处仅 0.98mm，铝股直径损失一半以上，见图 5-12-11，该位置是高温作用下发生的断裂，应为一侧接触放电烧断；另一处断股区域铝股全部断裂，断口散乱，余下约 7m 长的导线仅剩钢芯，见图 5-12-12；仅剩钢芯的导线部分区域表面可见灰白色附着物和周向裂纹，应为外部铝股腐蚀或氧化后附着于钢芯外表面，钢芯缝隙处可见红褐色锈蚀痕迹，但钢芯还未发生断裂，说明 2＃导线因环境因素和运行时间较长而存在老化、腐蚀的现象，部分铝股断裂，但运行中还未发生整体断裂，见图 5-12-13。

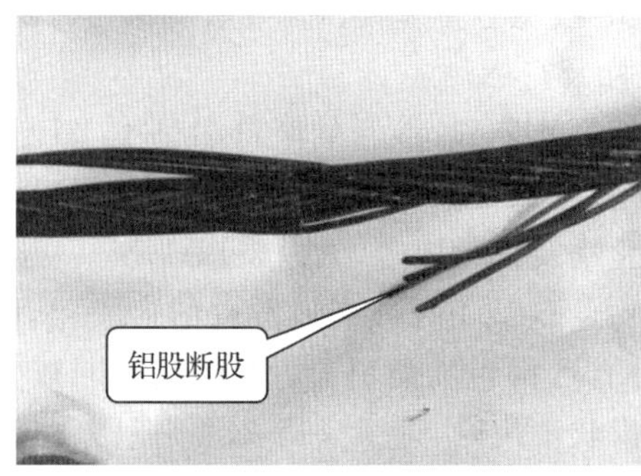

图 5-12-10　2＃导线 B 段断股处形貌

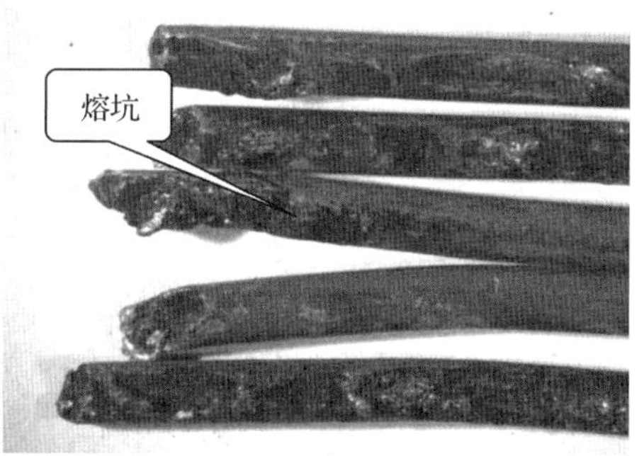

图 5-12-11　5 根断股断口处形貌

图 5-12-12　2＃导线 B 段散股、断股

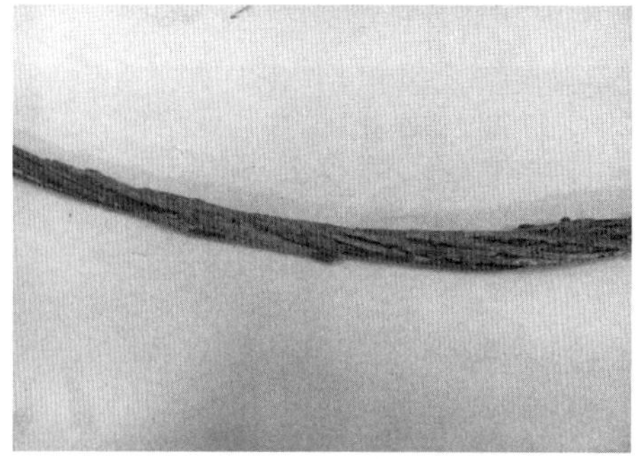

图 5-12-13　2＃导线 B 段钢芯表面灰白色污物

5.12.2.2 导线质量检测

根据标准 GB/T 1179—2008、GB/T 3428—2012 及 YB/T5004—2012 对 1♯地线进行全面的质量检测，2♯导线由于没有准确的国标型号，将检测结果与相近的国标型号标准进行对比。

由 1♯、2♯导线的质量检测结果可见，1♯导线除表面存在划伤和黑色污物，钢芯部分区域存在锈蚀，镀锌层均匀性不合格外，其余指标均满足标准要求，导线整体拉断力和单丝机械性能较好，镀锌层重量符合标准，主要影响使用性能的指标正常；2♯导线参考 JL/G1A-125/20 型钢芯铝绞线标准，导线表面存在黑色附着物和表面损伤，部分钢芯表面存在锈蚀，镀锌层均匀性不合格，铝股电阻率高于国标要求，但该导线单丝抗拉强度、伸长率、扭转性能、卷绕性能满足国标要求，铝股电阻率与国标差值在 4%以内，电阻率略高，在运行中引起的温升不足以引起断股。

5.12.2.3 断口扫描电镜及能谱分析

5.12.2.3.1 2♯导线 A 段钢芯断口

在扫描电镜下观察。2♯导线 A 段钢芯断口形貌如图 5-12-14 所示，断口呈塑性变形颈缩的宏观特征，但表面有平滑熔点、层状熔线和松散氧化物等熔融特征，对其进行能谱分析，检测部位见图 5-12-15，结果显示，C、O 元素含量较高，断口各个区域在高温条件下均发生氧化，松散区域相比平滑区域含有较高的 Ca、Zn 元素，Zn 元素应为镀锌层熔化后附着，Ca 元素为杂质带入，说明钢芯主要是在正向拉力作用下断裂，断裂过程中伴随有高温作用。结果见表 5-12-1。

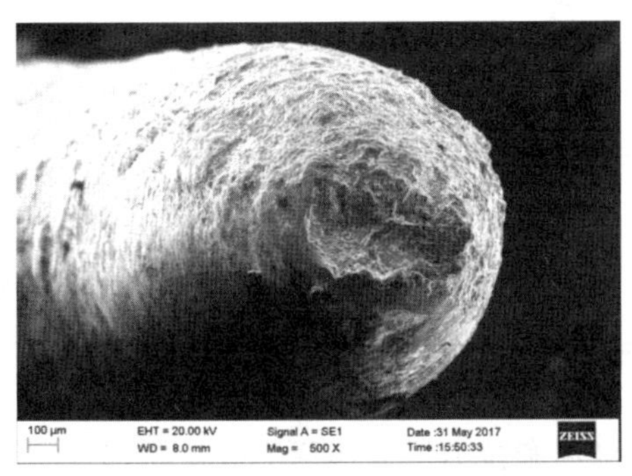

图 5-12-14 2♯导线 A 段钢芯断口宏观形貌

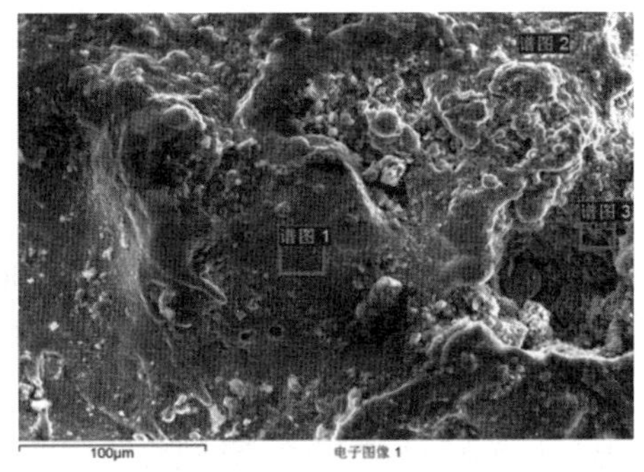

图 5-12-15 2♯导线 A 段钢芯断口微观形貌

表 5-12-1 2♯导线 A 段钢芯断口能谱分析结果

谱图	C	O	Al	Si	Ca	Mn	Fe	Zn	总和
谱图 1	14.98	33.84	0.71			0.83	49.64		100.00
谱图 2	24.63	27.59	1.30	1.42	3.86		34.68	6.52	100.00
谱图 3	22.18	32.41			5.31		36.02	4.08	100.00

5.12.2.3.2 2♯A 段铝股断口

对 2♯A 段导线铝股的两种典型断口进行观察，椭圆形断口宏观形貌如图 5-12-16 所示，铝股断口呈现高温作用下，可以观察到凝固后形成的块状氧化物及发亮的杂质颗粒，见图 5-12-17。对断口进行能谱分析，断口表面基体元素为 Al，除 C、O 元素外，还含有少量的

Fe，可见断口表面主要为铝的氧化物以及少量钢芯带入的 Fe 氧化物；表面发亮的杂质除 Al 元素外，还含有较高 Si、K、Ca、Fe、Mg 等元素，应为外界大气污染或烟尘所致，同时杂质处 O 含量较高，氧化程度较严重，具体结果见表 5-12-2。

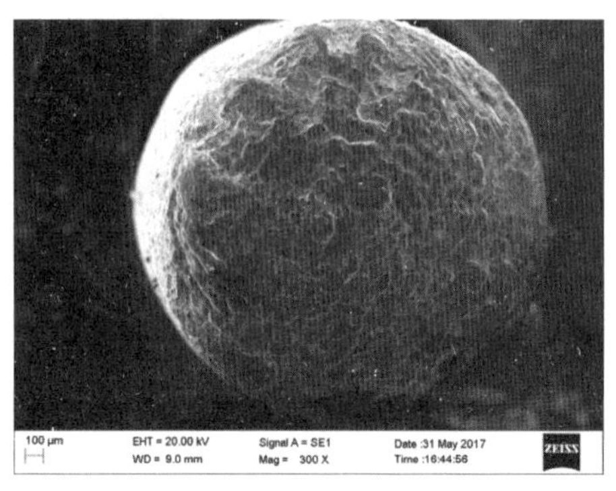

图 5-12-16 2＃A 段铝股圆断口宏观形貌

图 5-12-17 2＃A 段铝股圆断口微观形貌

表 5-12-2 2＃A 段铝股圆断口能谱分析结果

谱图	C	O	Mg	Al	Si	K	Ca	Fe	Zn	总和
谱图 1	23.36	10.16		65.23				1.25		100.00
谱图 2	20.29	41.34	0.66	15.49	10.34	3.06	1.60	5.94	1.28	100.00

5.12.3 失效原因分析

来样的两根导线型号不一致，表面质量和性能存在差异，1＃导线表面老化痕迹相对较轻，应为后期改线时更换，两根导线不存在引起断线的较大质量问题，在此次火灾事故中，1＃导线在高温作用下被烧断，2＃导线部分铝股被烧断，少部分存在损伤和老化的铝股在拉力和高温作用下断裂，铝股全部断裂后，钢芯在高温和拉力增大作用下被拉断，2＃导线部分区域还存在与 1＃导线接触的放电损伤。因此，此次断线事故主要是由于导线下方区域明火导致的导线高温熔化。

5.13 引流线夹发热导致导线断裂

5.13.1 案例概况

2017 年 10 月 20 日，巡视人员发现某 35kV 线路 5＃杆处 B 相引流线熔断。现场情况如图 5-13-1 所示。

该线路于 1984 年 6 月建成投产，导线型号为 LGJ-120/20，线路在 2017 年 10 月 20 日 4 时左右最高负荷达 15MW(调度台数据)。取样送检样品见图 5-13-2。

图 5-13-1　5＃杆 B 相引流线熔断

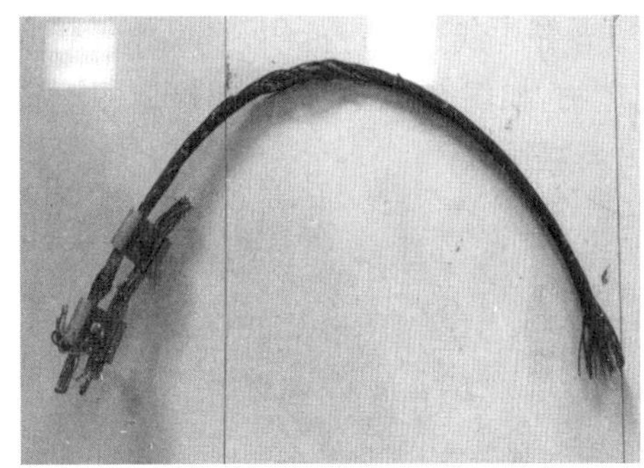
图 5-13-2　5＃杆 B 相引流线断线样品

5.13.2　检查、检验、检测

5.13.2.1　宏观检查

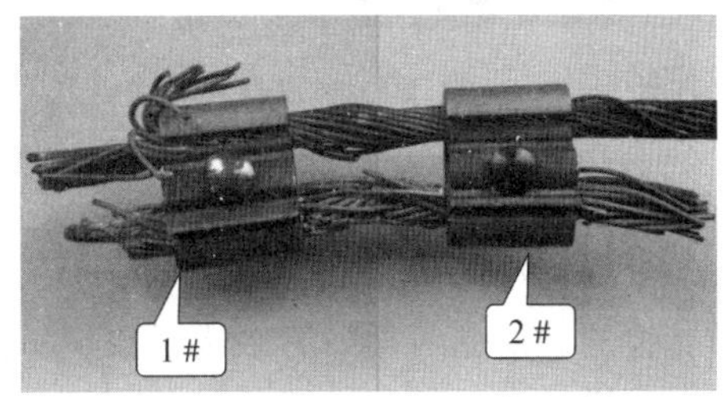

图 5-13-3　断线样品并沟线夹段

导线在并沟线夹附近发生断裂，导线除断线位置外，在并沟线夹之间多处位置发生断股。远离断口的部分导线表面存在电弧烧蚀，应为导线断裂后与杆塔接触放电所致。并沟线夹编号如图 5-13-3 所示。对断线位置进行观察，中心钢芯发生熔化呈圆球状，导线铝股部分端头发生熔化，部分熔化后呈灰黑色，部分表面光亮。并沟线夹两侧多余导线端部部分单线也为熔化形貌，说明导线在断线过程或断线后发生过放电，高温使导线单丝熔化。导线断线位置表面可观察到白色及灰黑色附着物。

对并沟线夹进行观察，两个并沟线夹螺帽侧垫片均存已发生熔化，2＃并沟线夹螺栓呈黑色，如图 5-13-4 所示。

对并沟线夹间导线进行观察，导线多处位置发生断股，部分断口端部熔化近似为球状，部分断口表面光亮，如图 5-13-5 所示。

图 5-13-4　2＃并沟线夹螺栓

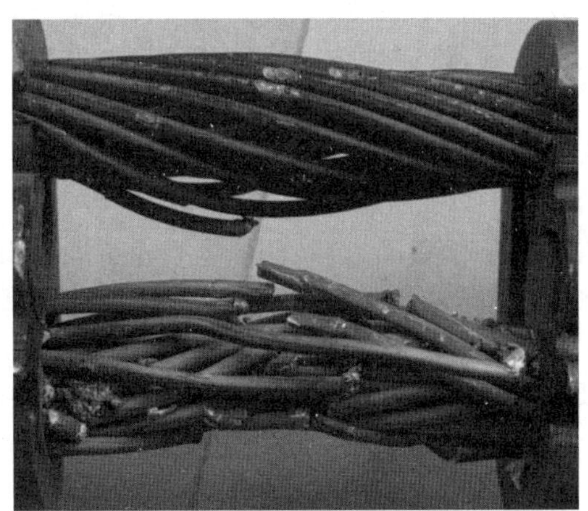
图 5-13-5　并沟线夹间导线

将1#并沟线夹进行拆卸，多根导线断股，导线发生熔化，表面呈灰黑色，线夹上粘有导线熔化产物，如图5-13-6所示；螺栓如图5-13-7所示，垫圈已熔断，垫片表面熔化，螺栓表面变色，为高温所致。

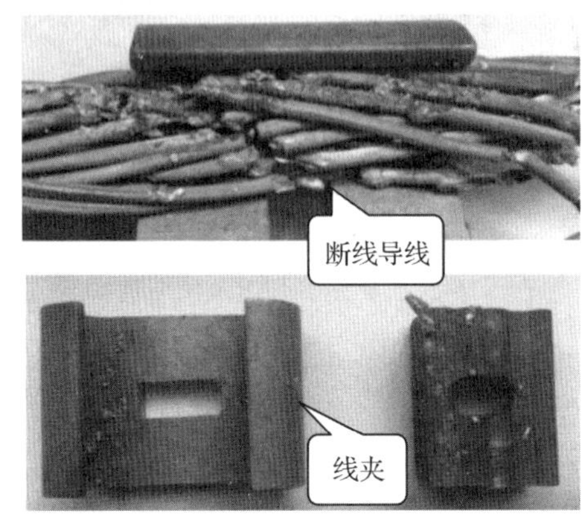

图5-13-6　1#并沟线夹

图5-13-7　1#并沟线夹螺栓

5.13.2.2　导线质量检测

根据标准GB/T 1179—2008、GB/T 17048—2009、GB/T 3428—2002对断线样品进行质量检测。对断线样品的结构根数、整体直径、单丝直径进行测量，测量结果符合标准要求。对断线样品进行拉断力试验、扭转和卷绕试验。铝股强度大于标准要求的166MPa，卷绕试验合格。钢线抗拉强度均大于标准要求的1273MPa；扭转试验均达到44次，大于标准要求的16次；卷绕试验合格。对导线铝股成分进行检测，铝股铝含量为99.7%，大于标准要求的99.5%，检测结果合格。

取2根铝股进行电阻率检测，铝单线电阻率小于标准要求的28.264 nΩ·m，检测结果合格。对样品直流电阻进行测量，测量电流为100A，测量位置如图5-13-8所示，直流电阻分别为2.21mΩ（位置1）、0.58mΩ（位置2），并沟线夹段电阻为导线段的3.8倍，该部位导线熔化、断裂，电阻明显增大。

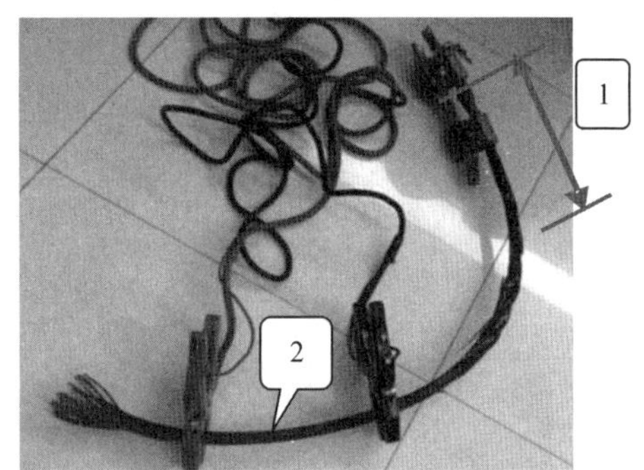

图5-13-8　直流电阻测量位置

5.13.2.3　断口及能谱分析

5.13.2.3.1　断口宏观

在体式显微镜下对导线铝股断口及铝股表面进行观察。断口典型形貌如图5-13-9所示，铝股断口分别有光亮熔化断口、平断口、灰黑色熔化断口三种形貌。断口附近铝股表面典型形貌如图5-13-10所示，表面附着白色及灰黑色物质。

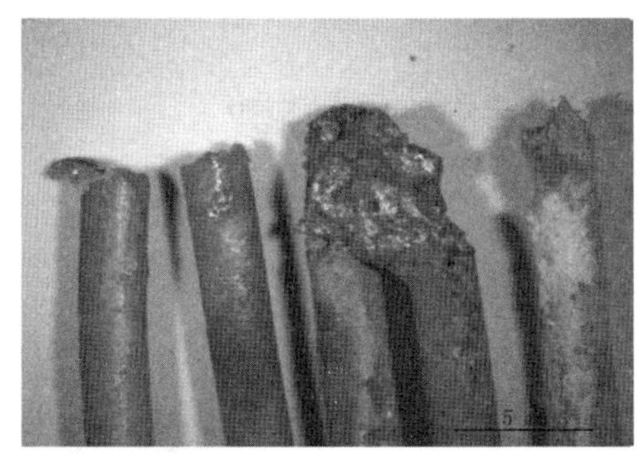
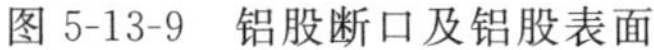

图 5-13-9　铝股断口及铝股表面

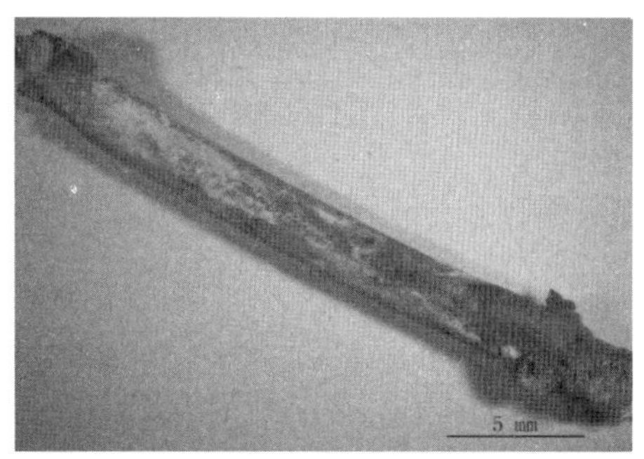

图 5-13-10　铝股表面形貌

5.13.2.3.2　扫描电镜及能谱分析

对铝股表面进行电镜观察及能谱分析。白色区域为附着层，如图 5-13-11 所示，其成分为 Zn 和 O 元素，为高温过程中镀锌钢线表面锌层氧化后的产物。对灰黑色区域进行观察，如图 5-13-12 所示，表面有球状熔滴及蓬松附着层，由能谱分析可知，谱图 1 所示平整区域所含主要元素为 Al 元素，为铝股本身，因熔化及与钢线接触等原因，含有 Fe 及 Zn 元素；球状熔滴及附着层所含元素主要为 Zn，含有少量 Fe 及 O，为熔化过程钢线受热后锌层及部分钢线熔化及氧化后的产物。

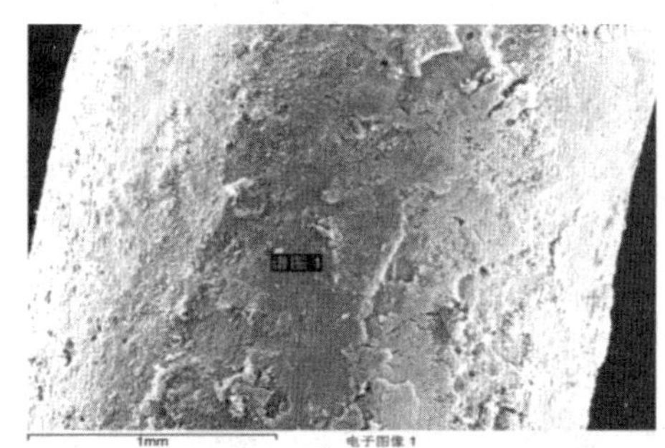

图 5-13-11　白色附着物形貌

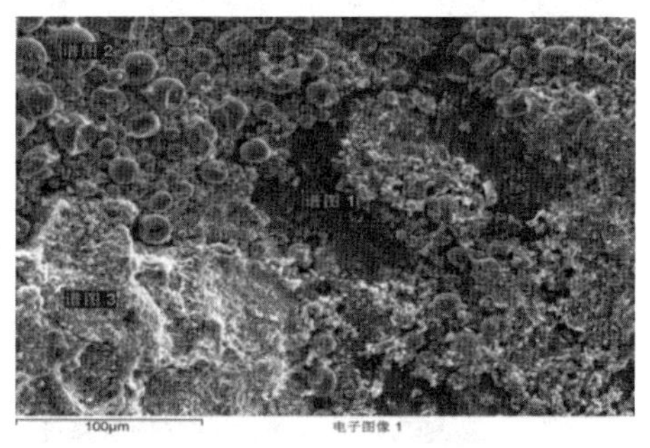

图 5-13-12　灰褐色表面形貌

对平断口进行观察，如图 5-13-13 所示，谱图 1 位置表面为块状，为熔化金属凝固后的形貌，谱图 2 为絮状氧化物。分别对 2 个区域进行能谱分析，谱图 1 位置所含金属元素为 Al，为熔化后的铝股，谱图 2 位置相比谱图 1 位置增加 Fe、Zn 等元素，为外界及镀锌钢线的污染，O 含量升高，说明氧化更为严重。

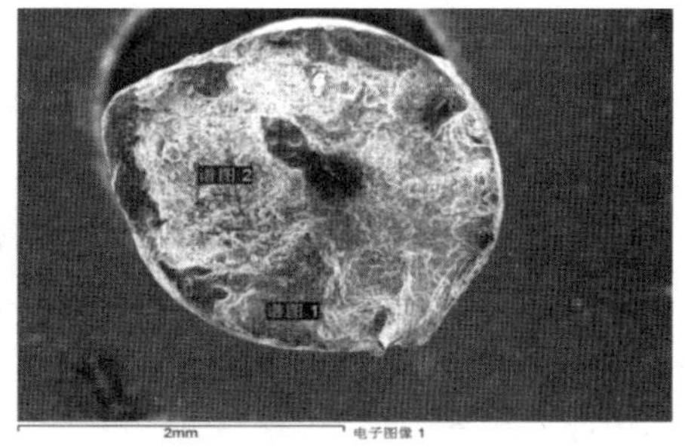

图 5-13-13　平断口形貌

5.13.3　失效原因分析

宏观及断口分析表明导线断口为熔化断口，导线质量检测结果显示不存在引起导线断裂的质量问题，结合导线的断裂特征可知断裂原因应为：在运行过程中线夹严重发热，铝股熔断后钢芯载流加剧，持续高温下导线最终全部熔断。

5.14 载流量过大及老化导致导线断裂

5.14.1 案例概况

2017 年 5 月 28 日，某 35kV 线路 40＃～41＃独立耐张段 B 相断线。40＃～41＃档距 287m，断点距离 40＃塔约 150m，距离 41＃塔约 120m 处，现场图片见图 5-14-1、图 5-14-2、图 5-14-3。

该线路于 1975 年投运，断裂导线型号为 LGJ-120/70，40＃～41＃塔段导线于 2009 年改造投运。该线路通道内无超高林木，当日无大风雷雨天气，风速不大，当日该线路负荷约为 7.51MW，负荷较大，瞬时负荷大于该值，且该线路变压器长期超过负荷 30％～50％运行。

图 5-14-1 41＃塔及 B 相断线导线

图 5-14-2 大号侧断口

图 5-14-3 小号侧断口

5.14.2 检查、检验、检测

5.14.2.1 宏观检查

来样为某 35kV 线路 40＃～41＃塔段断股导线两段(以下称 A 段、B 段)。A 段导线长约 1.6m；B 段长约 2.1m，A、B 段除钢芯断口处外还存在仅铝股断裂的区域。

导线型号为 LGJ-120/70 的钢芯铝绞线，共分为三层，外层为 12 根铝股，中层为 6 根钢芯，中心一根钢芯。

A 段导线有三个位置发生断股，外端处钢芯断裂，其余两处有铝股断股，钢芯未断；6 根钢芯断在同一位置，钢芯断口呈现缩颈形貌，另 1 根断在该位置 14cm 外，为烧熔的平断口。断股部位铝股靠内侧呈黑灰色，外侧呈略发黄的铝线原色，见图 5-14-4；另外两处铝股断股处，铝股断口呈现熔断形貌，外侧存在表面损伤痕迹，铝股断裂位置可见钢芯表面存在熔斑及红褐色锈蚀，钢芯其他位置及铝股未断处无烧熔痕迹。

该导线型号铝股仅一层，铝股 12 根，钢线 7 根，且铝单线和镀锌钢线直径相同，铝钢比较小。钢芯电导率低，又是铁磁性材料，会引起磁滞和涡流损耗，并增加导线质量。根据供电局提供的当日负荷，计算当日导线电流约为 224A，且瞬时电流高于该值，经查，该导线型号 70℃的计算载流量为 258A，可见当日导线载流量已接近计算的安全载流量。

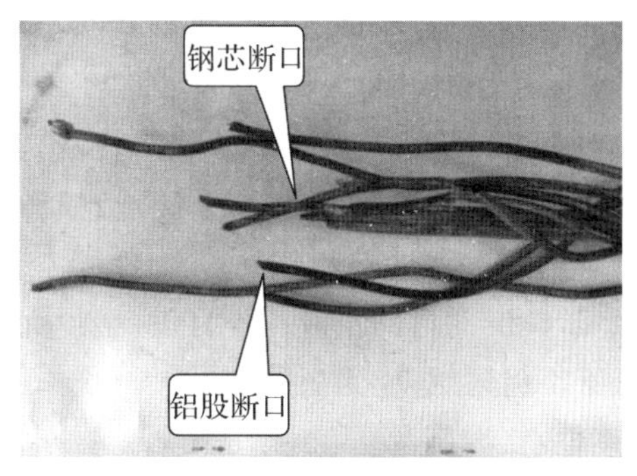

图 5-14-4　A 段导线断口 1

5.14.2.2　体式显微镜观察

在体式显微镜下观察，A 段导线钢芯断口 6 根可见正向拉断的缩颈形貌，2 根断口可见明显烧熔痕迹，见图 5-14-5；钢芯断口附近铝股断口均呈现高温烧熔形貌，断口严重熔化，可见熔瘤及气孔，见图 5-14-6；A 段导线另外两处存在铝股断股的位置，钢芯表面有明显的黑色烧损痕迹，且均是靠近铝股一侧；另外一处铝股断股处钢芯表面除高温熔坑外，还可见明显红褐色锈蚀，见图 5-14-7。

从导线断口的显微镜观察结果可知，铝股断口皆为熔断的不规则断口，附近存在椭圆形熔坑，其形状和分布应为与钢芯接触位置，钢芯断口除有明显缩颈的之外，均为熔断，断口附近可见黑色放电损伤痕迹及高温熔斑，钢芯靠近铝股断股一侧可见熔斑和红色锈蚀，说明钢芯及铝股的断裂互为影响，铝股的断裂与表面存在损伤、铝股之间存在间隙、运行负荷过大有关，铝股损伤或断裂都将引起局部钢芯的锈蚀、发热及灼伤，钢芯位置发热使得铝股进一步发生断裂。

图 5-14-5　导线钢芯断口

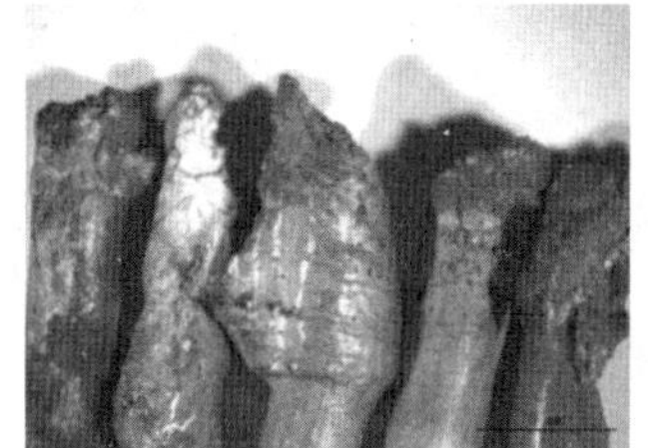

图 5-14-6　导线铝股断口

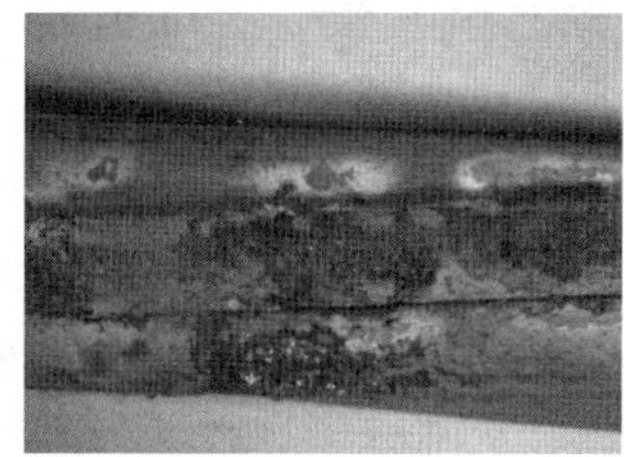

图 5-14-7　导线钢芯表面形貌

5.14.2.3　导线质量检测

根据标准 GB/T 1179—2008、GB/T 3428—2012 以及 GB/T 17048—2009，选取导线较为完好的部分进行外形尺寸、单丝抗拉强度、卷绕试验、扭转试验、镀锌层质量等质量检测。

该导线铝股仅有一层，12 根铝股和 7 根钢芯直径均为 3.6mm，从检测结果看，导线由于断股、散股严重，整体直径及铝单线直径略小，钢线直径正常。

钢丝抗拉强度有一根低于标准要求(≥1226MPa)，该钢丝为外层钢丝，断口位于点蚀坑处，中心钢丝强度高于外层钢丝；另外，各有一根外层钢丝扭转试验及卷绕试验不合格，均是断裂于点蚀坑处，钢芯镀锌层质量满足标准要求。

铝股由于大部分存在表面损伤及烧熔痕迹，仅检测其抗拉强度，铝股抗拉强度均合格。

5.14.2.4　扫描电镜及能谱分析

对 A 段导线钢芯颈缩断口进行观察，断口呈现典型塑性变形颈缩特征，中部可见韧窝形貌，如图 5-14-8、图 5-14-9 所示。对以上区域进行能谱分析，芯部金属元素为 Fe，含有较高含量的 O;外表面金属元素则是 Zn 含量较高,与镀锌钢线成分相符。

对 A 段导线钢芯烧熔的平断口进行观察,断口芯部有明显裂纹,大部分被疏松的氧化组织覆盖,边部区域可见较为平滑的组织形貌,放大观察呈现平整的块状,呈脆性断裂形貌,如图 15-14-10 和图 5-14-11 所示。分别对粗糙及平滑区域进行能谱分析,粗糙区域金属元素为 Al、Fe、Zn,还含有少量 Si,O 元素含量较高,氧化程度较高,应为高温烧熔的严重氧化区域,锌层向内部扩散;平滑区域金属元素只有 Al 和 Fe,Fe 元素较粗糙区域高,氧化程度低于粗糙区域,应为后断区域。

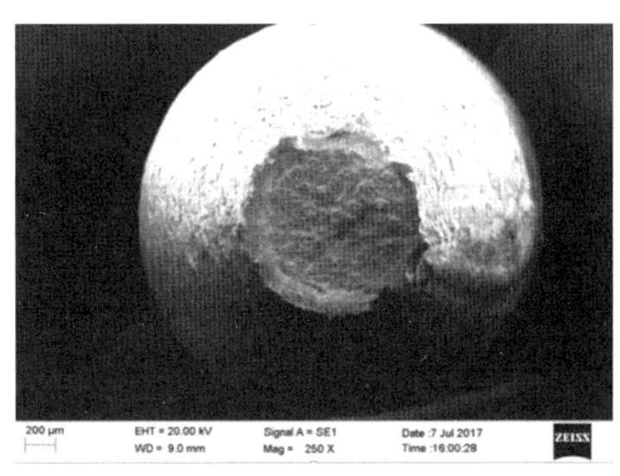

图 5-14-8　A 段钢芯颈缩断口形貌

图 5-14-9　A 段导线能谱分析位置

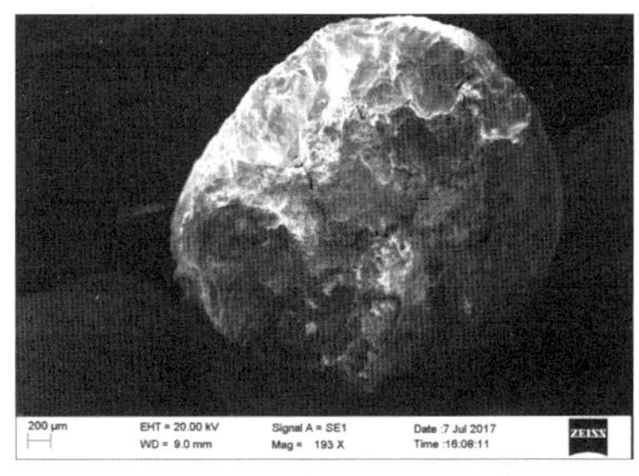

图 5-14-10　A 段钢芯平断口形貌

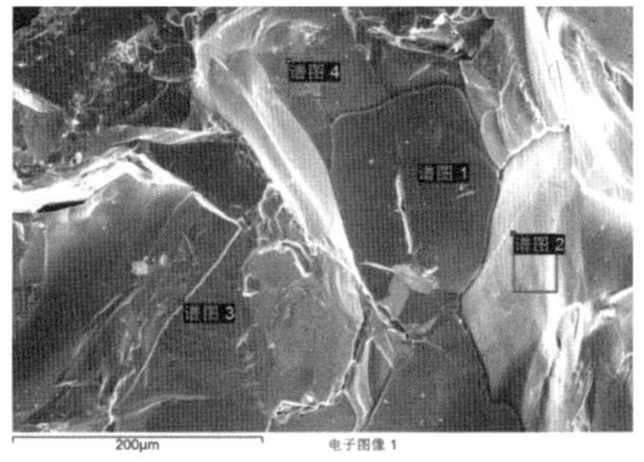

图 5-14-11　A 段平断口芯部形貌

钢芯断口可见烧熔的凝固层、高温氧化形成的熔瘤及圆形的凹坑,凝固层及凹坑处主要为 Fe 的氧化物,熔瘤等凸起物除铁的氧化物外还存在 K、Ca、Ti、Mo、Ir 等杂质元素,应为断裂后接触地面进一步高温烧熔所带入;从一半银亮色一半暗黑色的钢丝断口形貌及成分可知,该钢丝断裂位置铝股和钢丝都发生了高温熔化,铝股熔化后覆盖于钢芯位置,钢芯因为电流作用和接触电阻增大而发热熔化,承载能力降低,在熔化凹坑底部产生裂纹后被拉断。

5.14.3　失效原因分析

该段线路导线铝股仅有一层,钢芯占比大,在电力负荷较大、铝股表面存在损伤以及铝股之间缝隙增大的情况下,铝股易发生发热和断裂,在局部铝股存在损伤和断股的情况下,钢芯处过电流且与铝股的接触电阻增大,导致钢芯产生锈蚀及发热损伤,钢芯的发热进一步引起铝股发热及断裂,最终钢丝在高温及拉力作用下断裂。

5.15 压接工艺不良导致导线断裂

5.15.1 案例概况

2010年7月23日，某220kV线路AB相故障跳闸，重合闸未动作，4个110kV变电站全站失压。巡维发现该线路011＃铁塔A相(上相)上子导线小号侧约5m处导线断裂脱落，压接管口6cm的地方钢芯整齐断裂并落到地上，导线从压接管内2cm处断裂脱落(钢芯铝绞线)，断点另一侧断落搭在011＃塔上。

该段线路为同塔双回架设，采用垂直排列方式，各子导线均为上下排列，导线型号为LGJ-300/40，线路于2008年11月13日投运。图5-15-1和图5-15-2为相关现场图片。

图5-15-1 导线断裂现场

图5-15-2 断裂导线

5.15.2 检查、检验、检测

5.15.2.1 宏观检查及尺寸测量

来样共2段，为断股的011＃塔A相小号侧上子导线断口两端的导线，其中一端压接管上刻有“XJD-300/40”字样。导线钢芯断口距压接管口60mm(见图5-15-3)，断口与取样做力学性能试验的钢芯室温断口相比，断口更细、颜色发黑，运行中应有发热(见图5-15-4)。

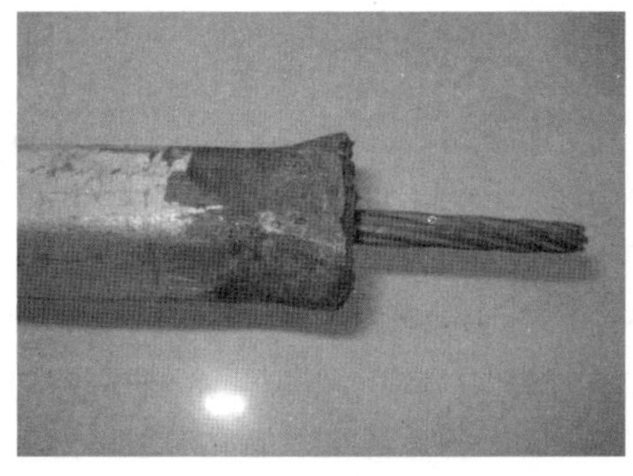

图5-15-3 断口位置

图5-15-4 断口颜色发黑

钢芯断口均表现为拉伸断裂,无熔化迹象。断口端约 20mm 范围的压接管内壁(见图 5-15-5)和铝股表面均有熔化痕迹(见图 5-15-6)。铝股无拉断迹象,结合解剖压接管的结果,铝股系从压接管中拔脱。

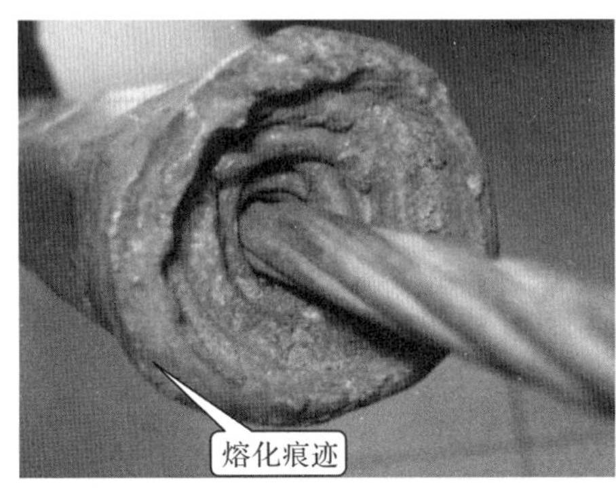

图 5-15-5 压接管内壁

图 5-15-6 铝股表面

(1)对边距测量:

压接管施工时左右两端各压了 3 段,截面为正六边形,自断口侧开始分别编号为①至⑥,如图 5-15-7 所示。

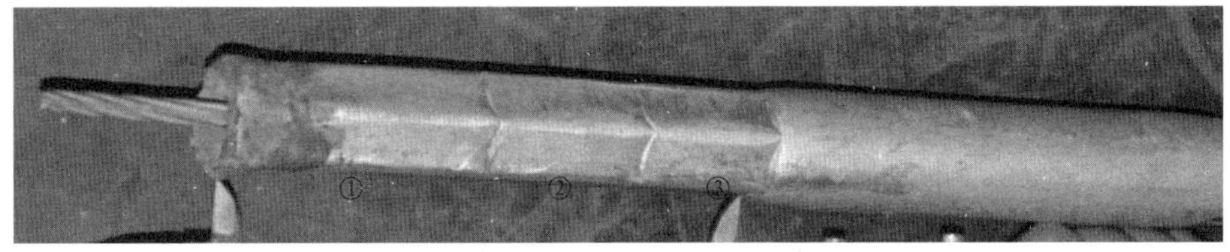

图 5-15-7 压接管分段编号

测量每段的对边距,根据 SDJ 226—87《架空送电线路导线及避雷线液压施工工艺规程(试行)》第 4.0.2 条,该管外径为 40mm,最大允许值 S 则为 34.59mm,且每面 3 个对边距只允许一个达到最大值,实测结果管子对边距符合标准要求。

(2)压接管总长 540mm,左右两端各压 185mm,中段未压部分直径 40.8mm,参考标准 DL/T 758—2001《接续金具》,压接前以上三个数据分别为 490mm、195mm、40.0mm,考虑到压接后会有一定的伸长,因此总长符合标准,但是压接长度低于标准要求。但将压接管锯开后可以看到无缝钢管完全偏于断口一侧,钢管长度 110mm,钢管距离压接管端头 68mm,该 68mm 范围内仅随意采用铝股缠绕(见图 5-15-8 和图 5-15-9),结合图 5-15-5 分析,断口一侧的导线铝股在压接管中的实际压接长度少于 20mm,铝股基本不受压。另外一端则压接较致密,压接质量相对较好(见图 5-15-10)。

5.15.2.2 拉力试验

为了检测导线钢芯和铝股是否符合设计标准要求,分别取 7 根钢芯、8 根铝股做拉力试验,根据标准 GB/T 1179—2008 及 GB/T 3428—2002,钢芯抗拉强度应不小于 1244MPa,试验钢芯强度满足标准要求。根据 GB/T 1179—2008 及 GB/T 17048—2009,铝股抗拉强度应不小于 152MPa,试验铝股强度满足标准要求。

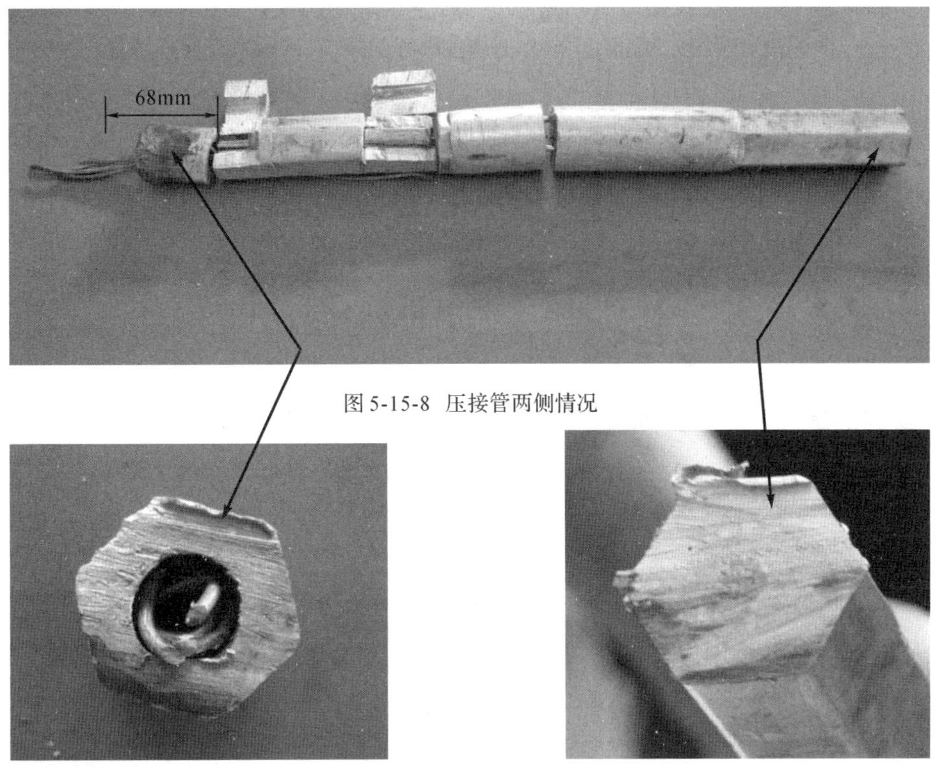

图 5-15-8 压接管两侧情况

图 5-15-9 压接管断口一侧

图 5-15-10 压接管另一端

5.15.3 失效原因分析

造成断股的原因为施工单位施工工艺不良，无缝钢管压接位置严重偏移断口一侧，断口侧铝股基本不受压，在压接过程中无缝钢管二次受压。并随意用铝股缠绕在空隙处继续进行铝管压接。设备投运后，受热胀冷缩、振动等作用，铝股从铝管中拔出，钢芯持续发热，导致机械强度下降发生断裂。

5.16 地线老化腐蚀导致断裂

5.16.1 案例概况

2016 年 4 月 16 日，某 110kV 线路断路器保护动作跳闸，重合不成功。运维人员到达现场发现 25＃～26＃杆段双地线均断线掉落到地上，其中左边地线断点位于 26＃塔小号侧 2m 处、右边地线断点位于 26＃塔小号侧 120m 处，断线位置及断线端见图 5-16-1、图 5-16-2。掉落地线部分搭在导线上，部分直接落在地面上。

该线路全长 12.872km，断线的 25＃～26＃塔段为 1973 年投产，使用档距为 556m，架空地线型号为GJ-35，该段线路跨越冶炼厂产房，存在烟尘污染，见图5-16-3，地线表面腐蚀严重。供电局将该段线路未断裂地线取样送检，来样见图5-16-4。

图5-16-1 新浪I回线26#塔地线断点位置

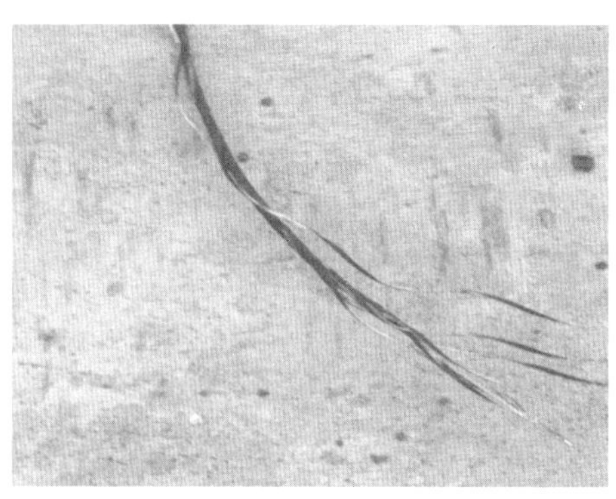

图5-16-2 地线断裂端

图5-16-3 25#～26#塔段线路环境

图5-16-4 地线取样

5.16.2 检查、检验、检测

5.16.2.1 宏观观察及尺寸测量

来样为型号GJ-35的镀锌钢绞线一段，长约2m。该段地线严重腐蚀，钢线裸露在外的部分全部被红褐色腐蚀物覆盖，表面遍布深度0.5～0.8mm、间距3～5mm的腐蚀坑，地线有两个断点，其余5根为取样时剪断，见图5-16-5。地线绞向正常，整体直径、单丝直径及截面面积均有减少，单丝最薄部位直径仅1.8mm，检测结果详见表5-16-1。

表5-16-1 结构尺寸检测结果

序号	测试项目	标准要求	试验结果	结果
1.1	钢线根数	等于7根	7根	符合
1.2	钢线直径	2.56～2.64mm	2.44mm(7根平均)	偏低
1.3	截面面积	36.43～37.91mm^2	32.71mm^2	偏低
1.4	直径	7.7～7.9mm	6.93mm	偏低

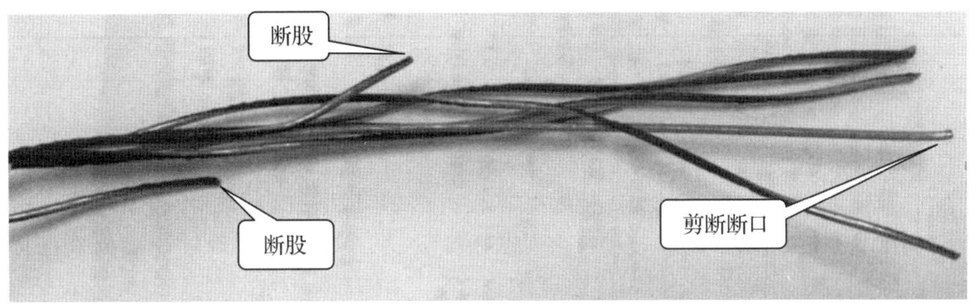

图 5-16-5 来样地线断点部位

在体式显微镜下面观察，断股钢丝内外表面形貌差别较大，外露部分均被凹凸不平的腐蚀层覆盖，内侧与其他钢丝接触部位相对平滑，还保留有金属原色，腐蚀深度达到原直径的三分之一左右。两根钢丝一根为斜断口，断口可见明显的弯折、拉长变形；另一根为平断口，但断口表面存在不规则的台阶和凸起，有别于正常拉断断口，断口侧面可见横向裂纹，见图 5-16-6、图 5-16-7。

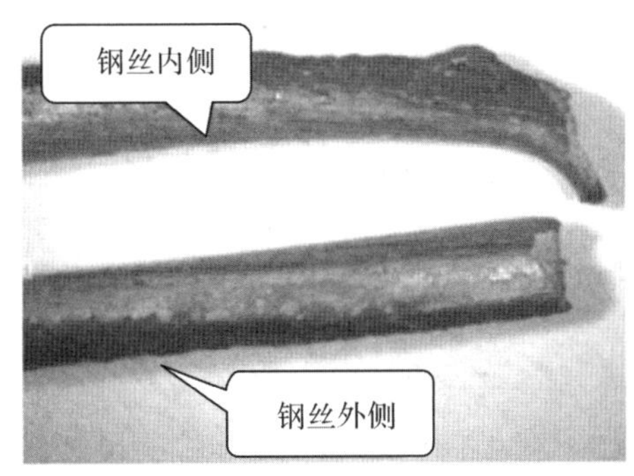

图 5-16-6 地线断股钢丝断口

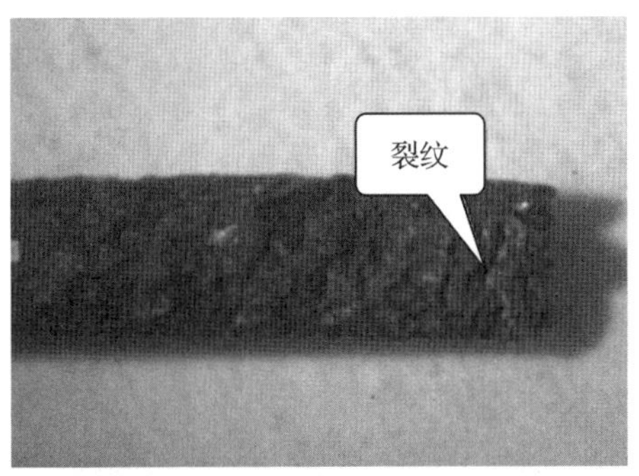

图 5-16-7 断股钢丝侧视图

5.16.2.2 机械性能

对地线单丝进行抗拉强度、扭转试验及卷绕试验，除 1 根外层钢丝及中心钢丝抗拉强度及扭转试验合格外，其他钢丝均不达标准要求，抗拉强度为标准要求的 86%～95%，扭转试验外层钢丝仅能承受 2 次，卷绕试验外层钢丝仅能承受 1～2 圈，从试验结果来看，外层钢丝抗拉强度下降，抗卷绕及抗扭转性能大大降低，试验结果见表 5-16-2。

5.16.2.3 扫描电镜能谱分析

5.16.2.3.1 扫面电镜微观形貌观察

在扫描电镜下观察两个钢丝断口，平断的 1# 断口呈半月形，表面存在较多裂纹，特别是中心区域存在一条较大的 V 字形裂纹，见图 5-16-8。断口基本呈现塑性变形的韧窝形貌，但不同区域韧窝形状不同，除等轴韧窝外，还存在伸长的抛物线状的撕裂韧窝，见图 5-16-9。

表 5-16-2　机械性能

序号	测试项目		标准要求	试验结果	说明
2.1	镀锌钢丝	抗拉强度	镀锌钢线抗拉强度应不小于1310MPa(按 1 级强度镀锌钢线)	1＃:1239MPa 2＃:1173MPa 3＃:1135MPa 4＃:1340 MPa 5＃:1253 MPa 6＃:1244 MPa 7＃:1637 MPa	仅 1 根外层钢丝及中心钢丝抗拉强度合格
2.2		扭转试验	扭转次数应符合镀锌钢线标准要求(不适用于 B 级镀锌钢线),该试验可作为伸长率试验的替代试验。≥14 次	1＃:2 次 2＃:2 次 3＃:2 次 4＃:24 次	仅中心钢丝 4＃样达到标准要求
2.3		卷绕试验	钢线应在 1D 直径的芯棒上紧密卷绕 8 圈而不断裂	1＃:1 圈断裂 2＃:1 圈断裂 3＃:2 圈断裂 4＃:8 圈未断	仅中心钢丝 4＃样达到标准要求

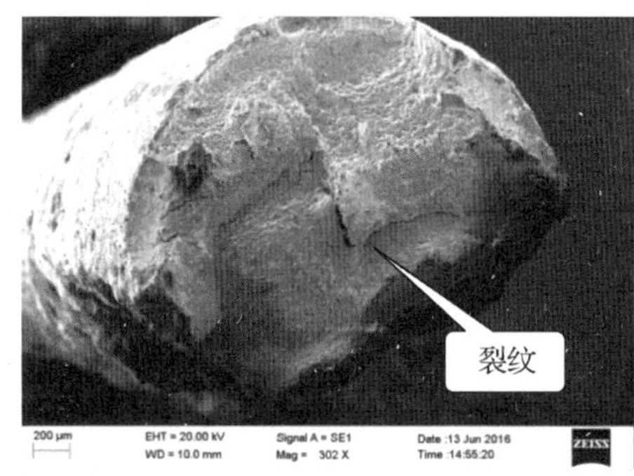

图 5-16-8　1＃钢线断口形貌

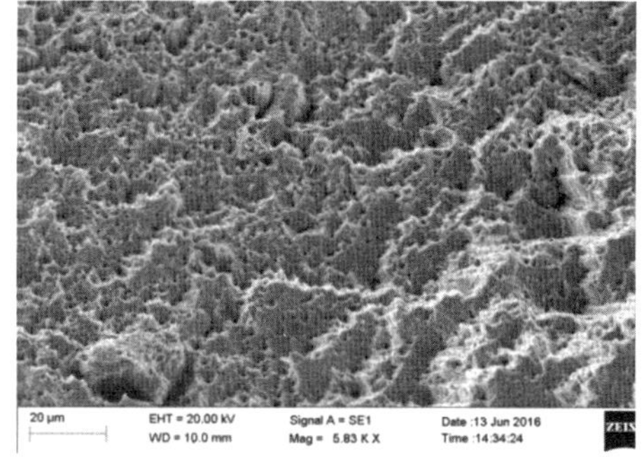

图 5-16-9　1＃钢线断口撕裂韧窝

斜断的 2＃断口靠近腐蚀面一侧形貌与 1＃断口类似,可见等轴韧窝及较长的撕裂韧窝,中心有 V 字形裂纹,伸长变形部分底部存在较深裂纹,断口侧面被腐蚀物覆盖,存在横向裂纹,见图 5-16-10 和图 5-16-11。

由两根钢线的断口形貌可见,钢线外表面与大气污染源接触而发生腐蚀,钢线表面组织变化而产生的疏松和裂纹,在大气环境下成为腐蚀因子接触基体的通道,造成基体进一步腐蚀,强度及塑性降低,钢线从腐蚀面一侧开始断裂,未腐蚀部分在拉应力及扭转应力作用下发生弯曲或伸长变形,并于交界处产生裂纹,最终整体断裂。

5.16.2.3.2　断口能谱分析

对断口基体及断口侧面腐蚀物覆盖区域进行能谱分析,2＃钢线未被腐蚀区域仅显示有 C、Fe 两种元素(图 5-16-12 中谱图 1),而断口侧面腐蚀区域除 C、O、Fe 元素外,还存在 Al、

图 5-16-10　2＃钢线断口形貌

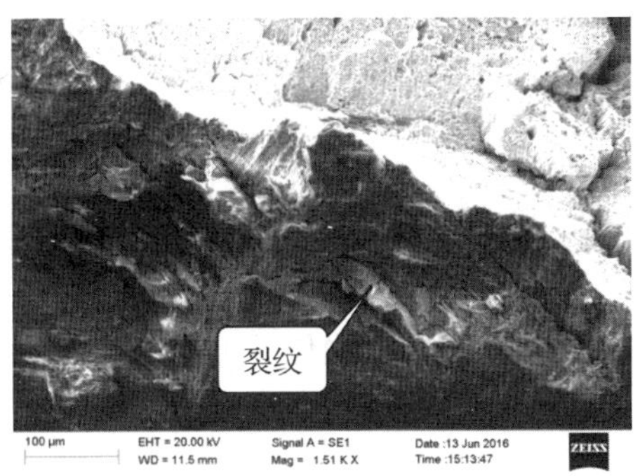

图 5-16-11　2＃钢线腐蚀面侧断口边缘

Si、S、Ca、Ti、Zn 元素（图 5-16-12 中谱图 2、谱图 3）；1＃钢线侧面的腐蚀区域有两种特征，除 C、O、Fe 元素外，较为平整的部分还有 S、Mn 元素（图 5-16-13 中谱图 2），而腐蚀物覆盖区域还存在 F、Mg、Al、Si、P、S、Ca、Mn 元素（图 5-16-13 中谱图 1）；由能谱分析结果（见表 5-16-3 和表 5-16-4）及该段线路运行环境可知，该地线途经冶炼厂，金属冶炼过程中排放的烟尘污染物中可能包含 SO_2、CO、H_2S 等酸性气体，以及硫酸雾、HF、含磷气体、铅尘、石灰粉尘、油烟等污染物，地线受到酸性气体及烟尘污染而发生腐蚀断股。

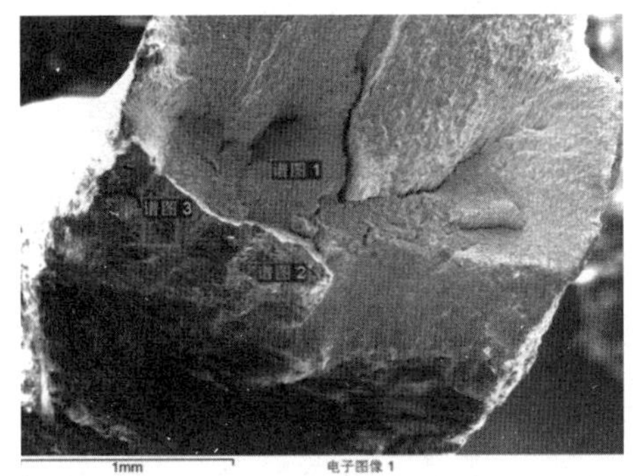

图 5-16-12　2＃断口能谱分析部位

图 5-16-13　1＃断口腐蚀面能谱分析部位

表 5-16-3　图 5-16-12 对应的能谱分析结果

谱图	C	O	Al	Si	S	Ca	Ti	Fe	Zn	总和
谱图 1	0.36							99.64		100.00
谱图 2	10.98	42.24	0.76	0.62	0.93	0.32	0.78	43.15	0.22	100.00
谱图 3	12.37	34.23	0.44		0.54			52.42		100.00

表 5-16-4　图 5-16-13 对应的能谱分析结果

谱图	C	O	F	Mg	Al	Si	P	S	Ca	Mn	Fe	总和
谱图 1	7.47	37.40	4.31	0.46	0.85	6.47	1.97	1.44	3.08		36.55	100.00
谱图 2	6.91	40.65						0.82		0.57	51.05	100.00

5.16.3 失效原因分析

由于地线长期处于酸性气体及颗粒污染物含量较高的冶炼厂区上方运行，SO_2、CO、H_2S 等酸性气体溶解在大气水分中，以及硫酸雾、HF、含磷气体、铅尘、石灰粉尘、油烟等烟尘污染物附着于地线表面，使得裸露在外的地线镀锌层发生腐蚀，在丧失保护层后，Fe 基体在酸性气体和其他污染物作用下不断循环腐蚀，最终，外部钢丝由于组织变化及截面面积减小，抗拉强度及塑性下降，在拉应力及扭转应力作用下从腐蚀较深的部位断裂。

5.17 雷击导致地线断股

5.17.1 案例概况

2015 年 11 月 8 日，机巡作业人员发现某 220kV 线路架空地线断 3 股、散股并回长 1m，见图 5-17-1。60＃塔呼称高 30m，耐张段 59＃～60＃塔档距为 619m，60＃～61＃塔档距为 431m，线路经过环境为山区，60＃塔通道环境见图 5-17-2。

该线路全长 94.648km，于 2007 年 3 月投运。地线型号为 GJX-70。

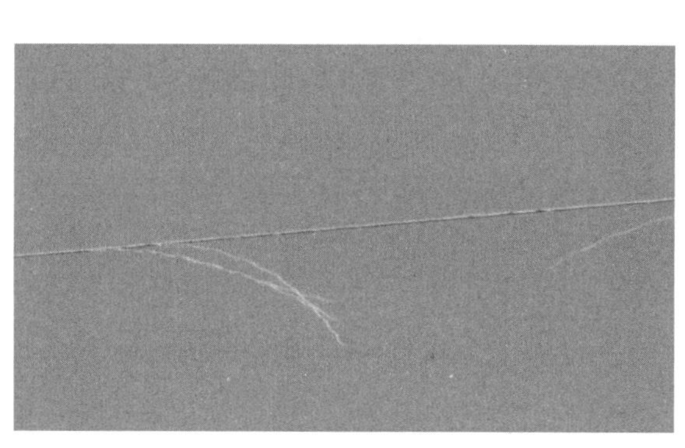

图 5-17-1　60＃塔大号侧 40m 处断股地线

图 5-17-2　60＃塔大号侧通道环境

5.17.2 检查、检验、检测

5.17.2.1 宏观检查

来样为换下的断股地线一段（自编号 JH-M-201512001），长约 10m，见图 5-17-3。地线由 19 根稀土锌铝合金镀层钢线绞制而成，共分三层，外层 12 根，第二层 6 根，中心 1 根。来样地线共断股 5 根，断口有斜断、有正断，见图 5-17-4，钢线表面存在深浅不一的黑色斑点，断口附近 1m 范围内斑点较为集中，且每一根钢线断口均附着有熔渣或瘤状金属熔滴，见图 5-17-5、图 5-17-6。

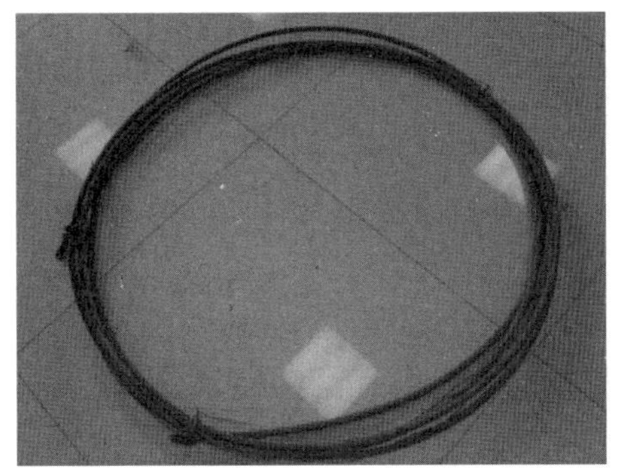

图 5-17-3 来样地线

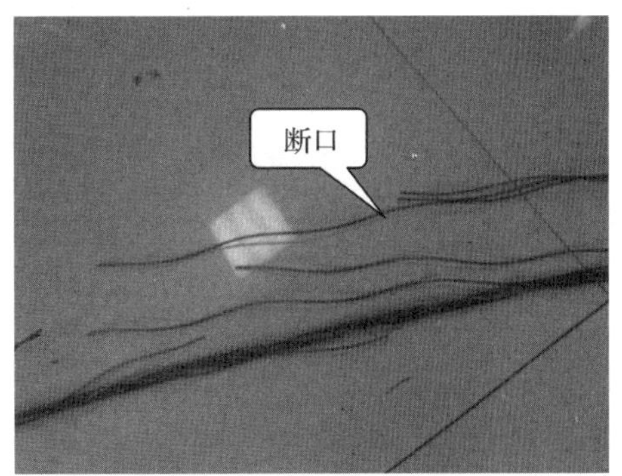

图 5-17-4 断股的 5 根钢线

图 5-17-5 钢线表面熔斑

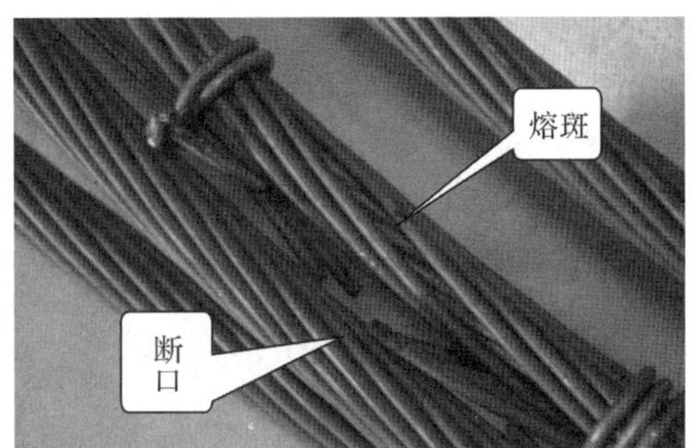

图 5-17-6 断口附近熔斑及断口熔滴

5.17.2.2 断口微观形貌

在体式显微镜下观察，所有断口都有明显烧熔的痕迹，大部分断股钢线呈 45°斜断口，断口侧面可见金属熔化的层状熔线形貌，且附着有黑褐色的瘤状熔融物，大部分钢线熔化部位存在明显的裂纹，应为在熔化过程中受拉力所致，见图 5-17-7、图 5-17-8。

图 5-17-7 5 根断股钢线断口形貌

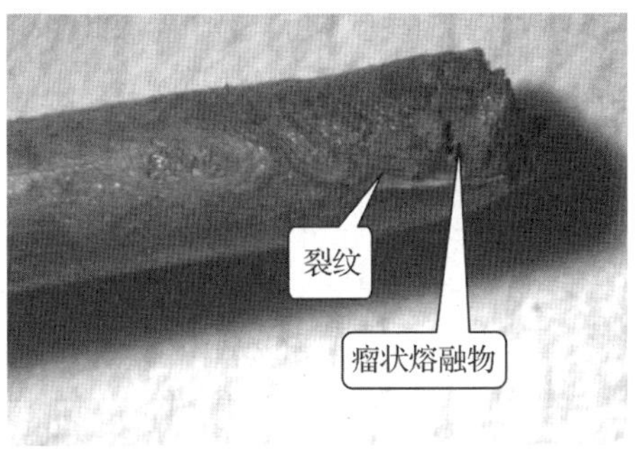

图 5-17-8 断股钢线断口裂纹

在扫描电镜下观察，钢线断口微观形貌如图 5-17-9、图 5-17-10 所示。斜断钢线断口一部分为烧熔的形貌，无塑性变形，另一部分为脆性断裂特征，应为钢线烧熔后的拉断断口，见图 5-17-11。正断型断口外沿有氧化烧熔的痕迹，部分钢线中心出现裂纹，如图 5-17-12 所示，可见钢线断裂部位在经受高温烧熔后强度和韧性降低，在外部张力作用下产生裂纹，最终被拉断。

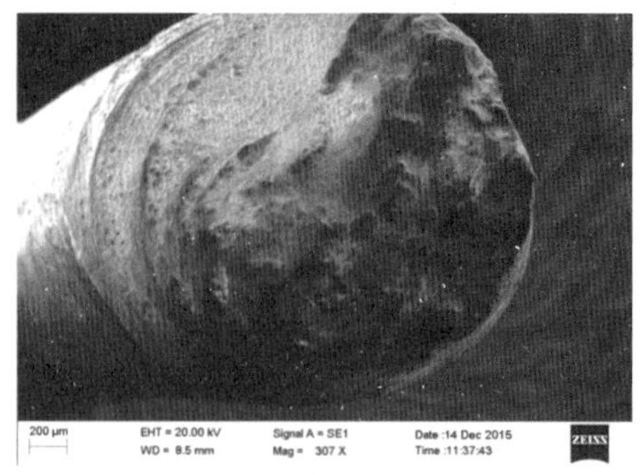

图 5-17-9　45°斜断钢线断口

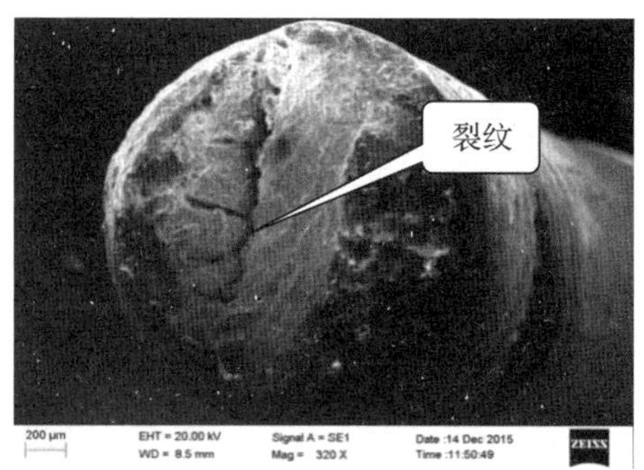

图 5-17-10　正断钢线断口

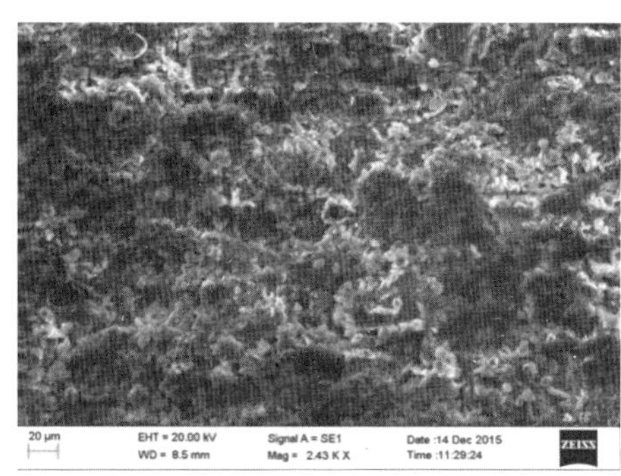

图 5-17-11　钢线后断区域微观形貌

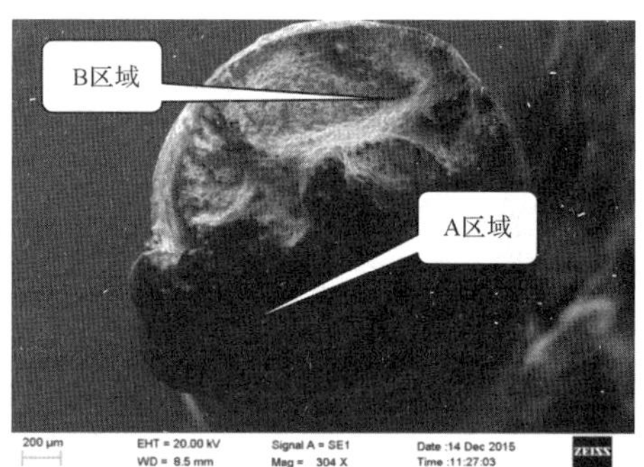

图 5-17-12　斜断钢线断口能谱分析区域

从断股钢线断口的宏观及微观形貌可以看出，断股钢线均有明显的雷击熔断特征，5 根钢线均是高温弧根烧熔或部分烧熔后受张力作用被拉断。钢线断口斜度越大的熔化程度越高，少量平断钢线应是其他钢线熔断后张应力增大，在雷击损伤处断裂。

5.17.2.3　断口能谱分析

能谱成分分析是半定量的，具有参考价值，利用能谱分析仪对斜断钢线断口进行能谱分析，A 区域为初始氧化烧熔的部分，能谱分析结果见表 5-17-1 中谱图 1；B 区域为后断部分，见表 5-17-1 中谱图 2。初始熔融部分和后断部分成分差别不大，断口表面主要金属成分为锌、铁、铝、镁，以及钢线本身材质含有的 C、Si、P、S 等非金属元素，从分析结果可知，断口表面物质基本为铁及锌铝镀层的氧化物，成分结果未见明显异常。

表 5-17-1　图 5-17-12 对应区域能谱分析结果

谱图	C	O	Mg	Al	Si	P	S	Ti	Fe	Zn	总的
A 谱图 1	24.97	42.34	0.67	3.50	6.83	0.63	0.35	0.37	8.59	11.75	100.00
B 谱图 1	26.58	49.09	0.42	0.97	1.90	0.27	0.31	—	2.64	17.82	100.00

5.17.2.4　钢绞线质量检测

根据标准 YB/T 183—2000 及厂家武钢集团钢线绳厂提供的检验数据对来样地线进行质量检测。来样导线进行绞合结构、直径、节径比、绞向、单位质量、钢线抗拉强度、钢线卷绕试验、钢线扭转试验均满足要求。

5.17.3 失效原因分析

综合试验结果，导致架空地线断股的原因是：架空地线在运行中遭受雷电冲击，雷击产生的热效应使钢线发生局部高温烧熔，钢线截面面积减小，强度和韧性降低，造成钢线在雷击时熔断或者发生烧熔的损伤部位在张力作用下被拉断。

5.18 铝包钢地线熔断

5.18.1 案例概况

检测试样为某线路 OPGW 地线断股的三根铝包钢线，每根各两段共六段，同一根钢芯分别对应编号为 1A、1B、2A、2B、3A、3B，如图 5-18-1 所示。

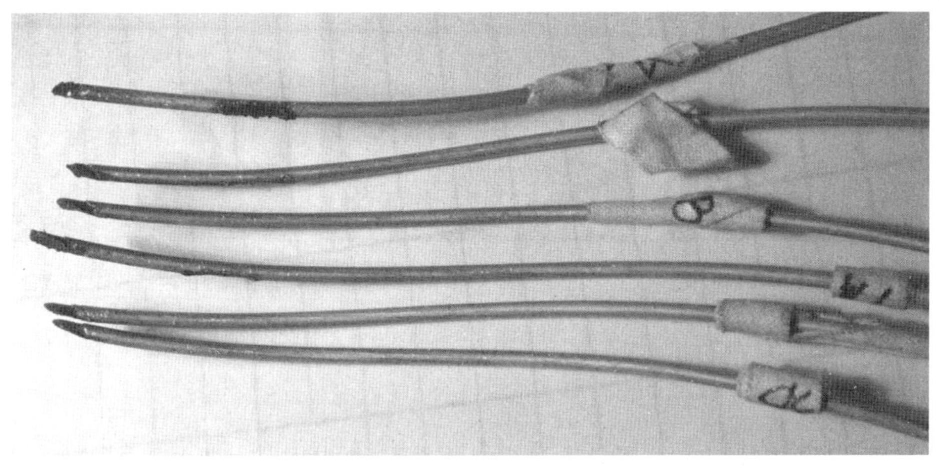

图 5-18-1 试样编号

5.18.2 检查、检验、检测

5.18.2.1 宏观检查

6 个断口都有明显的熔化痕迹，拼接后断口一侧熔化较严重，背后侧则主要为铝层熔化，每根钢芯两个熔化点都朝同一个方向，说明熔化有一定的方向性，最后断裂位置仅有较小的熔化点。断口若单纯拉断，则应变形较大，断口粗糙，而该断口最后断点呈点状熔断痕迹，钢芯无明显拉伸变形，说明钢芯受力较小，断裂主要以熔断为主，另外三个熔化位置截面都还剩下约 1/2，均大于断口处截面。1A、2A、3A 在距断口 35mm 范围内还各有一段长 10mm 左右的熔化痕迹，约占直径的 1/2，而此处并未断裂，见图 5-18-2。

5.18.2.2 金相分析

分别在 2A、2B 断口和 2A 中部截面做金相，金相组织极细小，主要以回火组织为主，在

图 5-18-2　原样拼接的 3A、3B 钢芯

500 倍显微镜下都较难分辩，但可以看出断口组织和未损坏位置组织明显不同，断口位置经过重新回火，见图 5-18-3、图 5-18-4、图 5-18-5。

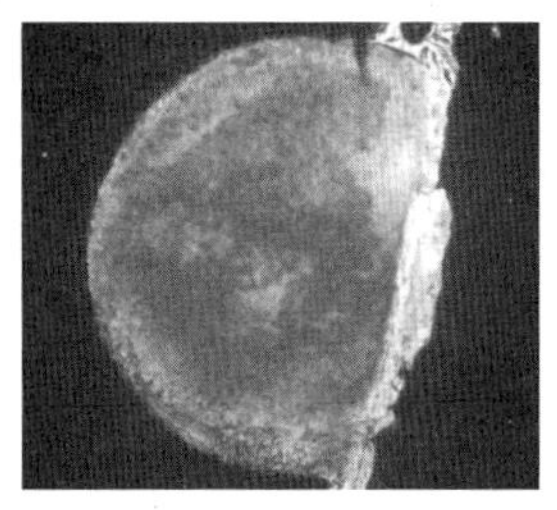

图 5-18-3　2A 断口截面

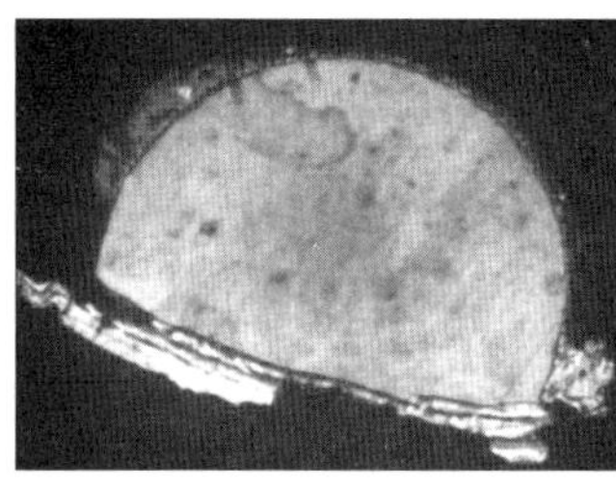

图 5-18-4　2B 断口截面

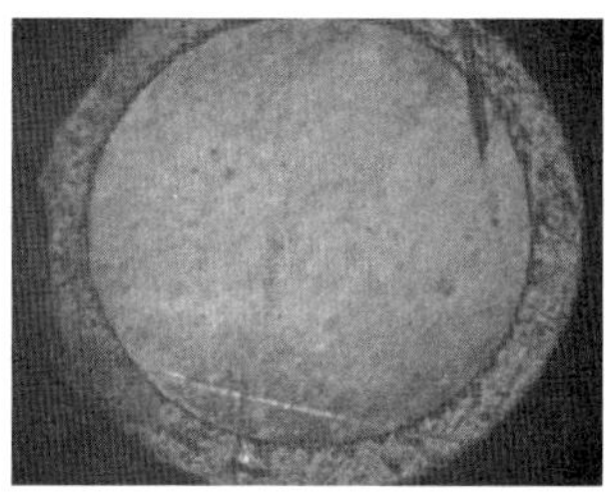

图 5-18-5　2A 中部截面

5.18.3　失效原因分析

铝包钢线断口约 35mm 范围内还存在烧融痕迹，每根钢芯上两个烧熔面方向基本一致，应是受同一电弧烧伤，烧断位置正面烧损较严重，背面仅铝层熔化，断口位置烧熔严重，端部仅有很小的熔化点。断口处和钢芯完好位置处金相组织不同，断口处重新受到高温加热。说明铝包钢芯因受到高温灼烧，在受到轻微拉力的作用下断裂。

5.19　镀锌钢线金钩损伤导致地线断裂

5.19.1　案例概况

2015 年 1 月 11 日，某 220kV 线路 037＃～038＃档内右侧架空地线断线。该片区高山顶部于 2015 年 1 月 9 日至 10 日出现大面积大范围的暴雪，1 月 11 日上午约 9 时 30 分，线路附近群众发现有断线落到地面，见图 5-19-1。经供电局人员现场查看，档内多处金钩，一处断股，见图 5-19-2 和图 5-19-3。断股地线型号：GJX-50/7，2005 年 5 月 10 日投产运行。

图 5-19-1　断线的杆塔

图 5-19-2　档内金钩处断股

图 5-19-3　档内金钩

5.19.2　检查、检验、检测

5.19.2.1　宏观检查

来样为包括两侧断口在内的地线，共 6 段，见图 5-19-4。来样地线上可以看到有 4 处有明显的金钩，见图 5-19-5，其中一处有 2 根钢芯已经断裂，见图 5-19-6。样品除金钩位置外，未见显著机械损伤，镀锌层完好，未见异常锈蚀。

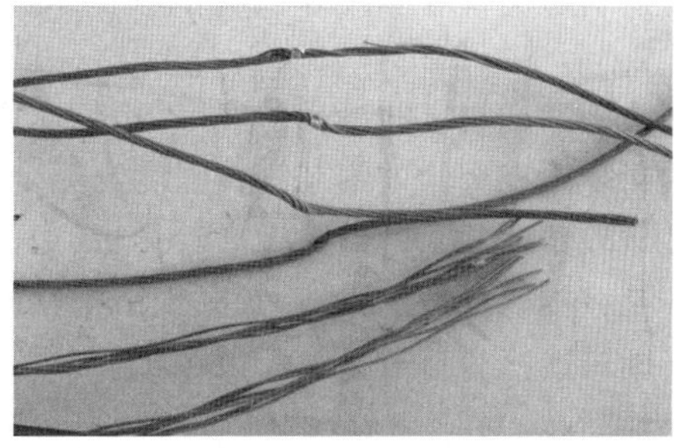

图 5-19-4　来样地线

图 5-19-4 中断口部位的钢芯按形态分两类：杯锥状断口与 45°斜断口，其中 45°斜断口 4 个，见图5-19-7，杯锥状断口3个，见图5-19-8。在体视

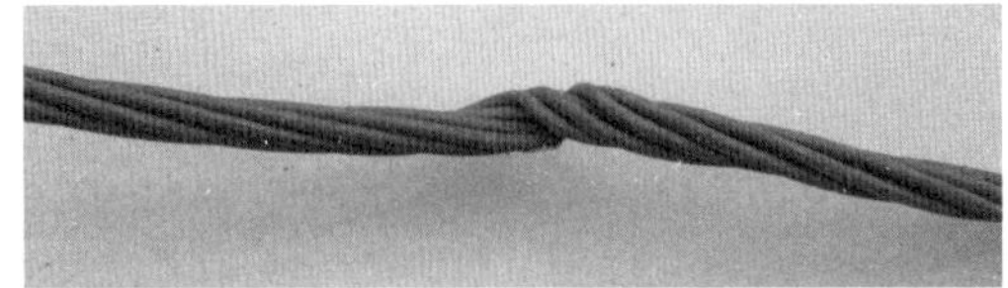

图 5-19-5 来样中的金钩 1

图 5-19-6 来样中的金钩 2，2 根钢芯已经断裂

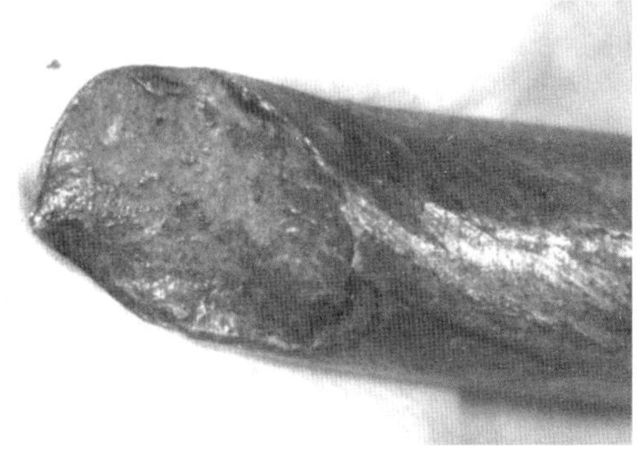

图 5-19-7 45°斜断口断面

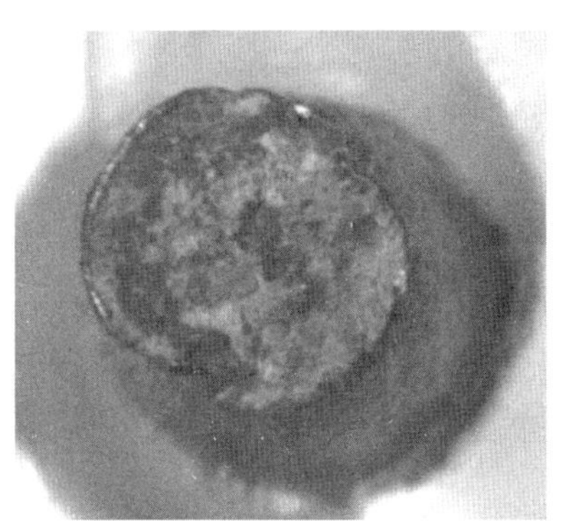

图 5-19-8 杯锥断口断面

显微镜下进行观察，断线部位的斜断口表面光滑，部分位置可见轻微锈蚀；杯锥状断口断面呈现典型塑性断裂的颈缩特征，断口有轻微锈蚀迹象。

图 5-19-6 中金钩部位断裂钢芯 2 根，断口为 45°斜断口。钢芯斜断口表面光滑，有轻微锈蚀，如图 5-19-9，外观特征与断线部位斜断口一致。

所有钢芯外表面钢芯镀锌层完好，也未见明显的机械损伤，基本可排除钢芯锈蚀和机械损伤导致断裂的可能。

图 5-19-9 图 5-19-6 中断股钢芯断口形貌

5.19.2.2 单股拉力试验

在断口附近取无金钩的地线单线进行拉力试验，全部单线的抗拉强度符合 GB/T 3428—2002 中特高强度钢芯的抗拉强度要求（特高强度为该标准规定的最高强度等级）。取图 5-19-5 中的金钩 2 单股钢芯进行拉力试验，试验结果表明有金钩处钢芯抗拉强度比无金钩处抗拉强度降低了约 20%。

5.19.2.3 断口微观形貌分析

杯锥状断裂的钢芯，其微观结构在断口中部可见显著韧窝结构，如图 5-19-10 所示。杯锥断口边缘为平滑快速断裂区域，如图 5-19-11 所示。显示钢芯为典型单向拉伸条件下的塑性断裂。45°斜断口的钢芯，其断口部分微观结构如图 5-19-12 所示，斜断口微观结构平滑，结合其宏观形态，判断为剪切应力作用下塑性断裂。在断口上均未观察到疲劳纹的痕迹。

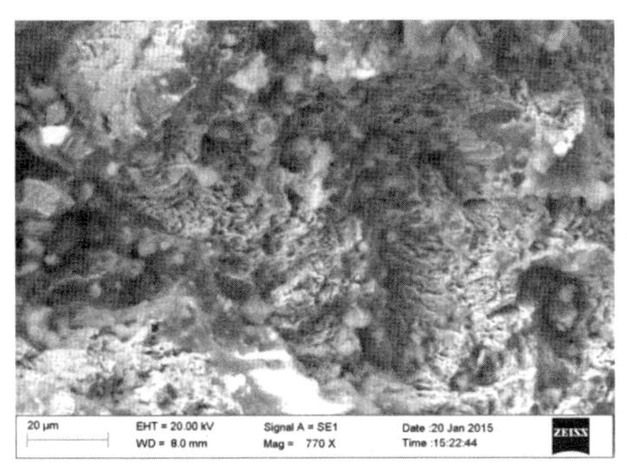

图 5-19-10 杯锥断口中心韧窝组织

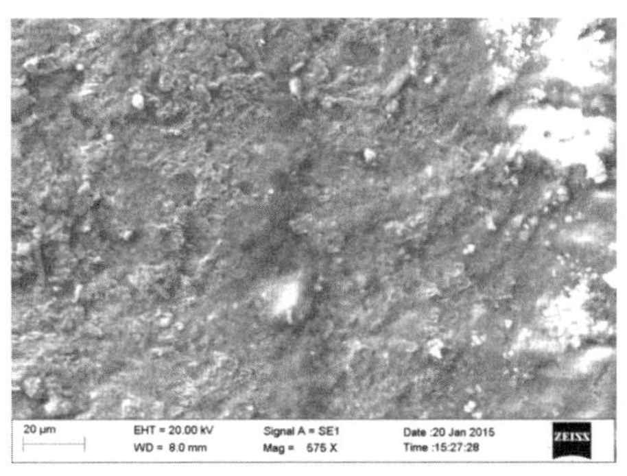

图 5-19-11 杯锥断口边缘快速断裂区

金钩位置钢芯发生较大塑性变形，塑性减小，受弯折时更易断裂。地线金钩位置剪切应力增加，受力状态较正常地线恶劣，使得地线整体抗拉强度降低。

图 5-19-12 斜断口微观形貌

5.19.3 失效原因分析

由于在线路施工时工艺不规范，地线形成了金钩，严重降低了地线的强度；在此次降雪过程中，由于气温降低，地线弧垂减小，增加了地线的应力；加之线路可能存在覆冰和脱冰舞动，进一步增大了地线受力，使地线在金钩处发生断股，继而发生整体断裂。

5.20 并沟线夹内压接不良导致导线熔断

5.20.1 案例概况

某 110kV 线路于 1994 年建成投运，导线采用 LGJ-150/20 钢芯铝绞线。该线路自 2009 年以来，负荷增加较快，线路引流线并沟线夹处发热，线路负荷超过 5.5 万 MW 后发生过两次引流线发热烧断情况。送样品时间为 2011 年 4 月 1 日，样品见图 5-20-1。

图 5-20-1 样品

5.20.2 检查、检验、检测

5.20.2.1 宏观检查

图 5-20-2、图 5-20-3 为断口烧熔部位微距照片，整个断口均有烧熔痕迹，断口部位未发现明显机械损伤痕迹。并沟线夹中部也有导线放电烧熔痕迹，见图 5-20-4。

图 5-20-2 断口烧熔部位

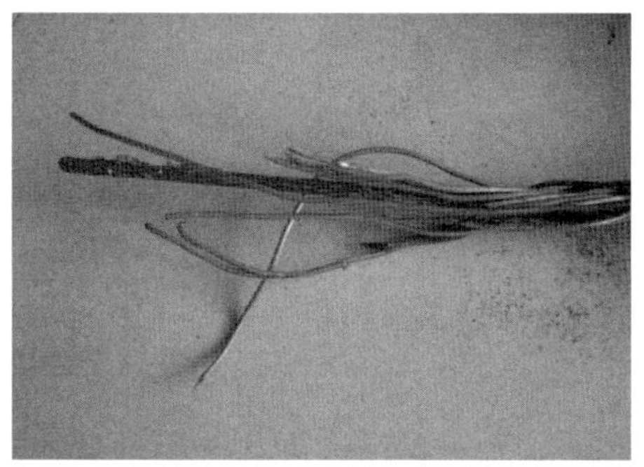

图 5-20-3 熔断导线

图 5-20-4 并沟线夹中部

将并沟线夹压紧螺栓拆出，发现在图 5-20-4 中并沟线夹中部存在放电烧熔部位，该导线分为两段，断口平滑、末端尖锐，是机械加工断口，应是安装时就使用两段导线，不是本次放电烧断的，见图 5-20-5、图 5-20-6。

图 5-20-5 并沟线夹导线断口 1

图 5-20-6 并沟线夹导线断口 2

5.20.2.2 机械性能检测

对所送断裂导线的硬铝线取 7 根、镀锌钢线取 4 根进行机械性能试验，试验结果表明，断裂导线的硬铝线、镀锌钢线抗拉强度满足标准要求。

5.20.3 失效原因分析

断裂导线的硬铝线、镀锌钢线抗拉强度满足标准要求。并沟线夹内1个沟槽内压接导线为两段，导致线夹内电阻增大而发热，导线在高温下熔断。

5.21 雷击及接触放电导致地线断裂

5.21.1 案例概况

2016年4月29日，某220kV变电站110kV线路(以下称A线)断路器跳闸。经勘查，该线22#塔第7号段塔身主材折损导致塔头着地、基础完好；23#～24#、另外一条同塔双回线路(以下称B线)的46#～47#塔架空地线断线，铁塔倾倒现场见图5-21-1。另外，A线23#～24#段跨越铁路，22#～23#段线路下方有10kV自闭线经过。

A线21#～24#于2002年12月13日投运，设计气象条件：当地Ⅰ级气象区(C=5mm，V=25m/s)，导线型号为LGJ-185/25，地线型号为GJX-35。当日断线区域离地10m高最大风速为21.5m/s，降水量为0.7mm。事故线路所在区域为开阔空旷地带，按风速修正系数1.3，得到铁塔倾倒处离地10m高的最大风速为27.9m/s，经折算得到离地15m高最大风速为29.8m/s。

图5-21-1 线路铁塔倾倒现场

5.21.2 检查、检验、检测

5.21.2.1 宏观检查

来样为A线23#~24#断裂地线(以下称1#)及B线线46#~47#塔断裂地线(以下称2#)两段,1#地线长约5.4m,2#地线长约3m,见图5-21-2。

图5-21-2 来样地线

该段线路地线型号为GJX-35,由7根镀锌钢线绞制而成,外层6根,中心一根。

1#地线断点分为三个位置,靠外断点2根,中间断点2根(距外0.16m),靠里断点3根(距外0.57m),见图5-21-3、图5-21-4。

2#地线断口位置基本一致,有5根钢线断口附近可见一些间距及大小相近的凹坑,其形状和深度均有别于雷击处的圆弧坑,凹坑深度达0.74mm(钢线标称直径为2.6mm),并呈现黑色的高温烧融特征,断点附近区域内地线表面存在黑色放电痕迹,见图5-21-5、图5-21-6。

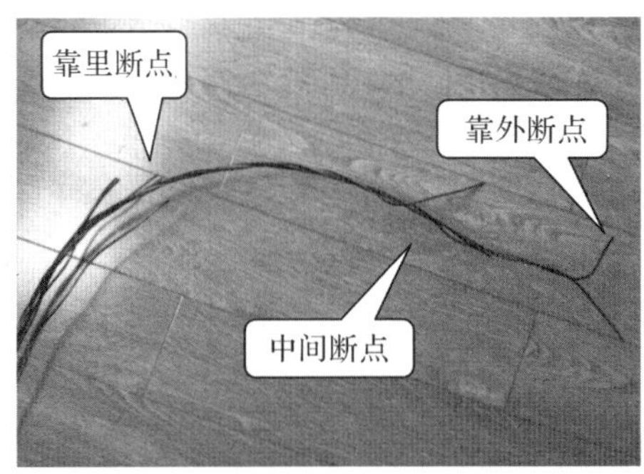

图5-21-3 1#地线断股位置

图5-21-4 1#地线断口附近雷击点

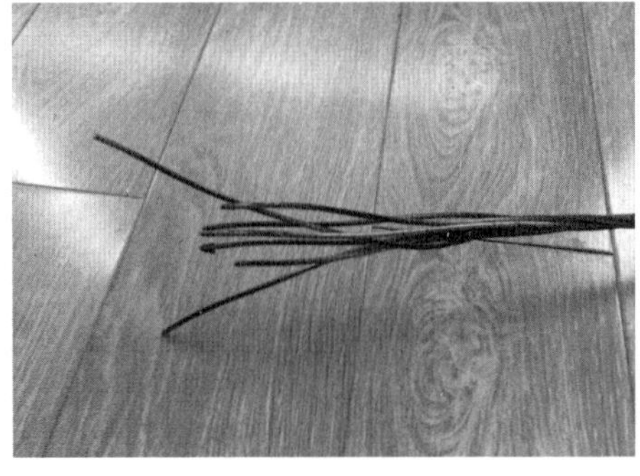

图5-21-5 2#地线断口位置

图5-21-6 2#地线断口附近放电凹坑

5.21.2.2 地线质量检测

根据标准GB/T 1179—2008、GB/T 3428—2012及YB/T 5004—2012对1#地线进行

质量检测。

来样地线除标称外径低于标准要求，单丝缠绕试验个别不合格外，单丝直径、节径比、绞向、单股抗拉强度及扭转次数等质量指标均符合标准要求，由于该地线已投运14年，且受到此次风雨天气及倒塔事件的影响，外径偏小及个别单丝缠绕试验不合格不是地线断线的主要原因。

5.21.2.3 断口形貌

5.21.2.3.1 1＃地线断口形貌

在体式显微镜下观察，1＃地线靠里断点的3根钢线基本呈45°斜断口，断口侧面可见明显的层状熔斑，见图5-21-7；中间断点的两根钢线断口呈现正向拉断的缩颈形貌，见图5-21-8；靠外断点的2根钢线断口为金属熔瘤覆盖的斜断口，熔瘤附近可见层状熔斑，见图5-21-9。

图5-21-7 靠里的钢线断口

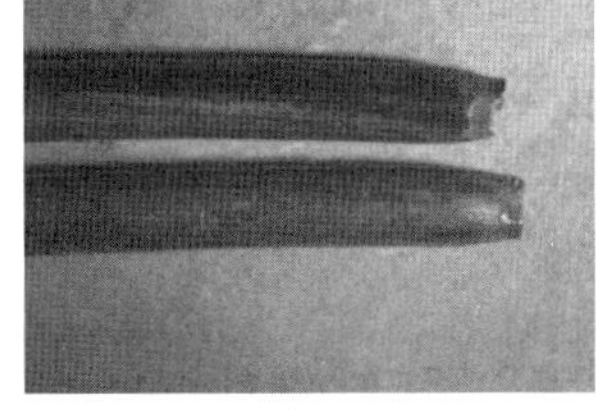

图5-21-8 中间钢线断口

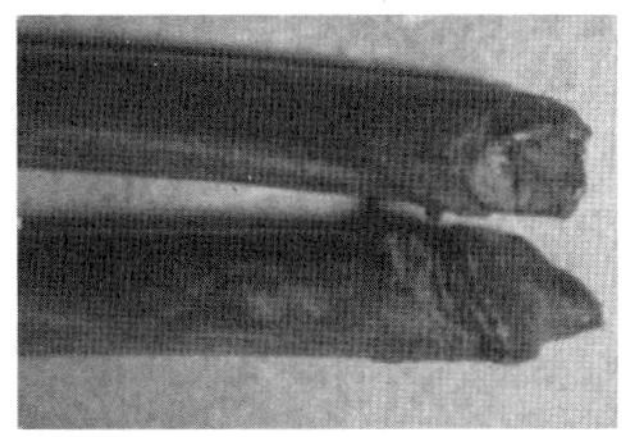

图5-21-9 靠外钢线断口

在扫描电镜下观察，靠里的3根钢线断口表面呈现明显的两种形貌，靠近熔斑的一侧可见向芯部扩展的烧融组织，分界线另外一侧则呈现脆性断裂的形貌，且从这两种形貌的分界线可见高温氧化面积已达钢线截面面积的三分之一，将大大降低钢线的抗拉强度，钢线在遭受雷击及前一档倒塔断线传递的较大冲击载荷下断裂，见图5-21-10、图5-21-11。

中间断点的2根钢线断口为典型的正向拉断断口，断口上未见烧融痕迹，见图5-21-12。两根钢线中还有一根为中心钢线，应为地线最后承力的两根钢线，在正向载荷作用下被拉断。

靠外断点的2根钢线断口为熔滴覆盖的斜断口，熔滴附近可见类似雷击点的圆弧熔斑，是雷击强度较大或放电持续时间较长的断点，见图5-21-13。

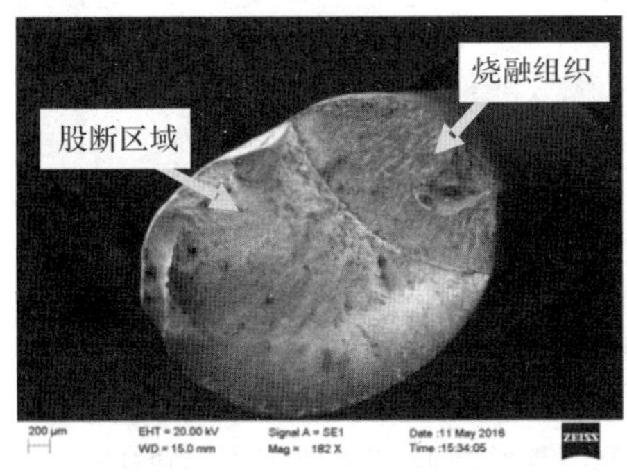

图5-21-10 靠里断点的钢线断口形貌

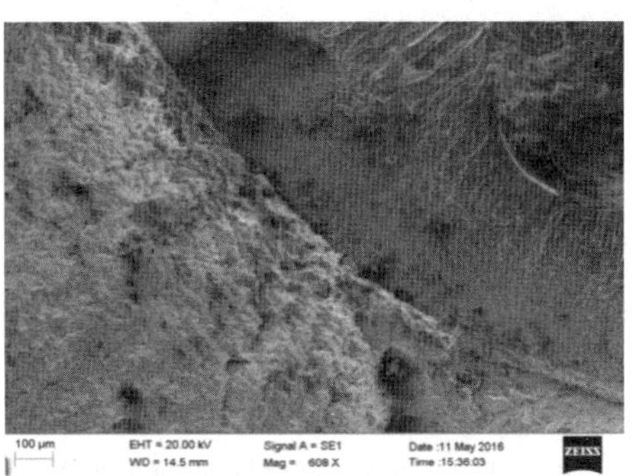

图5-21-11 断口区域交界线

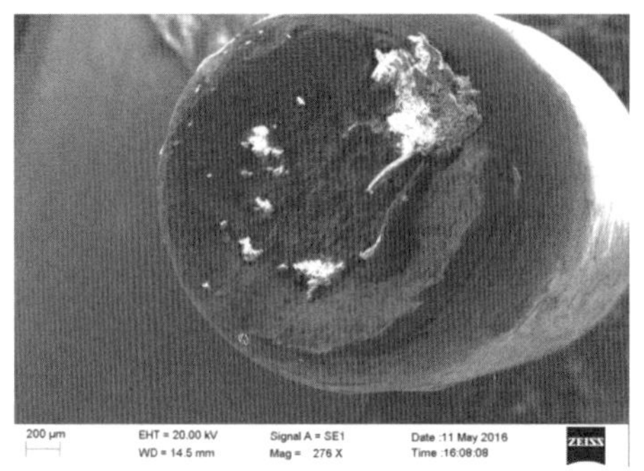

图 5-21-12　中间断点的钢线断口

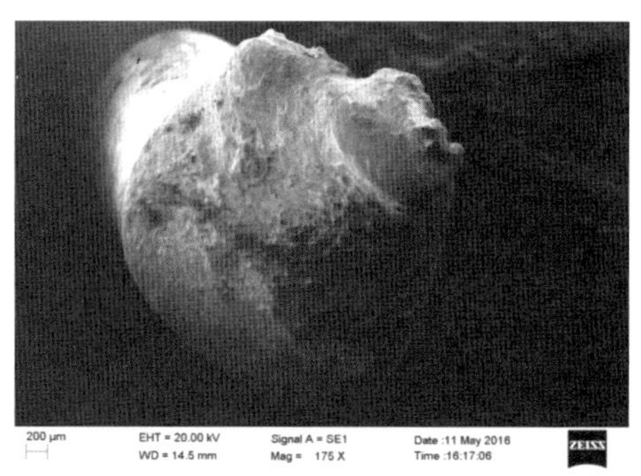

图 5-21-13　靠外断点钢线断口形貌

5.21.2.3.2　2＃地线断口形貌

在体式显微镜下观察，2＃地线 7 根钢线中有 5 根存在较深的链状凹坑，凹坑分布于断口附近，深度达到原始直径的三分之一左右，5 根钢线凹坑形状间距相似，有明显的放电痕迹，断裂部位为凹坑底部截面面积减少处，断口烧熔严重，见图 5-21-14、图 5-21-15、图 5-21-16；另外 2 根为不规则的斜断口，断口附近有黑色放电痕迹及擦痕，见图 5-21-17。

图 5-21-14　2＃地线钢线断口

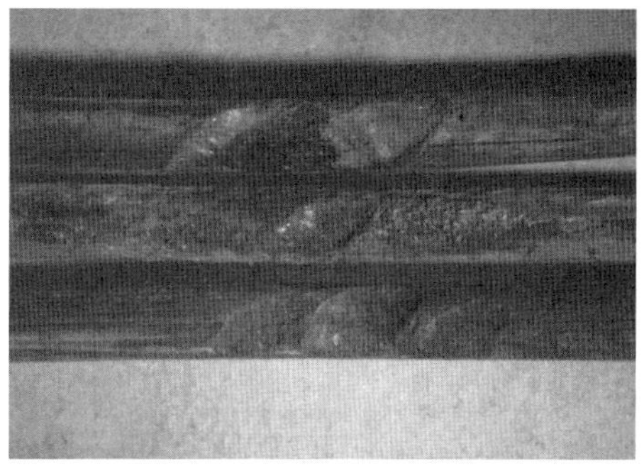

图 5-21-15　2＃地线断口附近凹坑正视图

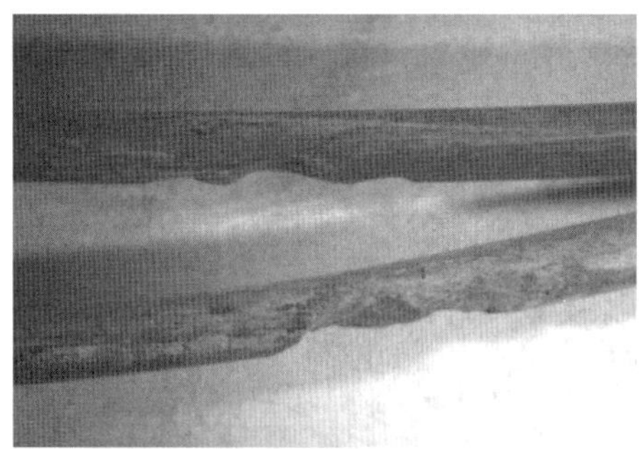

图 5-21-16　钢线断口附近凹坑侧视图

图 5-21-17　2＃地线钢线斜断口

在扫描电镜下面观察，2＃地线的钢线断口面积较小，形状不规则，部分区域为高温氧化的熔融物，见图 5-21-18；部分断口侧面可见层状熔线和裂纹，见图 5-21-19，可见地线表面受到放电损伤，导致组织变化及截面面积减小，最终在张力作用下于应力集中处断裂。

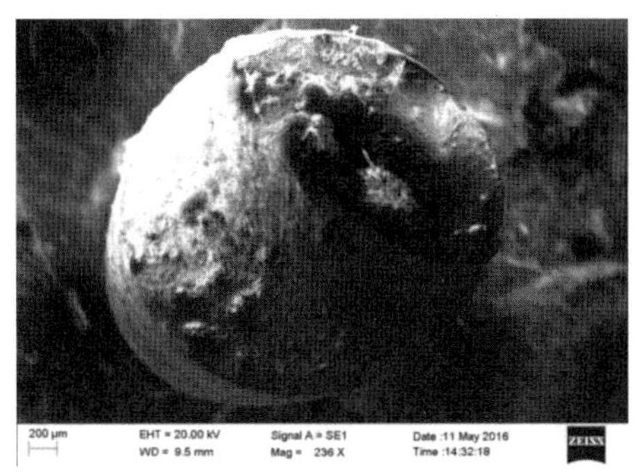

图 5-21-18 2＃地线钢线断口

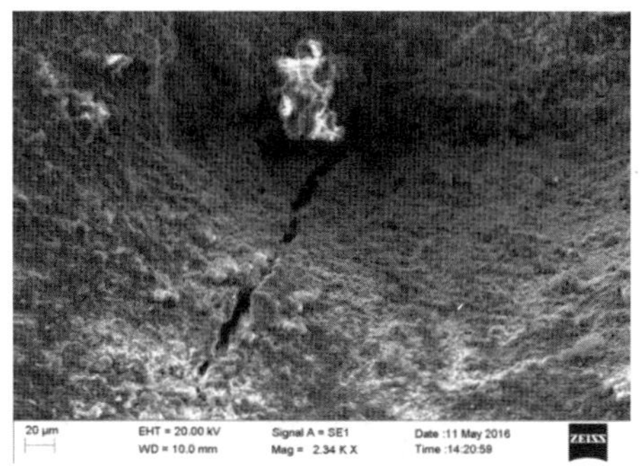

图 5-21-19 2＃地线钢线断口内部裂纹

5.21.3 失效原因分析

1＃地线断点位置不一，在拉应力的作用下，存在放电点的5根钢线从放电点部位被拉断，剩余的两根完好钢线则单纯受到正向拉力而拉断。

2＃地线断口处烧熔严重，断口附近存在放电痕迹明显的较深的链状凹坑，与雷击所致的放电痕迹有较大不同。断裂过程为A线22＃塔倾倒时，地线在接触到下方经过的自闭线时发生放电，并在张力作用下从放电损伤处被拉断。

5.22 地线严重腐蚀导致断裂

5.22.1 案例概况

某110kV线路于1999年7月投运，6＃～10＃塔架空地线型号为GJ-50，附近有冶炼厂，运行环境存在污染源，地线锈蚀严重，供电局将该段线路地线一段取样送检。

5.22.2 检查、检验、检测

5.22.2.1 宏观观察及尺寸测量

来样为型号GJ-50的镀锌钢绞线一段，表面锈蚀严重，见图5-22-1。钢线裸露在外的部分全部被红褐色腐蚀物覆盖，遍布深度及间距均匀的腐蚀坑，且断股严重，平均1m长度范围内就有2～3个断口，断口形状不规则，大部分断裂在腐蚀坑低凹处，见图5-22-2。地线绞向正常，整体直径、单丝直径及截面面积均有减少，单丝最薄部位直径仅1.7mm。结构尺寸检测结果见表5-22-1。

图 5-22-1　来样地线

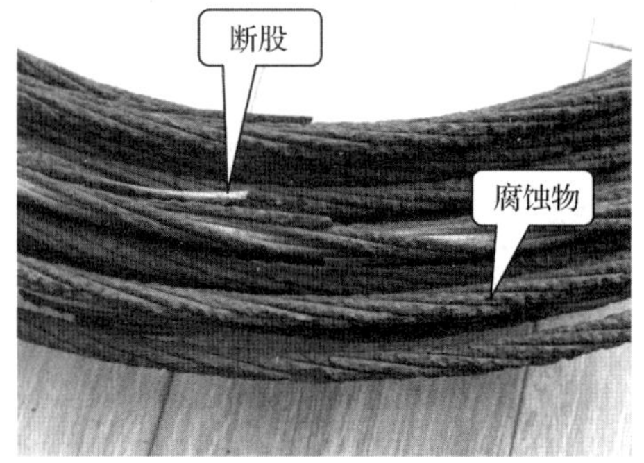

图 5-22-2　地线腐蚀形貌

表 5-22-1　结构尺寸检测结果

序号	测试项目	标准要求	试验结果	结果
1.1	钢线根数	等于 7 根	7 根	符合
1.2	钢线直径	2.95～3.05mm	2.81mm(7 根平均)	偏低
1.3	导线截面面积	48.51～50.49mm^2	43.63mm^2	偏低
1.4	导线直径	8.9～9.1mm	7.89mm	偏低

在体式显微镜下面观察，可见钢绞线外露部分均被腐蚀层覆盖，只有内侧与其他钢丝接触部位还保留有平滑的金属表面，见图 5-22-3。取两个钢丝断口观察，钢丝腐蚀一侧与未腐蚀一侧形貌差别较大，腐蚀深度达到原直径的三分之一左右，断口位于腐蚀坑低处，见图 5-22-4。

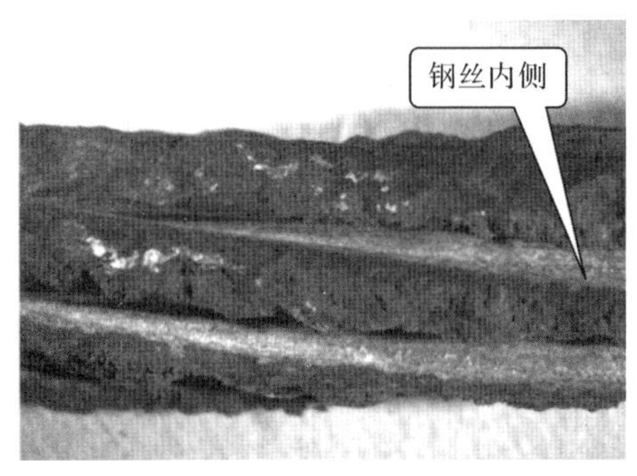

图 5-22-3　地线形貌

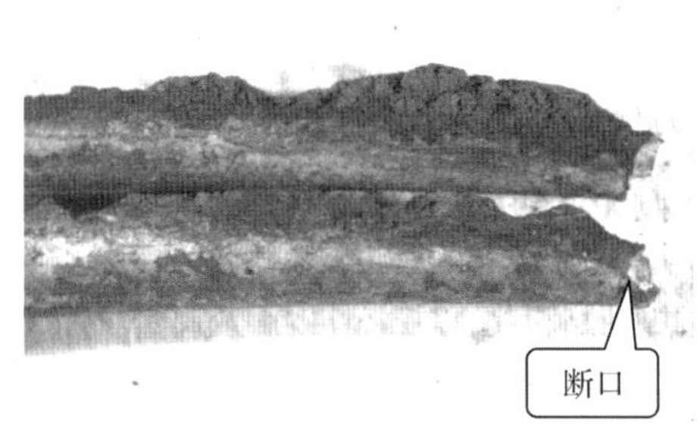

图 5-22-4　钢丝断口

5.22.2.2　机械性能

对地线进行整体拉断力试验，加载至 29.3kN 时地线从中部断裂，只达到额定拉断力的 53%左右，对地线单丝进行抗拉强度及扭转试验，除中心钢丝抗拉强度及扭转试验合格外，其他 6 根钢丝均偏低，抗拉强度仅为标准要求的 53%～85%，扭转试验外层钢丝仅能承受 2 次，远低于标准要求的 14 次，从试验结果来看，外层钢丝抗拉强度和扭转性能的下降导致地线总体拉断力大大降低，试验结果见表 5-22-2。

表 5-22-2 机械性能

<table>
<tr><th>序号</th><th colspan="2">测试项目</th><th>标准要求</th><th>试验结果</th><th>说明</th></tr>
<tr><td>2.1</td><td colspan="2">地线拉断力</td><td>应不小于标准规定的计算的额定拉断力的 95%(≥54.97kN)</td><td>29.30kN</td><td>仅为标准值 53%</td></tr>
<tr><td>2.2</td><td rowspan="2">镀锌钢丝</td><td>抗拉强度</td><td>镀锌钢线抗拉强度应不小于 1290MPa(按 1 级强度镀锌钢线)</td><td>1#:1033MPa
2#:968MPa
3#:1029MPa
4#:682 MPa
5#:1091 MPa
6#:1049 MPa
7#:1386 MPa</td><td>仅中心钢丝 7#样抗拉强度合格</td></tr>
<tr><td>2.3</td><td>扭转试验</td><td>扭转次数应符合镀锌钢线标准要求(不适用于 B 级镀锌钢线),该试验可作为伸长率试验的替代试验。≥14 次</td><td>1#:2 次
2#:2 次
3#:1 次
4#:20 次</td><td>仅中心钢丝 4#样达到标准要求</td></tr>
</table>

5.22.2.3 金相分析

取外层钢丝和中心钢丝截面,镶样打磨后采用 4%的硝酸酒精溶液腐蚀,两个样品芯部组织差别不大,但中心钢丝边缘曲线完整,镀层明显,而外层钢丝周向一半以上的区域与树脂交界处凹凸不平,镀层消失,已经向内腐蚀至基体,见图 5-22-5、图 5-22-6。

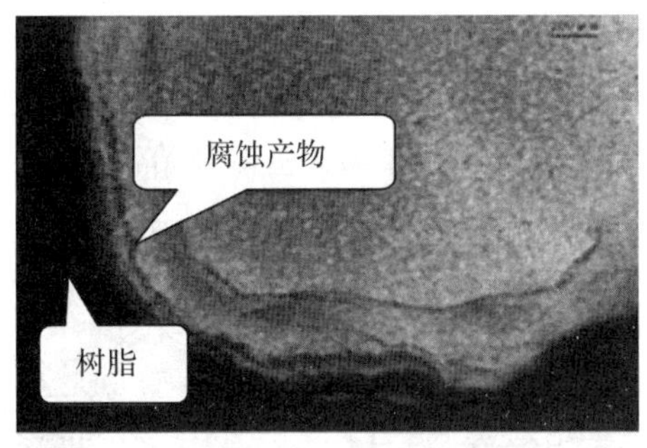

图 5-22-5 外层钢丝组织形貌

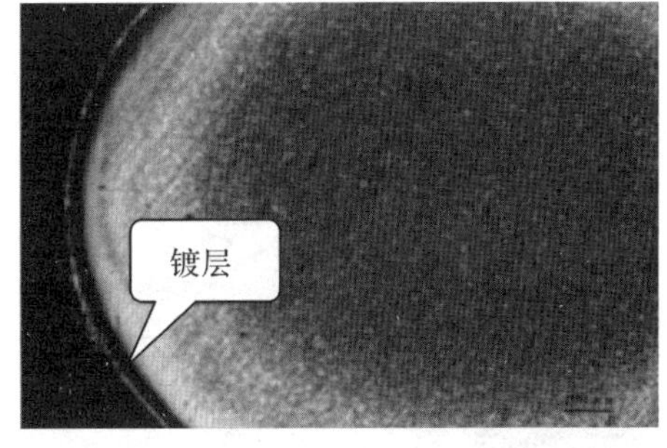

图 5-22-6 中心钢丝组织形貌

5.22.2.4 扫描电镜能谱分析

取钢丝断口在扫描电镜下观察,断口一半呈现塑性变形的韧窝形貌,芯部存在裂纹,应为在拉应力作用下断裂的区域,见图 5-22-7、图 5-22-8;断口另一侧被大量腐蚀产物覆盖,可见许多裂纹和孔洞,特别是腐蚀产物与塑性变形区域交界处裂纹较为明显,见图 5-22-9、图 5-22-10,腐蚀产生的裂纹和孔洞在大气环境下成为腐蚀因子接触基体的通道,造成基体进一步腐蚀。

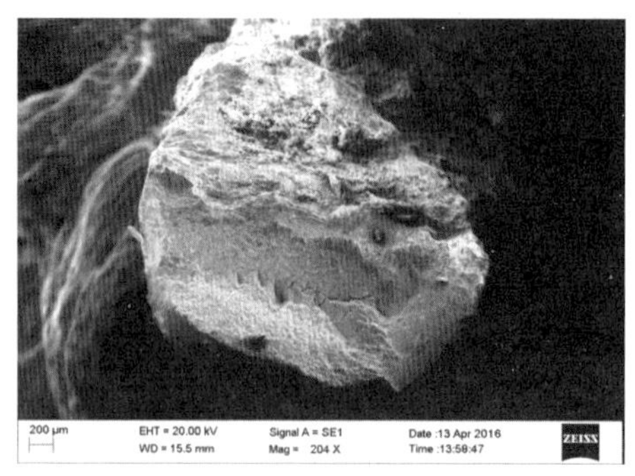

图 5-22-7　钢丝断口形貌

图 5-22-8　钢丝塑性变形区域

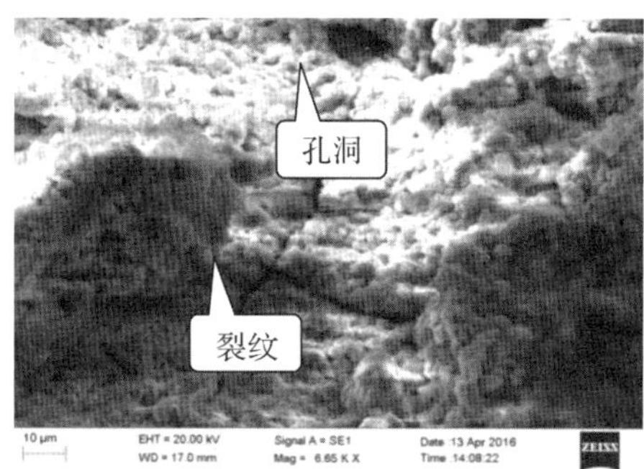

图 5-22-9　腐蚀物覆盖区域

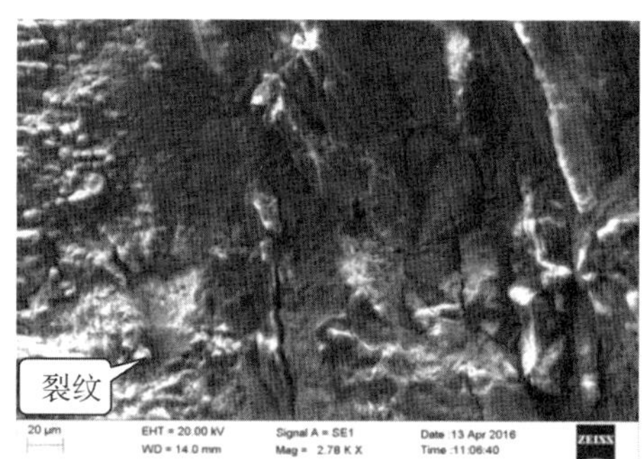

图 5-22-10　腐蚀物与塑性变形区域交界处

对断口基体及腐蚀物覆盖区域进行能谱分析，未被腐蚀区域仅显示有 C、Mn、Fe 三种元素，而腐蚀物覆盖区域除 C、O、Fe 元素外，还存在 Al、Si、S、Ca 元素，见图 5-22-11 和图 5-22-12。由能谱分析结果可见，地线的污染源应是来自于大气中的 SO_2 等酸性气体，SO_2 溶解在水中腐蚀镀锌层，钢丝丧失保护能力，在电化学反应与酸的作用下，Fe 基体开始快速腐蚀。

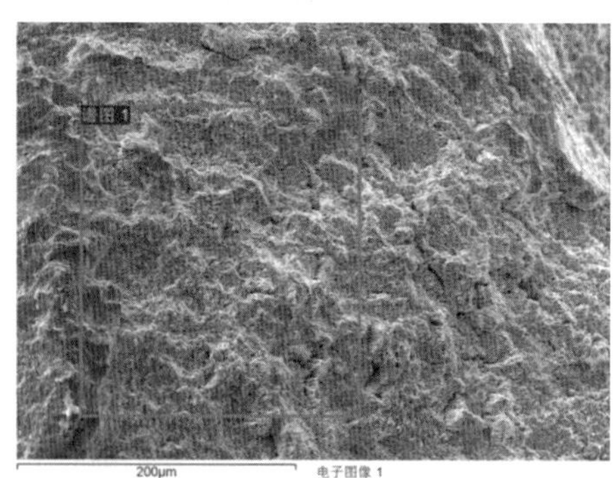

图 5-22-11　断口基体部分能谱分析区域

图 5-22-12　腐蚀产物能谱分析区域

表 5-22-3　图 5-22-11 及图 5-22-12 对应的能谱分析结果

谱图	C	O	Al	Si	S	Mn	Ca	Fe	总和
图 5-22-11	5.89					1.23		92.88	100.00
图 5-22-12	11.99	50.11	2.49	3.94	2.42		1.32	27.73	100.00

5.22.3 失效原因分析

由于地线所处大气中含有较高的 CO_2、SO_2 等酸性气体，溶解在水中后使得裸露在外的地线镀锌层发生腐蚀，在丧失保护层后，Fe 基体在 SO_2 和水的作用下不断循环腐蚀，外层钢丝截面面积减小，力学性能下降，在外部载荷作用下，部分钢丝从腐蚀较深的部位断裂，导致地线整体拉断力严重下降。

5.23 脱冰后导地线安全距离不足导致地线发生放电损伤断裂

5.23.1 案例概况

2017 年 2 月 11 日，某 500kV 线路甲线 487＃～488＃塔段线路大号侧（距 488＃塔约 250m）右侧架空地线（共 19 股）发现两处断股损伤，两处相距 5m，其中靠近大号侧方向地线损伤断股 4 根且发生散股（地线断股回头 2m），靠近小号侧方向地线损伤断股 5 股（其中 2 股散股回头 2m），地线散股回头点至导线最小距约 8m，同时在此地线受损处发现导线 A、C 相均有放电痕迹。甲线投运日期为 2016 年 12 月 5 日，导线型号：6×JL/G1A-300/40，地线型号：OPGW-150A 复合光缆（未受损）、JLB40-150 铝包钢地线（地线受损），设计覆冰厚度：15mm。从观冰结果得知，在甲线 487＃～488＃段覆冰约 10mm，设计覆冰 15mm，覆冰比值达到 0.67，采用无人机拍照的方式取得当时导线与地线的弧垂情况，导线与地线之间距离仅为 2m 左右。

该段线路处于山地中，海拔 2700m 左右，地线受损点均在档距中间位置。甲线断线分析样品见图 5-23-1。

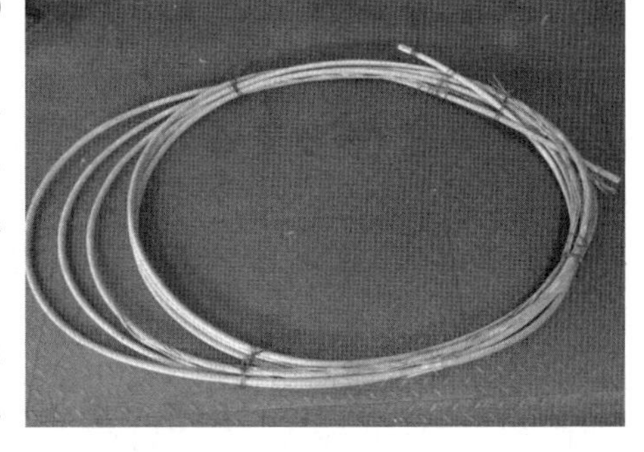

图 5-23-1 地线取样

5.23.2 检查、检验、检测

5.23.2.1 宏观检查

来样为甲线 487＃～488＃塔段断股地线一段，长约 16.3m，有两处断股。地线型号为 JLB40-150 的铝包钢绞线，由 19 根铝包钢线绞制而成，外层 12 根，内层 6 根，中心 1 根。

地线有两个位置发生断股，距离外端 6.9m 处存在约 1.9m 的散股段（以下称 A 点），断股 5 根，断股位置可见明显的放电烧融痕迹，且损伤痕迹位于绞线一侧，对侧相对完好，铝包钢线断口存在伸长减薄变形，见图 5-23-2、图 5-23-3；距离 A 点断股位置 3m 处存在约 2m 的散股区域（以下称 B 点），断股 6 根，铝包钢丝断口附近 30～70mm 范围内还存在约 100mm 的烧融痕迹，同样位于绞线的一个侧面，另一侧相对完好，见图 5-23-4、图 5-23-5。

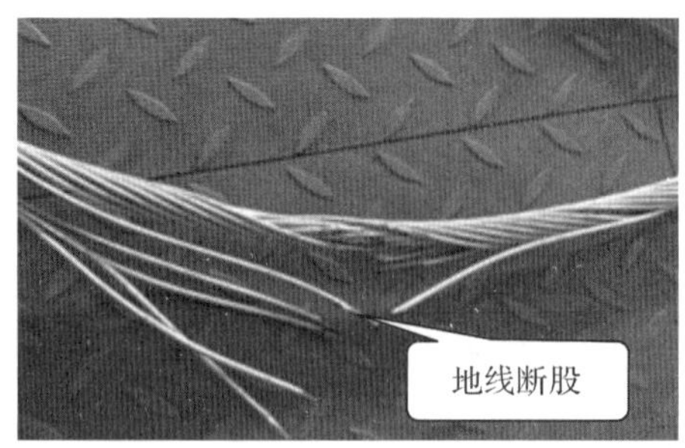

图 5-23-2　地线 A 点断股

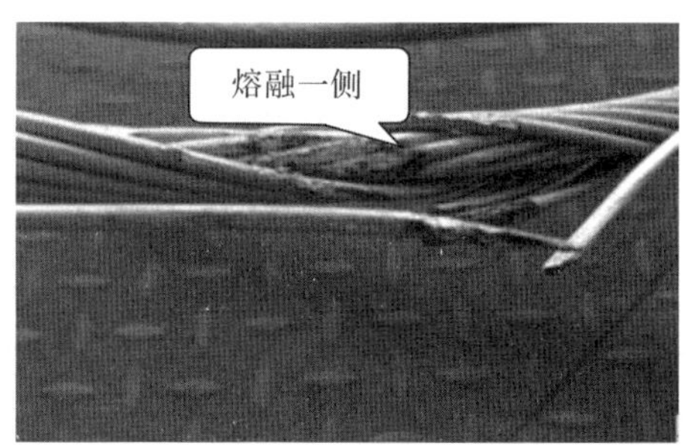

图 5-23-3　A 点断股一侧表面

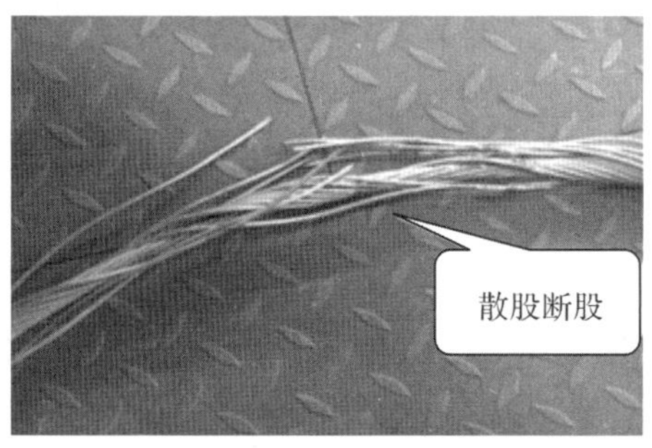

图 5-23-4　B 点断股

图 5-23-5　B 点断股一侧表面

5.23.2.2　地线质量检测

根据标准 GB/T 17937—2009《电工用铝包钢线》对地线进行外形尺寸、绞合质量、抗拉强度、卷绕试验、扭转试验等质量检测。对地线进行绞合结构、直径、节径比、绞向等外形尺寸测量，结果均满足标准要求。

根据标准 GB/T 17937—2009 要求分别对地线铝包钢线进行抗拉强度、扭转和卷绕试验，试验按照标准 GB/T 4909.3—2009、GB/T 4909.4—2009 及 GB/T 4909.7—2009 进行。抽取外层、内层及中心铝包钢线进行试验，其抗拉强度均大于 JLB40A-150 型铝包钢线标准要求的 646MPa；扭转试验均达到 60 次，大于标准要求的 20 次；卷绕试验合格。

5.23.2.3　断口微观形貌

在体式显微镜下观察，地线 A 点断股处的 5 个铝包钢线断口均可见明显高温熔融痕迹，其中一侧熔融较为严重，背侧相对完好，断口附近可见黑色放电痕迹，断口 13～18mm 范围内一侧铝层基本熔尽，露出钢芯，钢芯靠近断点处存在伸长变形，表面可见红色锈蚀及铝层熔融的层状熔线，见图 5-23-6。

B 点断股处的铝包钢线断口形貌与 A 点断股相似，见图 5-23-7；距离断点 30～70mm 处，铝包钢线表面存在一段长约 100mm 区域的熔融痕迹（以下称 C 点），熔融处一侧铝股熔化至露出部分钢芯，该区域铝包钢线减薄 0.2～0.9mm，最低处直径 2.22mm，见图 5-23-8、图 5-23-9。

据供电局所提供资料，该线路最重覆冰区段产生了覆冰 10mm，导、地线弧垂均有所下降，脱冰前观察到导地线间距离仅 2m 左右，垂直排列方式下，边导线基本位于地线正下方，由此可见，导线脱冰后，弧垂减小，与未脱冰的地线安全距离不足，易导致导线对地线放电。

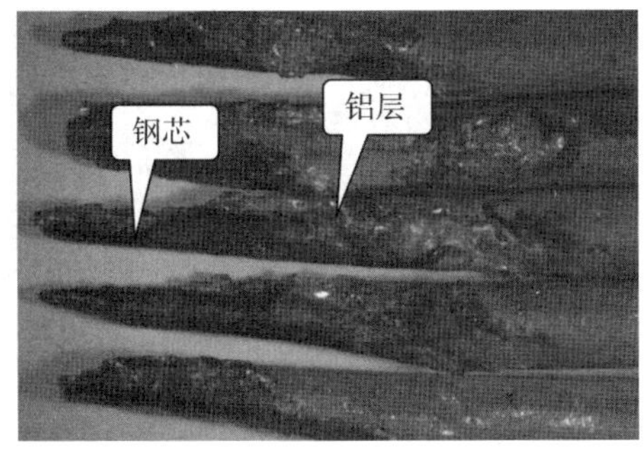

图 5-23-6 地线 A 点断股形貌

图 5-23-7 地线 B 点铝包钢线断口

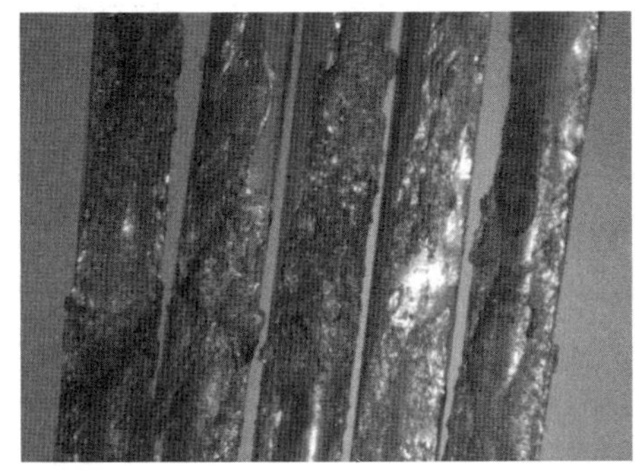

图 5-23-8 地线 B 点断口 30～70mm 处

图 5-23-9 减薄的铝包钢线

5.23.2.4 扫描电镜和能谱分析

对地线 B 点铝包钢线断口进行扫描电镜观察，断口形貌为斜断口，熔融组织较为疏松，存在较多孔洞，断口呈现拉长减薄变形，见图 5-23-10。靠近断点附近，表面铝层在高温作用下熔化，内部钢芯逐渐裸露，并在高温及拉伸载荷作用下开始熔化、变形，表面呈现相对平滑的熔融组织，见图 5-23-11 所示，断点另一端表面氧化物呈脆性断裂形貌，可见较多孔洞和裂纹，见图 5-23-12；对 1# 地线熔融但未断裂的 C 点区域铝包钢线熔化一侧表面进行扫描电镜观察，中间部分铝层基本熔尽，钢芯裸露，钢芯表面有少量熔融物附着，两侧的未熔铝层断面可观察到裂纹和孔洞，见图 5-23-13。

铝包钢线断口处均可见明显高温熔融痕迹，断口及熔融未断区域钢芯已外露，钢芯表面可见红色锈蚀及铝层熔融的层状熔线，钢芯断口附近可见层状裂纹，两侧的铝层熔融物组织较为疏松，存在孔洞和裂纹，说明铝包钢绞线一侧受到放电损伤，在电流的升温作用下，铝包钢线熔化，在拉力作用下发生断裂。

对 B 点铝包钢线断口进行能谱分析，除 C、O 元素外，靠近断点区域所含金属元素基本为 Al、Fe，及少量的 Si。钢芯中部表面附着物 C、O 含量较高，除 Fe、Al 外还有少量的 Na、K、Ca 等金属元素，主要为钢芯的氧化物及少量大气污染物；两侧主要金属元素为 Al、Fe，应为铝层氧化物及钢芯部分熔融带入的 Fe 氧化物。说明断口中间区域主要是部分开始熔融的钢芯组成的 Fe 的氧化物，以及部分 Al 氧化物残留；断口的两侧区域应为高温氧化的 Al，以及少量的铝层基体元素 Si。

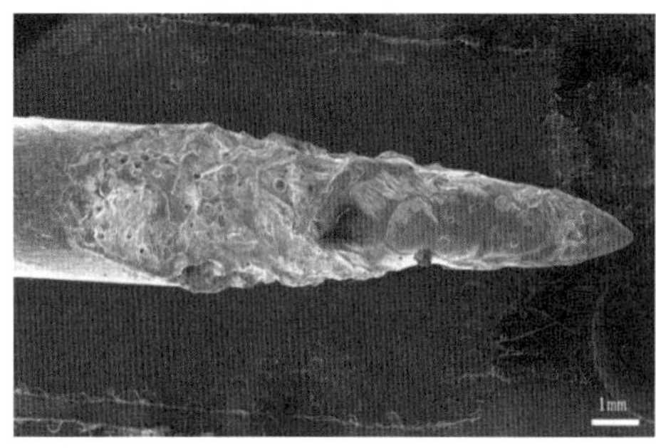

图 5-23-10　1＃地线 B 点铝包钢线断口

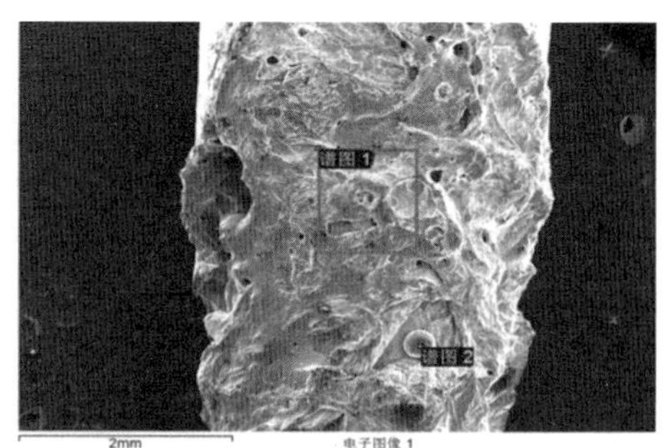

图 5-23-11　B 点铝包钢线铝层断口

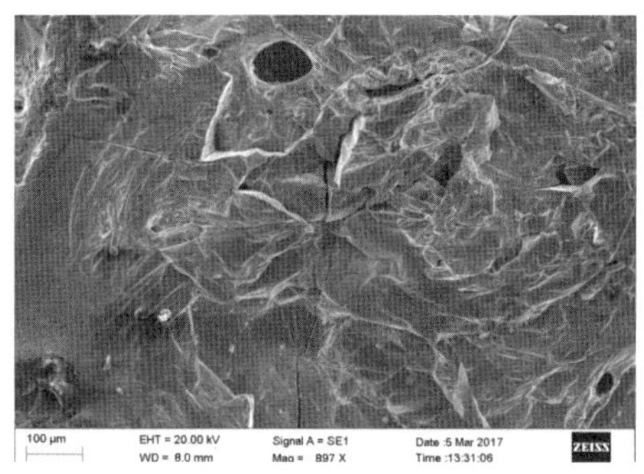

图 5-23-12　地线 B 点铝包钢线铝层熔融

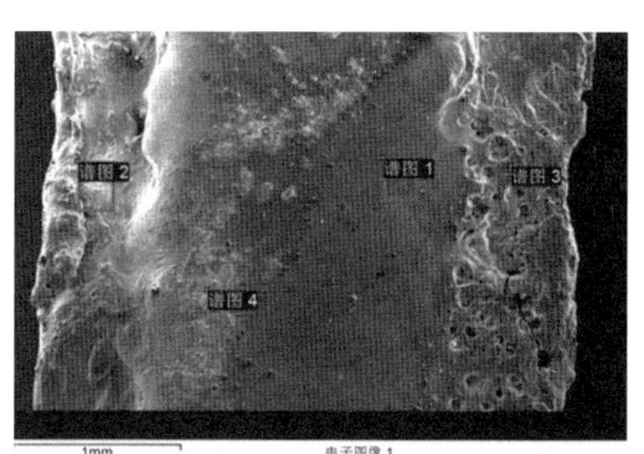

图 5-23-13　C 点铝包钢线熔融一侧表面

5.23.3　失效原因分析

此次地线断股的原因是，导、地线在覆冰后弧垂下降，导线先期脱冰后弧垂减小，与上方的地线安全距离不足，导、地线距离过近，送电时导线对地线放电，靠近导线一侧的铝包钢线在强电流作用下，温度升高，铝包钢线在高温和拉力载荷作用下发生断裂。

5.24　预绞丝未缠绕填充条导致地线脱落

5.24.1　案例概况

2013 年 8 月 16 日 4 时 59 分，某 500kV 线路跳闸，重合不成功，巡线人员于 8 月 20 日发现 116＃塔大号侧左侧分支地线从预绞丝中脱出（分支地线与主地线之间通过预绞丝连接）。

主地线型号为 OPGW-110 型，分支地线型号为：LBGJ-80-20AC，预绞丝型号为 SAWLS-4132T2。按照厂家安装要求，在分支地线和预绞丝之间还应缠绕填充条，见图 5-24-1。填充条型号为 AWLS-801200L（现场脱落的预绞丝上无填充条，见图 5-24-3），现场照片见图 5-24-2 和图 5-24-3。

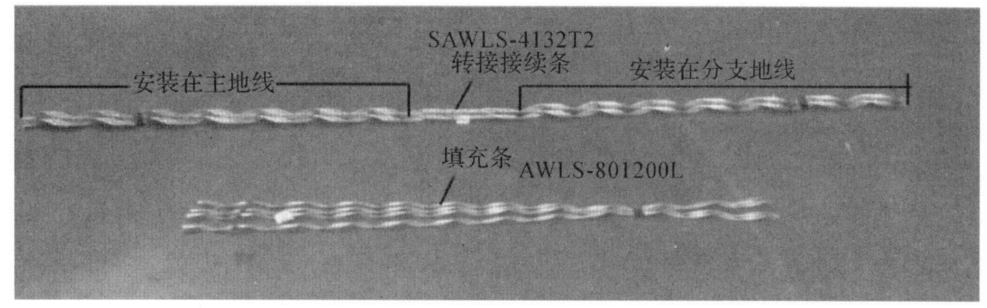

图 5-24-1 脱落预绞丝安装规范

图 5-24-2 脱落的分支地线

图 5-24-3 分支地线脱出的预绞丝

5.24.2 检查、检验、检测

5.24.2.1 宏观检查

来样共 2 段，分别为脱出的分支地线和预绞丝。经测量，分支地线长度约 7.96m（至耐张线夹手柄处），共 7 根单丝，单丝直径 4.0mm，外径 11.0～11.5mm，外径尺寸符合相关标准要求。预绞丝一段散开，另外一段绞合无明显松散，经测量，预绞丝长度共 2040mm，单丝直径 3.5mm，三组，每组 4 根，共 12 根，绞合段外径 19.1～19.5mm（上述尺寸与后续拉力试验的新的同型号预绞丝尺寸基本一致）。绞合段的长度为 904mm，预绞丝绞合部分设计应为 900mm，测量值与设计绞合的长度基本一致。

预绞丝表面未观察到断股和明显的熔化迹象，总体上看未见明显异常（见图 5-24-4）。

5.24.2.2 握力试验

试验按照 DL/T 763—2001 中 5.1.1 条握力及强度试验进行，按照设计院的“分支地线 T 接金具技术要求”，T 接金具握力：与分支地线连接的竖支的握力不小于 15kN；与主干地线连接部分应能承受 10kN 纵向拉力，不发生滑移现象。握力试验布置见图 5-24-5。

试验分三个方案进行，分别如下：

方案 1：取两段 LBGJ-80 分支地线，两端均缠绕新的填充条 AWLS-801200L，外层缠绕预绞丝 SAWLS-4132T2，测试 3 次，见图 5-24-6 和图 5-24-7。

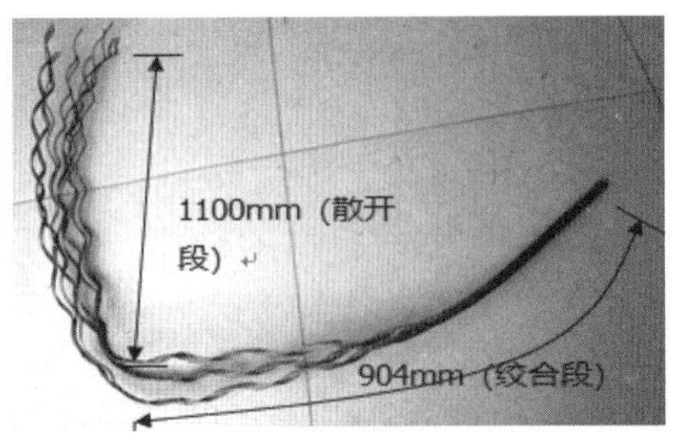

图 5-24-4　来样分析的预绞丝

图 5-24-5　握力试验

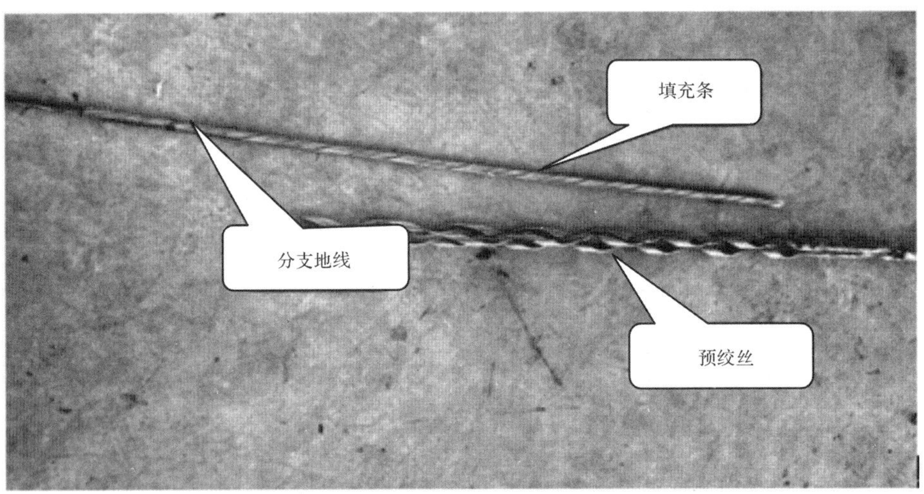

图 5-24-6　缠绕填充条后的分支地线（预绞丝尚未缠上）

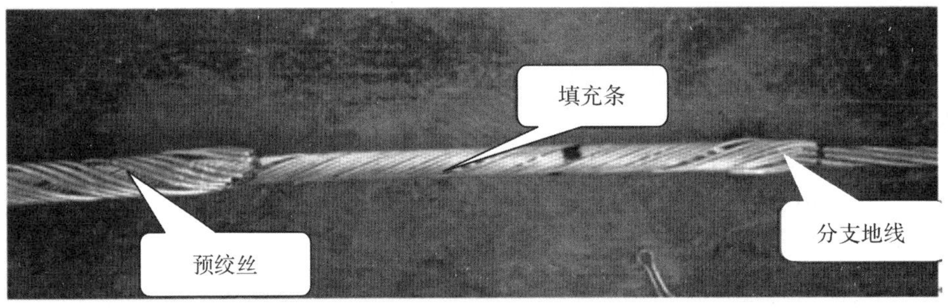

图 5-24-7　缠绕填充条后的分支地线（预绞丝已缠上）

填充条长度为 1200mm，预绞丝单边的缠绕长度为 900mm，缠绕完毕后填充条比预绞丝长出 300mm。预绞丝绞合握力符合标准和设计要求。

方案 2：取两段 LBGJ-80 分支地线，两端均不缠绕填充条，外层缠绕预绞丝 SAWLS-4132T2，测试 7 次。试验结果见表 5-24-1。

表 5-24-1 试验结果

次数	50%CUTS/kN	是否滑移	95%CUTS/kN	是否滑移	最大拉力/kN
1	44.65	——	84.84	——	16.42kN 时脱出
2	44.65	——	84.84	——	4.56kN 时脱出
3	44.65	——	84.84	——	<1kN 脱出
4	44.65	——	84.84	——	<1kN 脱出
5	44.65	——	84.84	——	<1kN 脱出
6	44.65	——	84.84	——	<1kN 脱出
7	44.65	——	84.84	——	1.76kN 时脱出

表中1至6次为新的预绞丝，1组和2组为同一组预绞丝、同一根地线，在1组试验做完后将地线截去1m，将预绞丝回开，重新缠绕后又做了一次（由试验可以看出，同样的预绞丝在回松过一次以后，再进行缠绕其握力明显下降）。第7组为此次脱落的116#塔分支地线和预绞丝，重新缠绕后进行握力试验。

从试验结果可以看出，第1组的试验符合设计要求，但所有7次试验预绞丝的握力都明显低于标准要求，且3、4、5、6组试验的地线都在1kN以下时就从预绞丝中拉脱。

方案3：116#塔现场错误地将填充条缠绕在OPGW-110光缆上，为了检测该工艺情况下的握力情况，取了一段外径同为14.0～14.5mm的地线进行握力试验，在地线两端缠绕新的AWLS-801200L填充条，外层缠绕SAWLS-4132T2预绞丝，在84.08kN的时候地线被拉断，预绞丝和填充条均未发生滑移，握力合格。

5.24.3 失效原因分析

来样预绞丝绞制长度符合设计要求，预绞丝的表面未发现明显的断股、熔化迹象，预绞丝上的金刚砂未见明显异常。

按照设计和安装要求，在分支地线和预绞丝之间应缠绕一段填充条，试验表明不缠填充条的情况下地线的握力会大大低于设计和标准要求，而现场脱落的分支地线上无填充条。

综合上述分析，此次分支地线脱落的原因为：由于在安装施工时未能按设计要求在分支地线时缠绕填充条，造成预绞丝的握力大大下降，导致在运行中预绞丝逐渐脱出。

第6章 金具

金具是送电线路广泛使用的铁制或铝制金属附件。大部分金具在运行中需要承受较大的拉力，有的还需要同时保证电气方面接触良好。

在输电线路系统中，金具不仅种类繁多，而且用途各异。如，安装导线用的各种线夹，组成绝缘子串的各种挂环，连接导线的各种压接管、补修管，分裂导线上的各种类型的间隔棒等。此外还有杆塔用的各类拉线金具，以及用作保护导线的电缆金属护套、铠装等。

它们关系着导线或杆塔的安全，即使只是微小的损伤，也有可能造成线路故障。因此，金具的质量、正确使用和安装，对线路的安全送电有一定影响。

金具在大风、暴雪、雷雨天气、振动、高应力、腐蚀、剧烈温差变化等恶劣环境中长期运行，易发生疲劳、腐蚀、过载、风偏等导致的金具变形、断裂等故障。

6.1 过载导致某500kV线路地线复合绝缘子悬垂线夹断裂

6.1.1 案例概况

2012年1月，某供电局500kV线路地线多个复合绝缘子悬垂线夹在运行中发生断裂，断裂悬垂线夹位于绝缘子下端，见图6-1-1至图6-1-3。

绝缘子型号：FXBZW-±25/120D

悬垂线夹型号：XGT-5型

地线型号：LBGJ-185-20AC

6.1.2 检查、检验、检测

6.1.2.1 悬垂线夹外观质量检查

GB/T 2314—2008《电力悬垂线夹通用技术条件》中规定，铸铝件的外观质量应符合：

(1)表面光洁，不允许存在可见裂纹；

(2)重要部位(有机械载荷要求的部位)不允许有疏松、气孔、砂眼、飞边等缺陷。

经宏观检查，沿断口的悬垂线夹表面未发现上述缺陷，悬垂线夹外观质量合格。

6.1.2.2 断口检查

总体上悬垂线夹断口均无明显塑性变形，断口较新，表明断裂时间不长，在两耳断面上均未发现明显缺陷。

在线夹中间底部的横断面上，存在不同程度的疏松。

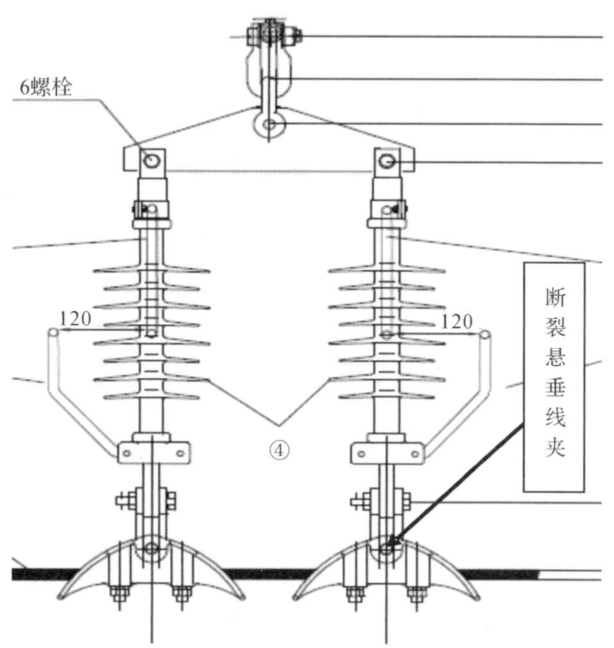

图 6-1-1　悬垂线夹断裂位置示意图

图 6-1-2　断裂悬垂线夹现场照片

图 6-1-3　断裂悬垂线夹现场照片

线夹断裂具体情况如图 6-1-4 至图 6-1-15 所示。

1＃悬垂线夹：来样 1＃悬垂线夹见图 6-1-4。样品的损坏位置沿两侧吊耳，断口上无明显缺陷，仅在螺栓孔根部有一直径为 2mm 的气孔，如图 6-1-5 所示。

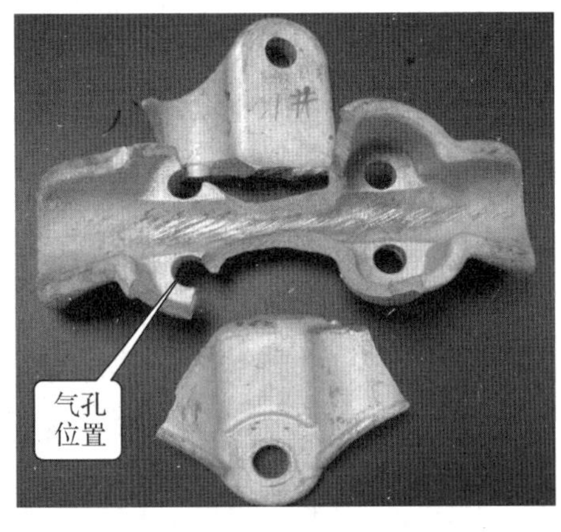

图 6-1-4　1＃悬垂线夹

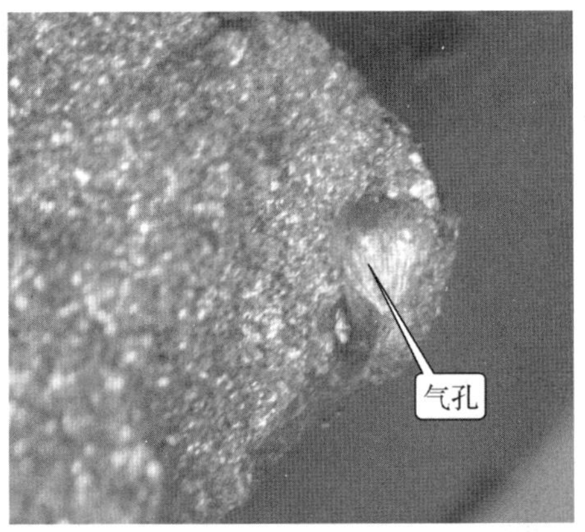

图 6-1-5　1＃悬垂线夹根部气孔

2＃悬垂线夹：来样 2＃悬垂线夹见图 6-1-6。悬垂线夹残缺不全，两耳断口无明显缺陷，悬垂线夹沿中部断口有占断面约 1/2 的铸造疏松，如图 6-1-7 所示。

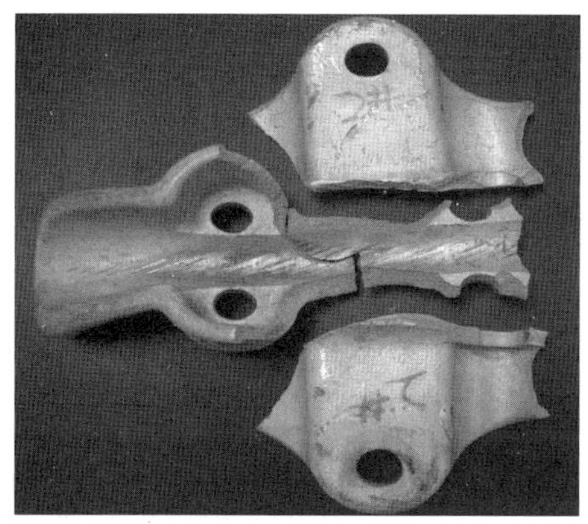

图 6-1-6 2#悬垂线夹

图 6-1-7 2#悬垂线夹断面疏松

3#悬垂线夹：来样3#悬垂线夹见图 6-1-8。线夹残缺不全，两耳断口处无明显缺陷，中段断口根部有一直径约为 1.5mm 的气孔，如图 6-1-9 所示。

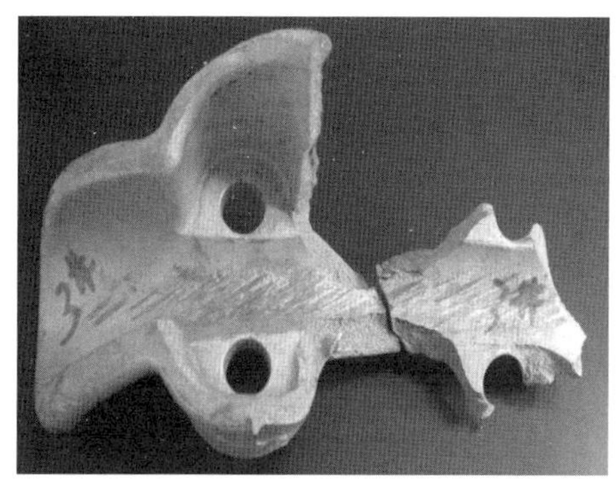

图 6-1-8 3#悬垂线夹

图 6-1-9 3#悬垂线夹

4#悬垂线夹：来样4#悬垂线夹见图 6-1-10。悬垂线夹残缺不全，两耳断口无明显缺陷，悬垂线夹沿中部断口有占断面约 1/2 面积的铸造疏松，如图 6-1-11 所示。

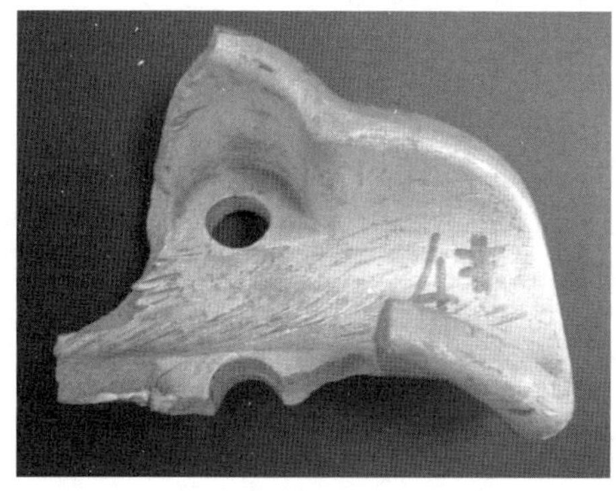

图 6-1-10 4#悬垂线夹

图 6-1-11 4#悬垂线夹中部断口

5＃悬垂线夹:来样 5＃悬垂线夹见图 6-1-12。线夹残缺不全,两耳断口无明显缺陷,线夹沿中部断口有占断面约 1/2 面积的铸造疏松,如图 6-1-13 所示。

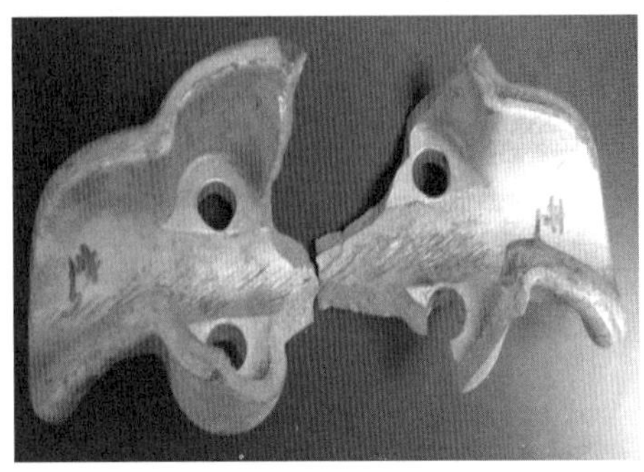

图 6-1-12　5＃悬垂线夹

图 6-1-13　5＃悬垂线夹中部断口

6＃悬垂线夹:来样 6＃悬垂线夹见图 6-1-14。悬垂线夹残缺不全,两耳断口无明显缺陷,悬垂线夹沿中部断口有占断面约 1/2 面积的铸造疏松,如图 6-1-15 所示。

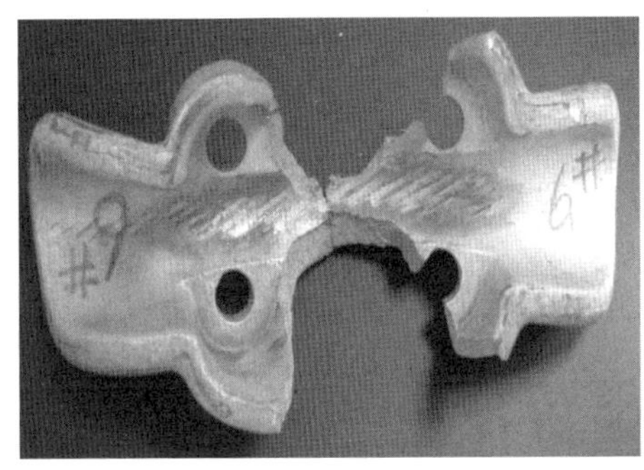

图 6-1-14　6＃悬垂线夹

图 6-1-15　6＃悬垂线夹中部断口

6.1.2.3　悬垂线夹受力有限元分析

用有限元方法计算机模拟悬垂线夹的受力状况,见图 6-1-16,模拟表明,正常工况下,悬垂线夹应力最大部位为两耳两侧和根部,第二大的位置为悬垂线夹中段,这与 6 组悬垂线夹的断裂位置相吻合。

6.1.2.4　悬垂线夹材质分析

查阅厂家产品质检报告,显示其材质检验报告混乱。

1. 断裂悬垂线夹型号为 XGT-5 型,厂家提供材质证明书中只查到了 XGT-3 和 XGT-4 型,报告中这两种悬垂线夹的检出化学成分为 C、Si、Mn、P、S、Al,见图 6-1-17。

C、Si、Mn、P、S 是判定钢材所检元素,如果基体是钢材,余量就应该为 Fe,而非报告中所说的 Al。

分析认为:其材质应该为铸钢,除 5 种常检元素外,报告中余量应该为 Fe,但报告错误地写成了 Al,且结论为合格。

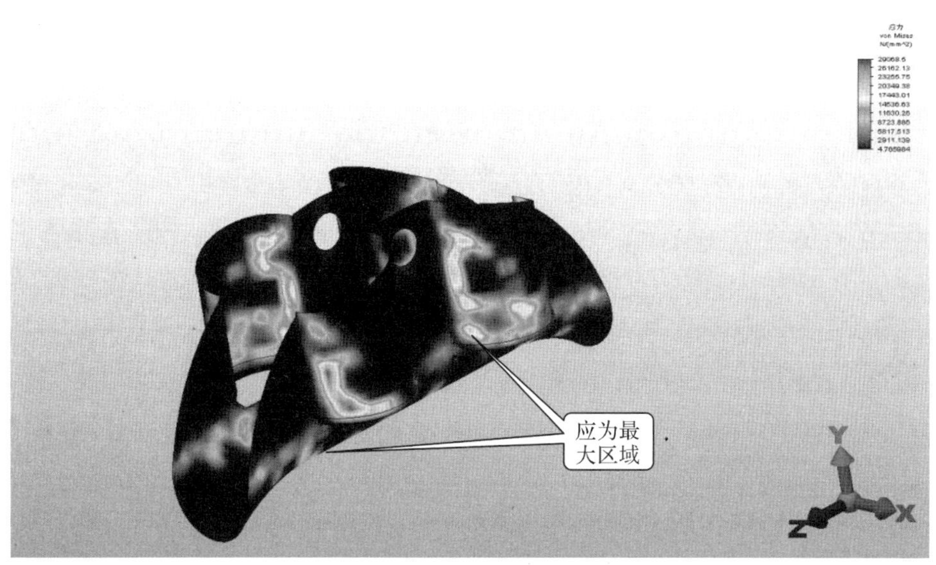

图 6-1-16 线夹受力有限元分析

×××电力线路器材有限公司

检验报告

编号:10-08-04.01

产品型号	化学成份%						结 论
	C 2.5~2.9	Si 0.8~1.2	Mn 0.3~0.6	P ≤0.20	S ≤0.18	余量 Al	
WS-12G WS-16 WS-21R WS-30 WS-42 WS-42S XGT-3 XGT-4 FR-2 FR-4 WSY-30	2.64	1.03	0.45	0.11	0.10	95.67	合格

校对：××× 检验：××× 日期：2010年08月

图 6-1-17 厂家悬垂线夹材质检验报告 1

2. 查阅厂家的铸铝材质检验报告，未能查到断裂悬垂线夹所用材质。

该报告中用到的铸铝悬垂线夹设计材质为 ZL102(铸铝 102)，在 GB/T 1173—1995《铸造铝合金》中规定 ZL102 铝含量应大致在 87%～90%之间，检验报告中铝含量为 99.11%，其检出成分与国标规定的 ZL102 不符，但其结论却为合格，报告见图 6-1-18。

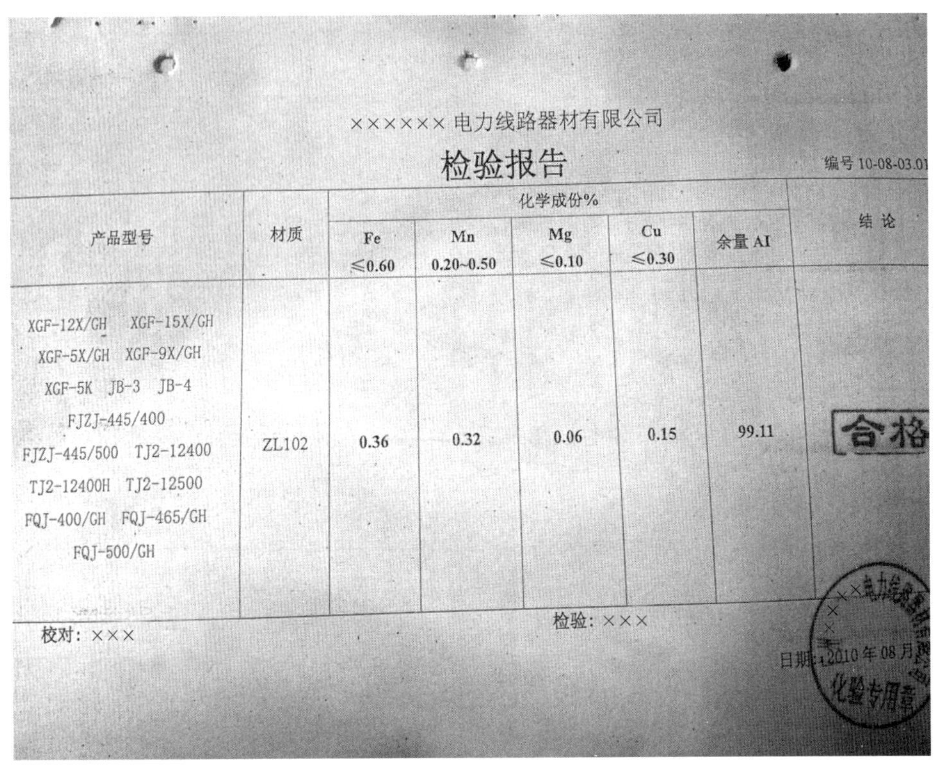

××××××电力线路器材有限公司

检验报告

编号 10-08-03.01

产品型号	材质	化学成份%					结论
		Fe ≤0.60	Mn 0.20~0.50	Mg ≤0.10	Cu ≤0.30	余量 Al	
XGF-12X/GH XGF-15X/GH XGF-5X/GH XGF-9X/GH XGF-5K JB-3 JB-4 FJZJ-445/400 FJZJ-445/500 TJ2-12400 TJ2-12400H TJ2-12500 FQJ-400/GH FQJ-465/GH FQJ-500/GH	ZL102	0.36	0.32	0.06	0.15	99.11	合格

校对：××× 检验：×××

日期：2010年08月

图 6-1-18 厂家悬垂线夹材质检验报告 2

抽检 1＃、2＃悬垂线夹，实际检验结果表明其成分应为 ZL102，见表 6-1-1。

表 6-1-1 样品实际检测报告(％)

厂家质检报告	—	99.11
实检 1＃断裂线夹	10.81	88.83
实检 2＃断裂线夹	11.02	88.60
GB/T 1173—1995	10.0～13.0	87～90

99.11％的铝可视为纯铝，ZL102 相比之下则具有更高的抗拉强度。

6.1.3 失效原因分析

有限元计算计算结果表明悬垂线夹正常工况下两耳应力最大，其次为悬垂线夹中段，6 组悬垂线夹两耳部位均已断裂，这些断裂部位均与应力最大部位相吻合。

在这些断面上，两耳位置的断口上均未发现明显缺陷，2 至 5 号悬垂线夹下部中段断裂面上有较严重的铸造疏松缺陷，但因为悬垂线夹下部中段并非应力最大部位，而且在断裂过程中应该是两耳先断(如 1 号悬垂线夹两耳已经断裂，但是中段尚完好)，中段在两耳断裂后强度不足而发生断裂，因此中段断面上的铸造疏松缺陷并非造成悬垂线夹断裂的直接原因。

厂家成分检验报告内容混乱，虽然抽检的结果表明悬垂线夹材质为 ZL102，其抗拉强度高于纯铝，但悬垂线夹是按 ZL102 还是纯铝进行设计，须请厂家进行说明。

参照 DL/T 756—2009《悬垂线夹》、GB/T 2317.1—2008《电力悬垂线夹试验方法 第一部分:机械试验》、GB/T 2317.4—2008《电力悬垂线夹试验方法 第四部分:验收规则》,为了验证悬垂线夹的质量,出厂时应进行破坏载荷的抽样试验。但是因为来样均已破损,无法进行此项试验。

结论:

导致悬垂线夹断裂的原因为线夹所受载荷超过其自身强度,在应力最大部位发生断裂。

但是因为未能进行悬垂线夹的破坏载荷试验,因此不能判断悬垂线夹的抗拉强度是否达到其设计要求。

6.2 压接质量差导致某220kV线路耐张压线夹断裂

6.2.1 案例概况

2012年1月,某供电局220kV线路70+1号塔、138+1号塔耐张压接管钢芯断裂。

220kV线路投运时间:2006年6月30日。

220kV线路70+1号塔投运时间:2010年12月。

断股前气象情况:大雾。线路覆冰厚度40mm。

断裂的耐张压接管其型号均为NY-400/50。

6.2.2 检查、检验、检测

6.2.2.1 宏观检验情况

(1)图6-2-1所示为送检70+1号塔的耐张压接管(编为1#),钢锚压接部分存在弯曲,钢芯断裂部位位于钢锚端口位置,钢锚和铝管管口均未压满。

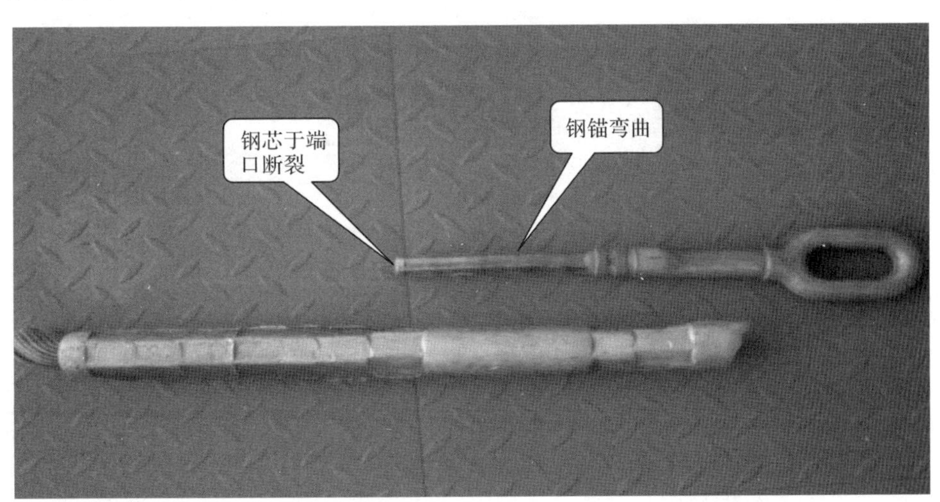

图6-2-1 1#耐张压接管

铝管采用两段压接方式，其中母线侧压接 6 次，钢锚侧压接 3 次。母线侧压接存在明显飞边，如图 6-2-2 所示。

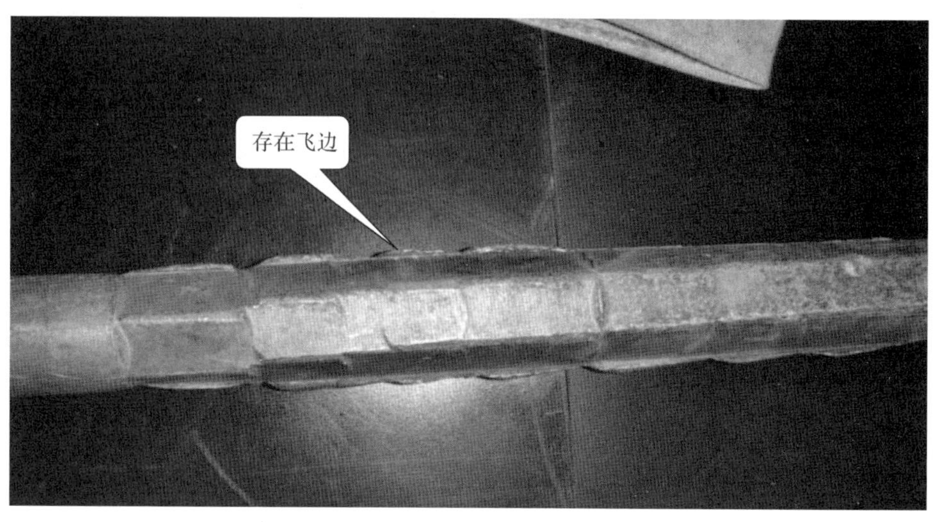

图 6-2-2　1＃耐张压接管来样铝管存在飞边

(2)图 6-2-3 所示为 138＋1 号塔耐张压接管(编为 2＃)，钢芯断裂于钢锚压接孔内侧，钢锚未压满；铝管采用两段压接方式，其中母线侧压接 4 次，钢锚侧压接 2 次。母线侧压接存在明显飞边，如图 6-2-4 所示。

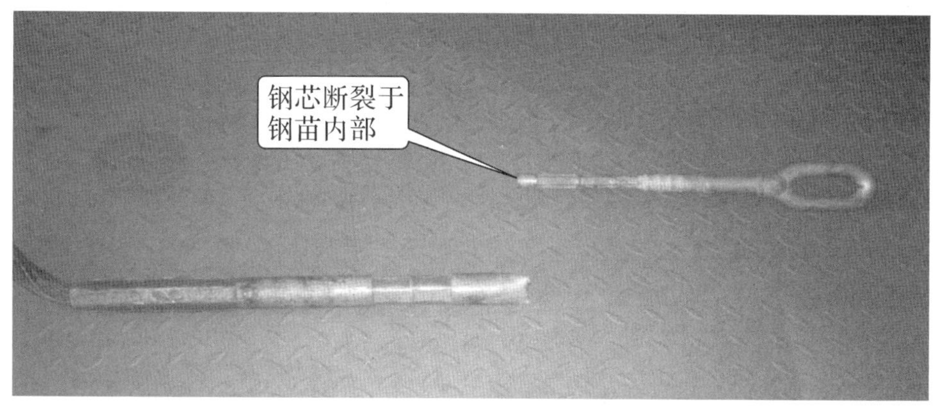

图 6-2-3　2＃耐张压接管来样情况

6.2.2.2　外观尺寸测量

1＃来样各外观尺寸测量结果见表 6-2-1。

表 6-2-1　1＃来样各外观尺寸测量结果(mm)

测量参数	D	d	d_1	L	l	ϕ	ϕ_1
测量结果	45.1	20.3	23.3/22.3 23.0/22.2	488	143	30.3	9.3

2＃来样各尺寸测量结果见表 6-2-2。

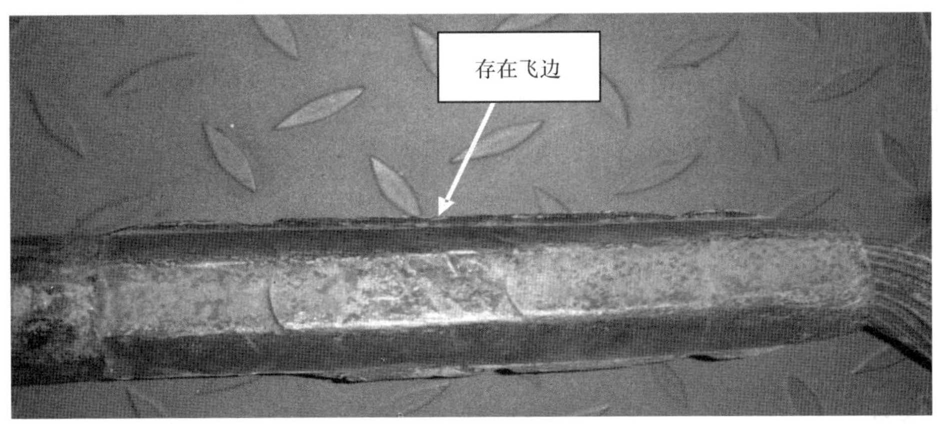

图 6-2-4 2＃耐张压接管来样铝管存在飞边

表 6-2-2 2＃来样各尺寸测量结果(mm)

测量参数	D	d	d_1	L	l	ϕ	ϕ_1
测量结果	45.2	22.2	24.0/24.6 24.0/24.1	480	143	29.8	9.5

测量结果显示，1＃钢锚内孔径 ϕ_1 为 9.3mm，2＃钢锚内孔径 ϕ_1 为 9.5mm，小于规定的尺寸 9.9mm，但考虑到测量结果为压接后的测量值，压接对钢锚内孔径会造成影响，不能判断钢锚压接前内孔径是否合格。

6.2.2.3 耐张压接管压接尺寸

(1)压接长度

对 1＃、2＃来样铝管压接尺寸进行测量，具体压接尺寸见表 6-2-3。

表 6-2-3 1＃、2＃来样铝管压接尺寸

	母线侧		钢锚侧		两段压接之间未压段长度
	压接长度/mm	压接次数	压接长度/mm	压接次数	
1＃样铝管	248.9	6	71.6	3	114.5
2＃样铝管	177.7	4	82.8	2	144.3

对 1＃、2＃来样钢锚压接长度进行测量，具体压接尺寸见表 6-2-4。

表 6-2-4 1＃、2＃来样钢锚压接长度尺寸

	压接长度/mm
1＃样钢锚	133.0
2＃样钢锚	118.1

根据 SDJ 226—87《架空送电线路导线及避雷线液压施工工艺规程》对压接长度的规定，NY-400/50 型铝管母线侧的压接长度不小于 193.4mm，钢锚侧两个凹槽的不小于 60mm、三个凹槽的不小于 62mm。根据测量结果，2＃来样铝管的压接长度不符合要求。

(2)压接对边距尺寸

对1#、2#来样压接对边距进行测量。每件铝管母材侧压接位置测量3个截面,钢锚侧压接位置测量1个截面。具体测量截面位置分布如图6-2-5所示。

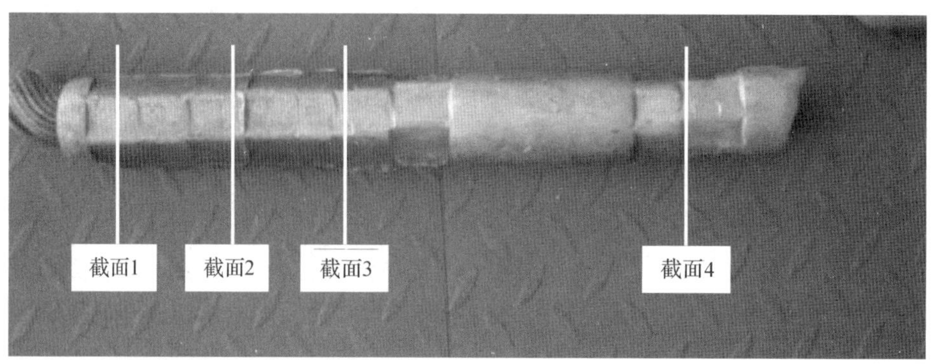

图6-2-5 铝管压接对边距测量位置

铝管对边距尺寸测量结果见表6-2-5。

表6-2-5 铝管对边距尺寸(mm)

		截面1	截面2	截面3	截面4
1#来样	对边距1	38.5	38.6	38.9	38.0
	对边距2	38.4	38.7	—(有飞边)	38.8
	对边距3	38.9	38.9	—(有飞边)	38.5
2#来样	对边距1	38.2	39.1	38.7	41.5
	对边距2	—(有飞边)	—(有飞边)	—(有飞边)	40.0
	对边距3	—(有飞边)	—(有飞边)	—(有飞边)	39.5

每件钢锚选取3个截面测量对边距尺寸,测量截面位置分布如图6-2-6所示。

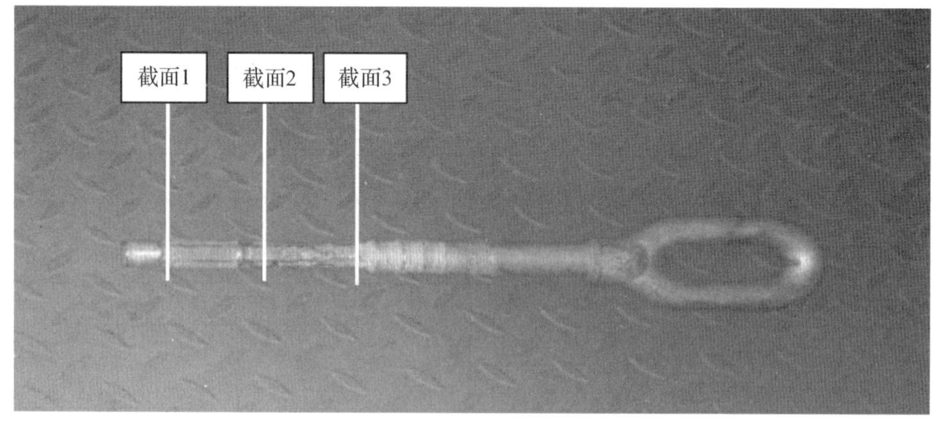

图6-2-6 钢锚压接对边距测量位置

钢锚对边距尺寸测量结果见表6-2-6。

表 6-2-6 钢锚对边距尺寸(mm)

		截面 1	截面 2	截面 3
1#来样	对边距 1	17.3	17.2	17.2
	对边距 2	17.3	17.2	17.2
	对边距 3	17.2	17.3	17.1
2#来样	对边距 1	18.7	18.8	18.8
	对边距 2	18.7	18.8	18.7
	对边距 3	18.7	18.8	18.6

根据 SDJ 226—87《架空送电线路导线及避雷线液压施工工艺规程》,第 4.0.2 条,“各种液压管压后对边距尺寸 S 的最大允许值为:

$S=0.866\times(0.993D)+0.2\text{mm}$

其中 D 为管外径;

铝管外径为 45mm,最大允许值 S 则为 38.90mm;钢锚外径为 20mm,最大允许值 S 则为 17.40mm,且每面 3 个对边距只允许一个达到最大值。”

实测结果显示 1#来样的铝管及钢锚均对边距符合标准要求,2#来样铝管及钢锚对边距大于标准要求。

6.2.2.4 钢芯压入钢锚长度

对钢芯压入钢锚长度进行测量,其中 1#来样钢芯压入长度为 131.0mm,压接长度为 121.0mm;2#来样钢芯压入长度为 139.0mm,压接长度为 114.6mm,见图 6-2-7 和图 6-2-8 所示。压接长度符合要求。

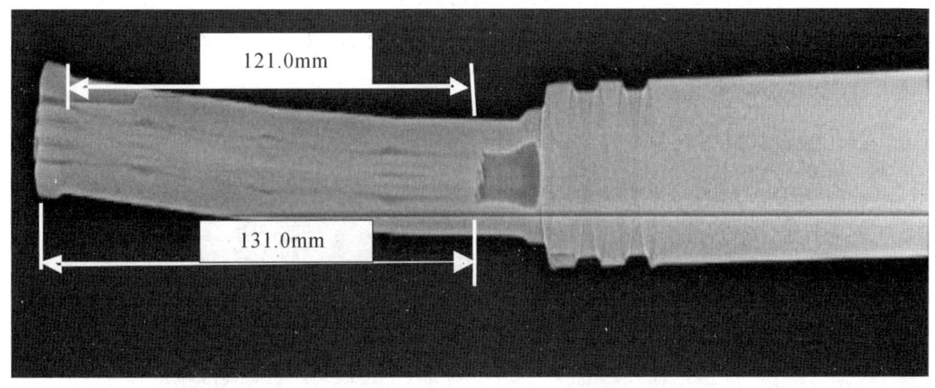

图 6-2-7 1#来样钢芯压接长度

6.2.2.5 钢芯抗拉强度

由于 1#来样母线长度太短无法进行抗拉强度试验,因此仅取 2#来样钢芯 3 根进行抗拉强度试验,结果见表 6-2-7。

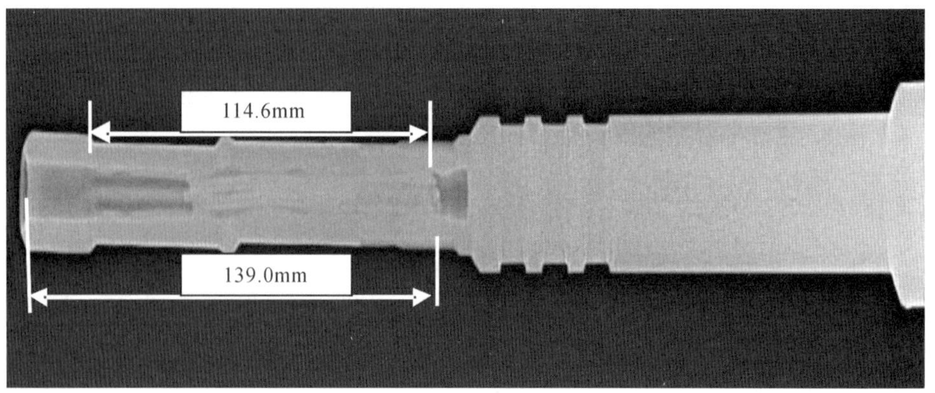

图 6-2-8　2＃来样钢芯压接长度

表 6-2-7　2＃来样钢芯 3 根抗拉强度试验数据

钢芯编号	直径/mm	拉断力/kN	抗拉强度/MPa
1	3.12	10.825	1416.6
2	3.04	10.883	1500.1
3	3.06	10.913	1484.7

根据 GB/T 3428—2002《架空绞线用镀锌钢线》中对直径ϕ3.00～ϕ3.50mm 钢线的规定，抗拉强度不小于 1290MPa，抗拉强度试验结果符合要求。

6.2.2.6　钢芯断口分析

图 6-2-9 为 1＃耐张线夹的钢芯断口。钢芯共 7 根，其中 6 根断口与线夹端口平齐，如图 6-2-9(a)所示，1 根距端口约 20mm，该钢芯有明显弯折，如图 6-2-9(b)所示。

(a)

(b)

图 6-2-9　1＃耐张压接管钢芯断口

从图 6-2-9(a)中可以看出，6 根钢芯都呈明显的杯锥状，表明钢芯为受正向拉应力所致断裂，断口上锈蚀严重。

图 6-2-9(b)中钢芯断口大致呈 45°斜面，尚存一个杯锥状边缘，属拉伸扭转型断裂。

上述断口边缘上均未看到明显磨损、切割之类的损伤痕迹。

图 6-2-10 所示为 2＃耐张压接管钢芯断口，7 根钢芯中有 6 根断口呈明显的杯锥状，表明钢芯为受正向拉应力所致断裂，断口上无明显锈蚀，应为断口位于钢锚内部、雨水不易侵蚀的原因。

另有 1 根钢芯呈 45°完整的斜断面，断面呈 45°角的原因应为钢芯在断裂过程中受扭转所致。

在整个断口上未观察到切割或磨损的痕迹。

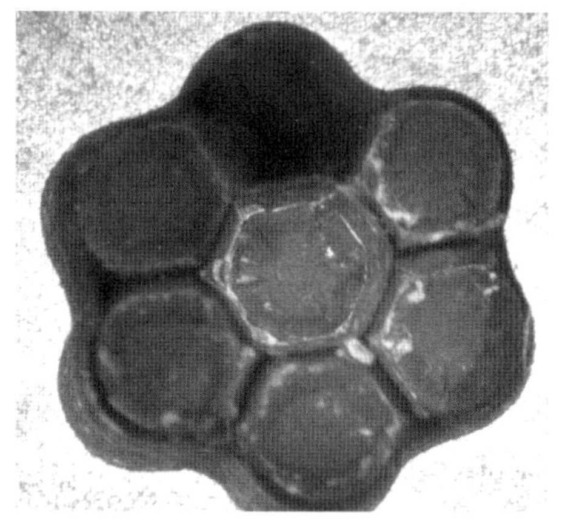

图 6-2-10 2＃耐张压接管钢芯断口

6.2.3 失效原因分析

对送样 1＃、2＃耐张压接管进行宏观检验、外观尺寸测量、压接尺寸测量、钢芯压入长度测量及钢芯抗拉强度试验，结果如下：

(1)宏观检验 1＃来样钢锚压接部分弯曲，铝管存在飞边，2＃来样铝管存在飞边；1＃铝管、钢锚，2＃钢锚均存在未压满。

(2)1＃、2＃来样钢锚内孔径均小于标准规定值，但考虑压接对钢锚内孔径会造成影响，因此不能判断钢锚压接前内孔径尺寸是否合格。

(3)对两个耐张压接管铝管、钢锚及钢芯压接尺寸检验，压接长度均符合要求。

(4)对铝管及钢锚压接对边距测量，2＃来样对边距大于标准要求。

(5)对 2＃来样钢芯抗拉强度进行试验，试验结果符合要求。

(6)2 根耐张压接管的钢芯各有 6 根呈明显的拉伸断裂特征，反映出钢芯为受过大的拉伸应力所致断裂。

综上分析：造成钢芯断裂的主要原因为受过大拉应力所致。2 根压接管压接均存在不规范之处，尤其是 2＃压接管，其钢锚 3 个截面的对边距均超过规范 1mm 以上，削弱了钢锚的握力，上述因素造成了此两个耐张压接管抗拉强度的降低。

6.3 施工时钢芯严重剪伤导致某 500kV 线路 41＋1 号塔子导线耐张线夹断裂

6.3.1 案例概况

2013 年 12 月 30 日，某供电局 500kV 导线融冰完成后复电跳闸。故障巡视结果：500kV 线 41(塔型 ZB5432A-45 至 41＋1 号塔(塔型 JB5431-33)B 相右上子导线断线。现场照片见图 6-3-1 和图 6-3-2。

图 6-3-1 现场照片 1

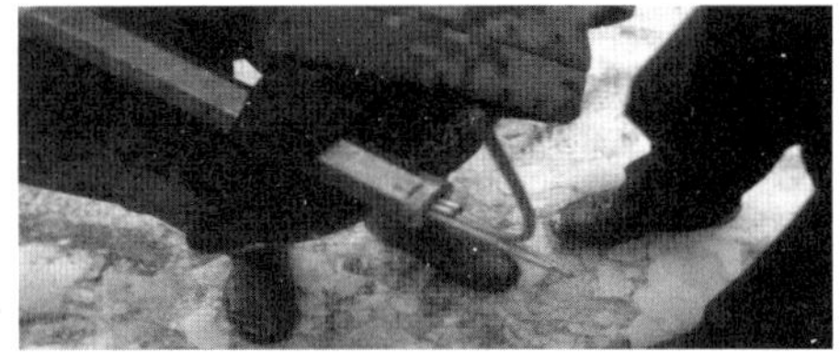

图 6-3-2 现场照片 2

故障杆塔基本情况：500kV 线 2011 年投运，2012 年第二批技改项目中作为抗冰专项在 41 和 42 号塔之间增加一基耐张塔（即 41+1 号塔），于 2012 年 9 月 20 日投入运行。

耐张线夹型号：NY-465/60(B)

导线型号：4×JLHA1/G1A-400-54/7

6.3.2 检查、检验、检测

6.3.2.1 宏观检验

图 6-3-3 所示为送检的耐张线夹，钢锚从耐张线夹铝管中脱出，钢芯拉断，铝管引流板扭曲断裂。

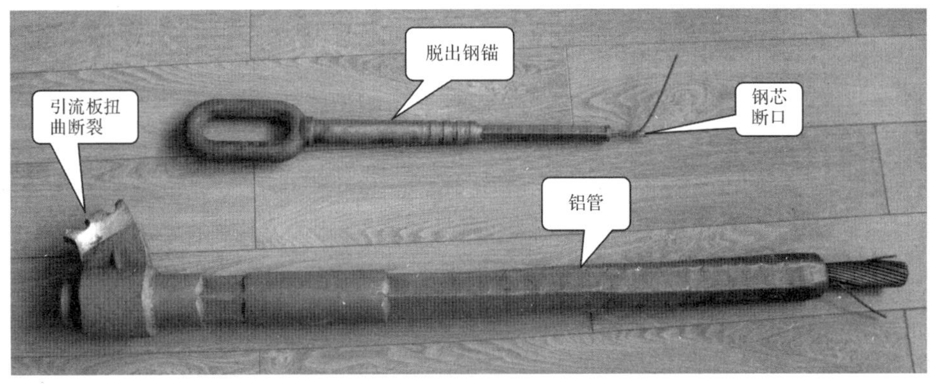

图 6-3-3 耐张压接管来样

引流板向后侧牵拉扭曲变形，断口为倾向后侧的韧窝状断口，说明引流板为受力过大所致断裂（见图 6-3-4、图 6-3-5）。

图 6-3-4 断裂的引流板

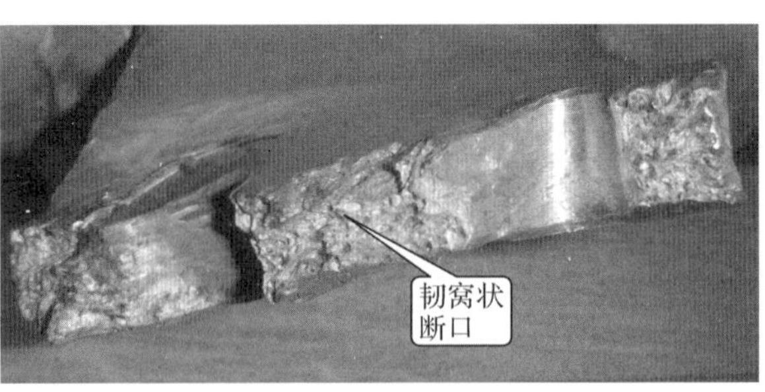

图 6-3-5 引流板断口

6.3.2.2 铝管尺寸检测

铝管采用两段压接方式，其中导线侧压接 17 次(图 6-3-6 中截面 1 至截面 3 段)，钢锚侧压接 1 次(图 6-3-6 中截面 4 段)。

铝管导线侧压接长度 530mm(截面 1 至截面 3 段)，钢锚侧铝管长度为 400mm，钢锚侧铝管压接长度 51mm(截面 4 段)。

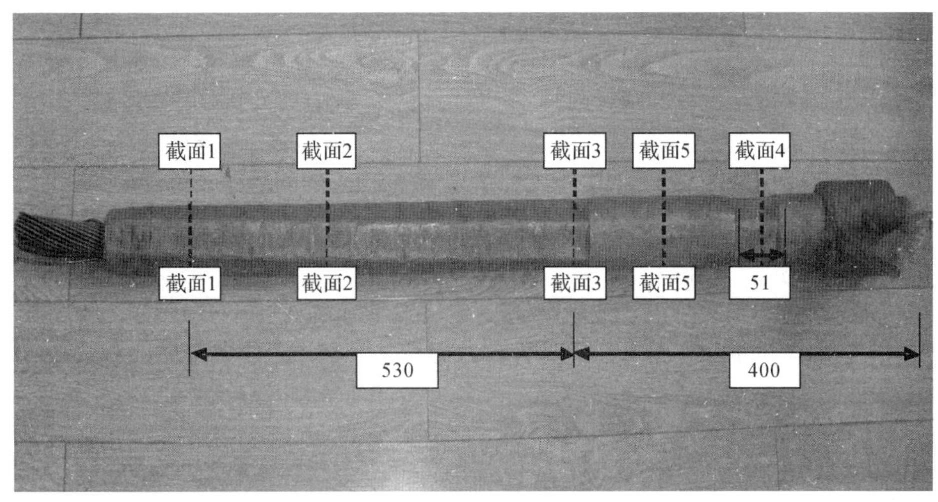

图 6-3-6 线夹铝管

分别测量截面 1 至截面 4 的对边距，结果见表 6-3-1。

分两个垂直方向测量未压接部位铝管外径(截面 5)，平均值为 65.72mm，铝管设计外径为 65mm，铝管内孔径为 29.21mm。

表 6-3-1 截面 1 至截面 4 的对边距(mm)

	截面 1	截面 2	截面 3	截面 4
对边距 1	56.03	54.87	55.69	55.32
对边距 2	55.68	55.02	55.64	55.47
对边距 3	56.01	55.43	54.93	55.48

6.3.2.3 钢锚尺寸检测

钢锚压接 10 次，压接长度 160mm，如图 6-3-7 所示。

选取 3 个截面(图 6-3-7 中截面 1 至截面 3)测量对边距尺寸，结果见表 6-3-2。

表 6-3-2 截面 1 至截面 3 对边距尺寸(mm)

	截面 1	截面 2	截面 3
对边距 1	18.91	18.82	19.01
对边距 2	18.84	18.83	18.87
对边距 3	18.82	18.88	18.84

截面 4 为钢锚端头未压接部位，宽度为 5.12mm，分两个垂直方向测该部位外径，平均

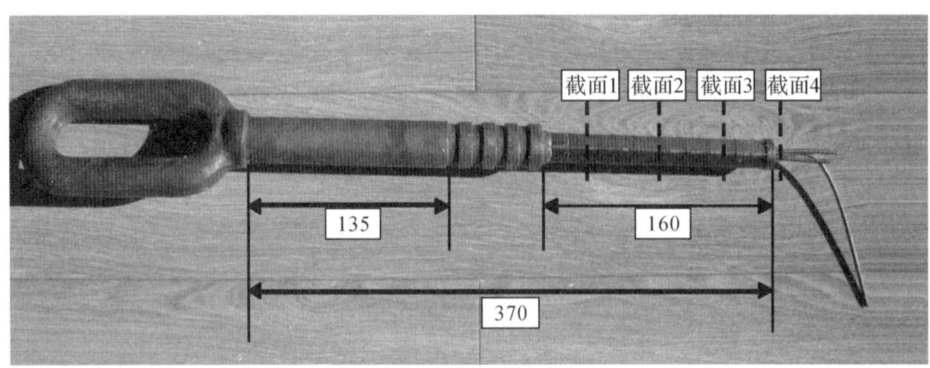

图 6-3-7　钢锚压接对边距测量位置

值为 22.20mm，钢锚设计外径为 22.0mm。

根据 SDJ 226—87《架空送电线路导线及避雷线液压施工工艺规程（试行）》，第 4.0.2 条，“各种液压管压后对边距尺寸 S 的最大允许值为：

$S=0.866\times(0.993D)+0.2\text{mm}$

其中 D 为管外径；

且每面 3 个对边距只允许一个达到最大值。”

铝管设计外径为 65mm，最大允许值 S 则为 56.09mm，实测最大为 56.03mm；

钢锚外径为 22.0mm，最大允许值 S 则为 19.12mm，实测最大为 19.01mm，铝管和钢锚的对边距均符合标准要求。

6.3.2.4　铝管及钢锚 DR 检测

对铝管进行 DR（数字射线）检测，检测影像如下：

如图 6-3-8 和图 6-3-9 所示，测得铝管靠钢锚侧未压接段长度约为 350mm，按图 6-3-7 中所示，钢锚可穿入的长度为 370mm。

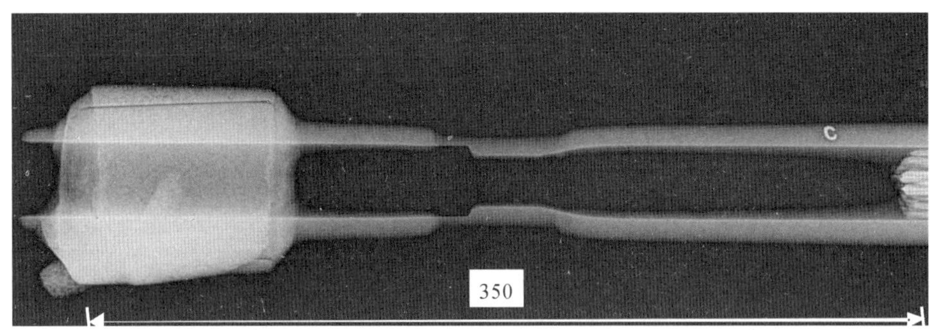

图 6-3-8　铝管 DR 检测影像 1

通过 DR 测量钢芯压入钢锚的长度，如图 6-3-10 所示，钢芯已顶到头，穿入长度为 160mm。

6.3.2.5　钢芯断口分析

钢芯共 7 根，有 4 根从距钢锚端头 10mm 处断裂（分别编为 1＃至 4＃，见图 6-3-11），其

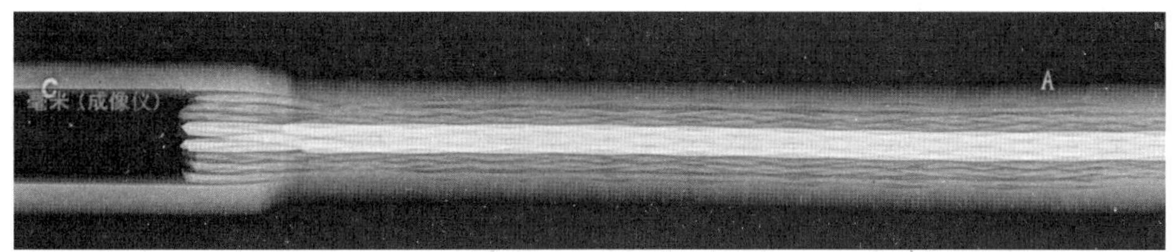

图 6-3-9 铝管 DR 检测影像 2

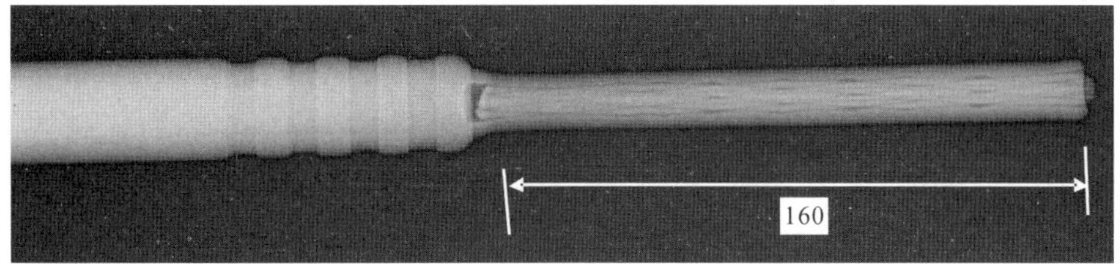

图 6-3-10 钢芯压接长度 DR 影像

图 6-3-11 1＃至 4＃钢芯断口

中 1＃、2＃钢芯在钢锚一侧，3＃、4＃钢芯在钢锚另外一侧的对称位置。

1＃、2＃钢芯断口平齐，两根钢芯断口 1/3 面积光亮，为剪断特征（图 6-3-12 中的右侧断口），在扫描电子显微镜（SEM）下可以看到该区域为带有方向性条带的光滑平面（图 6-3-13、图 6-3-14）；另外 2/3 面积颜色灰暗，在 SEM 下可看到断口韧性剪切断裂特征（图 6-3-15、图 6-3-16）。

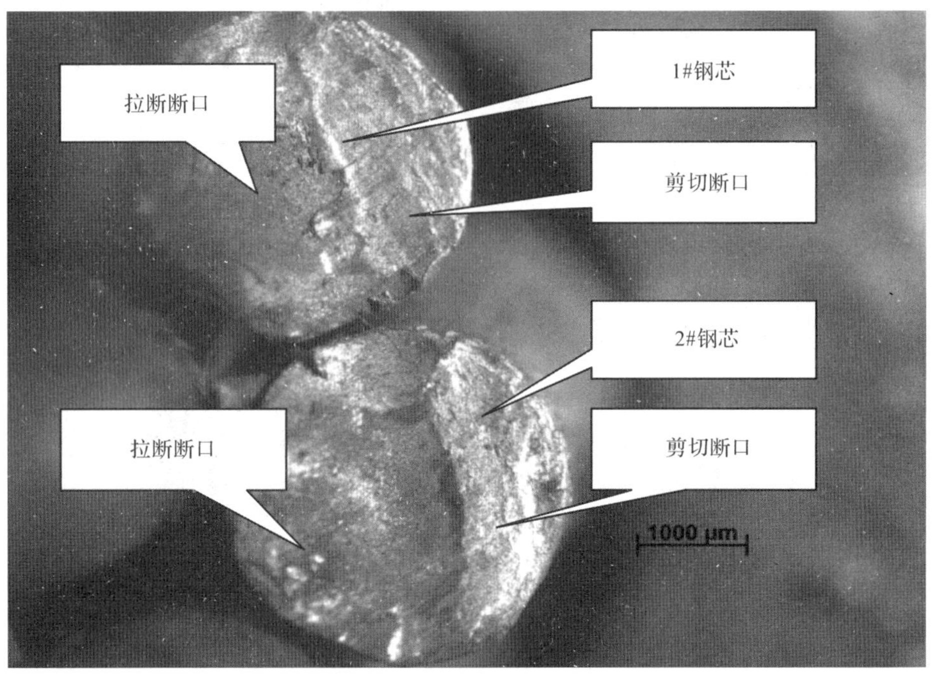

图 6-3-12　1＃和 2＃钢芯断口正面

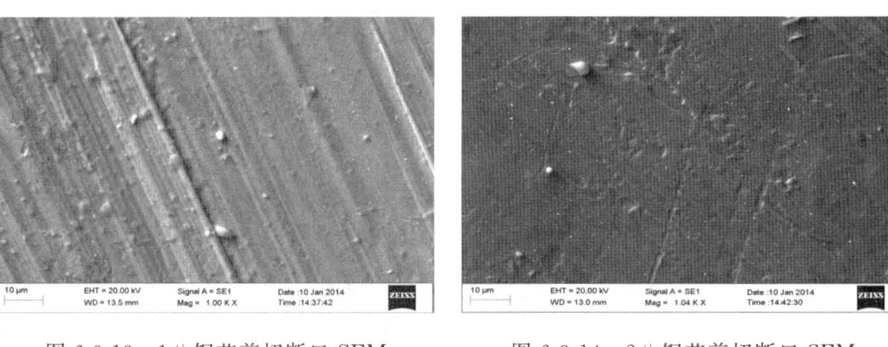

图 6-3-13　1＃钢芯剪切断口 SEM　　图 6-3-14　2＃钢芯剪切断口 SEM

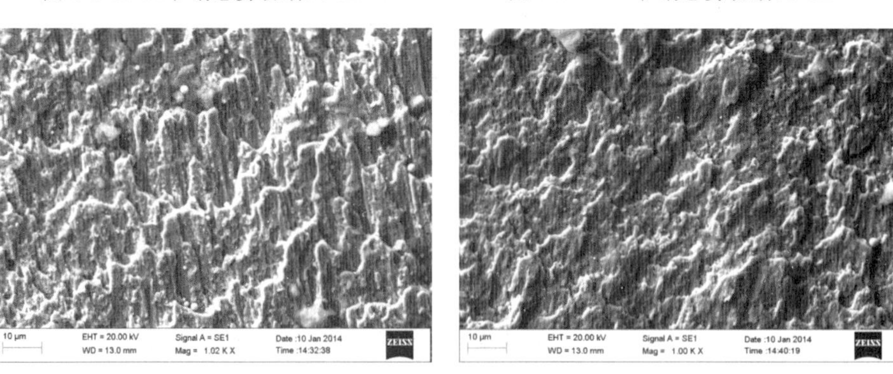

图 6-3-15　1＃钢芯拉伸断口 SEM　　图 6-3-16　2＃钢芯拉伸断口 SEM

3＃钢芯约 1/2 面积呈剪断特征，另 1/2 断口参差不齐并伴有缩颈，呈拉断特征（图 6-3-17）。

4＃钢芯约 1/4 面积呈剪断特征，另 3/4 断口参差不齐并伴有缩颈，也呈拉断特征（图 6-3-17）。

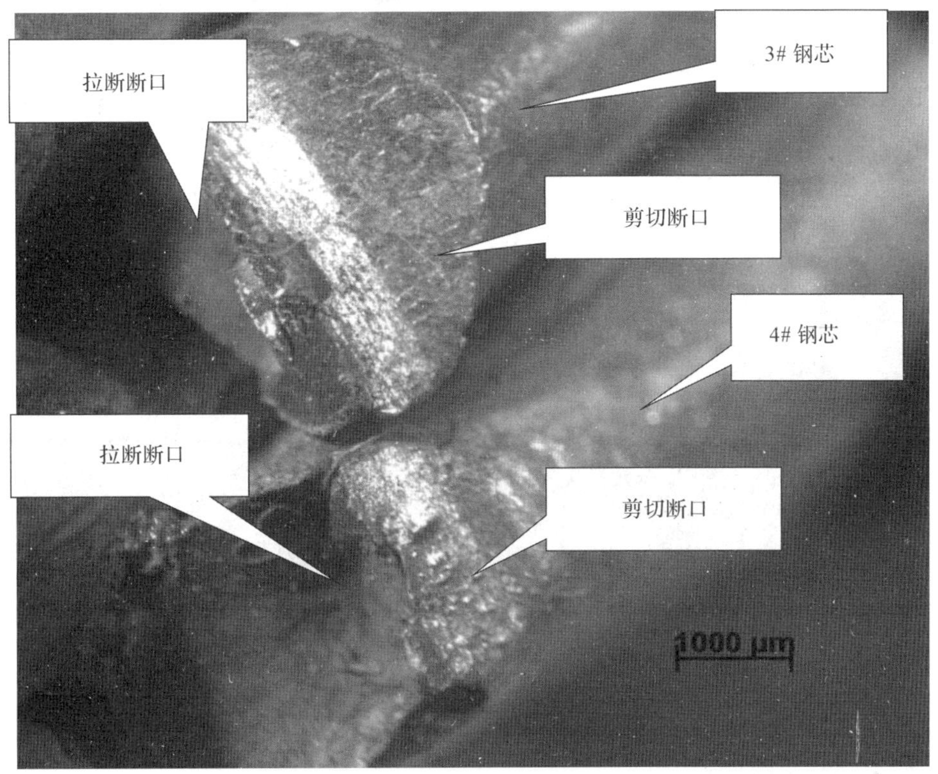

图 6-3-17　3＃和 4＃钢芯断口

4 根钢芯的剪切断口均在外侧。

4 根钢芯的相似的断口特征、对称的断裂位置表明造成钢芯损伤的原因为施工时受剪切所致。

另外 3 根钢芯分别编为 5＃、6＃、7＃，距钢锚端头的距离分别为 48mm、41mm、148mm，断口侧面无损伤，断口为杯锥状，呈典型的拉断特征（分别见图 6-3-18 至图 6-3-21）。

因 1＃至 4＃钢芯较短，测量 5＃、6＃、7＃钢芯外径，分别为 3. 30mm、3. 28mm、3. 32mm。

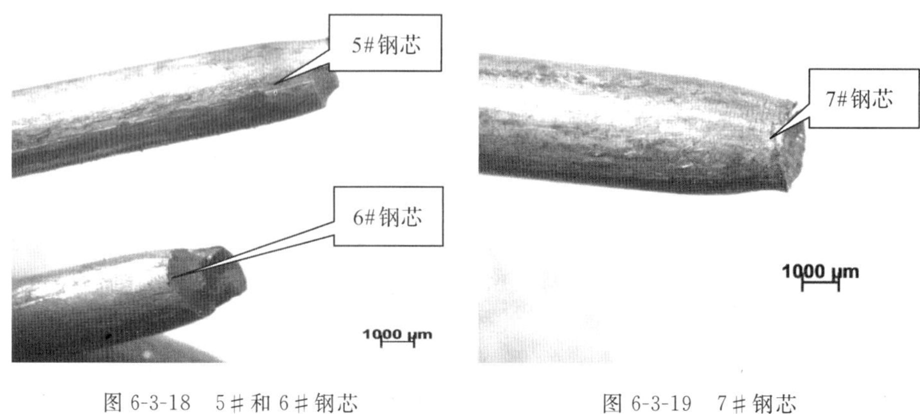

图 6-3-18　5＃和 6＃钢芯　　　图 6-3-19　7＃钢芯

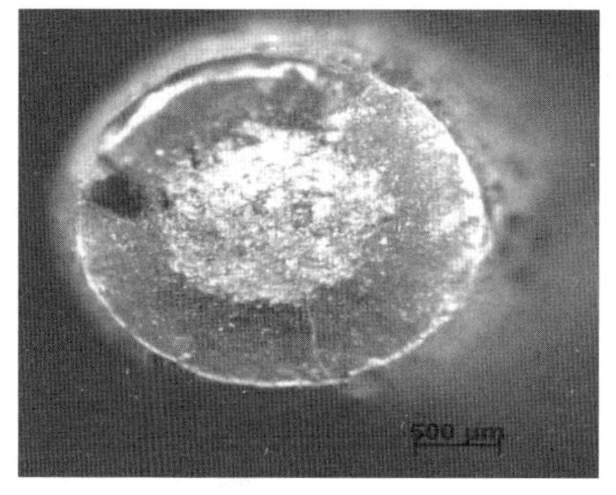

图 6-3-20　5＃钢芯正面

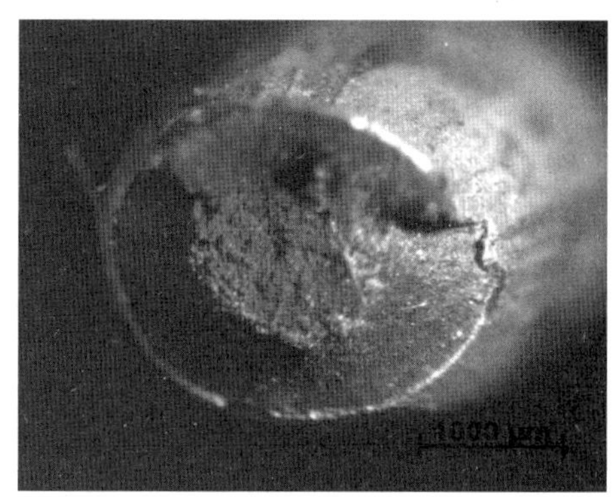

图 6-3-21　6＃钢芯正面

6.3.3　失效原因分析

1. 钢锚和铝管的压接参数符合相关标准要求。

2. 宏观和 SEM 检测表明钢芯在钢锚端口 10mm 处被严重剪伤，4 根钢芯即沿该部位断裂，根据断口特征分析该损伤为施工时压接操作不规范所致。

综上分析：造成此次耐张线夹钢锚脱出、耐张线夹断裂的原因为施工时钢芯被严重剪伤，造成钢芯的拉力大大降低，在脱冰舞动等极端拉力情况下钢芯的强度不足而断裂，引流板则在线夹坠落过程中从螺栓孔部位被拉断。

6.4　螺栓预紧力控制不当导致某 500kV 变电站 35kV 电流互感器 CT 线夹断裂

6.4.1　案例概况

2013 年 3 月 3 日某 500kV 变电站运行人员巡视发现 500kV2 号主变 35kV 侧 302 断路

器电流互感器C相靠断路器侧接头处有裂纹，裂纹沿接头"十"字加强筋处发展并导致接头整体断裂。裂纹情况、电流互感器安装位置见图6-4-1。为了弄清引接头断裂原因，防止类似缺陷发生，某电力研究院受供电局委托，对引接断裂原因进行分析。

图6-4-1 接头断裂情况照片

6.4.2 检查、检验、检测

6.4.2.1 来样情况

来样为某变500kV2号主变35kV侧302断路器电流互感器C相靠断路器侧接头的整体实物，该接头型号为LVBT-40.5W3型，出厂日期为2007年12月2日，投产日期为2008年9月10日，接头的主体材料为ZH62。该接头已经断裂为2块，根据试验需要，小块编为1#样，样品编号为JS-X-201304001；大块编为2#样，样品编号为JS-X-201304001，见图6-4-2。

6.4.2.2 宏观分析

从2#样的断口来看，断口由裂纹起始区域、裂纹发展区域、最后断裂区域3部分组成，由于断裂时间不同，导致其断裂面上的颜色不同。见图6-4-3。

1#样断裂面的裂纹起始区内存在多处气孔和夹杂等铸造缺陷。见图6-4-4。

6.4.2.3 渗透检测

对1#、2#样的外表面进行渗透检测，发现1#、2#样外表面存在气孔、夹杂等铸造缺陷，见图6-4-5、图6-4-6。

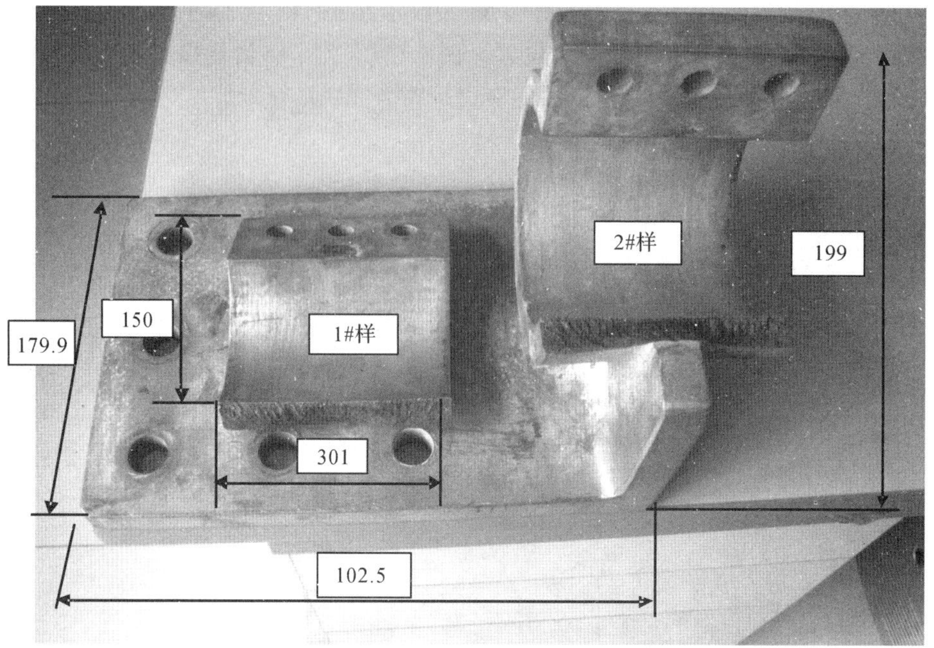

图 6-4-2 来样编号照片

图 6-4-3 2＃样断口宏观照片

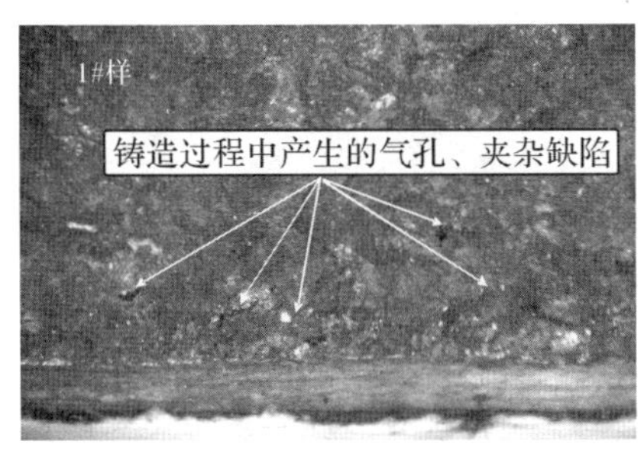

图 6-4-4 1#样裂纹起始区铸造缺陷宏观照片(4×)

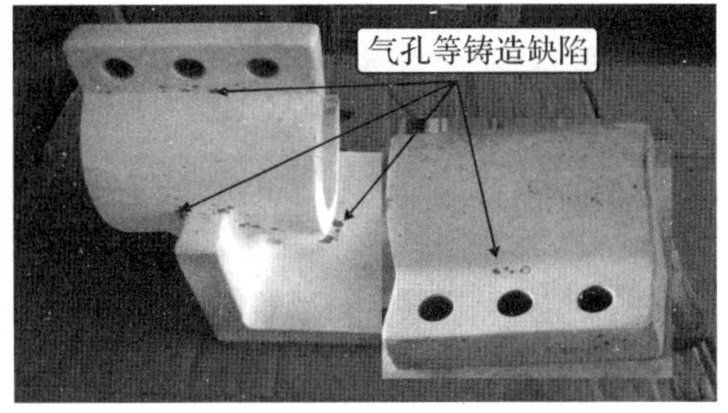

图 6-4-5 1#、2#主视方向渗透检测宏观照片

6.4.2.4 数字射线检测

对1#、2#样进行数字射线检测，见图6-4-7，从图中可以看出，1#、2#样存在多处气孔和夹杂等铸造缺陷，且1#、2#样上存在多处修补留下的白色影像。

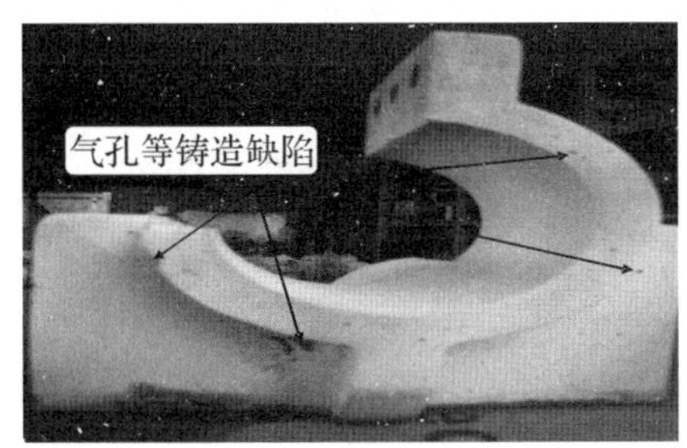

图 6-4-6 1#、2#左视方向渗透检测宏观照片

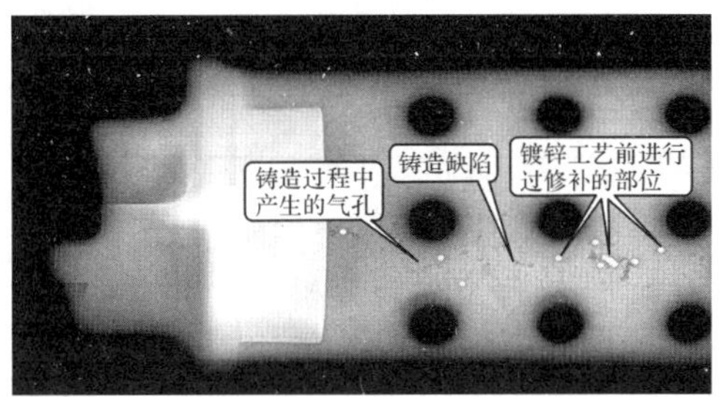

图 6-4-7 2#样俯视方向数字射线照片

6.4.2.5 化学元素分析

对断裂的1#来样进行化学元素分析，结果见表6-4-1。

表 6-4-1 1#来样化学元素含量分析

元素含量/%	Cu	Zn	Fe	Al	Sb	Bi	P
1#管样	54.4	39.68	0.78	0.15	0.019	0.002	0.003
GB 1176—87	60.0～63.0	其余	≤0.8	≤0.5	≤0.1	≤0.002	≤0.01

1#样Cu元素不符合GB 1176—87《铸造铜合金技术条件》对ZH62的要求。

6.4.2.6 金相组织分析

对1#样进行金相组织分析，金相组织为呈树枝状偏析的α相固溶体，金相组织正常。见图6-4-8。

6.4.2.7 应力分析

用有限元分析软件计算分析接头各部位应力状况，分析结果表明，断裂处为该接头应力最大部位。见图6-4-9。

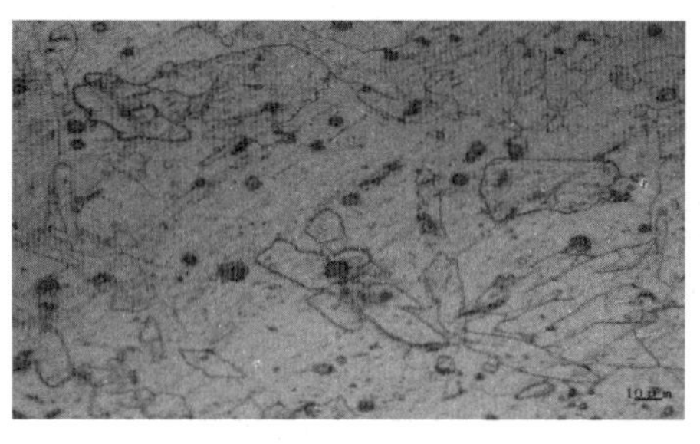

图 6-4-8 1#样断口附近金相组织(500×)

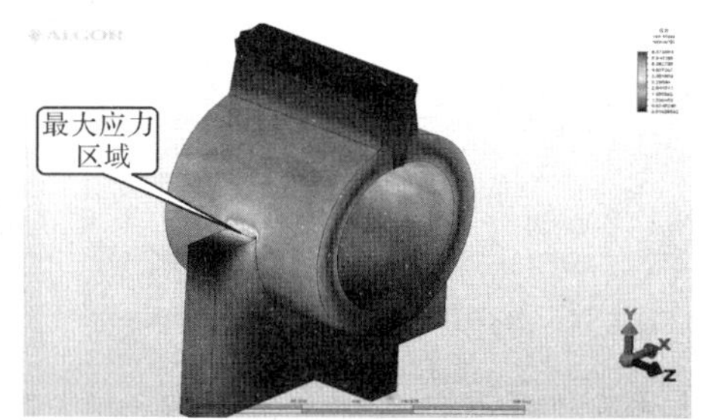

图 6-4-9 接头应力分布图

6.4.2.8 硬度检测

对 1#试样进行硬度检测,检测结果见表 6-4-2。

表 6-4-2 1#试样硬度检测结果 (单位:HBW)

	第 1 点	第 2 点	第 3 点	平均
1#样	123	123	122	123
硬度要求	≥60	≥60	≥60	≥60

硬度检测结果符合要求。

6.4.2.9 电子显微镜分析

对 1#试样断裂面进行电子显微镜分析,发现裂纹起始区存在气孔等浇铸缺陷。见图 6-4-10。

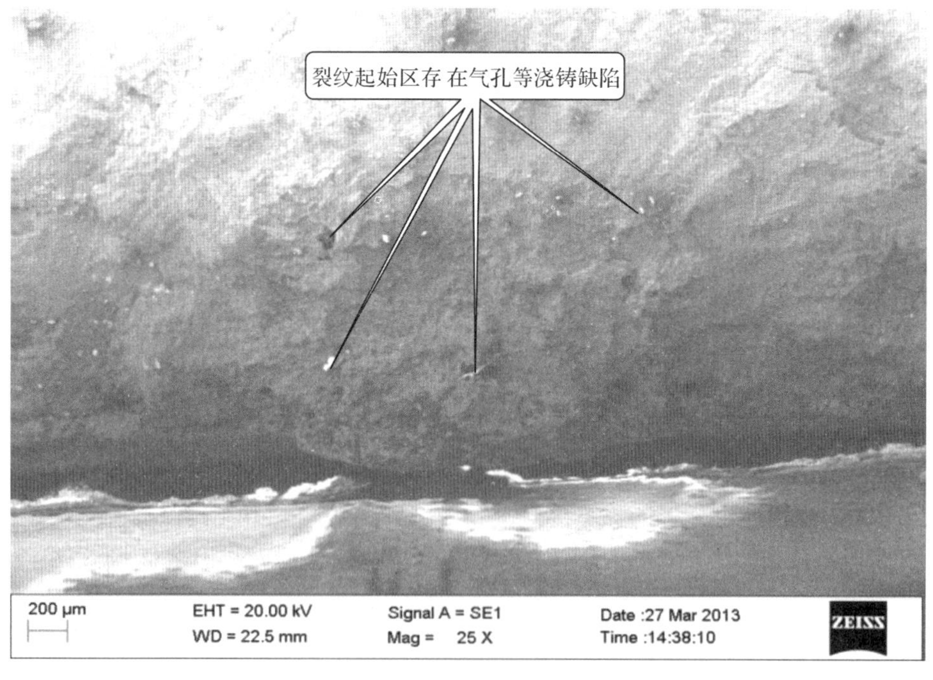

图 6-4-10 1#试样裂纹起始区电子显微镜照片(25×)

6.4.3 失效原因分析

上述检验表明:(1)来样金相组织和硬度符合要求。(2)来样 Cu 元素含量低于 GB 1176—87 铸造铜合金技术条件对 ZH62 的要求。(3)来样接头起始断裂区发生在接头的最大应力部位。(4)来样断裂起始区和其他部位存在多处气孔和夹杂等浇铸缺陷。(5)来样存在多处修补痕迹。

结论:

1. 来样 Cu 元素含量低于 GB 1176—87《铸造铜合金技术条件》对 ZH62 的要求。来样上存在多处修补痕迹,裂纹起始区和其他部位存在多处气孔缺陷。

2. 来样的断裂原因是:Cu 元素含量低于标准要求的接头,在螺栓的预紧力作用下,沿存在气孔缺陷的接头“十”字加强筋薄弱部位产生裂纹,裂纹逐步发展,最终导致接头断裂。

3. 建议制造厂和用户加强进货质量抽检,防止不符合标准要求的产品投入电力生产运行;严格按工艺要求的预紧力紧固螺栓,防止预紧力过大造成结构损坏。

6.5 安装方式不当导致某 10kV 跌落式熔断器连接板断裂

6.5.1 案例概况

某供电局 RW10-12/200 型 10kV 跌落式熔断器铜质连接板多次发生不明原因断裂,送某电力研究院金属研究所分析其失效原因。厂家提供资料表明断裂铜板材质为 H62,交付状态为 Y2,属于冷变形硬化黄铜,以半硬状态交付。

失效熔断器共 2 个,实验室样品编号 JS-X-201303017、JS-X-201303018(以下简称17＃、18＃)。熔断器本体完好(见图 6-5-1),下端铜质连接板断裂。熔断器结构及连接板位置如图 6-5-2 所示。

6.5.2 检查、检验、检测

6.5.2.1 宏观分析

对熔断器铜连接板表面进行宏观检查,连接板表面未见显著氧化、锈蚀的痕迹,表面无机械损伤。如图 6-5-1。在断口附近可见部分分叉的微小裂纹,17＃样品断口表面有黑色氧化层,18＃样品断口表面有少量铜绿。

在体视显微镜下对连接板表面及断口进行观察。两个样品在断口附近表面均发现平行于断口的裂纹存在,如图 6-5-2 箭头所示。

断裂连接板样品表面未见显著腐蚀和机械损伤,断裂位置无显著塑性变形。连接板中间位置,断口附近存在平行于断口的裂纹,由此推断连接板属于脆性断裂,且未发现明显裂纹源。

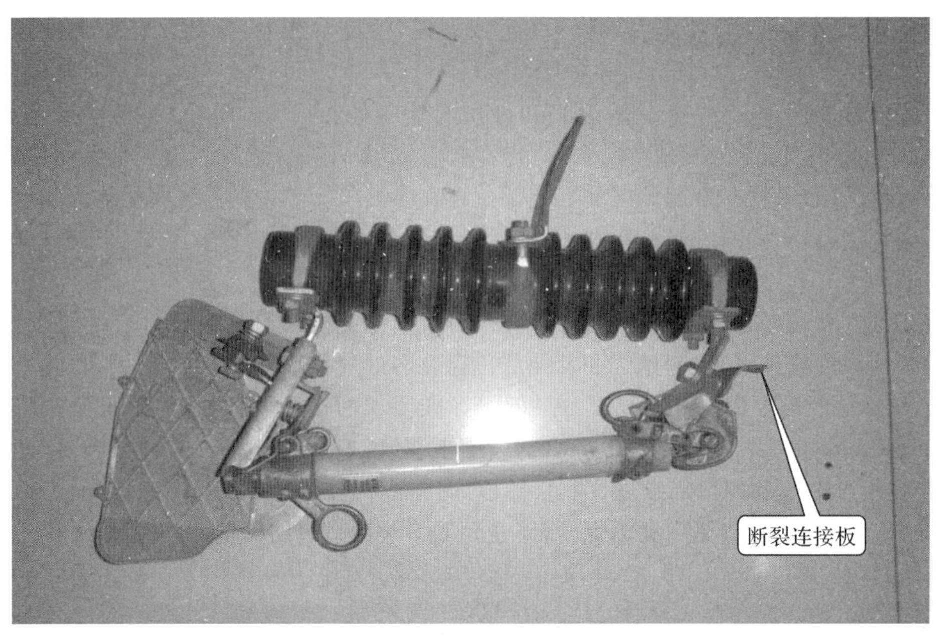

图 6-5-1　失效熔断器宏观形貌

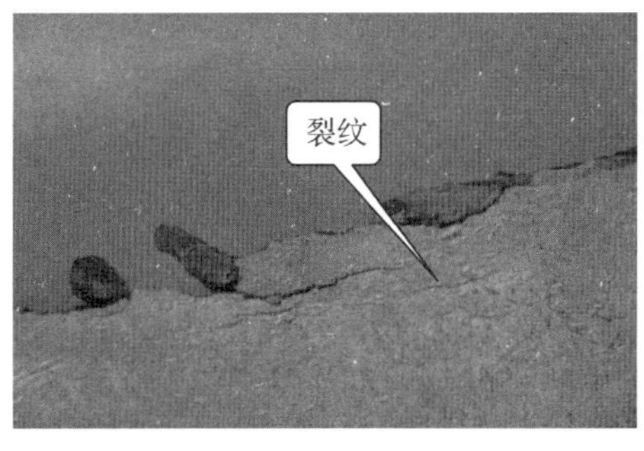

(a) 17#

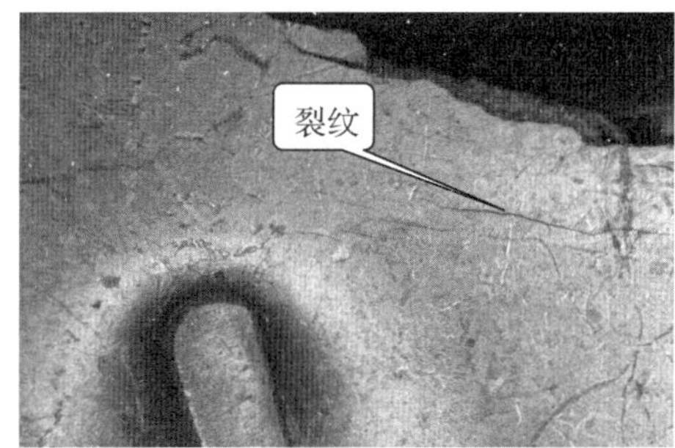

(b) 18#

图 6-5-2　断口附近平行于断口裂纹

6.5.2.2　成分分析

对样品进行电火花光谱成分分析，结果见表 6-5-1。

表 6-5-1　来样成分分析结果(%)

	Cu	Zn	Sn	Pb	Fe	Ni	S
17#	61.8	37.92	0.0688	<0.004	0.0597	0.016	0.060
18#	60.4	39.39	0.0397	0.0139	0.0483	0.026	0.013

厂家提供的材质为 H62，以上成分符合 GB/T 5231—2001《加工铜及铜合金化学成分和产品形状》对 H62 的要求。

6.5.2.3 硬度检测

对17#、18#样品进行硬度检测，采用HV30方法进行测试，测试结果见表6-5-2。

表6-5-2 来样硬度检测结果(HV30)

	1	2	3	平均
17#	114	113	112	113
18#	106	104	105	105

硬度满足GB/T 2040—2002《铜及铜合金板材》对H62在Y_2状态下的硬度要求。

6.5.2.4 金相分析

厂家提供连接板材质为H62，以Y_2(1/2变形硬化)状态交付，该类黄铜经变形强化，金相组织应为α+β双相结构，且α、β相均沿加工方向有显著变形。

金相分析表明，样品属于α+β双相黄铜结构，双相晶粒呈现显著加工变形痕迹。样品β相含量较多，显示该样品在成型后未经过退火处理。该黄铜的出厂资料表明其状态为Y_2(1/2变形硬化)，显示连接板应为变形硬化黄铜，冷变形加工后未经退火处理，其金相组织与厂家资料符合。

对17#样品表面裂纹区域进行金相检查，裂纹区金相照片见图6-5-3，图6-5-3(a)为200倍组织，图6-5-3(b)为500倍组织。裂纹沿α相界面呈现沿晶扩展特征，当遇到β相时则穿过β相并形成较宽的腐蚀沟槽。图6-5-3(a)显示裂纹主要沿β相区域扩展，同时伴随β相腐蚀，在穿过α相时转化为沿晶裂纹形式。

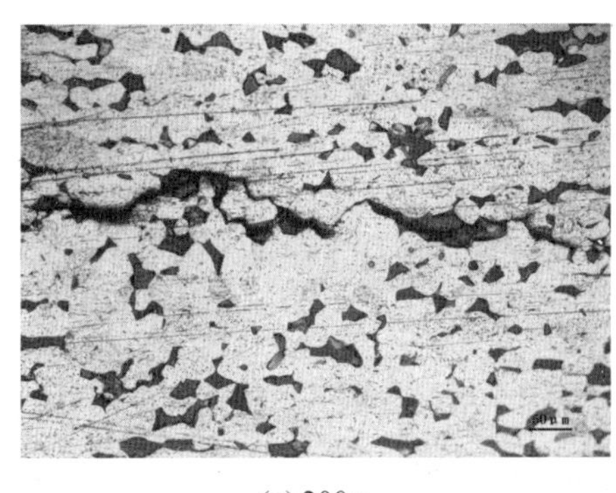

(a) 200×

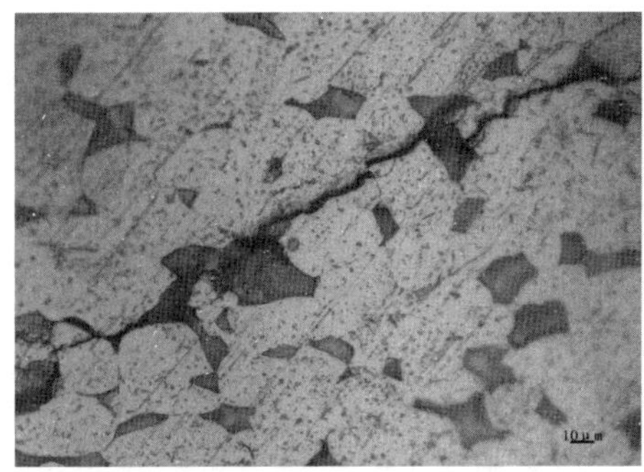

(b) 500×

图6-5-3 表面裂纹区域金相组织

6.5.2.5 微观形貌及成分分析

用扫描电镜观察17#、18#样品金相组织，结果见图6-5-4，β相在腐蚀过程中已基本耗尽，其形貌显示为坑洞，对α、β相的能谱分析结果见表6-5-3，其中α相Cu、Zn含量与H62标称成分较为接近；β相Cu/Zn比例与H62标称值偏差较大，Zn含量显著偏高，且含有大量O，应为氧化后生成的氧化物。

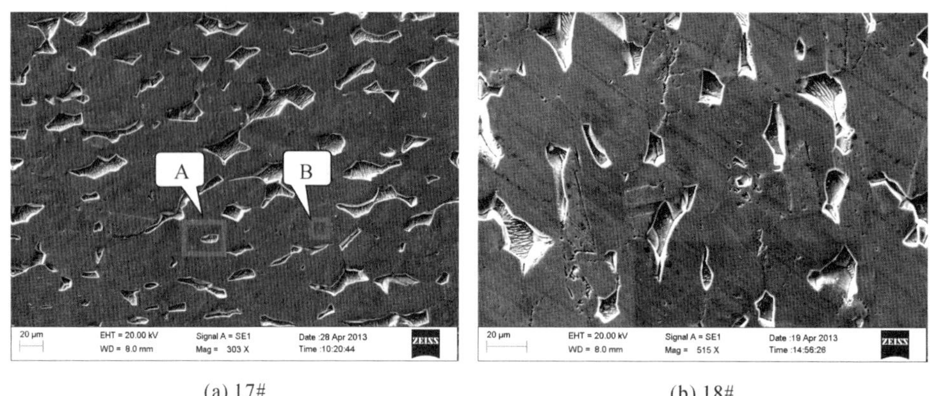

(a) 17#　　(b) 18#

图 6-5-4　金相样品 SEM 形貌

表 6-5-3　图 6-5-4(a)金相组织能谱成分(wt%)

测点	Cu	Zn
A	62.24	37.76
B	55.23	44.77

采用扫描电镜观察 17＃、18＃样品断口，图 6-5-5 为样品断口典型微观形貌。两个样品断口形貌较为一致，断面呈显著颗粒状结构，部分晶粒之间已经裂开，显示出显著沿晶断裂的特征。

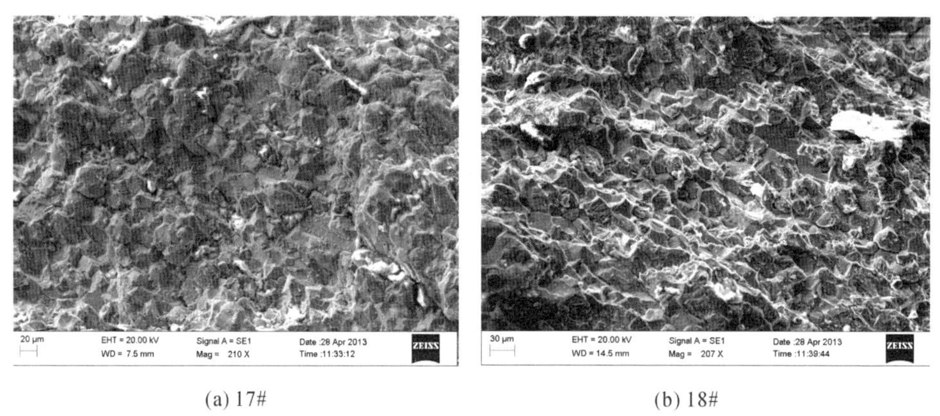

(a) 17#　　(b) 18#

图 6-5-5　样品断口表面形貌

断面能谱分析结果见图 6-5-6 及表 6-5-4，选取不同的晶粒进行能谱分析，断面普遍存在 Na、Cl、K、S 等杂质，大多数晶粒成分中 Cu、Zn 比例与 β 相接近，仅谱图 4 位置成分与 α 相符合。能谱分析显示断面以 β 相为主，结合该连接板金相组织 β 相含量较高的特征，可推断断裂过程主要沿 β 相发生。多数能谱测点观测到了 S 元素的存在，H62 黄铜在 SO_2、硫酸盐存在的环境下易于发生应力腐蚀，表明断裂过程可能受到含 S 介质影响。

图 6-5-6 断口表面能谱测点

表 6-5-4 断面能谱分析结果(wt%)

谱图	O	Na	Al	Si	S	Cl	K	Cu	Zn
谱图 1	15.84	4.24		0.66	1.33	0.77	0.36	45.77	31.04
谱图 2	15.61				1.32	0.92	0.33	48.24	33.58
谱图 3	9.05			0.72	1.42	0.41	0.57	46.49	41.34
谱图 4	2.31			0.26				66.35	31.08
谱图 5	19.87				1.71			47.49	30.93
谱图 6	23.43		0.46	1.95				39.18	34.98

6.5.3 失效原因分析

结论:

1. 金相和电镜分析表明断口均呈沿晶断裂的特征。

如果来样在断裂之前只是单纯受较大外力拉断,则主要应以穿晶断裂为主,断口的沿晶特征说明此次连板断裂并非单纯受较大外力所致。

2. 连板经过压力加工,且未经去应力退火处理会使材料的残余应力增加,在受到外部拉力时会产生沿晶裂纹。

3. 来样中含有大量富 Zn 的硬脆 β 相组织,会使材料的脆性增加,材料的应力腐蚀倾向增高。

4. 在断口上观察到的 S 元素可能也和此次断裂有关。

建议:

1. 为了消除残余应力,连接板在加工后应进行低温去应力退火。

2. 对同一厂家生产的该类型设备的黄铜件加强宏观检查。

3. 安装过程中应避免机械冲击和碰撞对连接板产生外加应力。

4. 该类型设备应避免在使用环境中出现二氧化硫、氨气、硝酸、硫酸等污染物。

6.6 焊接质量差导致某供电局220kV主变35kV母线铜铝过渡板断裂

6.6.1 案例概况

某供电局220kV主变35kV母线铜铝过渡板在地震过程中部分发生断裂，断裂的为B相过渡板，在拆卸过程中C相过渡板也发生断裂，A相过渡板完好拆下，见图6-6-1、6-6-2。应要求对过渡板进行分析。

来样A、B、C三相铜铝过渡板如图6-6-1所示，分别编号为：JS-X-201303006（A相）、JS-X-201303007（B相铝板）、JS-X-201303008（B相铜板）、JS-X-201303009（C相铝板）、JS-X-201303010（C相铜板）。

6.6.2 检查、检验、检测

6.6.2.1 宏观分析

对过渡板断口进行宏观检查，过渡板表面未见显著氧化、锈蚀的痕迹，A、C相表面镀铝层完好，无机械损伤，B相铜板表面镀铝层部分损耗。在B相断口附近可见明显熔化痕迹，C相样品为拆装时断裂，断口较光滑，断口两侧均为铝，A相样品未断裂，连接部位完好。

在体视显微镜下对过渡板断口进行观察，C相断口大部分呈现银灰色，少数部位露出黄铜色。B相断口双侧均严重熔化，无明显断口特征。

图6-6-1 失效过渡板宏观形貌

图6-6-2 C相过渡板断面（局部取样）

6.6.2.2 焊接区域微观形貌分析

对A相过渡板焊缝区域取样，采用扫描电镜观察焊缝结合区域。

图6-6-3(a)所示为样品铜铝结合区域典型微观形貌。其中深色一侧为铝，浅色一侧为铜。结合区域可见显著铜铝分界线，未见铜铝熔合的过渡区域。

过渡板铝侧基体部分存在较多疏松状组织，在分界线位置铝侧同样存在疏松形态（图6-6-3(b)中圈内区域），疏松的存在会影响焊接连接性能，导致铜铝连接位置强度下降。

对铜铝分界及附近位置进行能谱线扫描分析，元素分布状况见图 6-6-4。能谱分析表明铜铝分界线附近几乎不存在过渡区，Cu/Al 混合分布区宽度小于 5μm，表明铜铝在焊接过程中并未发生很好的熔合。

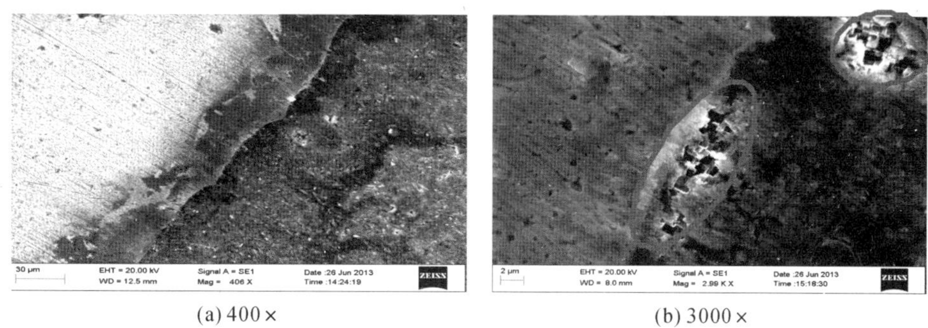

(a) 400×　　(b) 3000×

图 6-6-3　焊缝区域微观形貌

(a) 二次电子像及元素分布区趋势线

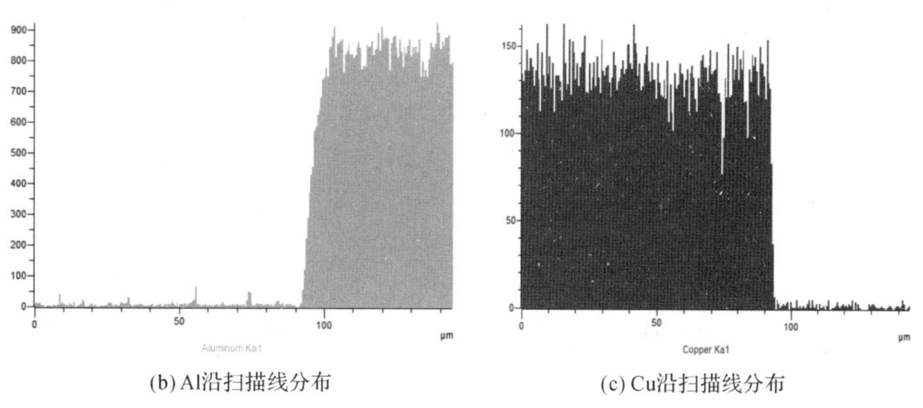

(b) Al沿扫描线分布　　(c) Cu沿扫描线分布

图 6-6-4　铜铝分界线区域能谱线扫描分析结果

6.6.3 失效原因分析

对过渡板焊缝的宏观形貌、微观形貌和成分分布进行分析，结果显示由于铜铝熔点差别较大，焊接过程中铜铝难以达到熔合；铜铝分界线铝侧存在的疏松组织进一步降低了连接性能，上述因素导致在过渡板在受到弯折时很容易沿铜铝熔合线发生断裂。建议对该类型过渡板全部进行更换。

6.7 磨损导致某220kV线路悬垂线夹断裂

6.7.1 案例概况

2013年6月3日，某局输电管理所对某220kV线路故障巡线时发现42#杆(ZM3)左架空地线悬垂线夹有一边连板脱出，只有一边受力(见图6-7-1)，经检查发现该线夹的一侧耳轴已经完全断裂，右架空地线的悬垂线夹也有明显磨损，随后供电局对线路左右两侧的线夹进行了更换。

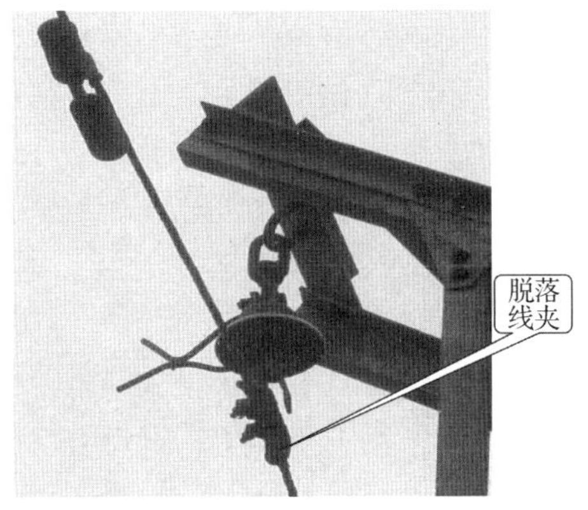

图6-7-1 断裂的42#杆左侧悬垂线夹

该线路投运于1985年11月，至发现故障时运行年限28年，线夹型号为XGU-3型U形螺丝式悬垂线夹。

应供电局要求，对断裂的线夹进行检测分析。

来样共3件，分别为42#杆左右两侧线路的悬垂线夹、一个做对比的同型号新线夹(实验室分别编号为JS-X-201307001、JS-X-201307002、JS-X-201307003)。

6.7.2 检查、检验、检测

6.7.2.1 宏观检查

测量3件来样，其主要尺寸符合《电力金具手册》中的相关规定。

船体耳轴呈圆锥形，与挂板相接处耳轴直径Φ16mm，换下的两个线夹耳轴磨损严重，但是挂板磨损较轻微。

42#杆左侧线夹一侧耳轴未磨断，磨损深度7mm，见图6-7-2(a)；另一侧耳轴磨断，断口明显分两个部分：一部分锈蚀，表面平滑，为磨损所致的陈旧断口，磨损深度11mm，此部分占断口面积约80%，另一部分为最后瞬时断裂区，该区域仅剩5.0mm，占断口面积约20%，如图6-7-2(b)所示。

42#杆右侧线夹两边耳轴均有明显磨损，磨损深度分别为6mm和4mm，如图6-7-3(a)、(b)所示。

线夹和断口上未观察到明显的制造缺陷。

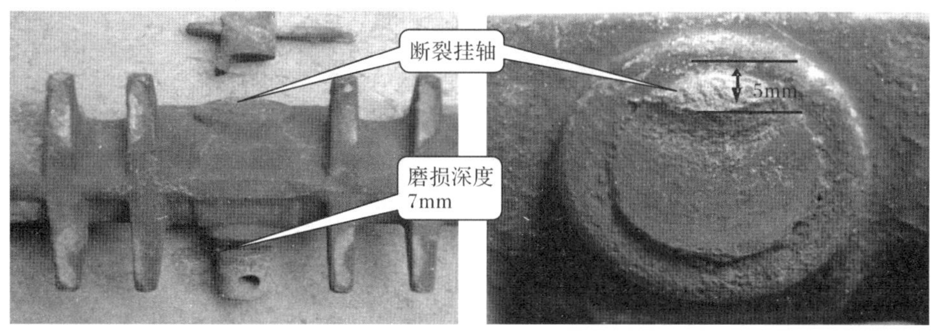

(a) A侧耳轴　　(b) B侧耳轴

图 6-7-2　42＃杆左侧悬垂线夹

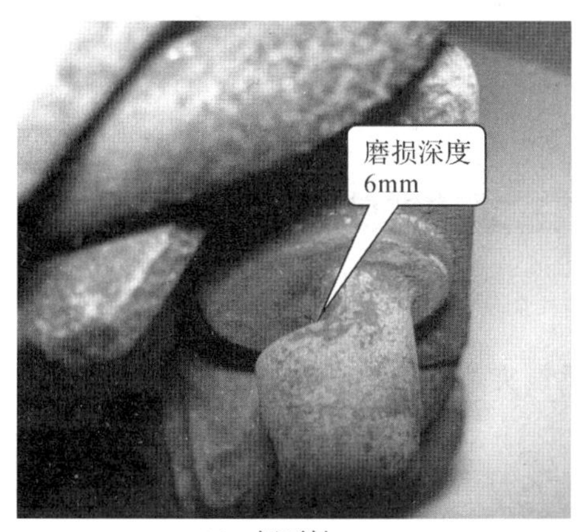

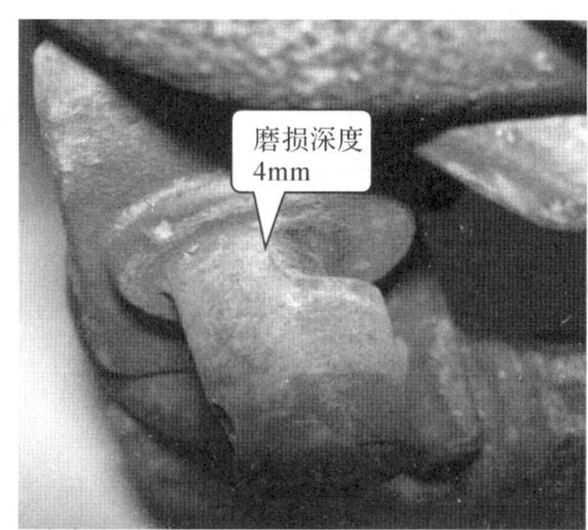

(a) A侧耳轴　　(b) B侧耳轴

图 6-7-3　42＃杆右侧悬垂线夹

6.7.2.2　金相检测

对 3 件线夹船体表面打磨后做金相检测，金相组织均为铁素体＋团絮状石墨(见图 6-7-4 和图 6-7-5)，为黑心可锻铸铁的正常组织。

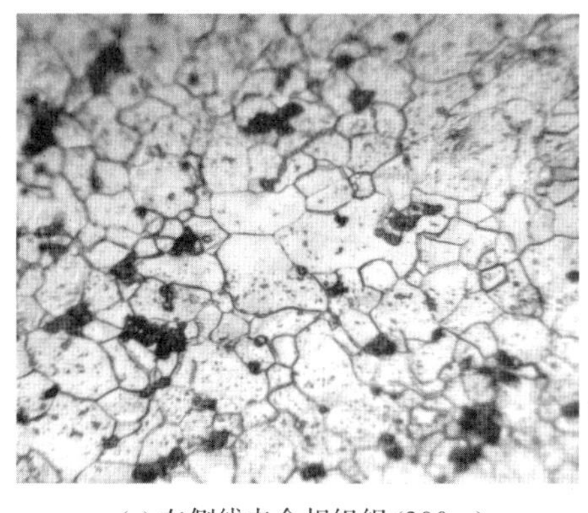

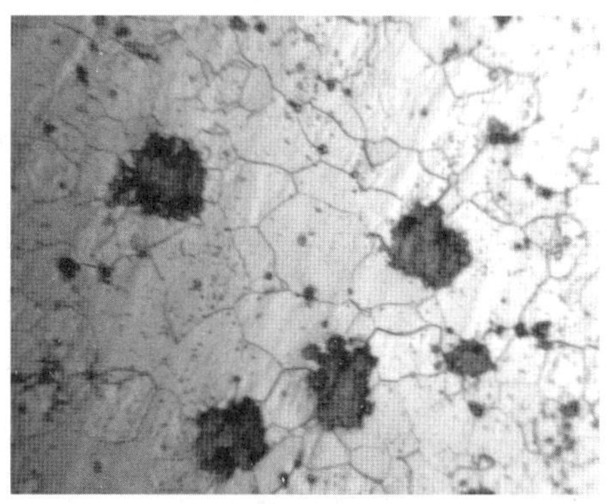

(a) 左侧线夹金相组织 (300×)　　(b) 右侧线夹金相组织 (300×)

图 6-7-4　42＃杆悬垂线夹金相组织

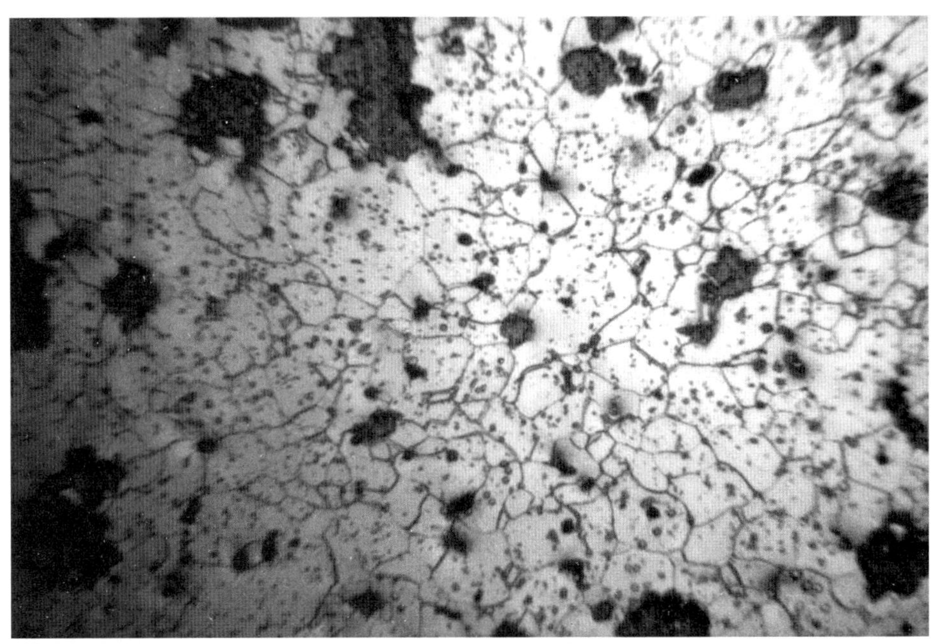

图 6-7-5　新线夹金相组织(200×)

按 DL/T 756—2009《悬垂线夹》规定，悬垂线夹可用可锻铸铁制造。

6.7.2.3　硬度检测

对 3 件悬垂线夹船体分别进行布氏硬度检测，打磨外表面，分 3 点测量其硬度，结果见表 6-7-1。

表 6-7-1　3 件悬垂线夹船体布氏硬度(HBW)

	测点 1	测点 2	测点 3	平均
左侧线夹	129	125	124	126
右侧线夹	136	140	139	138
新线夹	130	129	132	130

DL/T 756—2009《悬垂线夹》中规定："悬垂线夹的各部件及附件采用的材质应符合下面规定：a)可锻铸铁按 GB/T 9440 的规定，抗拉强度不应低于 330MPa，伸长率不应低于 8%。"

因来样无法取样进行抗拉强度试验，只能以硬度值做参考。

GB/T 9440—1988《可锻铸铁件》对满足该条件黑心可锻铸铁的硬度要求是 HBW ≤150。

试验所测硬度值符合 GB/T 9440—1988 要求。

6.7.3　失效原因分析

1. 结果讨论：

来样线夹材质为黑心可锻铸铁，该材料塑性、韧性好，但强度，硬度低，主要用于承受较高冲击和振动的部件。

来样线夹船体的金相和硬度都符合相关标准要求，但硬度值总体上较低，而较低的硬度会降低材料的耐磨性。

2. 线夹断裂的原因：综合分析结果，线夹断裂原因为在长期的运行过程中，耳轴与挂板相互摩擦，耳轴逐渐磨损，最终临界强度不足而发生断裂。

3. 影响磨损的因素：

(1)风的影响：风是引起架空地线悬垂线夹摆动和线夹船体转动，导致耳轴磨损的直接原因，风的不稳定性影响线夹摆动和船体转动的频率，风速及风向影响线夹摆动和船体转动的幅度。因而风的这些特性和参数都与悬垂线夹磨损有密切的关系。

(2)地形、地物的影响：地面的障碍物能影响风的速度和局部风向，导致风速不稳定。由于地形越复杂，风速越不稳定，所以在线路经过复杂地形的区段，架空地线悬垂线夹磨损也较严重。

(3)线路走向的影响：输电线路走向如果与当地常年盛行风向一致，则架空地线悬垂线夹的磨损将较严重。

(4)档距的影响：磨损量与垂直载荷成正比，垂直档距和架空地线截面是构成垂直载荷的主要因素，因此它们与线夹耳轴磨损直接相关。

4. 建议：

(1)2010 年某供电局发生过 220kV 线路 XGU-2 型 U 形螺丝式悬垂线夹磨损断裂的情况，情况与此很类似，运行时间接近 24 年。

因此应注意对对运行年限较长的输电线路(20 年以上)各连接金具磨损情况进行全面普查，重点是大风区、大档距、大高差等工况恶劣区以及线路顺风区的地线悬垂线夹，对磨损超过 1/3 的线夹应进行更换。

(2)对工况恶劣的悬垂线夹进行工艺改进：采用硬度更高的悬垂线夹、对耳轴进行防磨处理或增加悬垂线夹耳轴的磨损余量等。

(3)加强地线的减振措施，有效减少地线风振对悬垂线夹和地线的损伤。

6.8 螺栓锈蚀和松动导致某 110kV 线路耐张线夹断裂

6.8.1 案例概况

2013 年 7 月 25 日 19 时 39 分，某供电局 110kV 小牵Ⅰ回 176 断路器零序Ⅰ段、接地距离Ⅰ段保护动作跳闸，重合闸动作不成功。110kV 小新街铁路牵引变，备自投成功，无负荷损失，保护动作为零序Ⅰ段，接地距离Ⅰ段保护动作跳闸，保护测距为 13.44km，B 相接地故障。故障录波测距 13.04km，B 相接地故障。输电管理所接调度通知开展故障查线。

输电管理所按照调度要求开展故障查找工作，于 7 月 25 日 23 时 57 分排查至 41＃塔时，发现 41＃耐张塔 B 相(中台导线)大号侧引流线巴掌从耐张线夹引流端搭接处烧断脱落，耐张线夹引流巴掌螺孔已被烧坏，见图 6-8-1。

经供电局查阅雷电信息系统及走访现场人员，线路跳闸时，有大风、大雨、强雷电活动。

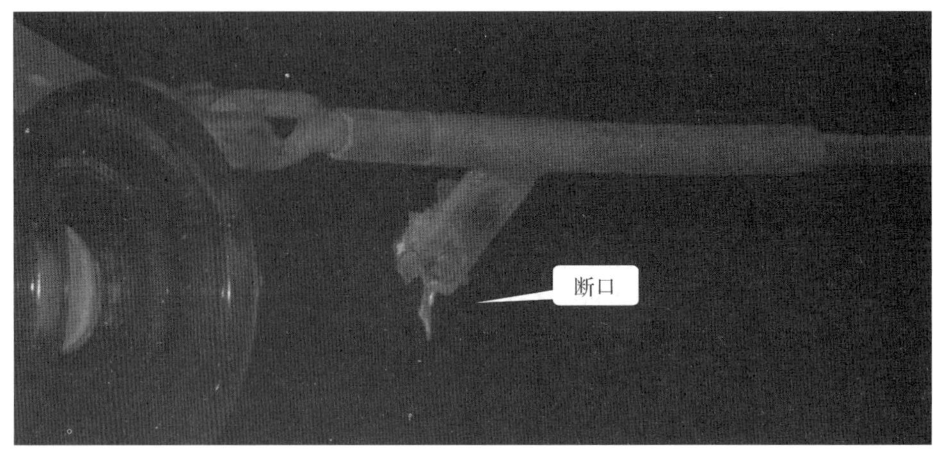

图 6-8-1　熔断的 41＃塔耐张线夹现场照片

41＃塔导线为 LGJ-240/30，该导线额定容许负荷电流可达 610A。

应供电局要求，对熔断的耐张线夹进行检测分析。

6.8.2　检查、检验、检测

6.8.2.1　来样情况

来样共 4 段，分别为烧损的 41＃塔 B 相(中台线)大号侧耐张线夹及引流板，用作对比的 42＃塔 B 相(左边线)小号侧耐张线夹及引流板，见图 6-8-2 和图 6-8-3。(实验室分别编号为 JS-X-201308008 和 JS-X-201308009)。

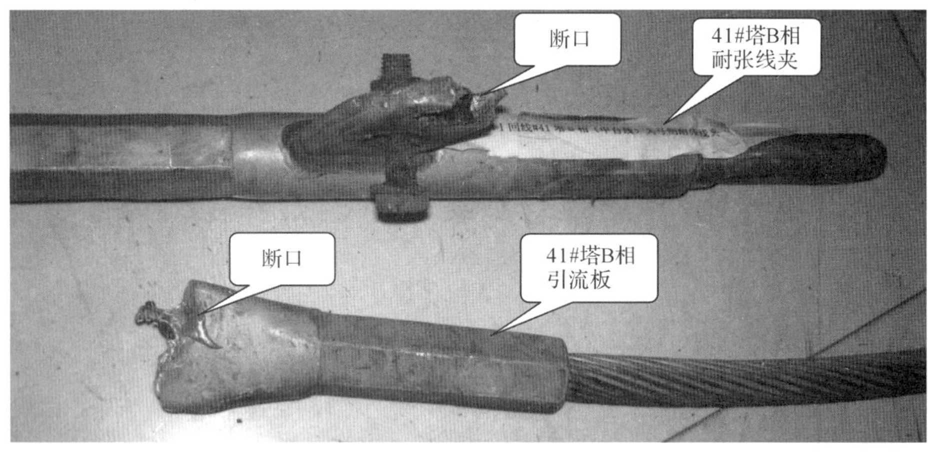

图 6-8-2　熔断的 41＃塔 B 相耐张线夹及引流板

6.8.2.2　材质分析

分别在 41＃塔、42＃塔的耐张线夹直板和引流板部位采用火花源原子发射光谱法进行材质检测，材料设计牌号不明，试验采用盲打法进行。

检测结果见表 6-8-1。

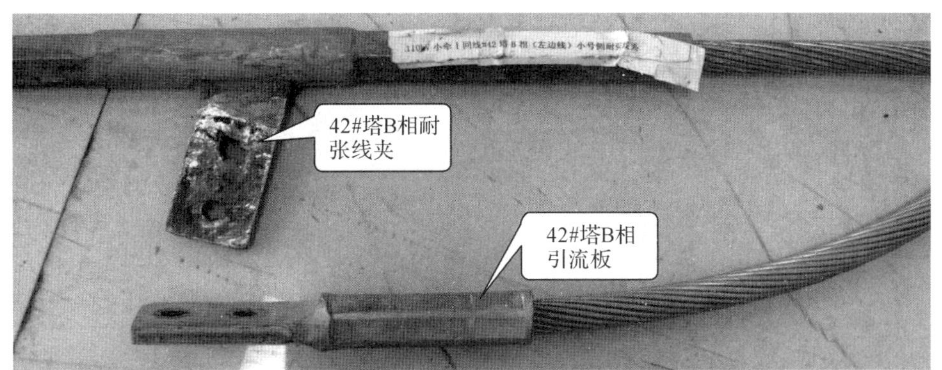

图 6-8-3 42＃塔 B 相耐张线夹及引流板

表 6-8-1 耐张线夹直板和引流板材质检测(%)

	Si	Fe	Cu	Mn	Mg	Zn	Ti	Al
41＃耐张线夹	0.085	0.1153	0.0021	≤0.002	≤0.003	≤0.008	≤0.003	99.8
41＃引流板	0.01279	0.1941	0.0026	0.0900	0.0039	<0.0080	0.0092	99.5
42＃耐张线夹	0.1323	0.2276	≤0.002	≤0.002	0.0057	≤0.008	0.0102	99.5
42＃引流板	0.0739	0.1885	≤0.002	≤0.002	0.087	0.0179	0.0035	99.6
1050A	0.25	0.40	0.05	0.05	0.05	0.07	0.05	99.5

查阅《电力金具手册》第三版，对耐张压接管材质规定为："引流板材质为 1050A 铝"，GB 3190—2008《变形铝及铝合金》中对 1050A 的成分要求见表 6-8-1。

检测结果表明来样 41＃引流板的 Mn、42＃引流板的 Mg 略高于标准要求，其余均在标准范围内。

因来样设计材质不明，上述结果不能作为判定材质是否符合设计要求的依据。

6.8.2.3 宏观分析

41＃塔耐张线夹和引流板断口照片见图 6-8-4 和图 6-8-5。

断口均呈熔断迹象，断口主体为白色，另有一部分黑色的附着物(能谱抽检表明该黑色附着物为铁，见能谱分析部分)。

如图 6-8-4，耐张线夹直板断口处螺栓已脱落，另一颗螺栓尚保留，螺栓严重锈蚀，且已明显变细，螺栓松动，垫圈锈死，铝板上螺栓孔已扩大至和垫圈同等大小，在螺栓孔表面还可看到黑色物质和熔化痕迹，表明螺栓在运行过程中与铝板间有放电发生。

在熔化的断口上也可看到残留螺栓孔大小和形态与之相似，表明线夹熔断前螺栓也很可能有严重锈蚀和松动。

6.8.2.4 能谱检测

对 41＃塔 B 相引流板断口上黑色附着物进行能谱检测(检测部位见图 6-8-6)，检测结果表明该黑色附着物主要成分为铁，因此该附着物应为熔化后的螺栓附着。

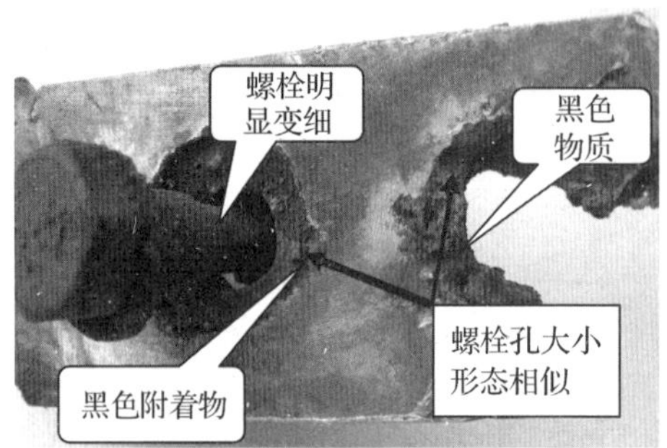

(a) 断口A面

(b) 断口B面

图 6-8-4　41＃塔耐张线夹断口

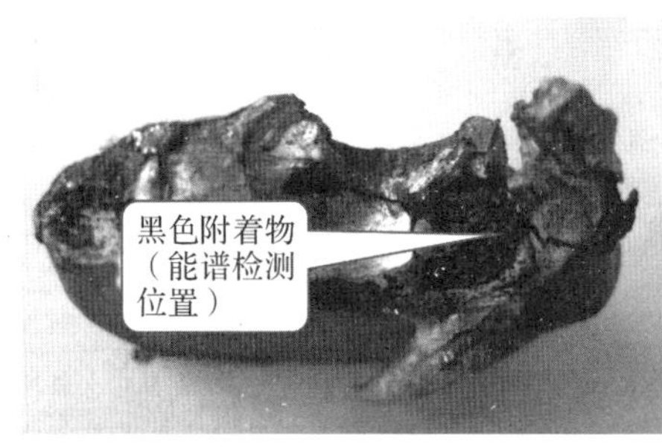

(a) 断口正面

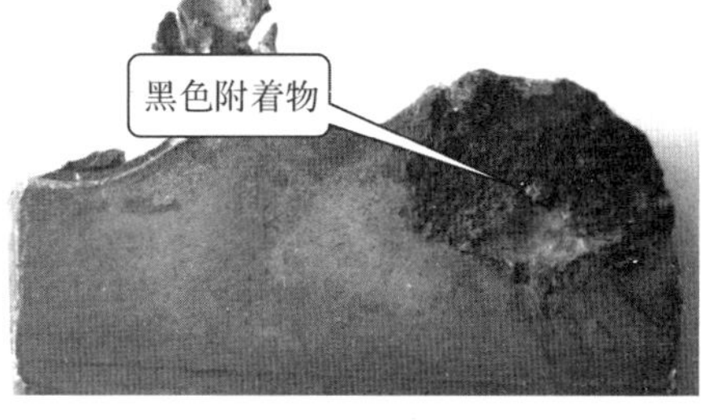

(b) 断口侧面

图 6-8-5　41＃塔引流板断口

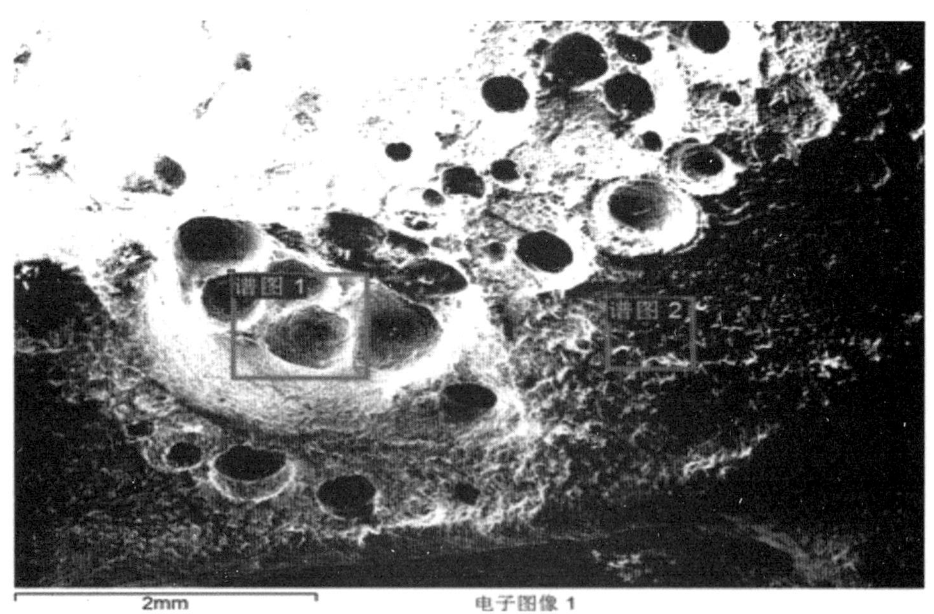

图 6-8-6　电镜下能谱检测部位

处理选项:已分析所有元素(已归一化)。

能谱扫描结果见表 6-8-2。

表 6-8-2 41#塔 B 相引流板断口黑色附着物能谱扫描结果

谱图	在状态	C	O	Al	Si	Ca	Fe	Zn	总和
谱图 1	是	8.54	33.39	2.41			41.24	14.42	100.00
谱图 2	是	10.22	38.28	0.95	1.07	0.31	45.95	3.22	100.00

6.8.3 失效原因分析

造成此次线夹断口熔化的原因主要为螺栓在运行过程中严重锈蚀、松动,螺栓和铝板之间发生放电,在电流过大时螺栓和铝板发生熔化所致。

6.9 制造质量低于标准要求导致某 110kV 备用线 U 形环断裂

6.9.1 案例概况

2016 年 5 月 10 日,某供电局运行人员查线中发现某 110kV 变电站备用线面向大号侧右回线小号侧耐张串 U 形环(U-10)发生断裂,导致 110kV 变备用线掉串,见图 6-9-1、图 6-9-2。事故发生时备用线均未带电。损坏 U 形环设计型号 U-10,设计材质为热镀锌钢制件,对应绝缘子采用 U100BP 玻璃绝缘子。断裂处杆塔小号侧档距为 258m,大号侧档距为 300m。线路验收时该位置未发现异常。

图 6-9-1 断裂 U 形环现场

图 6-9-2 杆塔挂点示意图

6.9.2 检查、检验、检测

6.9.2.1 宏观检测

来样为移去绝缘子串的挂板和连接部件，连接部件包括断裂 U 形环、1 个连接环、3 个完整 U 形环(1 个 U-10，2 个 U-12)，如图 6-9-3 所示。

为分析 U 形环断裂原因，将断裂 U 形环两侧分别编号为 1＃ 和 2＃，同时将完整 U-10 环作为对比试样编号为 3＃，试样及编号如图 6-9-4 所示。试样 1＃、2＃ 整体未见塑性变形。

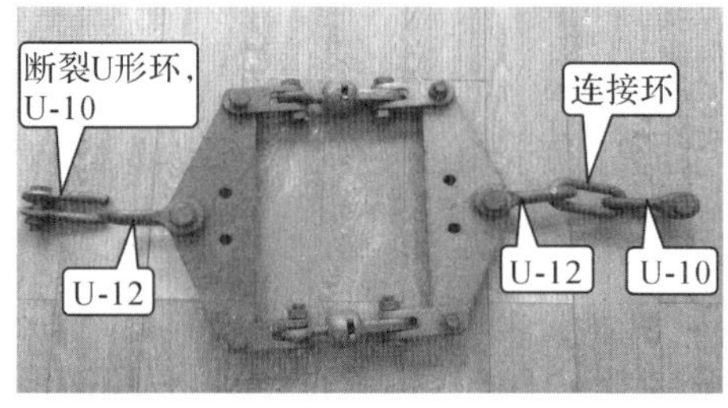

图 6-9-3 绝缘子串挂板及连接部件照片

图 6-9-4 分析试样及编号

6.9.2.2 U 形环外周长度检测

对 U 形环外周长度进行测量，测量位置如图 6-9-5 和图 6-9-6 所示，结果如表 6-9-1 所示。

1＃ 和 2＃ 试样长度分别为 79mm、75mm，总长度为 154mm，3＃ 试样总长度 198mm。拼合后的形状也可看出，断裂 U 形环中间弯头部分已缺失，1＃ 和 2＃ 两个断口属于两个不同的断面。

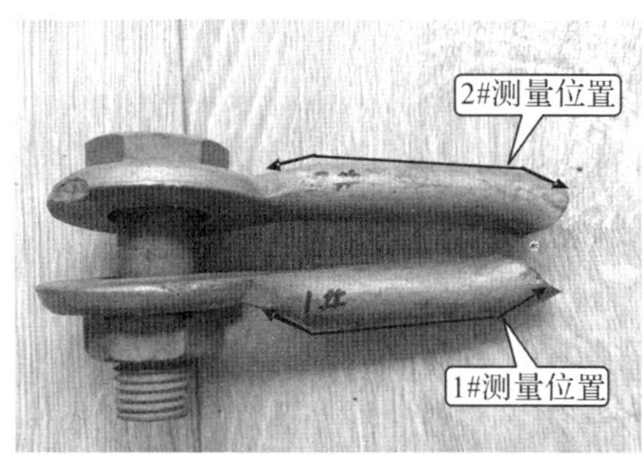

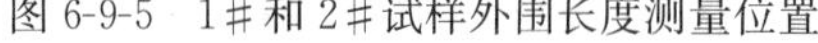

图 6-9-5 1＃ 和 2＃ 试样外围长度测量位置

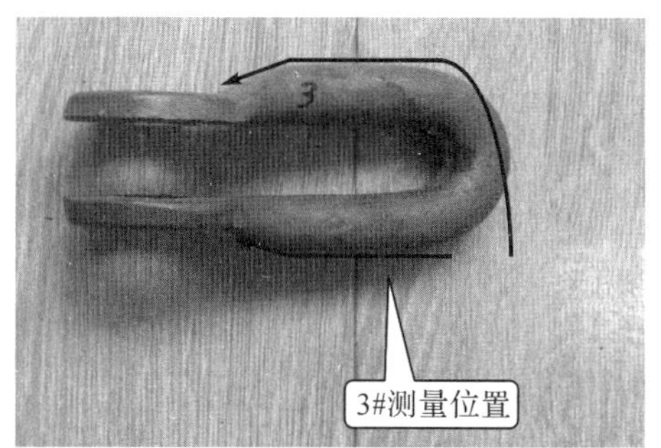

图 6-9-6 3＃ 试样外围长度测量位置

表 6-9-1 U 形环外周长测量结果

样品编号	长度/mm
1＃	79
2＃	75
3＃	198

6.9.2.3 断口分析

对 1＃ 和 2＃ 试样断口在体式显微镜下观察，断口形貌如图 6-9-7 和图 6-9-8 所示。挂环磨损轻微，在断口上均可明显观察到断裂起源区、裂纹扩展区和最终断裂区的位置，两个断口的断裂起源区均位于U形环内侧，断面整体锈蚀严重。断面无显著颈缩，断面整体处于一个平面上，块状和颗粒状的起伏较多，具有脆性解理断裂的特征。

断口断裂起源区为U形环正常连接状态下与其他金具接触位置，也是挂环应力集中部位。

但两个断口也有明显不同的特征：1＃样最终断裂区较2＃样大，呈弯折断裂特征，从裂纹源区向最终断裂区方向，可看到裂纹扩展区有明显的层状颜色区分，显示1＃试样的断裂扩展过程经历了多次应力变化。

而2＃样断口起源于挂环内弯表面，呈放射状扩展，最终断裂区相对1＃断口较小，显示2＃样断裂时受到的应力较1＃样断裂时的应力小。

二者对比可知，挂环断裂过程为U形环2＃样断口部位在运行载荷作用时，裂纹从内壁快速扩展，仅剩下小部分连接，在2＃样断口大部分已经裂开的情况下，1＃样断口位置从内壁相互接触部位裂纹缓慢扩展，剩下少部分粘连的时候最终断裂。

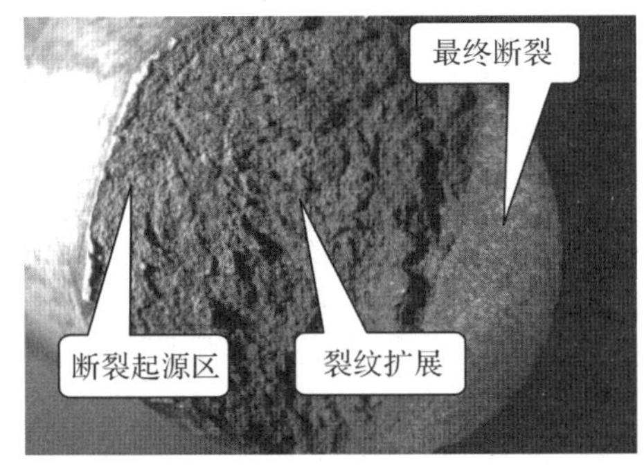

图 6-9-7　1＃试样断口宏观形貌

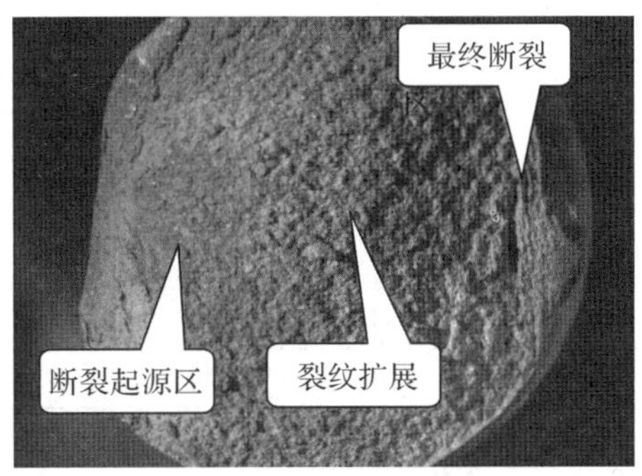

图 6-9-8　2＃断口宏观形貌

6.9.2.4　渗透检测

对1＃和2＃试样按NB/T 47013.5—2015《承压设备无损检测 第5部分：渗透检测》进行渗透检测，表面未发现缺陷，检测结果如图6-9-9、图6-9-10所示。

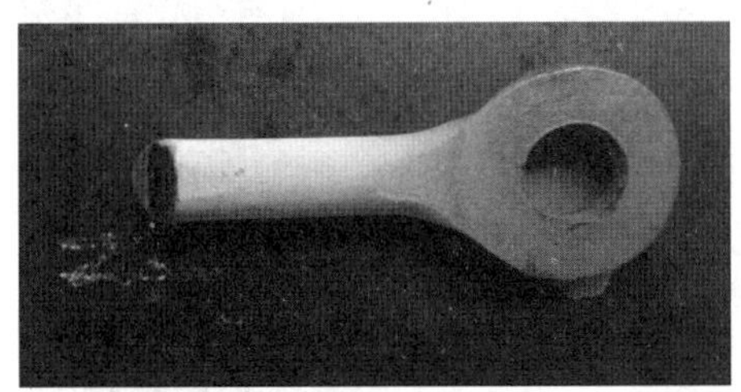

图 6-9-9　1＃试样表面渗透检测结果

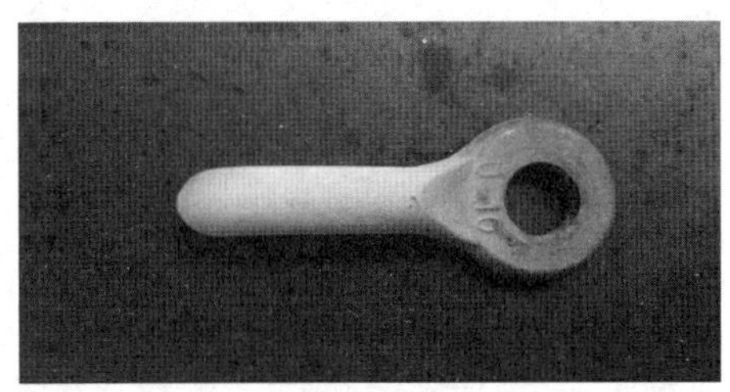

图 6-9-10　2＃试样表面渗透检测结果

6.9.2.5　成分检测

采用电火花光谱仪按GB/T 4336—2002《碳素钢和中低合金钢火花源原子发射光谱分析方法(常规法)》对1＃、2＃和3＃试样进行成分检测，检测位置见图6-9-11，检测结果见

表 6-9-2。检测结果表明，该 U 形环成分符合 GB/T 700—2006《碳素结构钢》中对 Q235B 钢成分的要求。

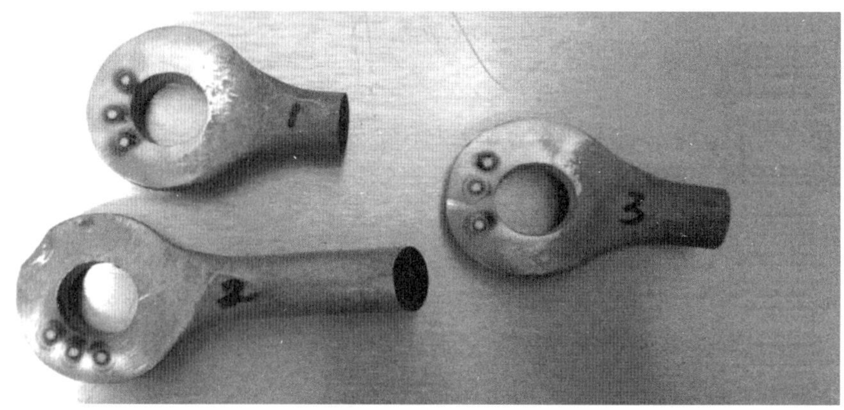

图 6-9-11　光谱分析位置示意图

表 6-9-2　U 形环元素检测结果

编号	C	Si	Mn	P	S
Q235	≤0.20	≤0.35	≤1.40	≤0.045	≤0.045
1#	0.1462	0.1258	0.4157	0.0220	0.0102
2#	0.1524	0.1280	0.4234	0.0269	0.0121
3#	0.1816	0.1198	0.4347	0.0260	0.0154

6.9.2.6　金相分析

将 2# 试样沿“裂纹源-最终断裂区”方向截开进行金相检测，组织分别如图 6-9-12 和图 6-9-13所示。图 6-9-12 所示为截面芯部组织，由铁素体和层片状珠光体组成，金相组织正常。

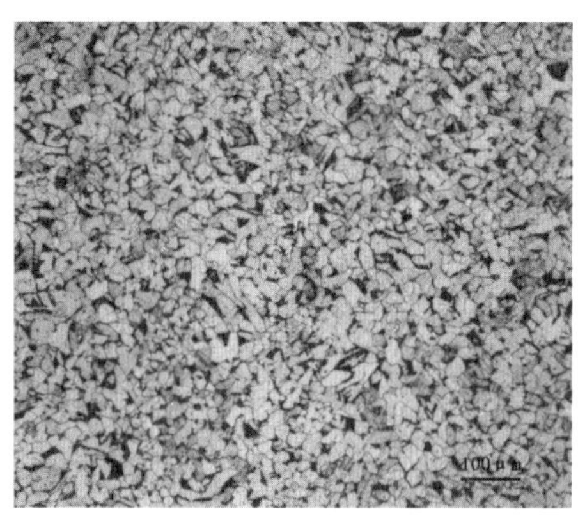

图 6-9-12　2# 试样截面芯部金相检测结果

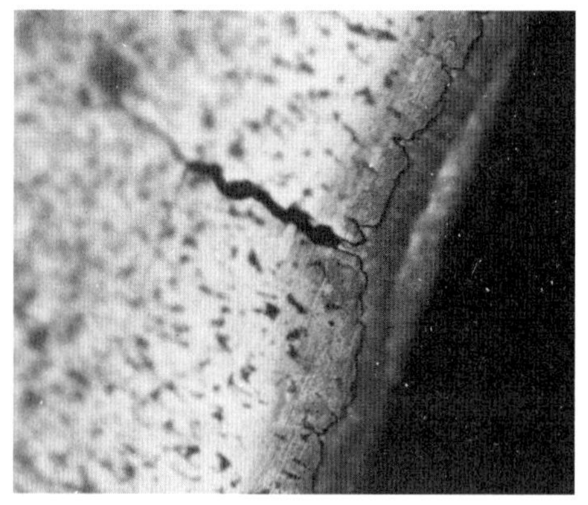

图 6-9-13　2# 试样断口附近表面金相检测结果

图 6-9-13 所示为裂纹源附近表面与镀锌层的结合区，可见存在一条开口于表面、从表

面向芯部扩展的裂纹，且裂纹开口处有锌层覆盖，表明金具在镀锌前由于工艺不当就已经产生了裂纹。

6.9.2.7 硬度检测

分别从1#及3#试样金相检测部位取样进行布氏硬度检测，标尺HB 2.5/62.5，检测结果见表6-9-3，硬度值在130～140HB，硬度值未见异常。参照GB/T 1172—1999《黑色金属硬度及强度换算值》的规定，硬度值对应的抗拉强度估计值为498MPa、513MPa，换算的抗拉强度符合GB/T 700—2006《碳素结构钢》对Q235钢抗拉强度要求的上限（370～500MPa）。

表6-9-3 1#和3#试样布氏硬度检测结果

样品	布氏硬度	GB/T 1172—1999换算强度
1#	133	498MPa
3#	137	513MPa

6.9.3 失效原因分析

1. U形环断后有44mm长的部分丢失，分析针对剩余的部分进行。

2. 断裂样品材质符合GB/T 700—2006《碳素结构钢》Q235B要求。

3. 按照硬度值换算的抗拉强度超过GB/T 700—2006《碳素结构钢》对Q235钢抗拉强度要求的上限，可排除强度不足导致断裂的可能性。

4. 磨损较轻微，可排除因磨损导致面积不足而断裂的可能性。

5. 经渗透检测，断裂U形环在断口附近表面未发现缺陷。渗透检测只能检测表面开口缺陷，未能检出裂纹的原因是裂纹开口被镀锌层覆盖。

6. 对2#来样裂纹源附近切开进行金相检查，截面芯部金相组织正常，但裂纹源附近存在开口于表面、向芯部扩展的裂纹，裂纹开口被镀锌层覆盖，说明裂纹在镀锌之前就已经产生。

结合上述各项分析，挂环断裂原因为制造过程中产生表面裂纹，这些裂纹在挂环的工作载荷应力作用下扩展，最终导致U形环断裂。

6.10 球头挂环疲劳断裂导致某500kV线路121#塔A相绝缘子掉落

6.10.1 案例概况

某500kV Ⅱ回线采用单回路架设，线路全长89.02km，全线共用铁塔217基，导线采用4×LGJ-500/45型钢芯铝绞线；001#～020#、196#～217#塔地线采用LBGJ-120-40AC铝包钢绞线，其余地段采用2根XLXGJ-100钢绞线。500kV Ⅱ回线120#塔高程2129m、121#塔高程2113m、122#塔高程2109m，120#～121#塔档距431m、121#～122#塔档距

575m，121#杆塔型号 ZB453、呼称高 36m，间隔棒型号 FJZJ-445/500，设计冰区 10mm。

某Ⅱ回线于 2009 年 12 月 25 日投运，由供电局管辖。2015 年 4 月 1 日，500kV Ⅱ回线 121#塔 A 相横担侧球头挂环断裂，导致 A 相掉串，引起线路永久性接地故障，导线坠落地面时，造成 3 根子导线不同程度受损、3 个间隔棒变形，1 个悬垂线夹受损。故障情况详见图 6-10-1。

图 6-10-1　121#塔 A 相掉串现场宏观照片

查阅与故障线路并行架设的 500kV Ⅰ回线 104#塔（500kV Ⅰ回线与 500kV Ⅱ回线平行架设，水平距离 100m 左右，104 塔距离故障塔位 121 塔直线距离 6763m），分析在线监测系统数据，发现 500kV Ⅰ回线 104#塔从 2015 年 3 月 31 日 9 时 32 分 27 开始，10 分钟最大风速为 10.6～13.7m/s 之间，4 月 1 日故障当天，跳闸时的 10 分钟最大风速为11.4m/s，属 6 级强风，未超过设计 27m/s 风速。

故障造成 121#塔 A 相掉串，引起线路永久性接地故障，导线坠落地面时，造成 3 根子导线不同程度受损、3 个间隔棒变形，1 个悬垂线夹受损。

2015 年 4 月 2 日，某电力科学研究院按省电力局安排，对 121#塔 A 相球头挂环进行宏观检测、磁粉检测、金相检测、化学元素分析、硬度检测、电子显微镜分析、扫描电镜能谱分析。依据试验结果对 500kV 多曲Ⅱ回线 121#A 相绝缘子掉串的原因进行分析。

6.10.2　检查、检验、检测

6.10.2.1　事件发生区段设备参数情况

故障位置：121#塔（设计杆号 N121，桩号 D155）A 相

导线型号：4×LGJ-500/45

地线型号：LBGJ-120-40AC、XLXGJ-100

绝缘子型号：U160B 见图 6-10-2

球头型号：QP-16

球头材料：45 钢

导线排列方式：水平排列

6.10.2.2 绝缘子串损坏情况

球头挂环沿离球头 46.1mm 处断裂,可见明显变形,变形值 2.5mm,见图 6-10-2。

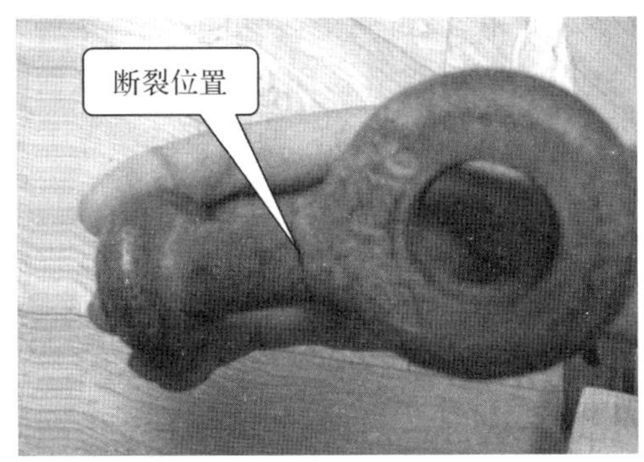

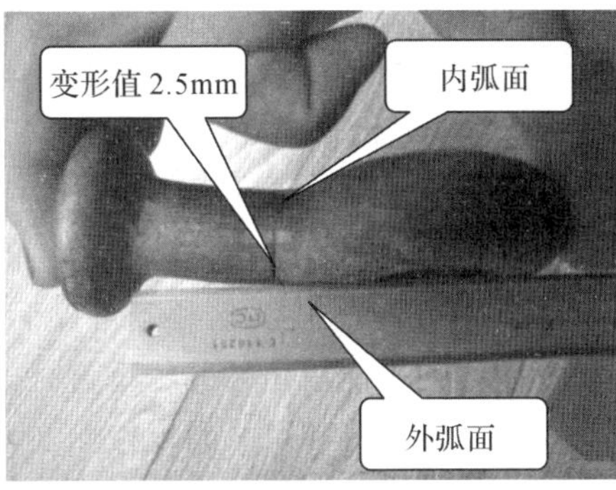

图 6-10-2 球头挂环断裂和变形宏观照片

直角挂板上连接螺栓与挂板连接部位存在碰磨损伤痕迹,见图 6-10-3,磨损痕迹为轴向长 24mm,周向弧长 20mm。磨损痕迹处存在约 1mm 深的台阶,而与之相配套的球头环厚度为 20mm,说明球头挂环在运行中有沿螺栓纵向滑动或摆动的情况。

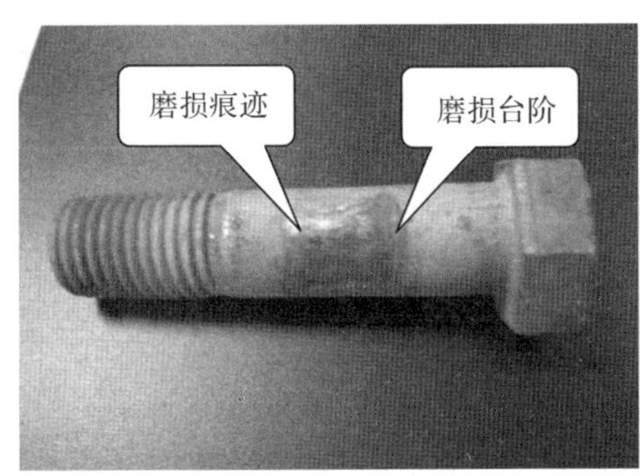

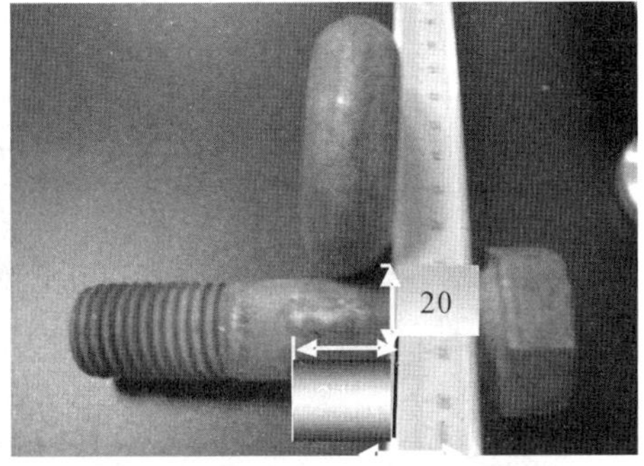

图 6-10-3 直角挂板上连接螺栓宏观照片

直角挂板内壁只有一侧存在磨损痕迹,见图 6-10-4,说明绝缘子运行中在垂直方向处于偏斜状态。

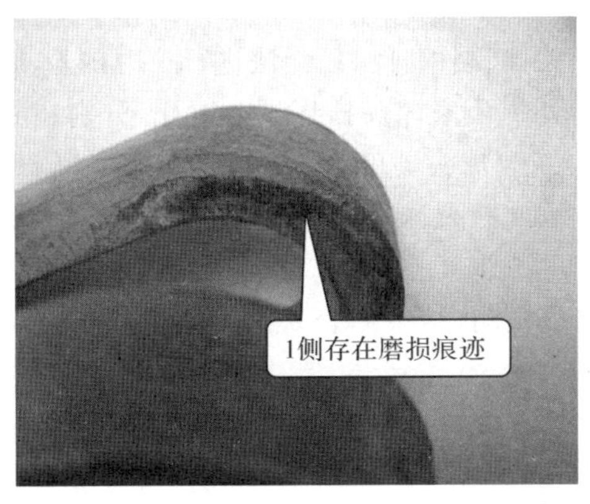

图 6-10-4 直角挂板上磨损痕迹宏观照片

6.10.2.3 球头挂环断口宏观分析

对球头挂环断口进行分析：

断口根据颜色可分为明显的3个区，如图6-10-5中所示：两个区颜色较深，分别为外弧面断裂区、内弧面断裂区，一个区颜色较光亮，为中间断裂区，外弧面断裂区和内弧面断裂区深度分别为3.1mm和6.6mm，杆部实测直径20.3mm，因此两个区的面积已经占了整个断口约1/4。内弧面断裂区断口面外弧面和内弧面断裂区基本相对，从颜色可看出裂纹产时间较长，断口表面由于氧化颜色变深，而中间断裂区颜色光亮，为新近断口。

断口特征表明，球头在运行中沿外圆面先产生疲劳裂纹，裂纹在风摆中不断发展，当球头截面面积减小到不能承担导线的重量时，造成球头瞬间拉断。

6.10.2.4 球头挂环尺寸硬度检测

对挂环各尺寸进行检测，与厂家的设计尺寸和《电力金具手册》相对比，尺寸基本符合要求，检测数据见图6-10-6。

图6-10-5　断口宏观照片

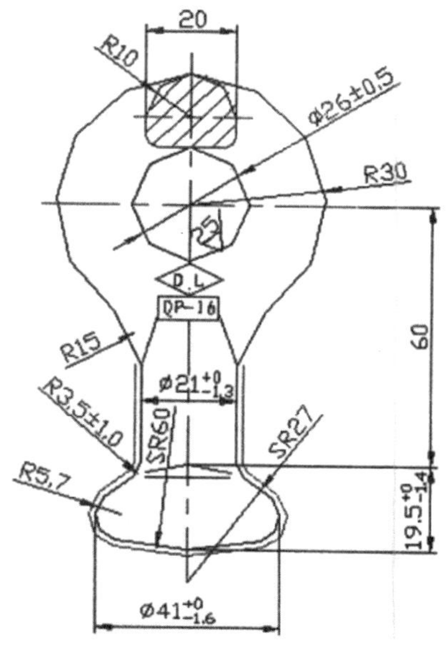

图6-10-6　挂环尺寸测量结果

因黑色金属的抗拉强度和硬度一般呈正相关，断裂的球头已无法进行拉力试验，因此通过硬度间接进行强度检测。试验取同型号的另外一厂家球头挂环进行对比，分别在断裂球头和新球头圆环的侧面打磨后进行硬度检测。断裂球头硬度为HB164，新球头为HB147，新球头经拉力试验，其抗拉强度符合标准要求，因此断裂球头抗拉强度也应符合标准要求。

6.10.2.5 球头挂环材料成分检测

球头挂环设计材质为45＃钢，对其进行成分检测，结果见表6-10-1，检测结果符合JB/T 699—1999标准要求。

表 6-10-1 球头材料成分检测结果

分析部位	化学成分/wt%						
	C	Si	Mn	S	P	Cr	Ni
球头端部	0.48	0.31	0.63	0.02	0.02	0.09	0.04
GB/T 699—1999	0.42—						
0.5	0.17～0.37	0.5～0.8	—	—	≤0.25	≤0.3	

6.10.2.6 球头挂环磁粉检测

按 JB/T 4730—2005 标准对球头进行磁粉检测，球头弯曲变形的外弧面上存在 2 条裂纹，裂纹长分别为 8mm 和 5mm。球头弯曲变形的内弧面上存在 2 条裂纹，裂纹长分别为 9mm 和 3mm，见图 6-10-7。

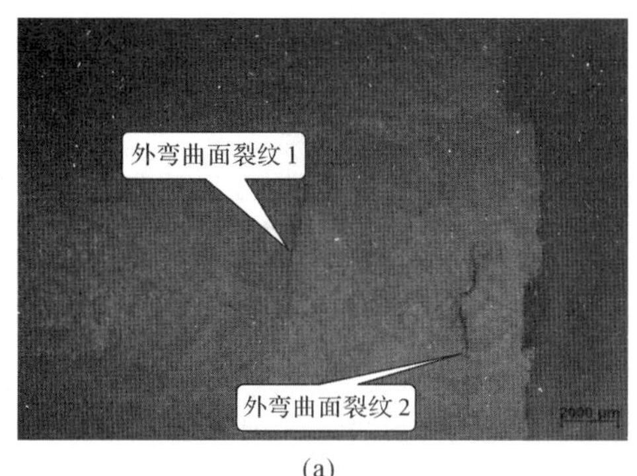

(a)

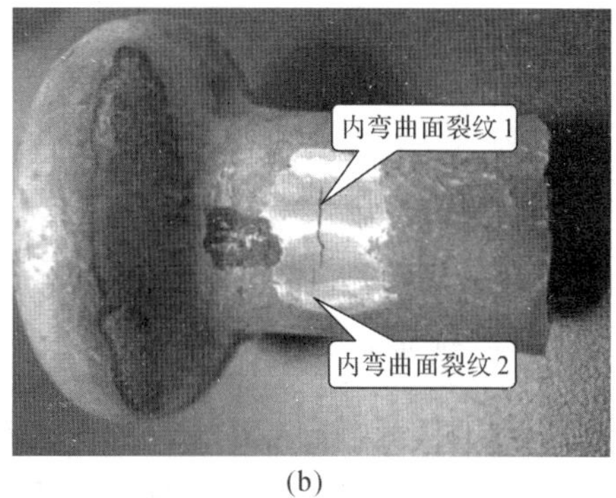

(b)

图 6-10-7 磁粉检测发现裂纹宏观照片

6.10.2.7 球头挂环断口电子显微镜及电镜能谱分析

对球头挂环断口进行扫描电子显微分析，断口为解理脆性断口，见图 6-10-8。

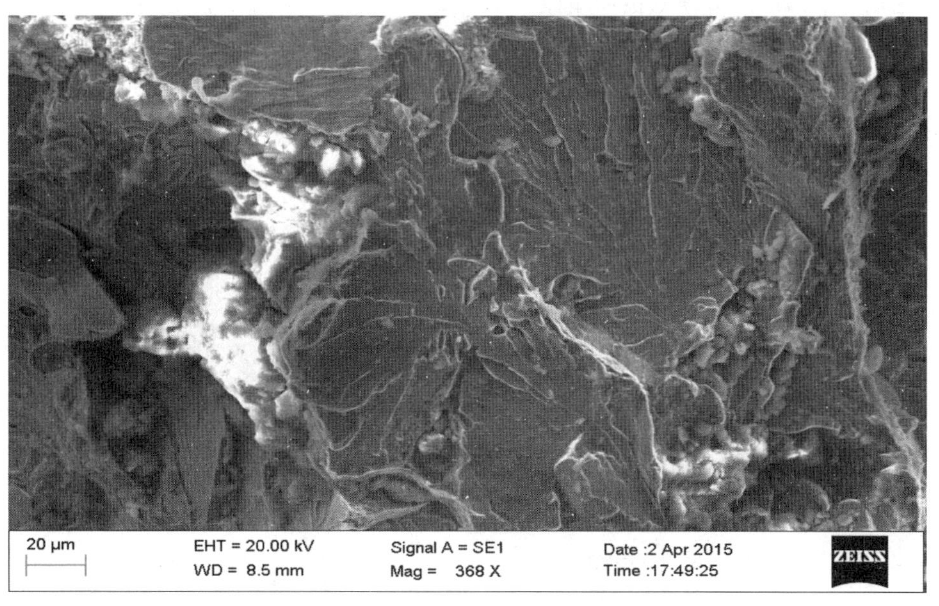

图 6-10-8 断口 SEM 照片

6.10.3 失效原因分析

综合上述各项分析，500kV II 回线 121 塔 A 相掉串原因为：

故障区域由于受到大风或其他横向载荷的作用，杆塔绝缘子串因顶部与铁塔其他组件相碰磨，阻碍绝缘子串在横线路方向自由摆动，球头挂环长时间（运行超过 5 年）在风摆中反复受到弯折，先沿外圆面产生疲劳裂纹，裂纹在风摆中不断发展，当球头截面面积减小到不能承担导线的重量时，造成球头拉断，绝缘子串掉落地面。

6.11 间隔棒安装质量差导致某 500kV 线路间隔棒运行中断裂

6.11.1 案例概况

某Ⅱ回线跨越昭通、曲靖两地区。该线路投运还不到半年时间，就发生四件套间隔棒（线架）失效脱落。供货商提供的间隔棒材质为铸铝 413Z.1，间隔棒型号：FJZJ-445/500。

6.11.2 检查、检验、检测

图 6-11-1 是失效的间隔棒情况。将间隔棒四个角上的线架依次编为 A、B、C、D。可以看出，其中 A、B、C 三个已脱落。仅右上角 D 线架保存完好，如图 6-11-2 所示，说明间隔棒失效后还是悬挂在空中。从图 6-11-2 中可以看出，线架、压盖是通过 M8 小螺栓与间隔棒连接在一起，没有锁扣。压盖的两个压脚底端较平整，面积小（约 13mm×6mm），摩擦系数小。当紧力不足或有轻微振动或受风力作用发生摆动时最容易引起螺栓松动。螺栓松动必然引起压脚底端与卡槽底的滑动摩擦和碰撞。图 6-11-3、图 6-11-4 所示就是间隔棒长方形卡槽被磨损的形貌。卡槽面积约 15mm × 11mm。有的卡槽已磨平，引起间隔棒脱离。图 6-11-5 所示是间隔棒外侧磨损形貌，最深处磨掉厚度约 7mm。这是因为悬挂空中的间隔棒与导线互相摩擦的结果。

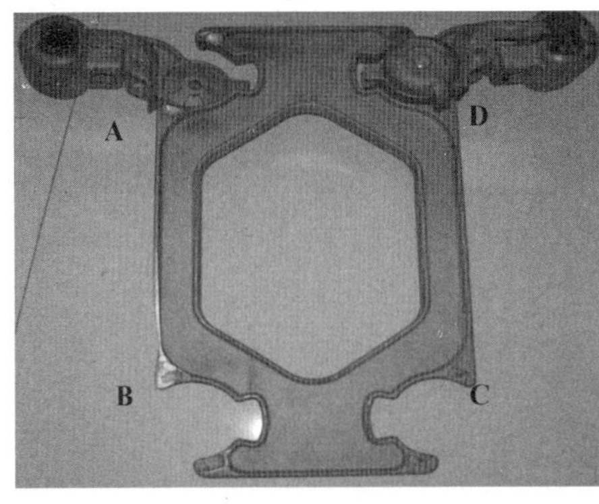

图 6-11-1 失效间隔棒

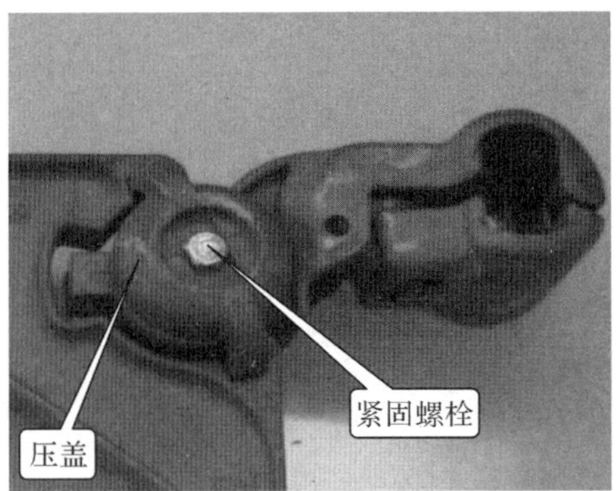

图 6-11-2 D线架

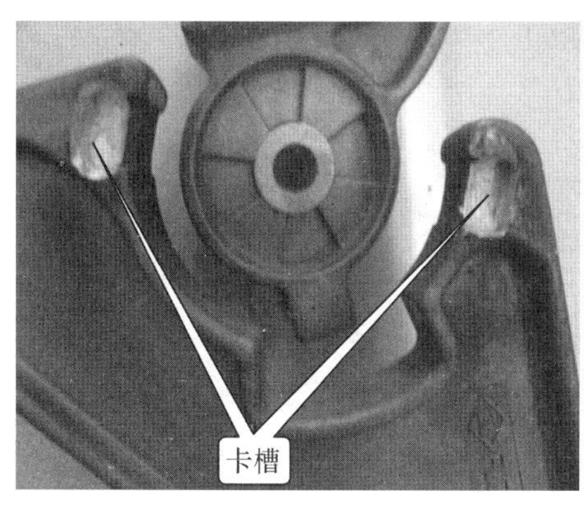

图 6-11-3　间隔棒长方形卡槽形貌 1

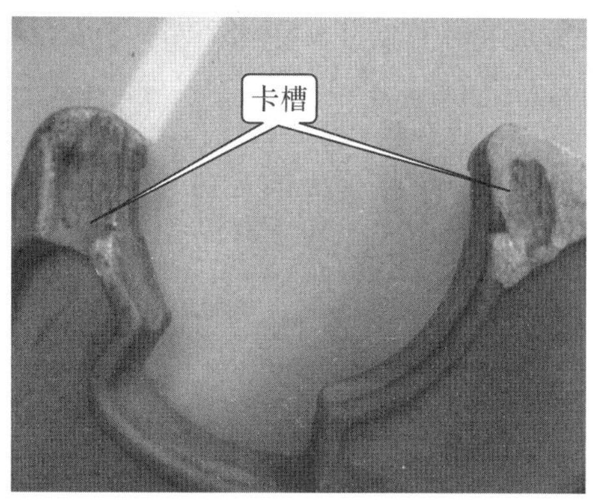

图 6-11-4　间隔棒长方形卡槽形貌 2

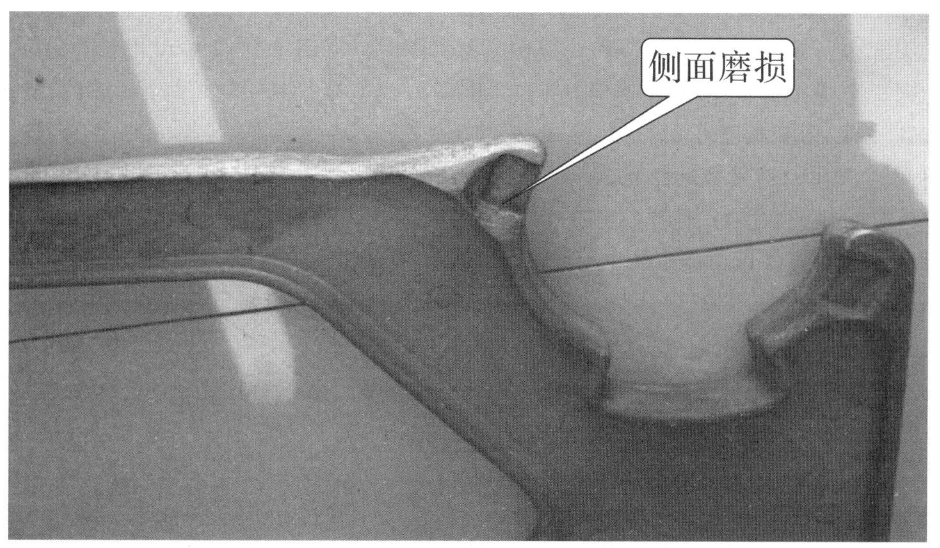

图 6-11-5　间隔棒外侧磨损形貌

6.11.3　失效原因分析

综上所述,引起该Ⅱ回线间隔棒失效脱落的主要原因是由于结构不合理,紧固螺栓容易松动引起磨损造成的。

6.12　焊接质量差导致某 220kV 线路连接板断裂

6.12.1　案例概况

样品共计 4 件,其中 2# 试件 B 侧发生断裂(见图 6-12-1)。该试件由某电瓷厂生产,于 2004 年 11 月投运以来,运行不足 5 年,于 2009 年 8 月发生电路连接板断裂事故。

电流互感器型号：LVQB-220GYW，标准：GB 1208—97(见图 6-12-2)。

图 6-12-1　连接板样品

图 6-12-2　电流互感器

6.12.2　检查、检验、检测

6.12.2.1　宏观分析

断裂部位及宏观形貌如图 6-12-3 至图 6-12-7 所示，从图 6-12-3 中可以看出，电路连接形式为铜板＋焊接铜板以螺栓(普通碳钢)紧固的方式连接。其中送检样品的螺栓及螺母均已严重锈蚀，U 形铜板已变黑。

图 6-12-3 所示连接板的结构表明，短铜板、长铜板(U 形)像一把丁字尺，在它的大头用六颗螺栓紧固起来，形成刚性结构。裂纹发生在"丁字尺"的直角焊缝处，如图 6-12-3、图 6-12-4所示。裂纹自上而下发展，宏观裂纹较平直。

图 6-12-3　连接板结构

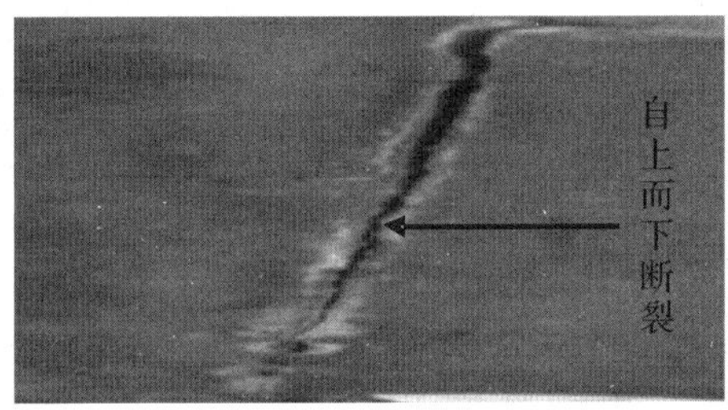

图 6-12-4　裂纹位置

宏观断口形貌：断口部位宏观可见未焊透、未熔合等缺陷存在。断口中间沿未熔合区域存在较多的绿色铜锈。

宏观断口特征：无明显塑性变形，呈脆性，断口处未发现熔断现象，可以排除由于电流原因引起的断裂。见图 6-12-5、图 6-12-6。

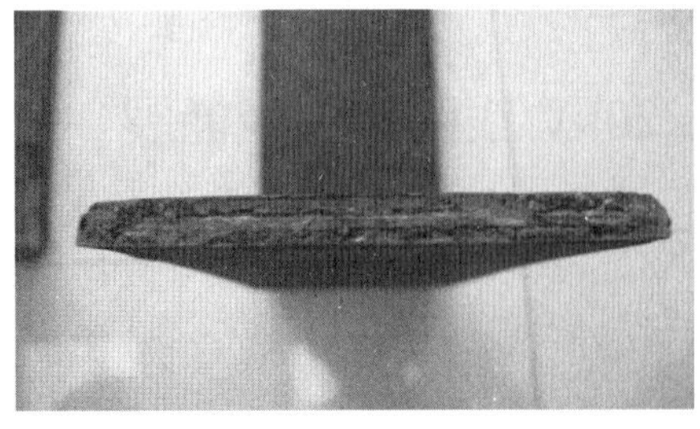

图 6-12-5　断口特征 1

图 6-12-6　断口特征 2

6.12.2.2 X射线成像检测

对未断裂的连接板焊缝进行了X射线检测,检测结果见图6-12-7。

X射线检测表明,整条焊缝几乎均为未焊透、未熔合,且存在圆形气孔。

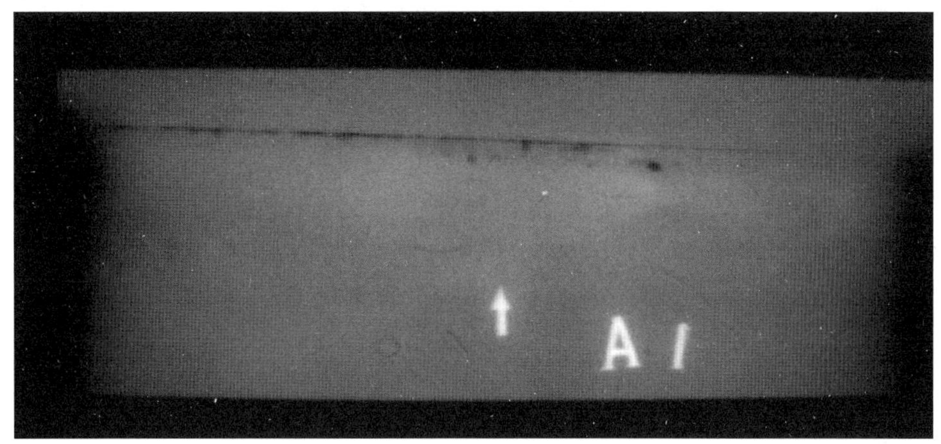

图6-12-7 X射线检测结构

6.12.3 失效原因分析

宏观分析表明断裂区域位于该连接板的焊接区域,断口呈平直形发展。断口分析表明,断裂位置存在大量的未焊透、未熔合等缺陷,且中间有绿色铜锈;断口处未发现熔断现象,可以排除电流原因引起的断裂。对未断裂样品焊缝处进行X射线分析,发现连接板焊缝几乎均为整条未焊透、未熔合,且存在气孔,表明该类型的连接板焊接质量较差。

通常情况下,铜及铜合金焊接性的工艺难点主要有四个:一是高导热率的影响。铜的热导热率比碳钢大7~11倍,当采用的工艺参数与焊接同厚度碳钢差不多时,铜材很难熔化,填充金属和母材也不能很好地熔合。二是焊接接头的热裂倾向大。焊接时,熔池内铜与其中的杂质形成低熔点共晶物,使铜及铜合金具有明显的热脆性,产生热裂纹。三是产生气孔缺陷的可能性比碳钢严重得多,主要是氢气孔。四是焊接接头性能的变化。晶粒粗化,塑性下降,耐蚀性下降等。

元素分析表明该连接板焊缝为黄铜(Cu-Zn合金)而母材为紫铜(纯铜);由此可知,不恰当的焊材选用加之焊接工艺较差导致连板焊缝质量整体较差,削弱了该连接板的结构强度。

据介绍,U形连接铜板虽经过螺栓及中间孔加以固定,但在连接板90°直角及焊缝处的薄弱的环节易引起应力集中。在风载、外部振动载荷及电磁场作用力等共同载荷作用下,加剧了焊缝薄弱区域的应力集中。

综合上述,该线路连接板的断裂的主要原因为连板焊接质量欠佳所致:焊接材料的不当及焊缝的未焊透、未熔合缺陷导致了结构强度的减弱,气孔等缺陷(特别是表面气孔)易导致焊缝因雨水等产生腐蚀,进一步减弱了结构强度。在外界应力载荷的共同作用下,当强度无法满足使用要求时,引发了连接板的断裂。

建议对该类型连接板进行进一步的检查、检测,防止此类事故再次发生。

第7章 绝缘子

绝缘子是一种特殊的绝缘部件，能够在架空输电线路中起到重要作用，是安装在不同电位的导体之间或导体与地电位构件之间，能够耐受电压和机械应力作用的器件。

早期，绝缘子主要用于电线杆，随着社会的发展与需要，逐步应用于大型高压电线连接塔，主要用于增加爬电距离，通常由玻璃或陶瓷制成。

绝缘子在架空输电线路中有两个最基本的作用：支撑导线与防止电流回地，为了保证这两个基本的功能，绝缘子不应该由于环境和电负荷条件发生变化导致的各种机电应力而失效，否则会损害整条线路的使用和运行寿命。

根据不同的标准，绝缘子有不同的分类，具体如下所示：

1. 按是否击穿，绝缘子通常分为可击穿型和不可击穿型。

2. 按结构，可分为柱式（支柱）绝缘子、悬式绝缘子、防污型绝缘子和套管绝缘子。

3. 按应用场合，可分为线路绝缘子和电站、电器绝缘子。其中用于线路的可击穿型绝缘子有针式、蝶形、盘形悬式，不可击穿型有横担和棒形悬式。用于电站、电器的可击穿型绝缘子有针式支柱、空心支柱和套管，不可击穿型有棒形支柱和容器瓷套。

实际应用中，绝缘子性能及其配置的合理性直接影响线路的安全稳定运行。

绝缘子在大风、暴雪、雷雨天气、振动、高应力、腐蚀、剧烈温差变化等恶劣环境中长期运行，易发生疲劳、腐蚀、过载、风偏等导致的绝缘子变形、断裂等故障。

7.1 风偏严重导致某110kV线路3#塔B相合成绝缘子断裂

7.1.1 案例概况

2013年12月27日12时28分，某供电局某110kV线3#塔B相合成绝缘子发生断裂，造成该线路停运。当地分局按调度要求开展故障查找工作，于12月27日16时01分发现某110kV线3#塔B相合成绝缘子在距离上悬挂点600mm处断裂（下端长840mm），导线悬空，合成绝缘子上悬挂点、预绞丝有明显放电痕迹；某110kV线3#塔B相合成绝缘子对塔身放电，均压环塔身处有明显放电痕迹，均压环与铁塔摩擦、挤压发生变形（见图7-1-1）。

受供电局委托，某电力研究院金属研究所对断裂的某110kV线3#塔B相合成绝缘子断裂原因进行分析。

来样为某供电局某110kV线3#塔A、B、C三相合成绝缘子的整体实物，3#塔合成绝

图 7-1-1 3#塔 B 相合成绝缘子断裂情况照片

缘子型号为 FXBW4-11-/100，投产日期为 2009 年 7 月 10 日，B 相合成绝缘子断裂为上下 2 段。根据试验需要，B 相上段合成绝缘子编为 1#样，样品编号为 JS-X-201401009，A 相编为 2#样，样品编号为 JS-X-201401010，B 相下段合成绝缘子编为 3#样，样品编号为 JS-X-201401011，C 相编为 4#样，样品编号为 JS-X-201401012，见图 7-1-2。

7.1.2 检查、检验、检测

7.1.2.1 宏观分析

1#样断口干净，断口可明显分为两个区域，区域 1 呈较细小的纤维状，约占断口面积的 1/4，该区域为裂纹起始区；区域 2 主要由较粗的纤维状断口和小部分的平整断口构成，占断口面积的 3/4，为裂纹的发展区和最后断裂区(见图 7-1-3)。

为了比较 1#的断裂特征，将 3#样放置在力学试验机上，加压直到 3#试样弯曲断裂，观察 3#试样断口，其特征与 1#样原始的断口高度相似。断口由断裂起始区、断裂发展区、最后断裂区 3 部分组成。见图 7-1-4。

7.1.2.2 机械负荷抽样试验

对 2#、3#、4#样件按 GB/T 19519—2004《标称电压高于 1000V 的交流架空线路用复合绝缘子——定义、试验方法及验收准则》及图 7-1-5 的布置方式进行机械载荷试验，检验结果符合 GB/T 21421.1—2008《标称电压高于 1000V 的架空线路用复合绝缘子串元件第 1 部分：标准强度等级和端部附件》的要求。

为了检验绝缘子的最大承载能力，将负荷升高到绝缘子的破坏负荷，并记录此值，绝缘子破坏情况见图 7-1-6，试验结果数据见表 7-1-1。

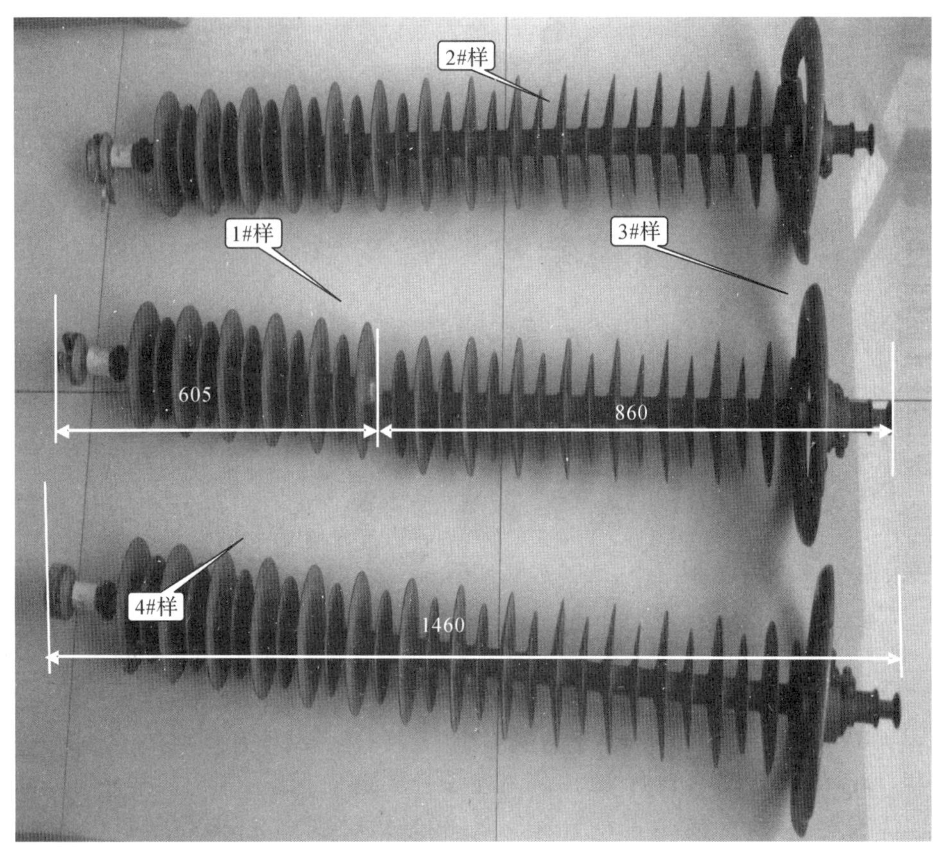

图 7-1-2　来样编号

表 7-1-1　机械负荷抽样试验情况表

	试验方法	试验结果		
		断裂情况	破坏载荷/kN	破坏位置
2#样	在周围温度下对绝缘子施加拉伸负荷，负荷施加在两连接端间，此拉伸负荷应迅速而平稳地从零上升到大约为额定机械负荷的75%，然后在30～90s时间内逐渐上升到额定机械负荷SML(本绝缘子为100kN)。 若在少于90s时间内达到100%额定机械负荷SML，则此负荷(100%的SML)应维持90s的剩余时间(此试验可以认为等效于在额定机械负荷SML下的1min耐受试验)。 为了从试验中获得更多的资料，除了一些特殊的原因(如试验机的最大拉伸负荷)外，可以将负荷升高到绝缘子的破坏负荷，并记录此值	100kN未断裂	149	上端接头位置拉脱
3#样		100kN未断裂	105	夹头处断裂
4#样		100kN未断裂	162	下端接头位置拉脱

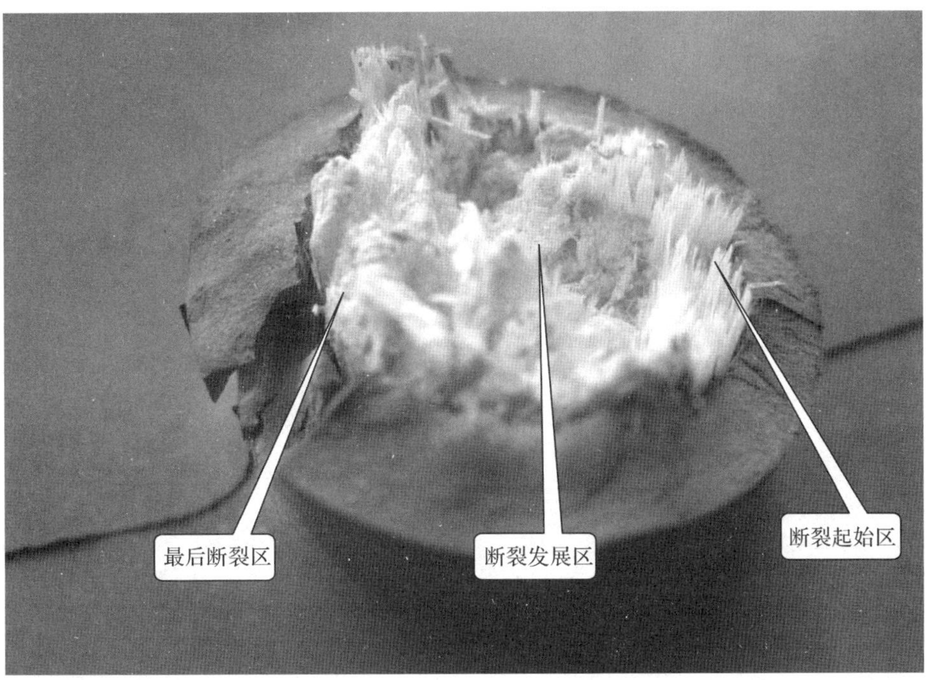

图 7-1-3　1#样原始断口宏观照片

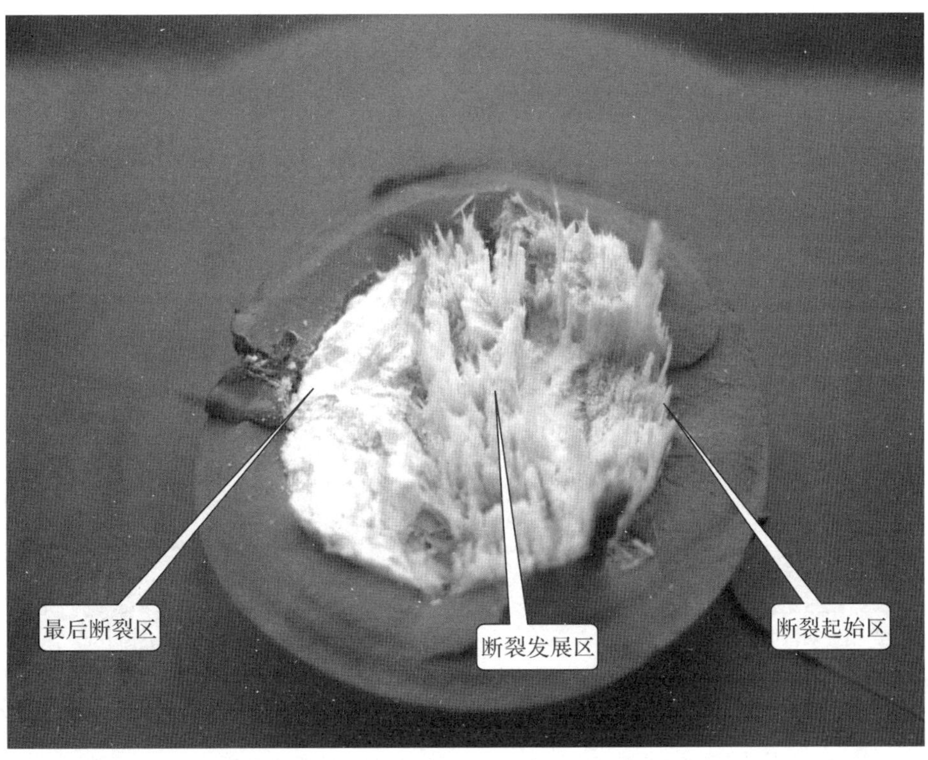

图 7-1-4　3#样在试验机上弯曲断裂的断口特征照片

图 7-1-5　力学试验布置宏观照片

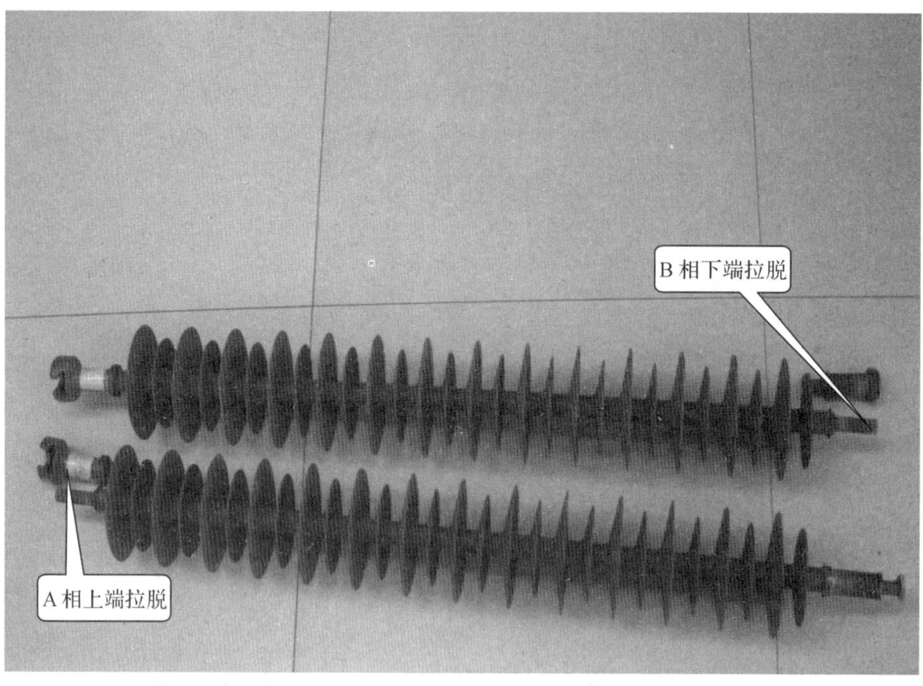

图 7-1-6　2＃、4＃在力学试验机上加载破坏后的宏观照片

7.1.3 失效原因分析

来样的断裂原因是:某 110kV 线 3＃塔 B 相合成绝缘子在导线拉力、冰载、风载、金具卡死等因素作用下,使合成绝缘子在运行状态下产生过度弯曲变形而断裂。

7.2 雷击导致某 110kV 线路运行中绝缘子掉串

7.2.1 案例概况

某 110kV 线路 9＃直线水泥杆的 A 相(面向大号侧左边线),导线起第一片绝缘子因钢帽炸裂脱落造成掉串,导线掉落地上,导致该线故障停运。金属研究所对炸裂失效的钢帽进行断口形貌分析,并对未裂的瓷质绝缘子(绝缘子型号:XP-70)进行拉断力试验,经观察研究表明,钢帽失效断口呈典型的脆性断裂形貌,绝缘子拉断力为 87.28kN,高于 GB/T 7253—1987《盘形悬式绝缘子串元件尺寸与特性》要求的 70 kN。

7.2.2 检查、检验、检测

7.2.2.1 宏观形貌

对送检掉串绝缘子的炸裂钢帽进行宏观分析,发现钢帽沿浇铸中心线断裂,见图 7-2-1。裂缝最宽处约 12mm,开叉处距离钢帽底边约 57mm,裂缝上部左右两边开叉长度约为 30mm,裂缝左上位置有一放电点,面积约为 30mm^2,见图 7-2-2。

图 7-2-1 炸裂钢帽

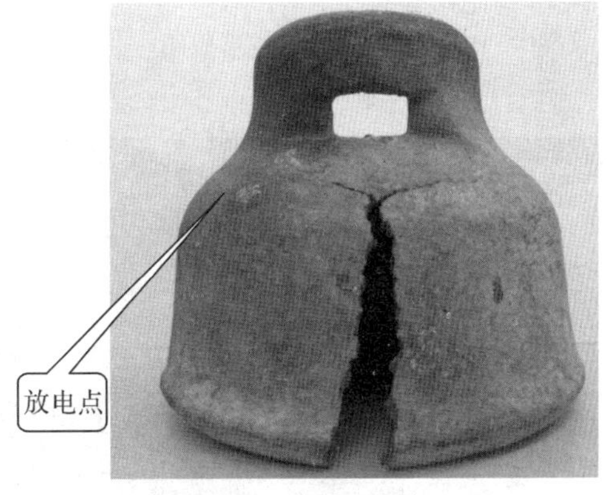

图 7-2-2 裂缝

7.2.2.2 绝缘子室温拉伸试验

对未炸裂的悬式绝缘子整体(见图 7-2-3)进行室温拉伸试验,以检测其机械性能,试验拉断力为 87.28kN,满足 GB/T 7253—1987《盘形悬式绝缘子串元件尺寸与特性》对 XP-70 型号绝缘子破坏负荷不小于 70kN 的要求,断裂位置在钢帽和瓷质绝缘子片连接处,见图 7-2-4。

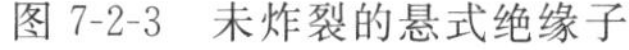

图 7-2-3　未炸裂的悬式绝缘子

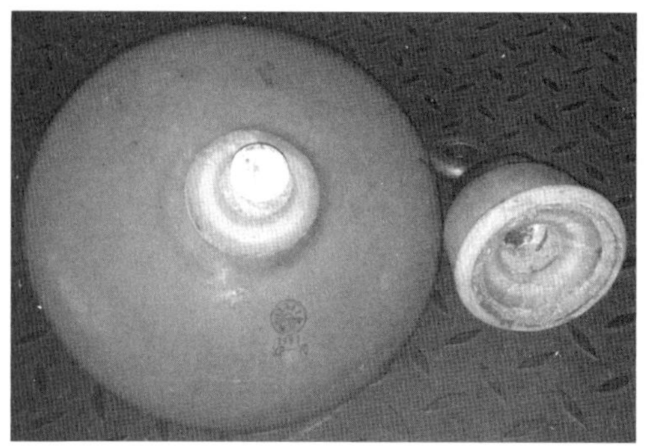

图 7-2-4　拉断的悬式绝缘子

7.2.2.3　试样显微断口形貌分析

将炸裂的绝缘子钢帽断口处取样进行形貌分析，断口大部分面积呈黑色氧化痕迹，表面较为粗糙，见图 7-2-5、图 7-2-6。经显微镜及扫描电镜观察，断口呈显著的脆性断口形貌，如图 7-2-7 所示。

图 7-2-5　断口宏观形貌图

图 7-2-6　显微镜断口形貌照片

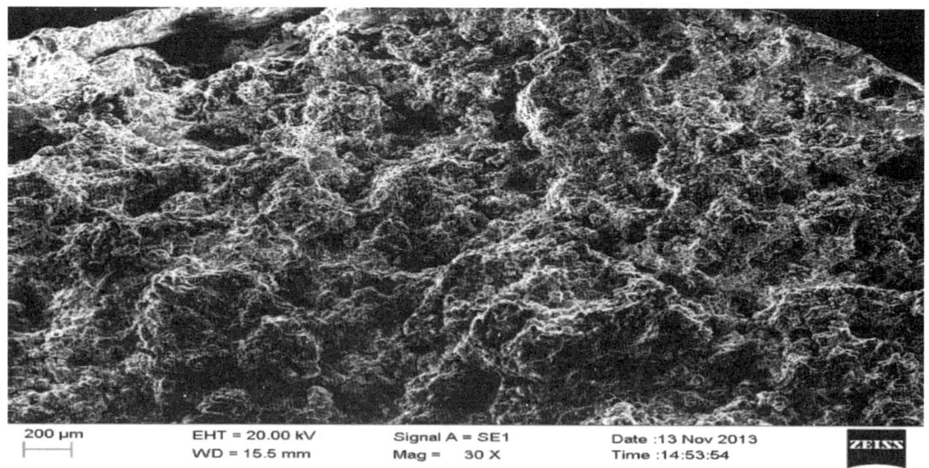

图 7-2-7　扫描电镜断口形貌照片

7.2.3 失效原因分析

造成绝缘子损坏的原因是：雷电流在绝缘子闪络瞬间，在绝缘子钢帽内产生大量热量，膨胀导致钢帽开裂，造成绝缘子掉串。

7.3 安装工艺控制不当导致某500kV线路227号塔耐张线夹断裂

7.3.1 案例概况

2013年11月25日，某供电局检修人员登塔检查发现，某500kV线路227号塔小号侧B相左上子导线、C相左下子导线耐张线夹发生断裂。发生断裂的线夹型号为锦NY-300/40TA。发生断裂的线夹在拆下前并未全部断裂。

某500kV线路226号到227号为孤立档(独立耐张段)，六分裂导线，导线型号为6×LGJ-300/40，地线型号为LBGJ-80-20AC和OPGW-100，小号侧档距为1056m，大号侧档距为631m。226号塔海拔1980m，呼称高30m；227号塔海拔2046.08m，呼称高37m；228号塔海拔2202.3m，呼称高45m。226～227档水平档距为843m，垂直档距为437m。227号塔形为CJK21。设计采用Ⅰ级气象区，覆冰5mm，风速为30m/s。

图7-3-1所示为发生断裂的226～227档。

图7-3-2为B相左上子导线耐张线夹断裂的现场照片。

图7-3-1　226～227档

图7-3-2　B相左上子导线耐张线夹断裂的现场照片

7.3.2 检查、检验、检测

7.3.2.1 宏观检验

图7-3-3所示为发生断裂线夹试样复原后的整体形貌。从图7-3-2、图7-3-3中可以看出：断裂均发生在铝管的弯曲部位，该部位是发生结构突变的位置。发生断裂的耐张夹导线出口处有一个TJ型跳线间隔棒将线夹与钢锚固定连接在一起，使发生断裂的线夹铝管弯曲部位存在近似刚性连接的结构，铝管的直段及钢锚部位存在一个活动连接机构。

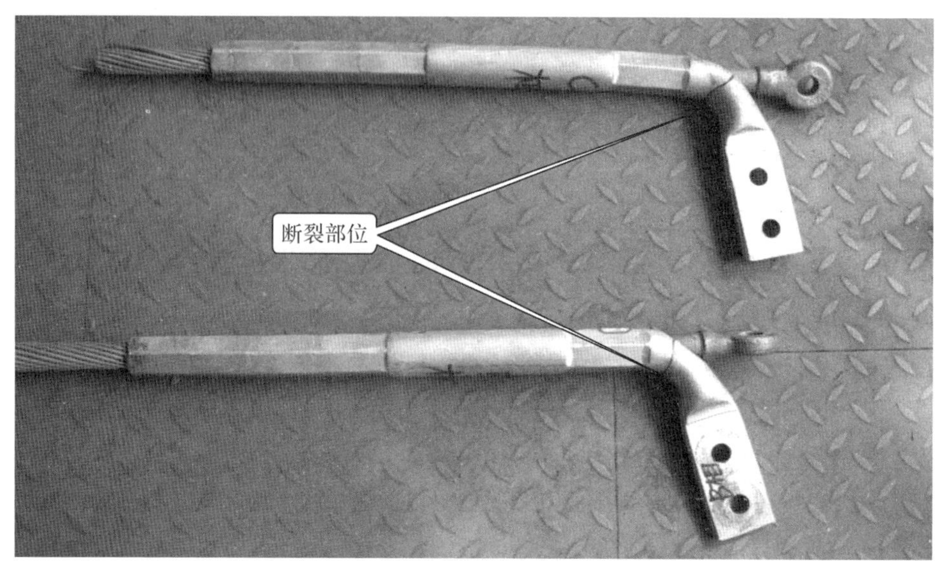

图 7-3-3　发生断裂张线夹

图 7-3-4 所示为 B 相左上子导耐张线夹线断口(两侧)的宏观形貌,从断口可以看出断面存在明显的低周疲劳纹,疲劳裂纹起源于铝管外壁(在弯曲过程中局部被压缩部位),向内壁发展,疲劳区域宽约 30mm,占整个断口的 1/3。

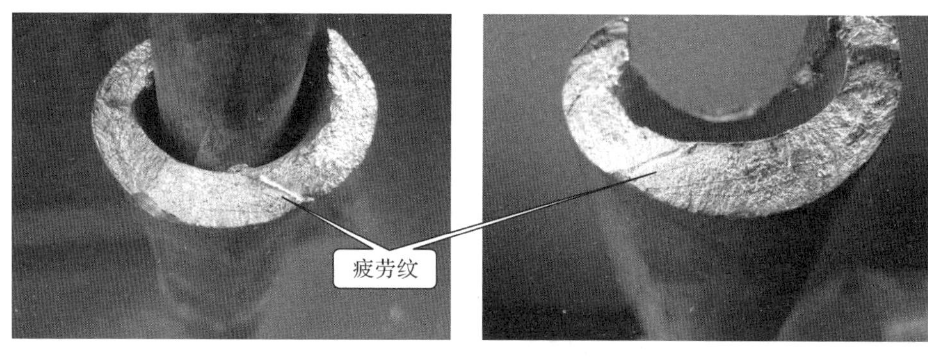

图 7-3-4　B 相左上子导线耐张线夹断口(两侧)的宏观形

图 7-3-5 所示为 C 相左下子导线耐张线夹断口(两侧)的宏观形貌,从断口可以看出断面存在明显的低周疲劳纹,疲劳裂纹起源于铝管外壁,向内壁发展,疲劳区域宽约 32mm,约占整个断口的 1/3。

图 7-3-6 所示为 B 相左上子导线耐张线夹一侧断口在体视显微镜下的形貌,图 7-3-7 所示为 C 相左下子导线耐张线夹一侧断口在体视显微镜下的形貌,从照片更能清楚地看出疲劳纹。

两个断裂线夹断裂部位外壁未发现明显外力损坏痕迹。

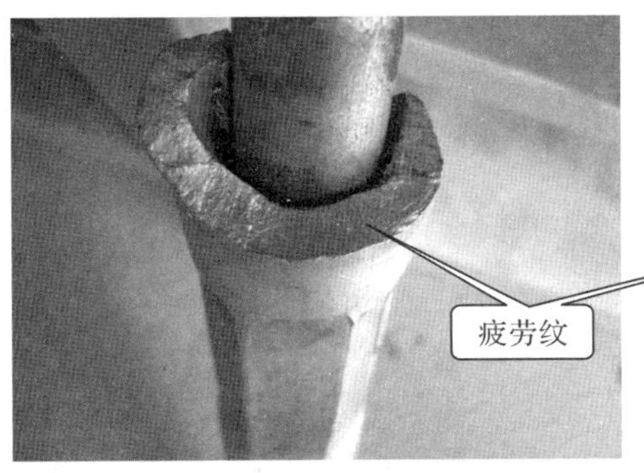

图 7-3-5 C相左下子导线耐张线夹断口(两侧)的宏观形貌

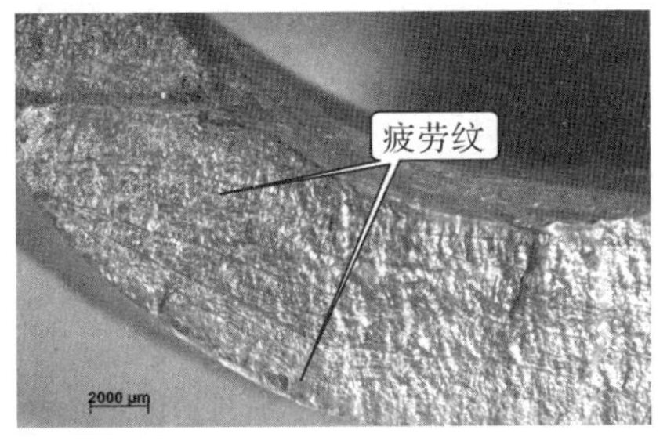

图 7-3-6 B相左上子导线耐张线夹一侧断口形貌

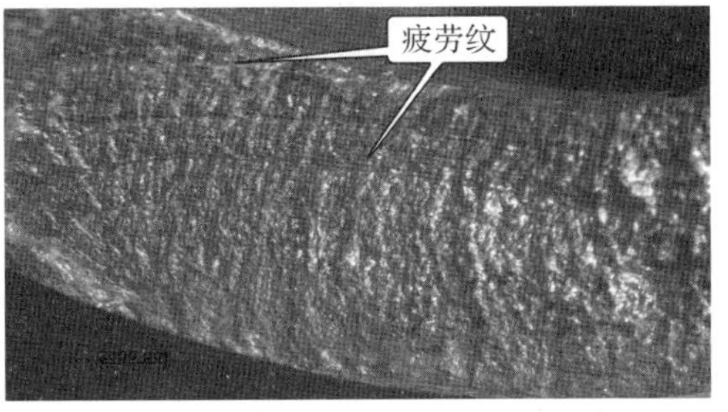

图 7-3-7 C相左下子导线耐张线夹一侧断口形貌

7.3.2.2 射线检测

图 7-3-8 为 B 相左上子导线耐张线夹 X 射线数字检测照片，图 7-3-9 为 C 相左下子导线耐张线夹 X 射线数字检测照片。X 射线检测未发现明显异常情况。

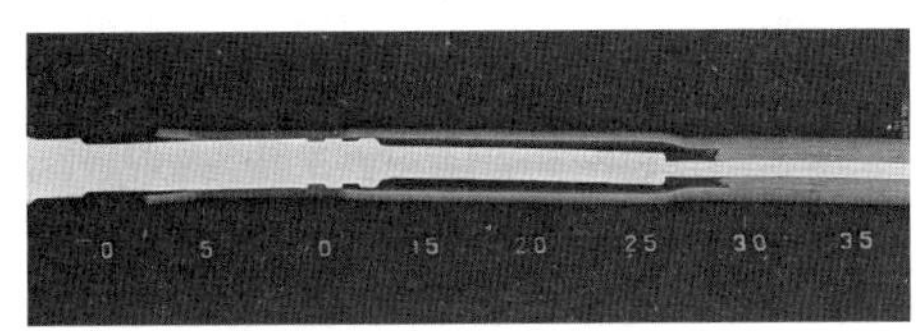

图 7-3-8 B相左上子导线耐张线夹X射线检测

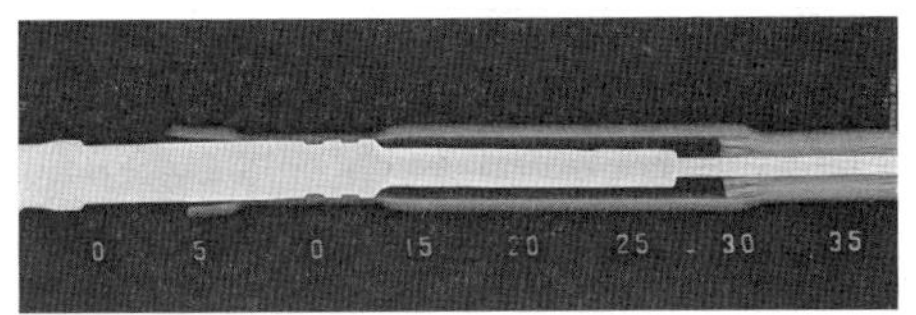

图 7-3-9 C相左下子导线耐张线夹X射线检测

7.3.2.3 电镜检验

对发生断裂的 B 相左上子导线耐张线夹断口进行扫描电镜检测，见图 7-3-10，从电镜照片中也可以看出明显的疲劳纹。

7.3.2.4 成分分析

对发生断裂的线夹进行成分分析，结果见表 7-3-1。

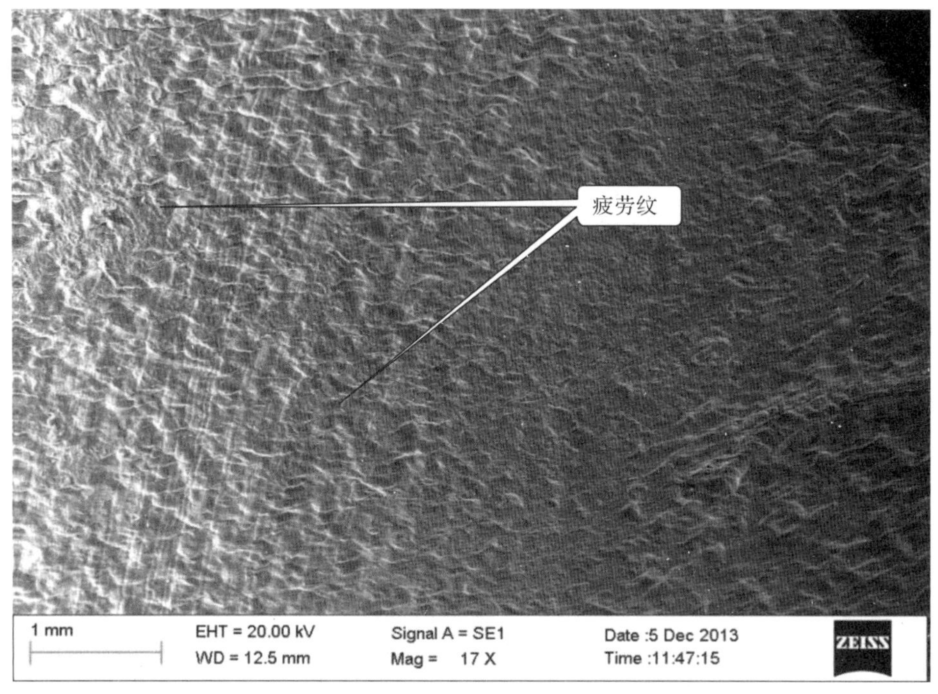

图 7-3-10　B 相左上子导线耐张线夹断口电镜照片

表 7-3-1　断裂的线夹成分分析结果

工件编号	成分/%							
	Si	Fe	Cu	Mn	Mg	Zn	Ti	Al
B 相	0.20	0.13	0.04	0.002	0.04	0.011	0.017	99.5
C 相	0.20	0.12	0.03	0.002	0.04	0.010	0.016	99.5
GB/T 3190—2008 标准规定(1050A)	≤0.25	≤0.40	≤0.05	≤0.05	≤0.05	≤0.07	≤0.05	≥99.5

材料成分符合相关标准要求。

7.3.3　失效原因分析

线夹发生断裂的原因是:断裂均发生在线夹铝管的弯曲部位,该部位是结构发生突变的位置,也是应力集中部位,是整个耐张线夹铝管最薄弱的部位;发生断裂线夹的子导线引流支撑间隔棒与引流把后端距离较近,该根子导线引流线与另一根子导线的延长拉杆形成刚性连接,两根子导线在风力作用下产生不同步振荡,造成耐张线夹引流把外层弯曲部位疲劳破断。

7.4 钢脚材料 S、P 含量严重超标导致某 500kV 线路 100＃塔绝缘子掉串

7.4.1 案例概况

某 500kV 线路 2013 年 8 月投运，某工作站对该线路进行重冰区排查，于 2014 年 3 月 6 日在排查到 100＃塔时，发现 A 相大号侧内串绝缘子从横担侧第 3 片钢脚断裂，导致绝缘子掉串，100＃～101＃档内 100＃大号侧第 2～3 个、101＃小号侧第 6～7 个间隔棒间导线扭绞。见图 7-4-1 至图 7-4-3。

供电局在发现缺陷后，随即组织人员进行消缺处理，于 2014 年 3 月 7 日完成了对某 500kV 线路 100＃塔 A 相大号侧内串绝缘子的更换处理。

图 7-4-1 掉串绝缘子

图 7-4-2 某 500kV 线 100＃塔

图 7-4-3 断裂的绝缘子

图 7-4-4 断裂的绝缘子钢脚球头

绝缘子型号：U420B，高度 206mm，盘径 360mm，爬距 550mm，连接标记 28mm。

工频放电电压(kV)有效值不小于湿闪：55；

工频放电电压(kV)有效值不小于干闪:90;

雷击冲击耐受电压(kV):140;

机电破坏负荷(kN):420。

7.4.2 检查、检验、检测

7.4.2.1 宏观分析

来样为断裂的第 3 片绝缘子和与之相连的第 4 片绝缘子,见图 7-4-5,分别编为 1#、2#。断裂的球头卡在 2# 绝缘子钢帽内,断口距球头 12mm,见图 7-4-4。

测量钢脚直径,1#钢脚直径为28.14mm,4#钢脚直径为 27.57mm,厂家对钢脚直径的控制要求是 27.5～29.0mm,钢脚直径符合厂家设计要求。

图 7-4-5 来样绝缘子

断口锈蚀明显,见图 7-4-6 至图 7-4-11。断口总体呈两个特征:大部分平整,从芯部向外呈放射状花样,断口外圈为呈 45°的剪切唇,芯部无纤维区。(通常金属的单向静拉伸试样断口分三部分,纤维区、放射区和剪切唇。纤维区围绕着裂纹源,是裂纹的缓慢扩展区,放射区是裂纹失稳扩展的快速发展阶段,剪切唇是试样最后断裂的部分)。

图 7-4-6 1#绝缘子侧的断口

图 7-4-7 1#绝缘子球头一侧断口

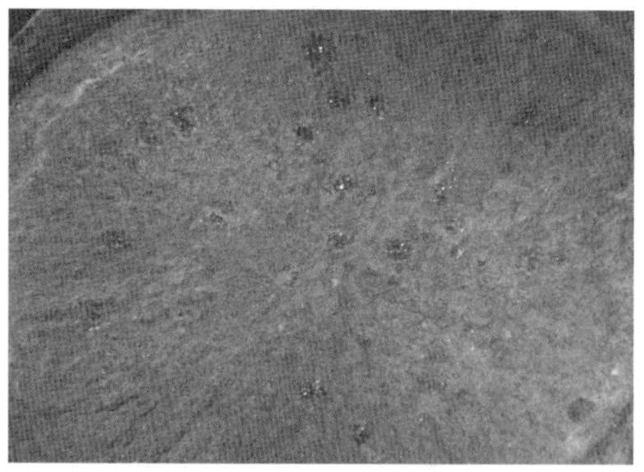

图 7-4-8 1#绝缘子钢脚断口正面

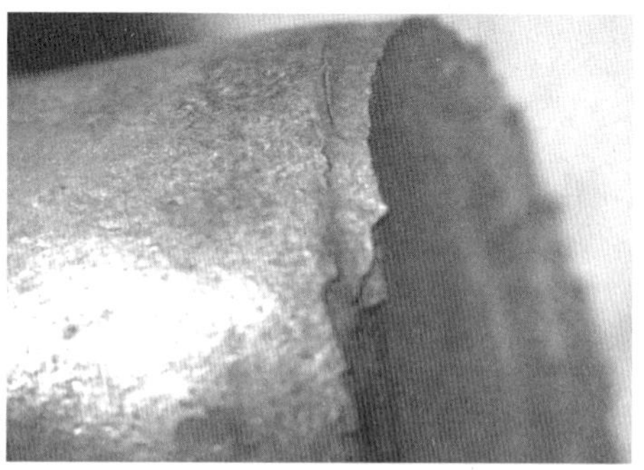

图 7-4-9 1#绝缘子钢脚断口侧面

放射状花样表明断裂从芯部产生，并快速向四周发展，无纤维区表明裂纹未经历缓慢扩展的阶段，整个断裂的扩展速度较快。

断口侧面有明显缩颈，并有数条环向裂纹，分析认为该环向裂纹为拉伸时缩颈产生，在断口侧面未观察到机械损伤迹象（图 7-4-12）。

上述特征总体符合圆柱形钢材单向静拉伸断裂的特征。

7.4.2.2 拉力试验

将未断的 2＃绝缘子在拉力机上进行拉伸试验，见图 7-4-10。在 487kN 时将试验所用的球头挂环拉断，绝缘子玻璃伞裙在挂环拉断后震裂，但钢脚仍完好无损，见图 7-4-11、图 7-4-12。

图 7-4-10 拉力试验中

图 7-4-11 拉力试验后，球头挂环被拉断，绝缘子玻璃伞裙震碎

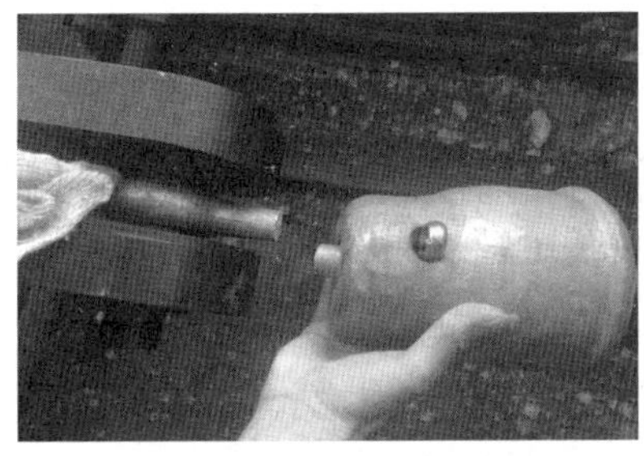

图 7-4-12 试验用球头挂环被拉断

图 7-4-13 硬度测量面

7.4.2.3 硬度试验

沿 1＃、2＃绝缘子钢脚从根部锯开（见图 7-4-13），表面打磨后按 GB/T 231.1—2009《金属材料 布氏硬度试验 第 1 部分：试验方法》进行布氏硬度试验，每只钢脚各测 3 点，测量数值见表 7-4-1。

表 7-4-1 钢脚硬度（HBW2.5/187.5）

钢脚	测点			平均值
	1	2	3	
1＃	279	280	283	281
2＃	287	287	288	287

黑色金属的硬度值和强度一般呈正相关，硬度值越高，强度越高，由表 7-4-1 中可见，1＃绝缘子钢脚的硬度只比 2＃的硬度略低约 2%，而 2＃钢绝缘子至 487kN 时都保持完好，因此可以推断，若无缺陷，则 1＃钢脚材质本身的强度应高于 420kN。

7.4.2.4 钢脚金相分析

对 1＃、2＃绝缘子钢脚断面用 30%硝酸水溶液进行低倍侵蚀，侵蚀后照片分别见图 7-4-14、图 7-4-15。1＃钢脚芯部有一明显的不规则圆形黑色区域，尺寸为 5mm×4mm，2＃钢脚芯部则仅为一黑色小点，尺寸约 0.3mm。

图 7-4-14　1＃钢脚断面硝酸水溶液侵蚀后

图 7-4-15　2＃钢脚断面硝酸水溶液侵蚀后

将 1＃钢脚断口处纵向剖开，见图 7-4-16，经硝酸酒精溶液侵蚀后可见该偏析纵向贯穿整段试样，在断口上该偏析即为放射状花样的中心。

图 7-4-17 所示为 1＃钢脚断口纵向剖面非偏析部位组织，组织为珠光体＋沿晶分布的铁素体，组织正常；图 7-4-18 所示为芯部偏析部位组织，组织为形态不清晰的珠光体和白色块状的混合组织，白色块状物大小不均。

2＃钢脚整个截面组织无明显区别，组织为珠光体＋沿晶分布的铁素体，组织正常，见图 7-4-19。

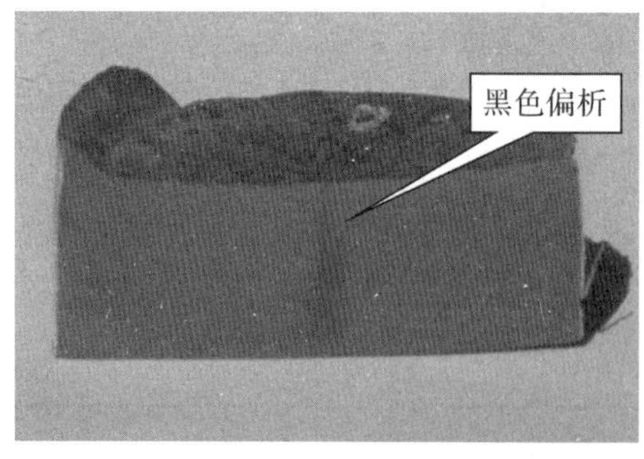

图 7-4-16　1＃钢脚断口纵向硝酸侵蚀

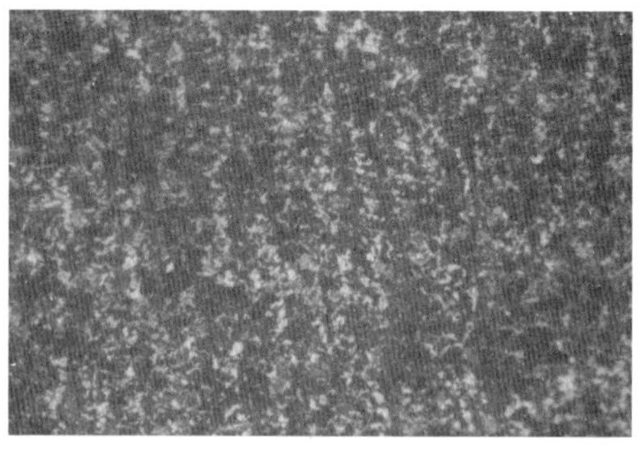

图 7-4-17　1＃钢脚纵向非芯部金相组织

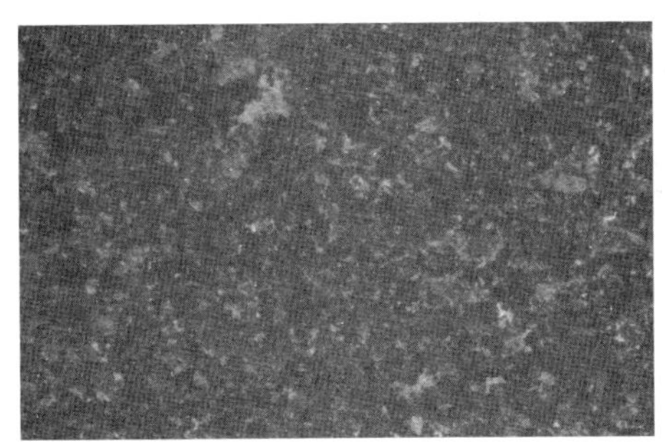

图 7-4-18 1#钢脚纵向剖面芯部偏析处金相组织

图 7-4-19 2#钢脚纵向剖面金相组织

7.4.2.5 材质分析

分别在1#、2#绝缘子的钢脚球头根部非偏析部位按GB/T 4336—2002《碳素钢和中低合金钢火花源原子发射光谱分析方法(常规法)》进行材质检验,钢脚设计材质为45Mn2,检验表明其材质符合GB/T 3077—1999《合金结构钢》中对45Mn2高级优质钢的要求,见表7-4-2、表7-4-3。

表 7-4-2 钢脚材质(%)

钢脚	C	Si	Mn	P	S	Cr	Mo	Ni	Cu
1#	0.42	0.25	1.62	0.018	0.016	0.112	0.011	0.040	0.142
2#	0.43	0.26	1.64	0.017	0.019	0.103	0.014	0.041	0.152

表 7-4-3 GB/T 3077—1999 标准中对 45Mn2 高级优质钢的要求(%)

C	Si	Mn	P	S	Cr	Mo	Ni	Cu
0.42～0.49	0.17～0.37	1.40～1.80	不大于					
			0.025	0.025	0.25	0.10	0.30	0.25

在图7-4-18的中心黑色区域同样按GB/T 4336—2002《碳素钢和中低合金钢火花源原子发射光谱分析方法(常规法)》进行材质检验,试验进行三次取平均值,结果见表7-4-4。

试验表明芯部黑色区域S、P含量分别为0.052%,0.041%,已大大超过GB/T 3077—1999《合金结构钢》中优质钢对S、P的含量不超过0.035%的要求。

表 7-4-4 2#钢脚芯部偏析处材质分析结果(%)

C	Si	Mn	P	S	Cr	Mo	Ni	Cu
0.517	0.295	1.90	0.041	0.052	0.137	0.166	0.045	0.165

S在钢中偏析严重会恶化钢的性能,而P在钢中偏析严重会增加钢的冷脆敏感性,因此S、P为钢脚中应严格控制的杂质元素。

7.4.3 失效原因分析

7.4.3.1 综合分析

(1)1#、2#两个钢脚的硬度对比间接表明1#钢脚非偏析部位的强度应与2#钢脚基本相当。

(2)对 1#绝缘子钢脚断口分析表明:钢脚为拉伸断口,断口侧面未见损伤,断裂裂纹起源于钢脚芯部,快速向外发展。

(3)对 1#绝缘子钢脚金相分析表明:在钢脚芯部有严重的偏析,偏析处的组织与非偏析处的组织明显不同,虽然偏析不会破坏钢脚的连续性,但会使材料的力学性能变得不均匀,在受力时容易成为裂纹源。

(4)对 1#绝缘子钢脚芯部偏析处材质检测表明:该区域的 S、P 含量严重超标,而这两种杂质的超标会大大降低钢脚的力学性能。

(5)1#钢脚非芯部偏析部位的材质符合设计要求。

7.4.3.2 结论

综上分析,本次绝缘子断裂的原因为钢脚芯部组织偏析,材质分析表明造成该偏析的主要原因是芯部 S、P 含量严重超标,二者综合作用导致芯部的抗拉强度大大下降,运行过程中在拉应力作用下,芯部杂质偏析处形成裂纹源,该裂纹源快速发展而导致钢脚断裂。

7.5 焊缝质量差导致某 10kV 线路 17 号杆 A 相陶瓷横担断裂

7.5.1 案例概况

2016 年 4 月 22 日 18 时左右,某 10kV 线路 17 号杆 A 相陶瓷横担断裂,造成某 10kV 线跳闸停运事件,见图 7-5-1,受某供电有限公司委托,某电力科学研究院对某 10kV 线路 17 号杆 A 相陶瓷横担断裂原因进行分析。

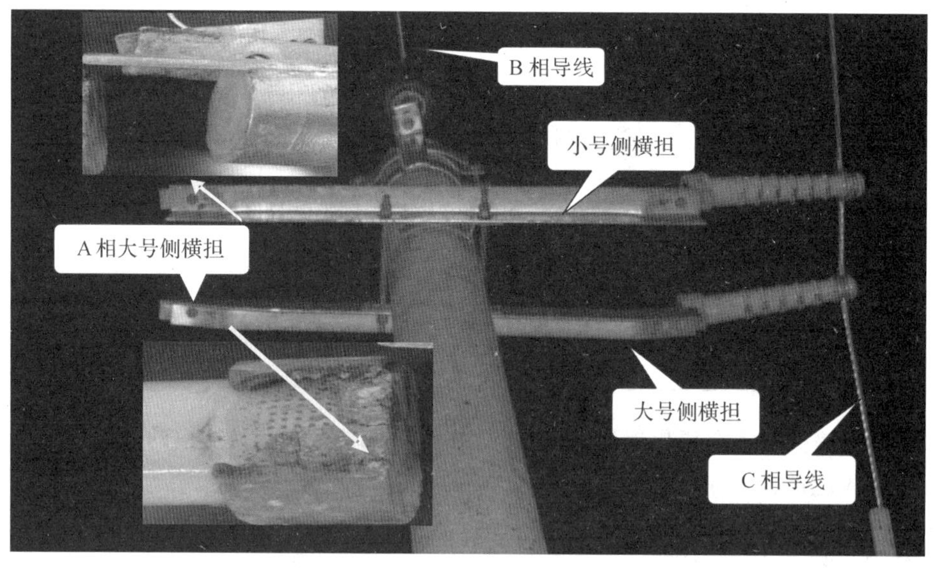

图 7-5-1 17 号杆 A 相陶瓷横担断裂现场照片

样品情况：

1＃来样为某 10kV 线路 17 号杆 A 相大号侧陶瓷横担断裂实物主体部分。型号：S-185 陶瓷横担；生产时间：2009 年。

2＃来样为某 10kV 线路 17 号杆 A 相小号侧陶瓷横担断裂实物。型号：S-185 陶瓷横担；生产时间：2009 年。

3＃来样为陶瓷横担备品实物，型号：S-210Z 型陶瓷横担；生产时间：无。

4＃来样为某 10kV 线路 17 号杆 A 相大号侧陶瓷横担断裂实物螺栓孔部分，型号：S-185陶瓷横担；生产时间：2009 年。

来样见图 7-5-2。

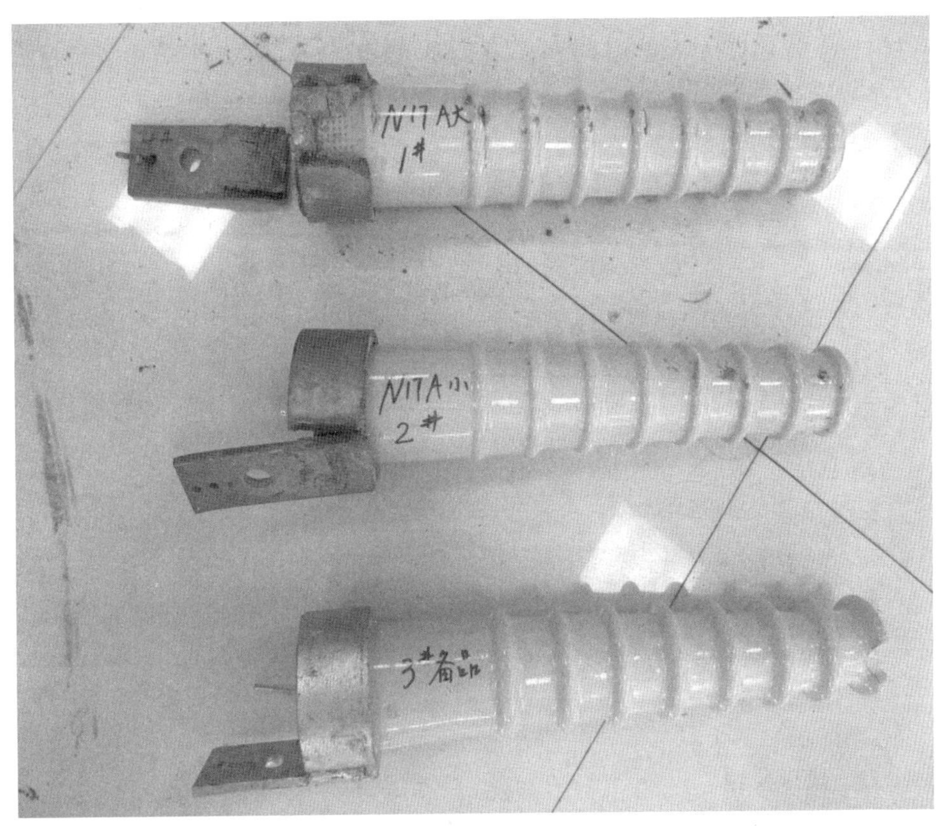

图 7-5-2　来样照片

7.5.2　检查、检验、检测

7.5.2.1　尺寸检测

采用数显游标卡尺和超声波测厚仪对陶瓷横担铁附件尺寸进行检测，检测结果见表 7-5-1，无标准比对。

表 7-5-1　陶瓷横担铁附件尺寸检测结果(mm)

样品	直径	宽度	厚度	长度	宽度	厚度
1#(圈)	98.3	49.3	3.1～4.4	—	—	—
4#(板)	—	—	—	130	39.0	7.8
2#(圈)	98.1	50.8	2.8～3.8	—	—	—
2#(板)	—	—	—	126	49.2	8.3
3#(圈)	95.5	48.1	2.8～3.7	—	—	—
3#(板)	—	—	—	127	50.0	7.8

7.5.2.2　断口分析

1#样与4#样连接角焊缝断口宏观形貌见图 7-5-3。断口锈蚀严重，由裂纹起始区、陈旧断裂区、瞬时断裂区三部分组成。

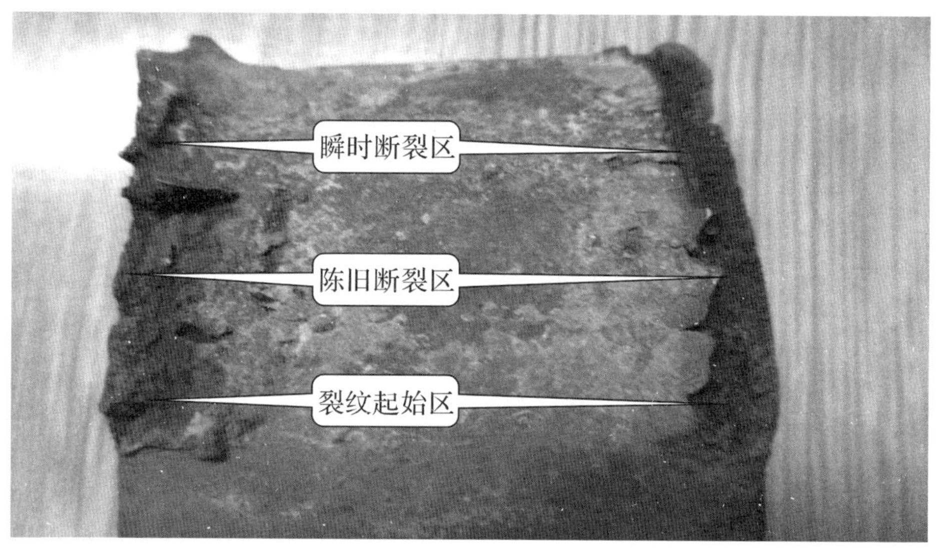

图 7-5-3　断口宏观形貌

7.5.2.3　成分检测

陶瓷横担铁附件的设计材质为碳素结构钢，采用便携式直读光谱仪按 DL/T 991—2006《电力设备金属光谱分析技术导则》对来样陶瓷横担铁附件进行成分检测，检测位置见图 7-5-4，检测结果见表 7-5-2。检测结果表明，该批陶瓷横担铁附件成分符合 GB/T 700—2006《碳素结构钢》标准中的 Q215 和 Q275 碳素结构钢含量，符合设计要求。

表 7-5-2　陶瓷横担铁附件成分检测结果(%)

位置	C	Si	Mn	P	S
1#(圈)	0.24	0.31	0.58	0.032	0.025
2#(圈)	0.24	0.35	0.55	0.042	0.032
2#(板)	0.23	0.34	0.86	0.042	0.045
3#(圈)	0.15	0.10	0.35	0.045	0.030

续表

位置	C	Si	Mn	P	S
3#(板)	0.12	0.12	0.34	0.034	0.031
4#(板)	0.23	0.20	0.64	0.026	0.024
GB/T 700—2006 Q215	≤0.15	≤0.35	≤1.2	≤0.045	≤0.050
GB/T 700—2006 Q275	≤0.24	≤0.35	≤1.5	≤0.045	≤0.050

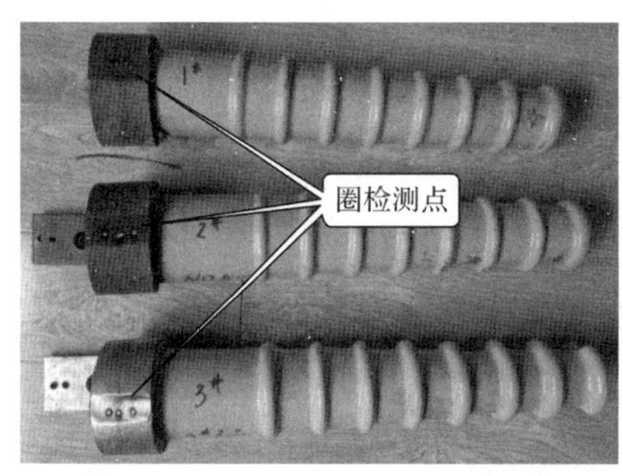

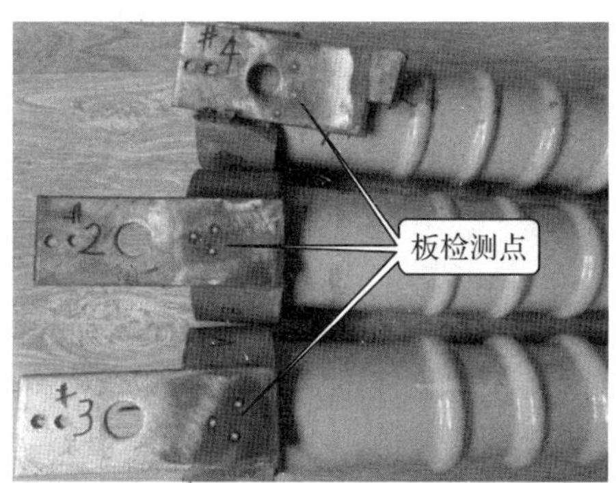

图 7-5-4 陶瓷横担铁附件成分检测位置

7.5.2.4 表面无损检测

对编号为 1、2、3、4 号的陶瓷横担铁附件按 NB/T 47013.5—2015《承压设备无损检测 第 5 部分:渗透检测》进行了渗透检测,除宏观可见的 1#样与 4#样 2 处连接角焊缝完全断裂、2#样 A 侧连接角焊缝完全断裂外,渗透检测又发现 2#样 B 侧连接角焊缝存在 2 处裂纹,裂纹 L_1=18mm,裂纹 L_2=15.5mm,上述 4 处连接角焊缝检测结果不合格,其他部位检测结果合格,见图 7-5-5。

7.5.2.5 金相组织检测

对 1#和 4#样按 GB/T 13298—91《金属显微组织检验方法》进行金相检验。1#和4#样母材金相组织为铁素体+珠光体,金相组织见图 7-5-6,金相组织正常。1#和 4#样连接焊缝金相组织为铁素体+索氏体。金相组织见图 7-5-7,金相组织正常。

7.5.2.6 焊脚尺寸检测

对 1#、2#、3#样陶瓷横担铁附件角焊缝焊脚尺寸进行检测,结果见表 7-5-3,垂直方向角焊缝焊脚高度不符合 GB 50661—2011《钢结构焊接规范》的要求。

表 7-5-3 陶瓷横担铁附件焊脚尺寸检测结果(mm)

	焊缝形式	水平方向最小值	垂直方向最小值
1#样 A 侧焊缝	角焊缝	5.2	1.0
1#样 B 侧焊缝	角焊缝	5.2	1.0
2#样 A 侧焊缝	角焊缝	5.1	1.5

续表

	焊缝形式	水平方向最小值	垂直方向最小值
2#样B侧焊缝	角焊缝	5.2	1.5
3#样A侧焊缝	角焊缝	5.6	2.5
3#样B侧焊缝	角焊缝	5.5	2.5
GB 50661—2011	角焊缝	≥5.0	≥5.0

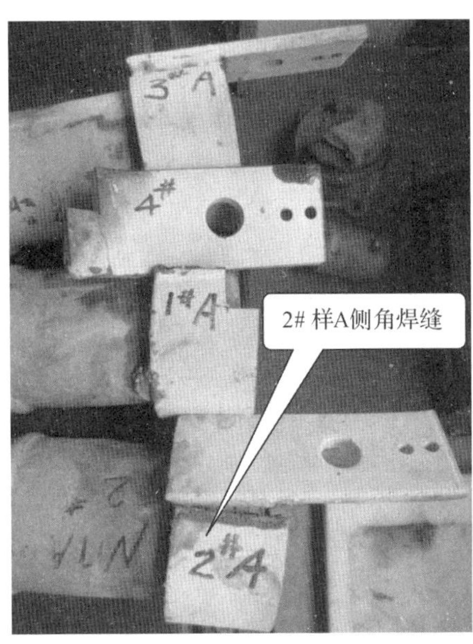

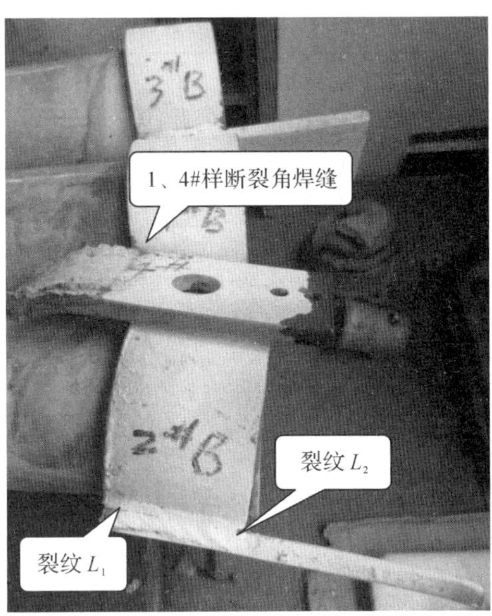

图 7-5-5 陶瓷横担铁附件渗透检测裂纹形貌

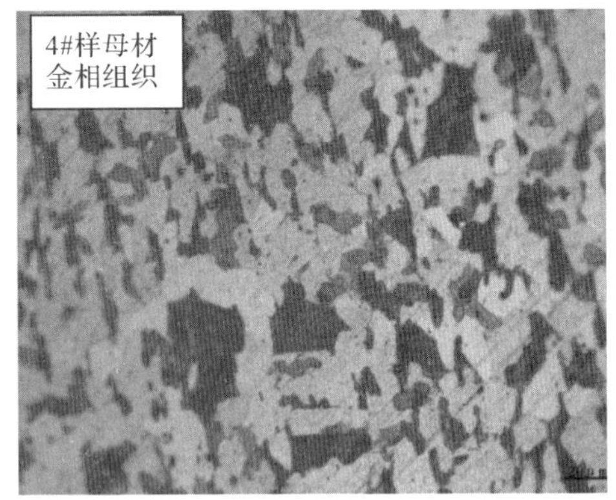

图 7-5-6 母材金相组织

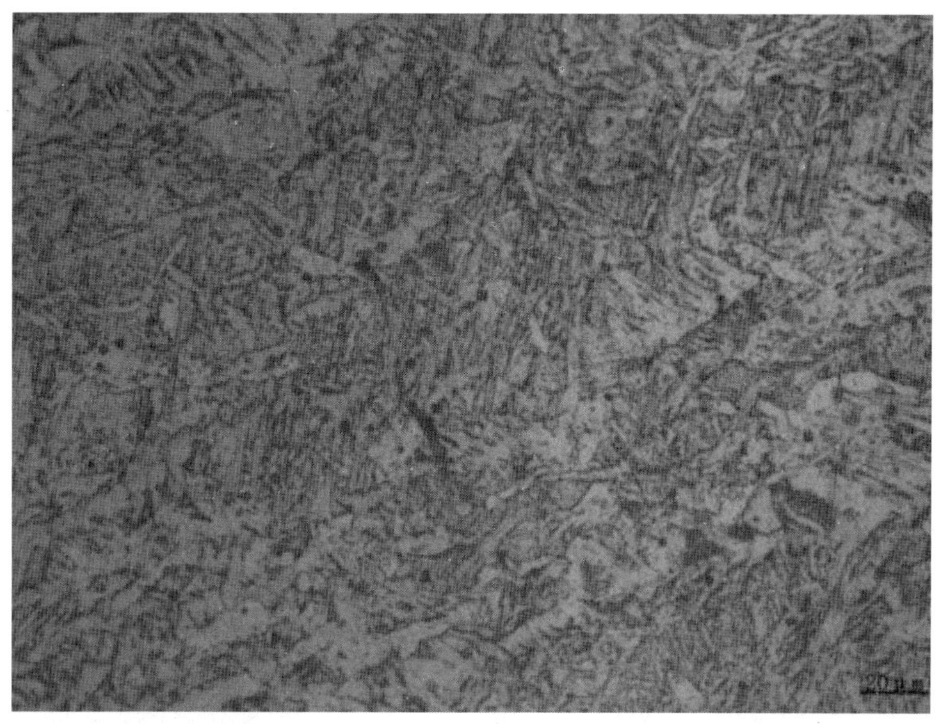

图 7-5-7　焊缝金相组织

7.5.3　失效原因分析

7.5.3.1　综合分析及结论

来样检测结果表明:1＃样与4＃样连接角焊缝断口具有陈旧断口和瞬时断口的混合特征;1＃、2＃、3＃、4＃样材料化学成分符合标准,1＃、4＃样母材和焊缝金相组织正常。

1＃、2＃、4＃样角焊缝处已经断裂或渗透检测发现裂纹,检测结果不合格。1＃、2＃、3＃、4＃样角焊缝存在偏焊现象,垂直方向焊脚高度不符合GB 50661—2011《钢结构焊接规范》要求。

综合上述分析,造成某10kV线路17号杆A相陶瓷横担断裂的原因是角焊缝垂直方向焊脚高度不符合GB 50661—2011《钢结构焊接规范》的要求。17号杆A相陶瓷横担在长期运行过程中沿焊脚高度较低部位产生裂纹,裂纹逐步发展扩大,在4月22日18时左右当地突然发生大风微气象条件下,导线垂直荷载与风荷载叠加后的综合载荷共同作用导致17号杆A相陶瓷横担断裂,导线失去支撑,掉落到地面。

7.5.3.2　建议

(1)结合某10kV线路检修工作,登杆检查陶瓷横担铁附件焊缝是否存在裂纹,若存在裂纹,应立即更换。

(2)根据当地气候条件,筛选出可能出现微气候条件的某10kV线路杆塔。

(3)用品控检验合格的加强型绝缘子更换可能出现微气候条件的某10kV线路杆塔绝缘子。

7.6 雷击导致某500kV线路38#塔B相掉串

7.6.1 案例概况

2014年4月4日22时30分，某供电局生产设备管理部、输电管理所接到调度“某500kV线路跳闸重合闸不成功”，经故障巡视第二小组现场发现某500kV线路38#塔B相（中相）导线断股，绝缘子掉串，现场情况见图7-6-1。

图7-6-1　38#塔B相导线绝缘子串受损情况

经对脱落绝缘子串检查发现，损坏绝缘子上有明显雷击损伤痕迹，特别是第10片绝缘子（横担侧数）瓷裙碎裂（见图7-6-2），第9片绝缘子钢帽有严重烧伤痕迹，导致某500kV线路38#塔B相第10片绝缘子内部填充物全部脱落、钢芯脱出，与第11片绝缘子脱开（见图7-6-3），造成本次掉串事件。

随后，某供电局将某500kV线路37#、38#塔换下的50片绝缘子送某电力研究院高压所及金属所做质量检验，其中，37#塔绝缘子串整击穿，38#塔绝缘子击穿后掉串。

图 7-6-2　38#塔B相第10绝缘子受损情况

图 7-6-3　38#塔B相第11绝缘子

7.6.2　检查、检验、检测

根据标准 GB/T 1001.1—2003《标称电压高于1000V的架空线路绝缘子第1部分：交流系统用瓷或玻璃绝缘子元件——定义、试验方法和判定准则》中规定，为了检验随绝缘子的制造工艺和部件材料质量变化而发生的特性，应进行抽样试验，因此电力研究院金属研究所试验人员对送检绝缘子串元件进行了外观检查及机械破坏负荷抽样试验。

7.6.2.1　37#绝缘子串元件抽样检测

送检的37#塔绝缘子共有25个，受损情况为整串击穿，该塔绝缘子的钢化玻璃伞裙型号为T24P，其额定破坏负荷(24t)与该塔绝缘子元件额定负荷21t不相符；共取8个绝缘子做机械破坏负荷试验，抽样绝缘子编号分别为37-30、37-1、37-18、37-11、37-9、37-12、37-19、37-25，机械破坏负荷结果见表7-6-1、表7-6-2。

表 7-6-1　以额定负荷 240kN 计算的试验结果

编号	X_1	X_2	X_3	X_4	X_5	X_6	X_7	X_8	$\overline{X_1}$(平均值)
来样编号	37-30	37-1	37-18	37-11	37-9	37-12	37-19	37-25	—
破坏负荷/kN	198.5	200	234.5	251	286	259	234	256.2	239.9
标准差 σ_1	29.88								
SFL+$c_1\sigma_1$	282.43								
判定结果	未通过($\overline{X_1}\leqslant$SFL+$c_1\sigma_1$)								

表 7-6-2　以额定负荷 210kN 计算的试验结果

编号	X_1	X_2	X_3	X_4	X_5	X_6	X_7	X_8	$\overline{X_1}$(平均值)
来样编号	37-30	37-1	37-18	37-11	37-9	37-12	37-19	37-25	-
破坏负荷/kN	198.5	200	234.5	251	286	259	234	256.2	239.9
标准差 σ_1	29.88								
SFL+$c_1\sigma_1$	252.43								
判定结果	未通过($\overline{X_1}\leqslant$SFL+$c_1\sigma_1$)								

根据 GB/T 1001.1—2003 中 20.4“绝缘子串元件和线路柱式绝缘子的判定准则”，如果$\overline{X_1} \geqslant \mathrm{SFL} + c_1\sigma_1$，则抽样试验通过（$\overline{X_1}$为抽样试验结果的平均值，SFL 为规定的机械破坏负荷，c_1 为 $E_1 = 8$ 时的常数）。

图 7-6-4　37-30 绝缘子机械载荷试验后宏观照片

按额定负荷 210kN 计算机械破坏负荷，有 2 个绝缘子未达到额定破坏值；按额定负荷 240kN 计算，4 个绝缘子未达到额定破坏值。37-30 绝缘子拉力负荷加载至 192kN 时，钢帽内水泥即发生脱落，加载至 198.5kN 时玻璃伞裙爆裂(见图 7-6-4)。

37-1 加载到 200kN 时钢化玻璃伞裙爆裂，钢帽水泥剥落（见图 7-6-5）；37-18 绝缘子加载至 210kN 左右时水泥即发生开裂，加载至 234.5kN 时钢脚断裂(见图 7-6-6)。

图 7-6-5　37-1 绝缘子机械载荷试验后宏观照片

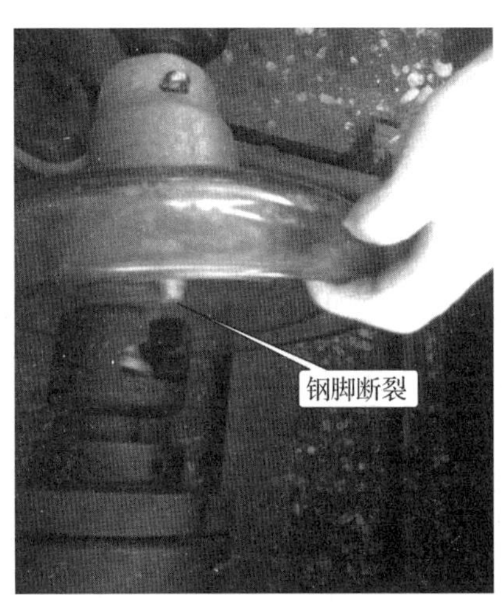

图 7-6-6　37-18 绝缘子机械载荷试验后宏观照片

37-19 情况与 37-18 类似。

因此，根据标准 GB/T 1001.1—2003 对钢化玻璃盘型悬式绝缘子串元件机械破坏负荷的判定准则，37＃塔绝缘子串元件抽样试验未通过。

7.6.2.2　38＃绝缘子串元件抽样检测

(1)外观检查

38＃塔绝缘子串来样共 24 个绝缘子元件，钢化玻璃伞群型号为 T30P，与额定破坏载荷 30t 相符。其中有 5 个绝缘子钢化玻璃伞裙已缺失，多个绝缘子存在放电痕迹，如 38-10、38-14、38-15、38-20、38-21、39-22，见图 7-6-7 至图 7-6-9；其中 38-10 为事故中内部填充物及钢脚全部脱出导致掉串的绝缘子，可以看到该绝缘子钢帽内部有明显的高温烧焦痕迹。

图 7-6-7　38-15 绝缘子钢帽照片

图 7-6-8　38-10 绝缘子钢帽外表面照片

另外，抽样对 38-1、38-2、38-3、38-11、38-12、38-16、38-17、38-18 号绝缘子外观进行检查，绝缘件表面未发现折痕、气孔，玻璃体表面存在烧黑痕迹，但无明显机械损伤，玻璃体内无直径大于 5mm 的气泡。对绝缘子钢帽内填充物进行观察，发现 38-1、38-2、38-11、38-16、38-18 号绝缘子水泥填充物存在开裂或剥落情况，见图 7-6-10 至图 7-6-14。

图 7-6-9　38-10 绝缘子钢帽内部照片

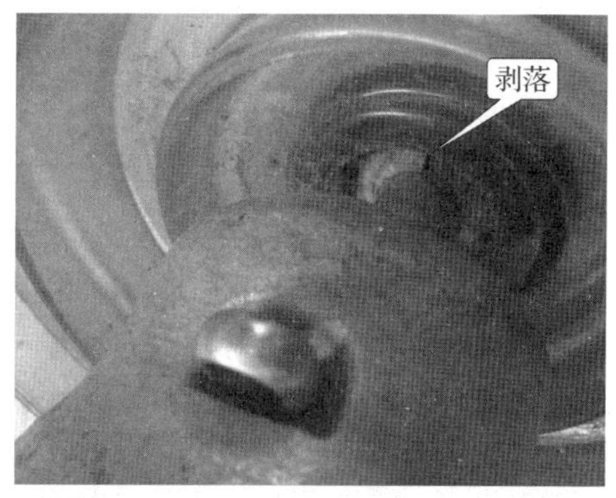

图 7-6-10　38-11 绝缘子填充水泥照片

图 7-6-11　38-18 绝缘子填充水泥照片

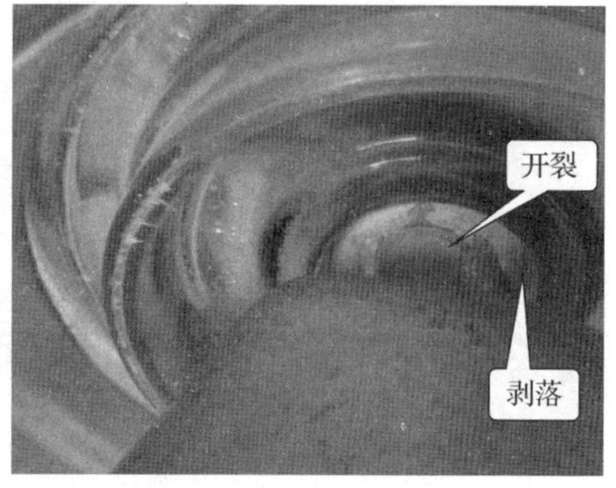

图 7-6-12　38-2 绝缘子填充水泥照片

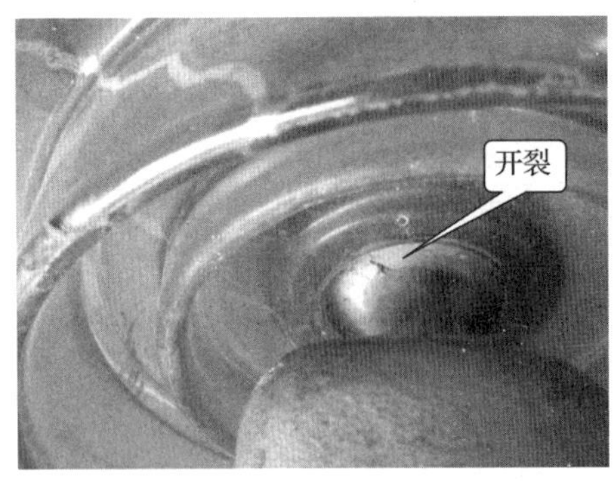

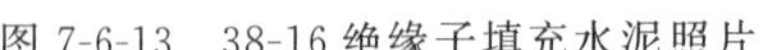

图 7-6-13　38-16 绝缘子填充水泥照片

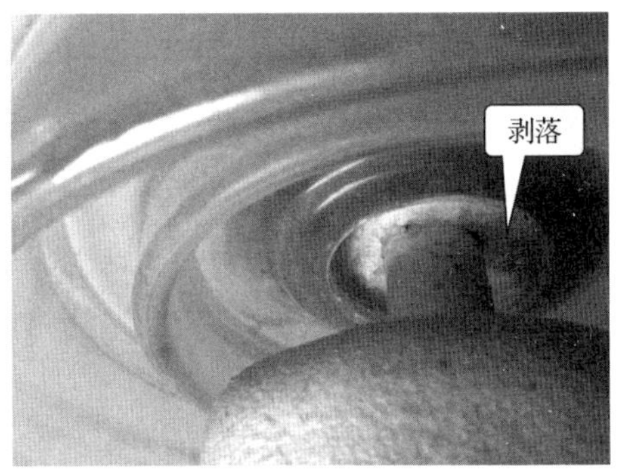

图 7-6-14　38-1 绝缘子填充水泥照片

(2)机械破坏负荷试验

对 38＃塔来样绝缘子做机械破坏负荷试验，抽样数 $E_1=8$，编号分别为 38-9、38-15、38-21、38-20、38-22、38-19、38-24、38-13，额定机械破坏负荷为 300kN，试验结果见表 7-6-3。

表 7-6-3　38＃塔绝缘子机械破坏负荷试验结果表

编号	X_1	X_2	X_3	X_4	X_5	X_6	X_7	X_8	$\overline{X_1}$(平均值)
来样编号	38-9	38-15	38-21	38-20	38-22	38-19	38-24	38-13	—
破坏负荷/kN	378	272	370.5	386.5	373.5	376	373.5	389.5	364.94
标准差 σ_1	38.13								
SFL$+c_1\sigma_1$	354.14								
判定结果	通过($\overline{X_1}\geqslant$SFL$+c_1\sigma_1$)								

从表 7-6-3 可知，38-15 号绝缘子破坏负荷未达到额定值，加载至 272kN 时钢化玻璃伞裙发生爆裂、水泥脱落(见图 7-6-15)，但由于实验数据经计算后得到$\overline{X_1}\geqslant$SFL$+c_1\sigma_1$，根据标准 GB/T 1001.1—2003 中对绝缘子机械破坏负荷抽样试验的判定准则，38＃塔绝缘子机械破坏负荷抽样试验通过。

图 7-6-15　38-15 绝缘子破坏后照片

7.6.3 失效原因分析

7.6.3.1 综合分析

(1)事故情况分析

绝缘子掉串故障长期以来危及电网的安全稳定运行,可能造成输电线路玻璃绝缘子掉串的原因有多种:雷击、污闪、绝缘子产品质量不稳定等,在电气和机械等外作用力下,都会造成挂网运行的绝缘子掉串。架空输电线路长期暴露,极易遭受雷击,由雷电定位系统数据及掉串绝缘子表面明显的雷击损伤痕迹可知,故障绝缘子所在37#、38#段铁塔曾遭受雷击。雷电造成的闪络会在绝缘子钢帽外部、瓷裙表面留下明显的放电痕迹,严重时将导致瓷裙破损,但一般不易引起掉串。

经对脱落掉串的38#塔B相第10片绝缘子(横担侧)进行检查,除发现存在沿面放电痕迹外,在绝缘填充物内部有明显的高温烧焦情况(说明故障时刻雷电流除在绝缘子表面形成放电通道外,雷电流还通过绝缘子钢帽→绝缘填充物料→钢脚形成放电通道)。

(2)绝缘子外观质量分析

由于玻璃绝缘子"零值自破"的优点,其自破是整体自破,除了伞盘的碎玻璃爆破外,铁帽内的绝缘子头部玻璃也全部粉碎,因头部玻璃自破时伴有一种膨胀力,把碎玻璃和水泥胶合剂牢牢地卡死在铁帽内,有足够的残余强度,能保证输电线路玻璃绝缘子串不会发生掉串事故。

经过对38#塔送检绝缘子进行外观检查发现,部分绝缘子水泥填充物有开裂或剥落,较严重的开裂会影响绝缘填充物的紧密性,在绝缘子遭受雷击时会形成绝缘填充物料内部的放电通道,引起填充物高温膨胀,导致掉串。

(3)机械破坏负荷试验结果分析

通过对37#、38#塔送检绝缘子进行机械破坏负荷抽样试验结果进行分析,37#、38#抽样绝缘子均存在部分绝缘子机械破坏负荷低于标准值的情况,而机械破坏负荷不够会导致绝缘子水泥填充物发生开裂、脱落,玻璃伞裙爆裂,钢脚脱出等问题。

7.6.3.2 建议

(1)对入网的绝缘子进行抽检工作,确保其力学和电气性能符合相关标准;

(2)对此次掉串同批次的绝缘子进行抽检,以确定其他绝缘子力学和电气性能是否符合相关标准。

7.7 雷击导致某供电局35kV线路绝缘子掉串

7.7.1 案例概况

2014年5月25日,某供电局某35kV线路绝缘子36#杆塔B相绝缘子发生雷击掉串。其中遭受雷击的3片绝缘子送金属研究所分析。根据某供电局资料,绝缘子型号为X-3,将样品分别编号为1#、2#及3#。

7.7.2 检查、检验、检测

7.7.2.1 宏观分析

来样绝缘子共3片，见图7-7-1至图7-7-3。

1#及2#绝缘子结构依然保持完整，绝缘子伞裙及钢帽均可见放电烧灼痕迹，其中2#绝缘子烧灼面积最大，钢帽烧灼位置出现锈蚀，伞裙烧灼位置陶瓷表面有轻微熔融痕迹，见图7-7-1、图7-7-2。

3#绝缘子钢脚脱落，钢帽上有烧灼痕迹，见图7-7-3。

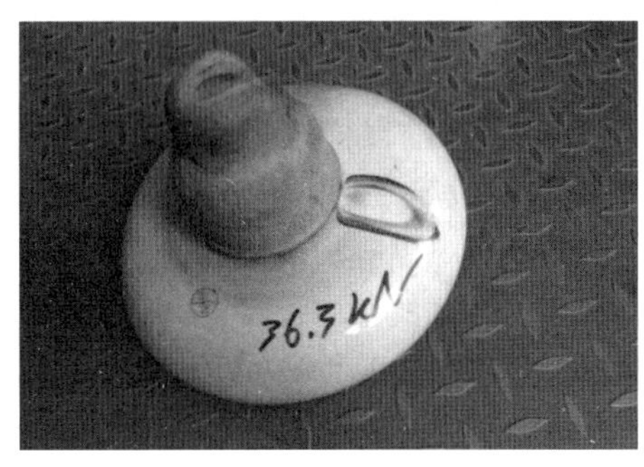

图7-7-1　1#绝缘子宏观照片

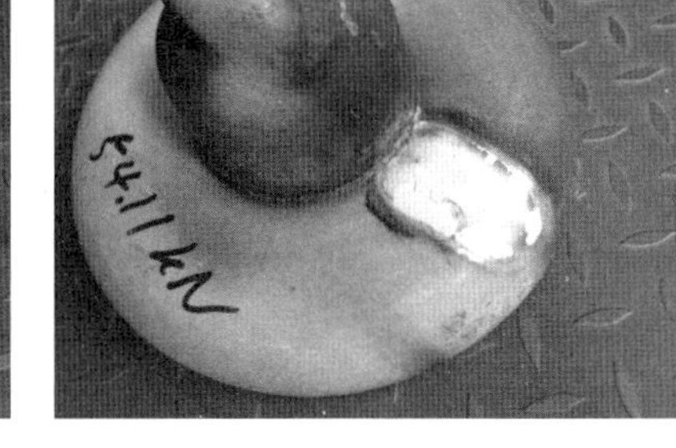

图7-7-2　2#绝缘子宏观照片

7.7.2.2 拉力试验

根据GB/T 1001.1—2003《标称电压高于1000V的架空线路绝缘子第1部分交流系统用瓷或玻璃绝缘子元件定义、试验方法和判定准则》的试验方法要求，对1#、2#绝缘子进行机械强度试验，检验绝缘子机械强度。

试验在万能材料试验机进行，绝缘子通过专用碗头-球头装具连接，如图7-7-4所示。

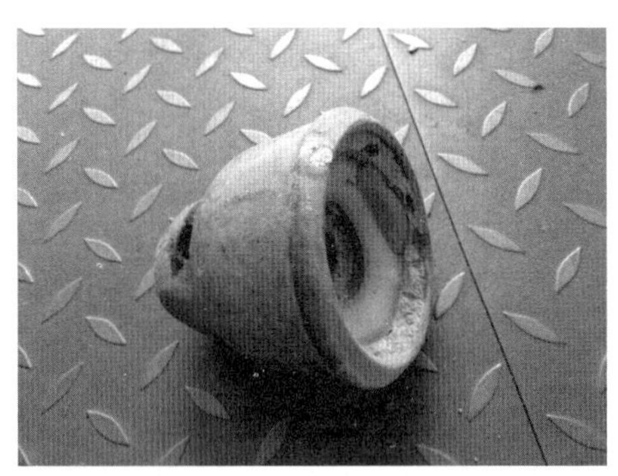

图7-7-3　1#绝缘子钢帽宏观照片

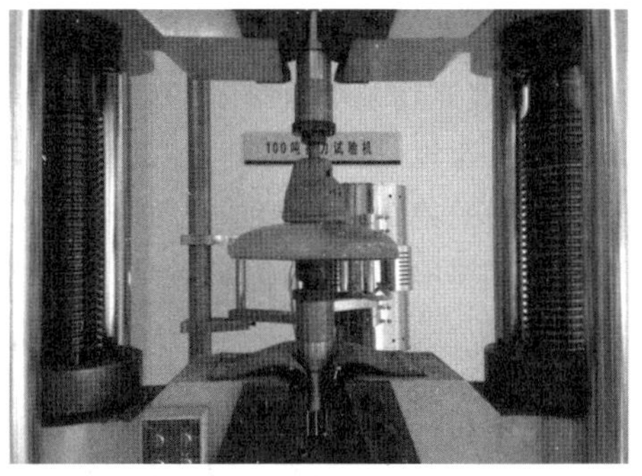

图7-7-4　拉力试验装置图

测试结果如下：

1#绝缘子在加载至36kN时结构破坏，水泥胶装结构出现滑移；

2#绝缘子在加载至54kN时结构破坏，水泥胶装结构出现滑移；

两个绝缘子在试验完毕后外观良好，伞裙未见开裂、破碎。

考虑到试验的绝缘子均已经遭受雷击，绝缘受到了一定的损伤，应按残余强度进行判定，按GB/T 22709—2008《架空线路玻璃或瓷绝缘子串 元件 绝缘体破损后的残余强度》要求,其残余强度应不低于65%的规定的机械破坏负荷(针对XP-3型绝缘子为不小于19.5kN),试验的2只绝缘子均达到要求。

此外,2只绝缘子均能满足GB/T 7253—2005《标称电压高于1000V的架空线路绝缘子 交流系统用瓷或玻璃绝缘子件 盘形悬式绝缘子件的特性》对正常状态XP-3型绝缘子的要求(可承受机械载荷不低于30kN)。

7.7.3 失效原因分析

绝缘子主要承力结构为陶瓷-水泥-钢帽混合结构,雷击过程中,由于雷电的加热作用,容易由于水泥、陶瓷、钢帽之间热膨胀不一致而导致掉串。

因3#绝缘子无法进一步进行力学试验,只能通过对其他绝缘子进行力学试验进行间接判断,试验表明1#及2#绝缘子在放电损伤后其机械强度仍然能够达到相关标准要求,可推断3#绝缘子在雷击前其机械强度也应符合标准。

综合上述分析,此次绝缘子掉串的主要原因为雷击导致绝缘子胶装发热膨胀,水泥和钢脚发生脱落,掉串与绝缘子本身的机械强度应无太大关系。

建议若有条件,可取其他同批次未受雷击的绝缘子进一步抽样进行力学试验。

7.8 雷击导致某供电局35kV线路绝缘子掉串

7.8.1 案例概况

2014年6月8日23时31分某110kV变电站35kV线路396断路器电流Ⅰ段保护动作跳闸,重合闸动作成功。6月9日13时24分输电管理所查线发现某35kV线路5#杆上台线直线双串绝缘子有一串因雷击掉串。现场情况见图7-8-1。

某35kV线路投运于2003年,绝缘子型号为XP-70。掉串后残余的8片绝缘子送某金属研究所分析,来样顺绝缘子排列方向自编号为JS-X-201406007至JS-X-201406014,以下报告中分别简称1#至8#(见表7-8-1)。

表7-8-1 来样绝缘子编号

来样编号	报告简称	位置编号
JS-X-201406007	1#	上小1(小号侧第1片)
JS-X-201406008	2#	上小2
JS-X-201406009	3#	上小3
JS-X-201406010	4#	上小4
JS-X-201406011	5#	下大1(大号侧第1片)
JS-X-201406012	6#	下大2
JS-X-201406013	7#	下大3
JS-X-201406014	8#	下大4

图 7-8-1 掉串现场照片

7.8.2 检查、检验、检测

7.8.2.1 宏观分析

来样绝缘子共 8 片，其中大号侧 4 片，小号侧 4 片。大号侧绝缘子伞裙完好，见图 7-8-2。小号侧绝缘子 3＃、4＃伞裙完全破碎，见图 7-8-3。其中 4＃绝缘子胶装水泥破碎，只有钢帽残存，钢帽无明显机械损伤痕迹，见图 7-8-4；2＃绝缘子伞裙与钢帽连接部位破裂分离，但伞裙尚完整，见图 7-8-5。其余绝缘子胶装水泥结构完好，未见脱胶、水泥破碎等损伤。

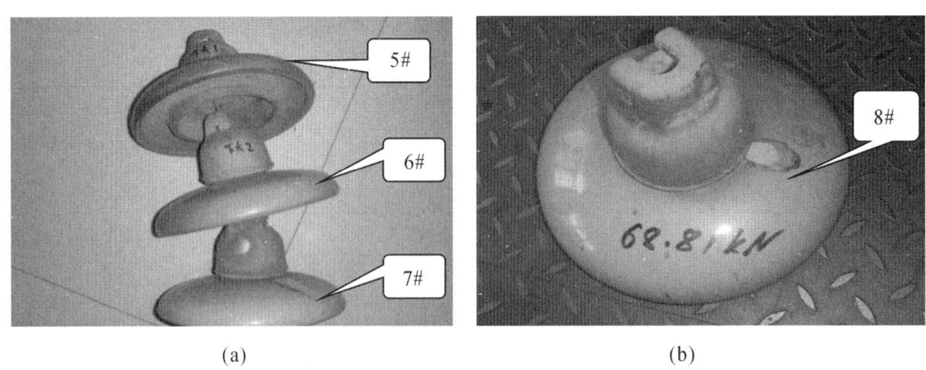

(a) (b)

图 7-8-2 大号侧绝缘子

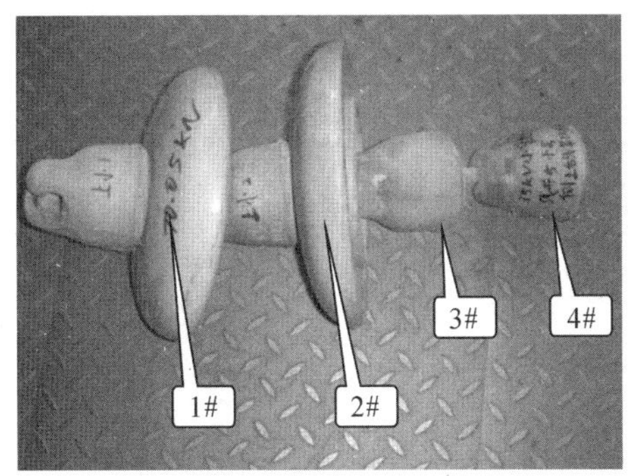

图 7-8-3 小号侧绝缘子

图 7-8-4 4#绝缘子胶装水泥层破裂，钢角脱出

所有绝缘子钢帽及伞裙均可见雷电烧灼痕迹，烧灼位置表面陶瓷有轻微熔融，典型烧灼情况见图 7-8-6。

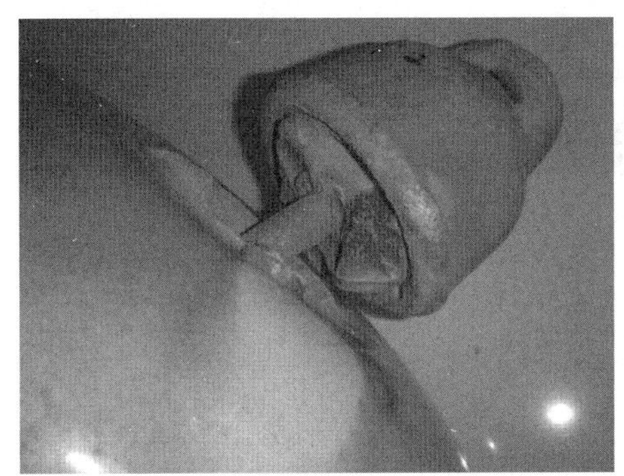

图 7-8-5 2#绝缘子，伞裙与钢帽连接部位破裂

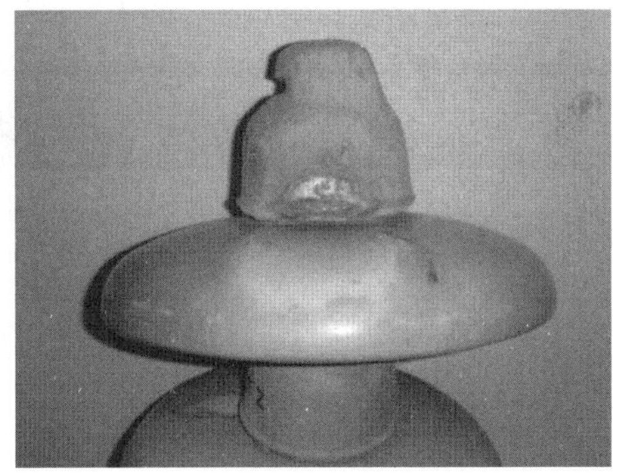

图 7-8-6 雷电烧灼部位形貌

7.8.2.2 拉力试验

根据 GB/T 1001.1—2003《标称电压高于 1000V 的架空线路绝缘子 第 1 部分 交流系统用瓷或玻璃绝缘子元件定义、试验方法和判定准则》的试验方法要求，对具备试验条件的 1#、5#、6#、7#、8#绝缘子进行机械强度试验。

试验在万能材料试验机进行，绝缘子通过专用碗头-球头装具连接，如图 7-8-7 所示。

试验结果如下：

1#绝缘子在加载至 70kN 时结构破坏，水泥胶装结构出现松脱滑移；

5#绝缘子在加载至 60kN 时结构破坏，水泥胶装结构出现松脱滑移；

6#绝缘子在加载至 56kN 时结构破坏，水泥胶装结构出现松脱滑移；

7#绝缘子在加载至 65kN 时结构破坏，水泥胶装结构出现松脱滑移；

8#绝缘子在加载至 68kN 时结构破坏，水泥胶装结构出现松脱滑移。

考虑到试验的绝缘子均已经遭受雷击，其绝缘受到了一定的损伤，试验结果应按残余强度进行判定，按 GB/T 22709—2008《架空线路玻璃或瓷绝缘子串 元件 绝缘体破损后的残余强度》要求，其残余强度应不低于 65%的规定的机械破坏负荷(针对 XP-70 型绝缘子为不

图 7-8-7　拉力试验

小于 45.5kN)，因此试验的 5 只绝缘子均达到要求。

7.8.3　失效原因分析

绝缘子主要承力结构为陶瓷-水泥-钢帽混合结构，雷击过程中，由于雷电的加热作用，容易由于水泥、陶瓷、钢帽之间热膨胀不一致而掉串。

对掉串的 4＃绝缘子进行外观分析表明，绝缘子表面有严重的放电痕迹，水泥、钢脚脱落，钢帽上未见明显的机械损伤，总体情况符合雷击掉串的特征。

因 4＃绝缘子无法进一步进行力学试验，因此只能通过对其他绝缘子进行力学试验进行间接判断，试验表明其他绝缘子残余强度均符合标准要求，可推断 4＃绝缘子在雷击前其机械强度也应符合标准。

综合上述分析，此次绝缘子掉串的主要原因为雷击导致绝缘子胶装发热膨胀，水泥和钢脚发生脱落，掉串与绝缘子本身的机械强度应无太大关系。

建议若有条件，可取其他同批次未受雷击的绝缘子进一步抽样进行力学试验。

7.9 制造、试验、运输的某一环节中,钢脚受到了较大的弯折应力导致某±500kV直流输电线路工程多个玻璃绝缘子钢脚锌套开裂

7.9.1 案例概况

2015年10月29日,施工人员在某±500kV直流输电线路工程9标段发现玻璃绝缘子钢脚锌套有裂缝,见图7-9-1、图7-9-2。经相关部门安排,某专业团队立即对类似问题进行全面排查,并对现场发现的玻璃绝缘子开裂的原因进行了专业的分析。

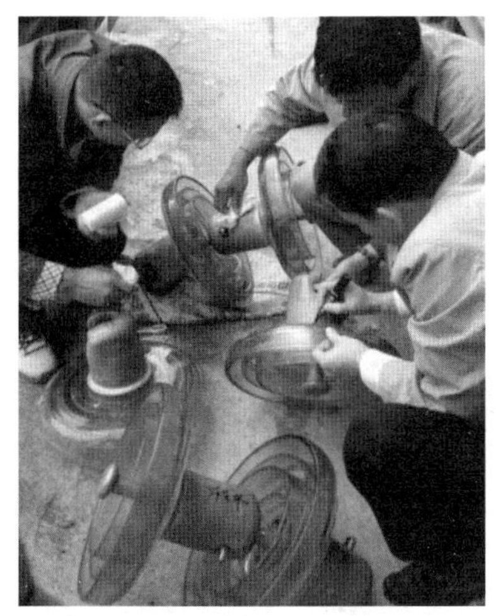

图7-9-1 现场取样

图7-9-2 锌套开裂

7.9.2 检查、检验、检测

如前所述,本次实验的绝缘子共22片,1#～18#在中国电科院进行机械试验,19#～22#在云南电科院进行分析和试验。

试验项目及编号见表7-9-1。取样绝缘子(19#、20#)见图7-9-3。

表7-9-1 本次分析的绝缘子编号及试验项目

绝缘子编号	试品初始状况	试验项目	试验结果
1#～6#	锌套破裂	机械破坏负荷试验	合格
10#～17#	完好		
7#～18#	完好	绝缘子串机械耐受试验(50%机械破坏负荷)	合格
19#～20#	锌套破裂	宏观分析、射线检测	-
21#～22#	完好	宏观分析、射线检测	-

图 7-9-3　取样绝缘子(19♯、20♯)

7.9.2.1　宏观分析

19♯、20♯两只绝缘子锌套和钢脚结合部位均可看到明显的整圈环状开裂。将玻璃伞裙敲掉后,可看到钢脚明显向一侧歪斜,其中外弯一侧的半圈开口较大,另外半圈断续开裂,开口较小,相应的外弯侧钢脚部位的水泥开口也较大,而内弯侧的水泥开口较小,开口两侧呈锯齿状。见图 7-9-4 至图 7-9-8。

图 7-9-4　19♯敲掉伞裙后

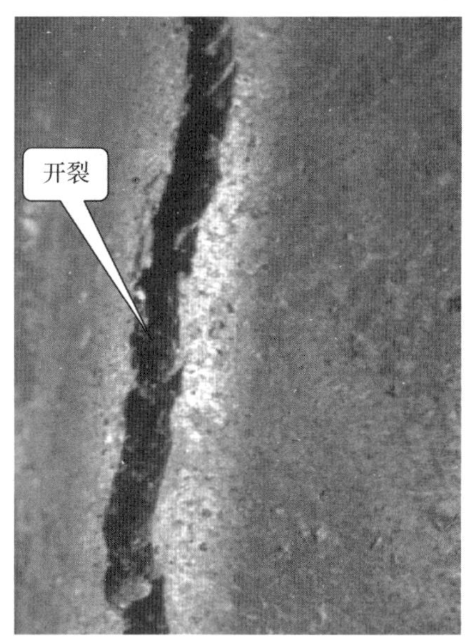

图 7-9-5　19♯外弯侧裂口

图 7-9-6 20＃敲掉伞裙后

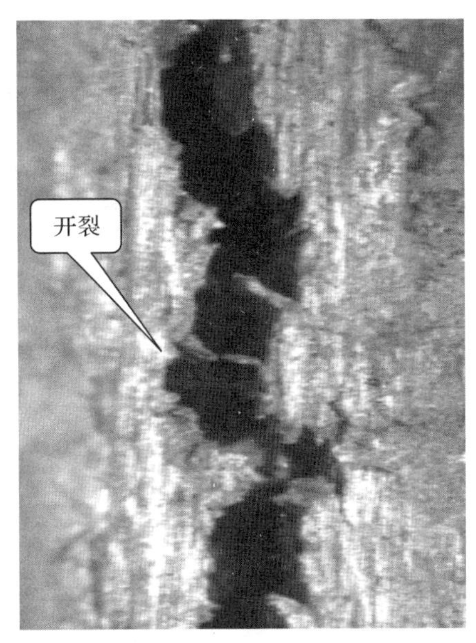

图 7-9-7 20＃外弯侧裂口

图 7-9-8 19＃、20＃可见钢脚明显向一侧歪斜

将 20＃绝缘子钢脚横向锯开后，可以看到外弯侧的钢脚和锌套之间、锌套和水泥之间的间隙均较大，而内弯侧的间隙则不明显。见图 7-9-9。

7.9.2.2 射线检测

为了确定锌套开裂的深度，对 19＃、20＃两只绝缘子进行射线检测，并另取一只无裂纹(21＃)的绝缘子做对比。

每个绝缘子垂直方向各照射一次，由检测结果可以看出，19＃绝缘子最大开裂深度为 26.1mm，20＃绝缘子最大开裂深度为 26.2mm，锌环和钢脚之间已经全部脱开。

新绝缘子(21＃、22＃)锌套和钢脚之间结合良好，影像上未看到二者之间的间隙。见图 7-9-10 至图 7-9-15。

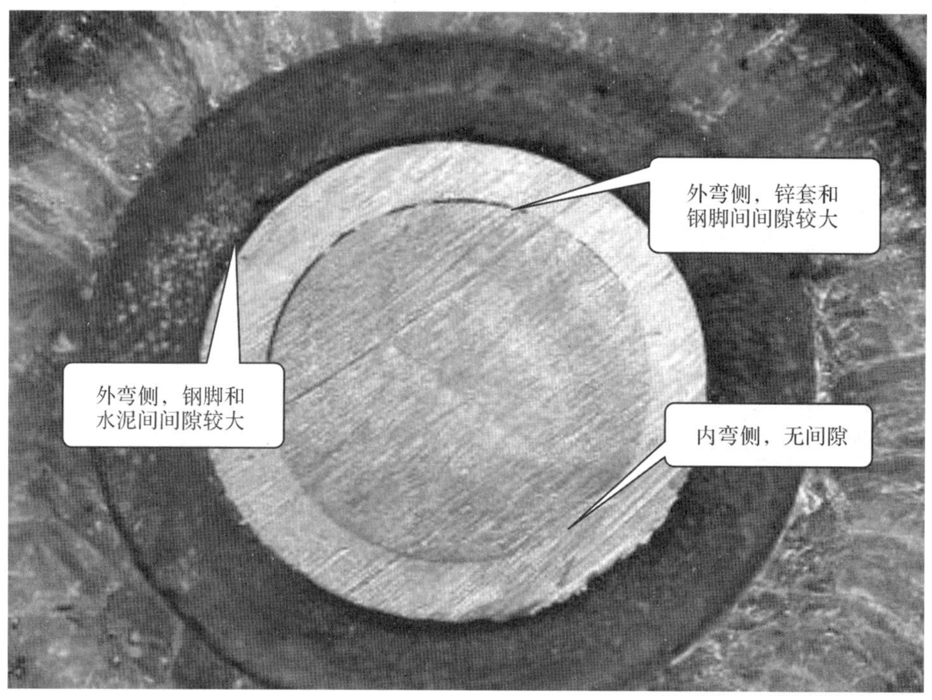

图 7-9-9　20＃钢脚锯开后

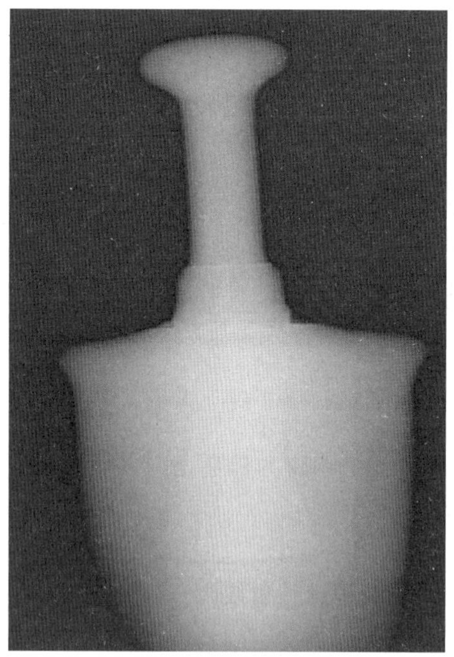

图 7-9-10　19＃射线影像

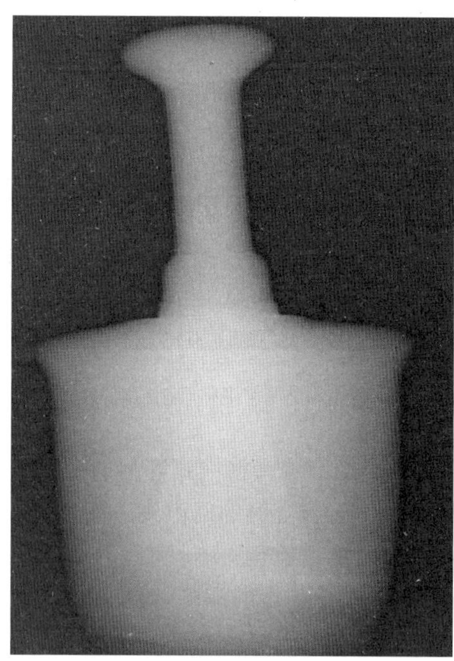

图 7-9-11　20＃射线影像

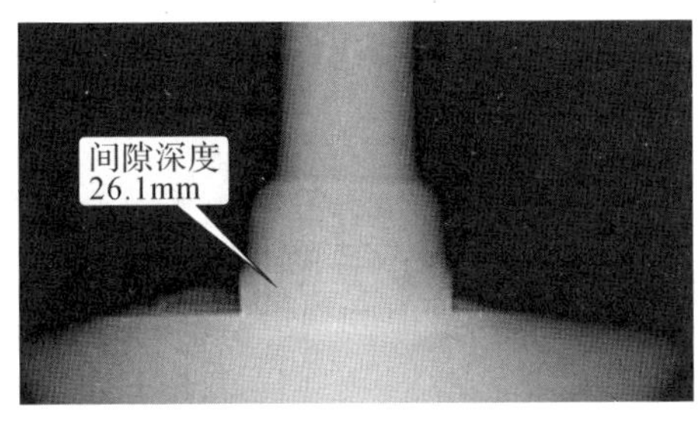

图 7-9-12 19#最大深度 26.1mm

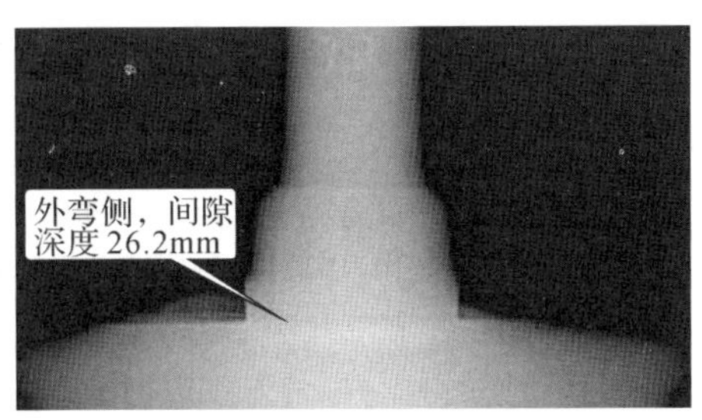

图 7-9-13 20#最大深度 26.2mm

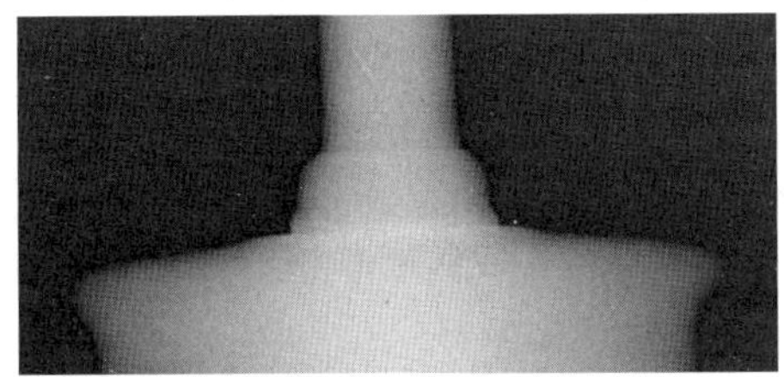

图 7-9-14 21#钢脚和锌套之间结合良好

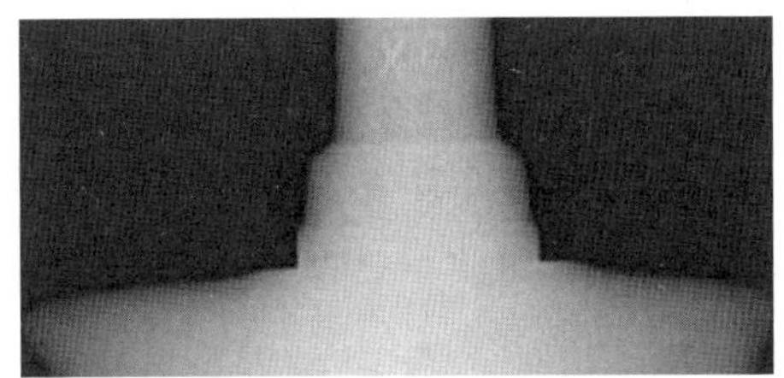

图 7-9-15 22#钢脚和锌套之间结合良好

7.9.2.3 机械性能试验

如前所述，施工现场取回的 18 只绝缘子送中国电科院进行机械性能试验，其中 6 只锌套开裂，编为 1#～6#，另外 12 只锌套未开裂，编为 7#～18#。

绝缘子串耐受试验：对绝缘子 7#～18#施加 50%机械破坏负荷，保持 3s，试验终止，经检查，试品未损坏，钢脚与锌套间无裂纹，试验结果合格。

机械破坏负荷试验：对 1#～6#，10#～17#共 14 片绝缘子逐只进行机械破坏负荷试验，直至绝缘子破坏，试验结果合格。

试验结果表明：锌套开裂的绝缘子与未开裂的绝缘子在抗拉强度上无明显差别。

7.9.3 失效原因分析

7.9.3.1 综合分析及结论

(1)从锌套的断口可以看到，断口呈撕裂的锯齿状。如果是锌套铸造时熔合不好，则断口两侧应相对较光滑，也不会是两侧断口相互对应的特征，因此，开裂是锌套铸造完以后才形成的。

(2)锌套破裂的绝缘子钢脚向一侧明显歪斜，外弯侧的水泥和锌套开裂间隙较大，表明钢脚受到了较大的弯折应力。

综合上述分析，造成锌套开裂的原因为绝缘子制造完毕后，在后续的制造、试验、运输的某一环节中，钢脚受到了较大的弯折应力，从而导致锌套被拉裂。

7.9.3.2 建议

(1)制造、出厂试验、运输过程均应规范，避免绝缘子钢脚受较大的弯折应力。

(2)出厂前厂家应加强对每只绝缘子的宏观检查，杜绝锌套破裂、钢脚歪斜、水泥破损等外观检查不合格的绝缘子出厂。

(3)施工方安装前应加强对绝缘子的外观检查,对外观检查不合格的绝缘子要予以更换。

7.10 雷击导致某220kV线路绝缘子断裂

7.10.1 案例概况

2006年10月23日13时25分,某站220kV线路Ⅱ回226断路器发生跳闸。

10月23日故障查线发现某220kV线路Ⅱ回71#左边导线(A相)和右边导线(C相)双串悬垂绝缘子串整串均有雷击放电痕迹,其中右边导线(C相)小号侧绝缘子串已断开(断开位置位于导线端第3片、4片之间),碗头挂板、二连板、悬垂线夹及预绞式护线条等金具均有明显的放电痕迹。

现场用钳型表测量接地电阻值,71#:A,7.3Ω;B,6.6Ω;C,7.4Ω;D,7.7Ω(接地型式6T,设计值30Ω,雨后测量),接地电阻合格。

雷电信息系统查询:跳闸时段某220kV线路Ⅱ回全线只有1个雷击点在147#附近,在故障线路段未查询到有雷击,距离故障杆塔最近的一个雷(在68#前后)发生在线路雷击跳闸前21分钟,而经过实地了解跳闸时段在故障线路段周围发生了持续且多次的雷击。

现场情况为:某220kV线路Ⅱ回71#左边导线(A相)和右边导线(C相)双串悬垂绝缘子串整串均有雷击放电痕迹,其中右边导线(C相)小号侧绝缘子串已从导线端第4片绝缘子断开且绝缘子已损坏。见图7-10-1至图7-10-4。

图7-10-1 右边导线(C相)小号侧第4片绝缘子铁帽和钢脚脱离,其中第3、4、5、11片绝缘子瓷裙碎裂

图7-10-2 左边导线(A相)双串绝缘子受雷击全图

图 7-10-3　右边导线(C 相)
双串绝缘子雷击全图

图 7-10-4　绝缘子上有明显的
雷击闪络痕迹

7.10.2　检查、检验、检测

对样品进行宏观分析。

检查更换下来的绝缘子，发现绝缘子断开原因是导线端第 4 片 XP-7 绝缘子铁帽内的瓷质和水泥胶合剂碎裂，导致该片绝缘子的铁帽和钢脚脱离，见图 7-10-5。

金属钢脚的端头有放电痕迹(图 7-10-6)，铁帽内瓷体窝坑烧黑，在窝坑底部和侧面均有多条裂纹。断口边缘位置有两处烧黑的剥离缺口(图 7-10-7 中箭头所示)，分析认为：要使缺口被烧黑，只有在该位置放电且缺口在放电前就已经形成才会出现这种状况，所以，该位置在制造时就已经存在制造缺陷，并在放电时被烧黑。见图 7-10-7 至图 7-10-8。

断开的第 4 片绝缘子断面灰暗，与其余瓷裙断口明亮洁白的颜色明显不一样，灰暗的断口在显微镜下可以看到表面明显分为两层，两个层面之间结合致密，分析认为，这个分层应该在制造时候就已经形成，见图 7-10-9。

图 7-10-5　右边导线(C 相)小号侧
第 4 片绝缘子铁帽和钢脚脱离处

图 7-10-6　第 4 片绝缘子脱离
的钢脚端面

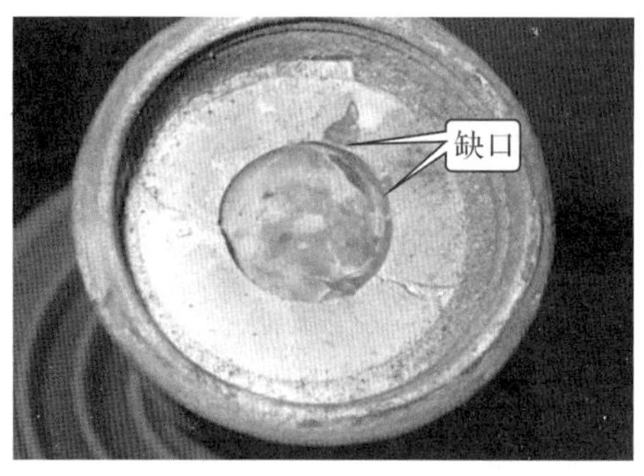

图 7-10-7　第 4 片绝缘子的断口

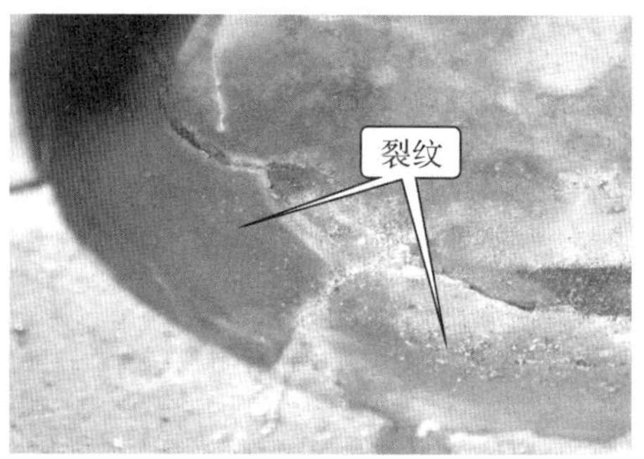

图 7-10-8　窝坑底部的裂纹

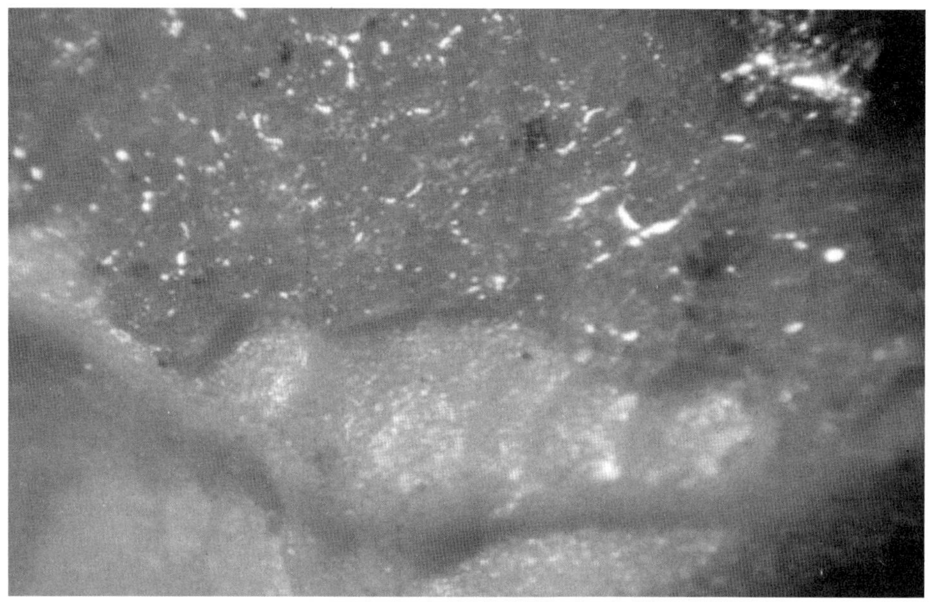

图 7-10-9　断口表面

7.10.3　失效原因分析

2006 年 10 月 23 日线路跳闸当天属于雷雨天气，71＃塔 A、C 相双串绝缘子串均有明显的雷击闪络痕迹，结合断口分析，绝缘子断裂的根本原因是由于雷击(直击雷)线路引起绝缘子串发生闪络，绝缘子金属件瞬时急速温升，使绝缘子铁帽内的瓷质和水泥胶合剂在高温作用下膨胀碎裂导致该片绝缘子的铁帽和钢脚脱离而造成绝缘子串断开。

断口分析也可看出，瓷窝内壁在放电前就已经产生了两个缺口(裂纹)，是导致雷击时该位置被击穿的次要原因。

7.11 绝缘子瓷瓶制造质量不合格导致某 220kV 2826 隔离开关支柱绝缘子断裂

7.11.1 案例概况

2007 年 1 月 11 日，某 220kV Ⅱ 回 2826 隔离开关刀闸旋转支柱绝缘子在合刀闸的过程中发生断裂。刀闸型号为 GW7-220。

断裂发生在上瓷瓶与上部法兰连接处，见图 7-11-1。该刀闸于 1997 年投产，现已运行了近 10 年。

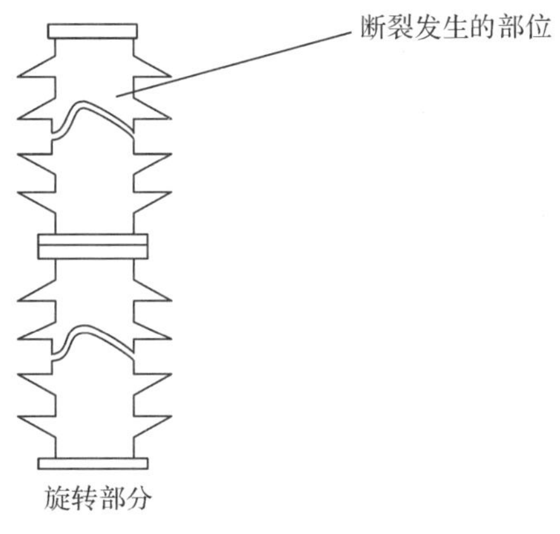

图 7-11-1 绝缘子断裂部位示意

7.11.2 检查、检验、检测

进行宏观检测。断裂的绝缘子的断口照片见图 7-11-2 和图 7-11-3。

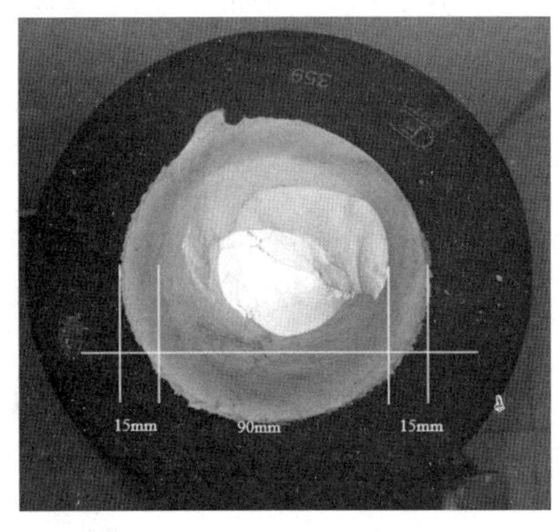

图 7-11-2 绝缘子的断口照片 1

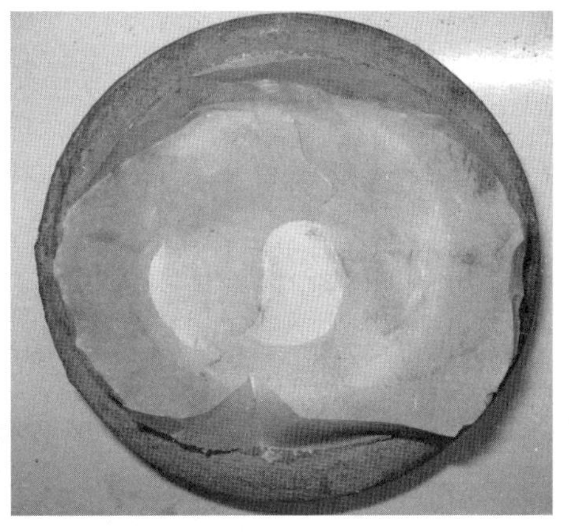

图 7-11-3 绝缘子的断口照片 2

由以上照片可以看出，该瓷瓶有明显的颜色差异，由外往内15mm的区域内断口呈淡青色，这不是正常的瓷瓶断口颜色，中间90mm区域内断口呈白色，颜色正常。

7.11.3 失效原因分析

7.11.3.1 断裂原因

从断口颜色上看，该瓷瓶断口区域外侧15mm区域内瓷瓶质量不正常，这是在制造过程中产生的。

绝缘子的断裂是由于绝缘子瓷瓶质量不合格，绝缘子在旋转过程中强度不满足要求而导致的。

此类断裂多发生在冬季，是由于有温差应力的影响，因铸铁法兰、电瓷的膨胀系数不同，温度降低时铸铁收缩得多，瓷瓶收缩得少，铸铁法兰收缩约束产生应力，这也是断裂的一个影响因素。

7.11.3.2 建议

加强刀闸日常维护，防止刀闸的转动和传动部位锈蚀，润滑油干涩，致使操作力矩大大增加，瓷瓶受很大的扭矩而被扭断。

7.12 绝缘子制造质量差导致某35kV变电站绝缘子掉串

7.12.1 案例概况

某供电公司35kV变电站发生绝缘子掉串事故，事故过程如下：

2015年2月17日，该35kV变电站主变高压侧301断路器出线A相悬式绝缘子发生持续放电，几分钟后主变高压侧301断路器出线A相悬式绝缘子发生炸裂（图7-12-1来源于视频监控系统）。不久后，主变高压侧进线门形构架B相悬式绝缘子也发生了类似放电情况，而且主变高压侧进线B相悬式绝缘子也出现了炸裂和脱落的情况（图7-12-2来源于视频监控系统）。

图7-12-1 事故主变

图7-12-2 绝缘子破坏情况

事故变电站基本情况：

发生事故的绝缘子型号是：XWP-70，为双层伞型耐污悬式瓷绝缘子。生产时间：2012

年4月。该35kV变电站于2013年12月14日投产,2014年1月13日移交运行单位,2014年11月1日正式带负荷运行。该站户外开关场内35kV悬式绝缘子均使用了同厂家、同批次的XWP-70悬式绝缘子。

事故后,掉串绝缘子送某电力科学研究院分析事故原因,来样绝缘子共3串,来样编号JH-M-201502009(以下简称1#)、JH-M-201502009(以下简称2#)、JH-M-201502011(以下简称3#)。

7.12.2 检查、检验、检测

7.12.2.1 检查情况

1#、2#来样为发生事故的A、B两相,但送样单位现场记录缺乏,已分不出1#、2#样分别对应A相还是B相,3#来样为某站运行中的同型号正常绝缘子。

1#串:

1#串中段一组伞裙碎裂,尚残留3组伞裙,在完好的钢帽与伞裙结合处可见明显的放电痕迹,见图7-12-3。

中段破碎的伞裙钢帽和瓷体表面可见黑色的放电痕迹,表明该部位为放电时的通道,见图7-12-4、图7-12-5。

1#样中间段伞裙与钢帽之间的瓷体已经破裂,用手可摇动,见图7-12-6;底部的钢帽炸裂,仅残留少量填充水泥,见图7-12-7。

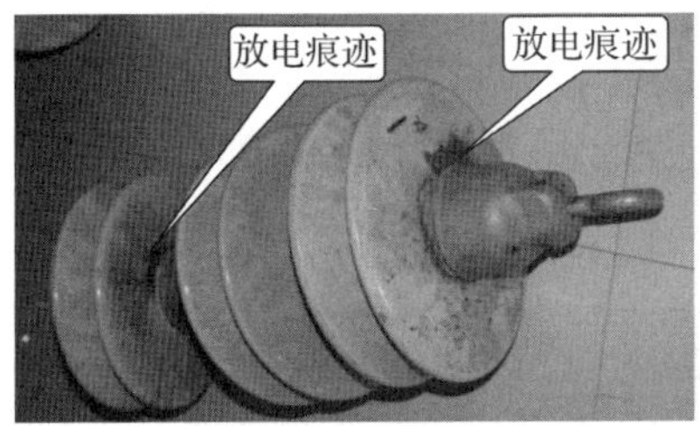

图7-12-3 1#串外观

图7-12-4 1#串外观

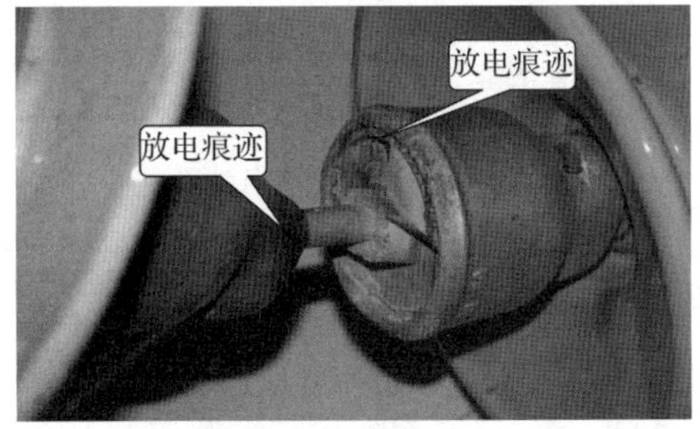

图7-12-5 1#串中段的放电痕迹

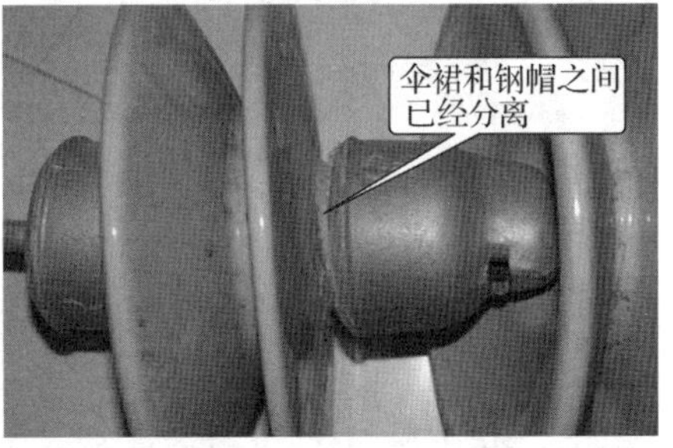

图7-12-6 1#串伞裙和钢帽之间已经分离(可摇动)

2#串:

2#串共四组瓷绝缘子,中间两组伞裙已经碎裂,在4个钢帽端部均有明显的放电熔化痕迹，表明放电时通过的电流较大，见图 7-12-8 至图 7-12-11。

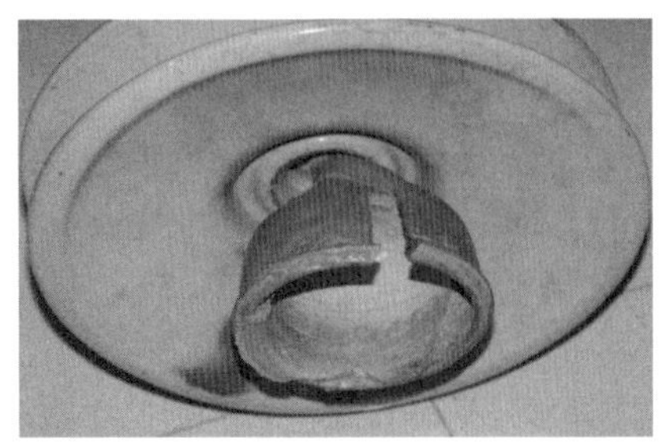

图 7-12-7　1＃串钢帽炸裂，内部填充物基本脱落

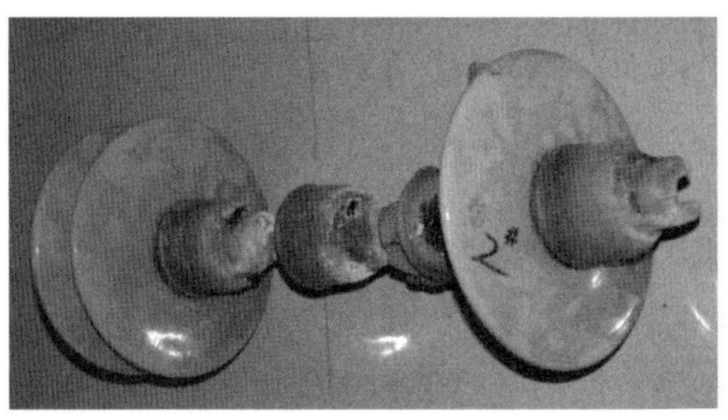

图 7-12-8　2＃串外观

图 7-12-9　2＃串外观

图 7-12-10　2＃串钢帽上的放电熔化痕迹

3＃串：

3＃串表面无明显放电痕迹，但在伞裙与钢帽结合部位，均可看到水泥填充不足或存在明显间隙的情况，见图 7-12-12 至图 7-12-16。

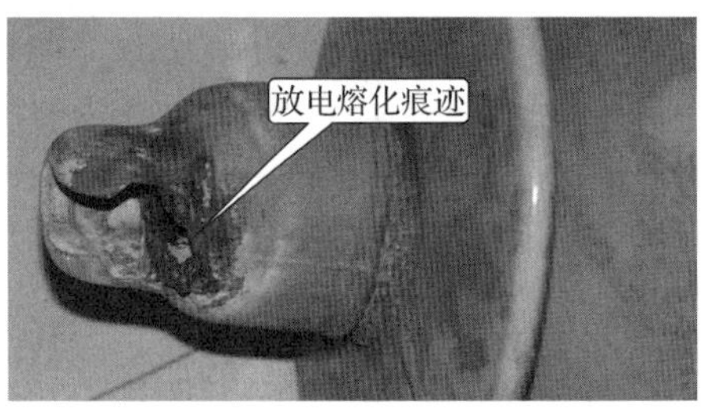

图 7-12-11　2＃串钢帽上的放电熔化痕迹

图 7-12-12　3＃串外观

图 7-12-13　3＃串外观

图 7-12-14　3＃串胶装水泥未填满

图 7-12-15 3＃串胶装水泥间隙

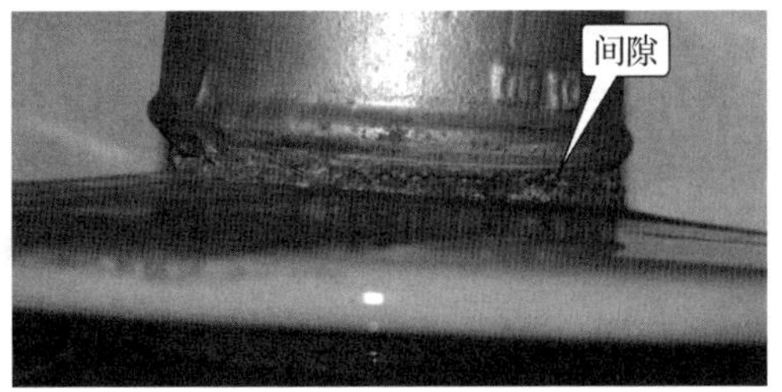

图 7-12-16 3＃串胶装水泥间隙

7.12.3 失效原因分析

1＃和3＃绝缘子检查情况表明：部分钢帽与伞裙结合部位水泥黏合剂未填满，而不均匀的填充容易导致头部附近电场分布不均匀；3＃绝缘子的钢帽与伞裙之间均存在较大的间隙，该间隙的存在降低了绝缘强度。由于绝缘子为水平布置，天然地受一个向下的弯矩作用，在受弯矩的情况下，内部瓷体也更容易沿间隙部位产生裂纹。

而来样的绝缘子正是沿着钢锚和伞裙的结合部位放电。

综合上述分析，此次绝缘子损坏的原因为：由于绝缘子质量不佳，运行中胶装水泥和瓷体之间产生间隙（在受弯矩作用下内部瓷体也可能产生了裂纹），导致绝缘强度不足，沿钢脚和钢帽之间发生放电，较大的电流导致伞裙碎裂和掉串。

第8章

其他电网部件

电网中线路顶套扁钢、换流站换流变本体连接油管铜闸阀、线路顶套扁钢、断裂瓦斯继电器、线路挂板等部件在运行中偶尔会发生损坏。

8.1 原材料质量差导致某10kV线路铁附件施工过程中断裂

8.1.1 案例概况

2013年12月3日,某供电局第一项目部在紧固10kV线路(属2013年农网工程)单杆双顶套(Ⅱ-190)螺栓过程中,发现螺栓连接处扁钢断裂,见图8-1-1、图8-1-2。该铁附件材质为Q235。

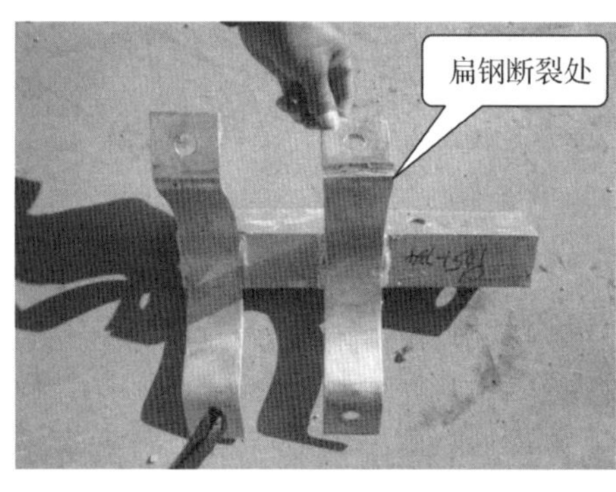

图8-1-1 现场照片1

图8-1-2 现场照片2:断口

8.1.2 检查、检验、检测

8.1.2.1 宏观分析

来样共2件,分别为标识有"第一批到货材料"、"第二批到货材料"的钢顶套,编为1号和2号;1号为断裂的钢顶套,2号为新顶套。每一个顶套各有2块扁钢,分别编为a和b。断裂的扁钢编为1-b。断裂部位位于扁钢弯折处,来样断口已部分锈蚀,但可看出断口无明显塑性变形,整体呈脆性断裂特征,断裂起源于内弯中段,向外弯快速发展,见图8-1-3。

8.1.2.2 材质分析

采用光电发射光谱法分别对1-a、1-b、2-a、2-b四块扁钢进行元素分析,结果见表8-1-1。

图 8-1-3 来样断口

表 8-1-1 试样元素成分(%)

	C	Si	Mn	P	S
1-a	0.20	0.31	0.61	0.035	0.044
1-b(断裂)	0.36	0.95	0.44	0.031	0.045
2-a	0.20	0.17	0.47	0.028	0.035
2-b	0.09	0.09	0.41	0.039	0.022

《碳素结构钢》(GB/T 700—2006)中对 Q235 的化学成分的要求见表 8-1-2。

表 8-1-2 元素成分要求

<table>
<tr><th rowspan="2">牌号</th><th rowspan="2">统一数字代号</th><th rowspan="2">等级</th><th rowspan="2">脱氧方法</th><th colspan="5">化学成分(质量分数)/%,不大于</th></tr>
<tr><th>C</th><th>Si</th><th>Mn</th><th>P</th><th>S</th></tr>
<tr><td rowspan="4">Q235</td><td>U12352</td><td>A</td><td rowspan="2">F、Z</td><td>0.22</td><td rowspan="4">0.35</td><td rowspan="4">1.40</td><td rowspan="2">0.045</td><td>0.050</td></tr>
<tr><td>U12355</td><td>B</td><td>0.20</td><td>0.045</td></tr>
<tr><td>U12358</td><td>C</td><td>Z</td><td rowspan="2">0.17</td><td>0.040</td><td>0.040</td></tr>
<tr><td>U12359</td><td>D</td><td>TZ</td><td>0.035</td><td>0.035</td></tr>
</table>

对比检测结果可知:即使按要求最低的 Q235A,断裂的扁钢 C 和 Si 含量都远超过标准要求,而这两种元素超标会极大增加材料的脆性。其余 3 块扁钢成分满足标准对 Q235A 的要求。

8.1.2.3 力学试验

为了检验扁钢的韧性,我们将每一块扁钢的弯折处各锯下一块进行压扁试验,试验布置见图 8-1-4。

图 8-1-4　压扁试验

试验中 1-a、2-a、2-b 直到压平都未发生断裂，而 1-b 稍一加力就发生崩断，断裂时基本无塑性变形。试样试验后的照片见图 8-1-5。

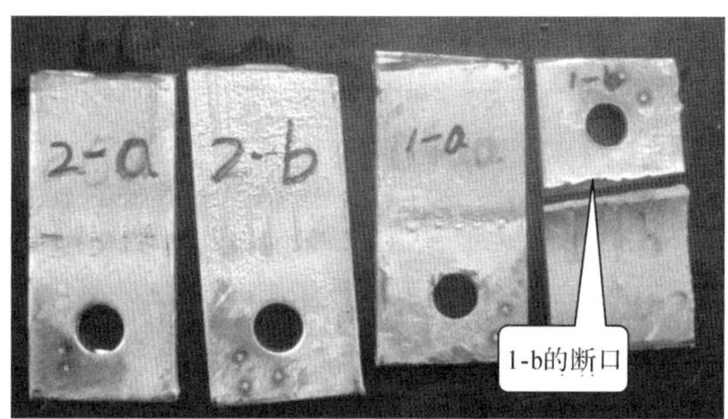

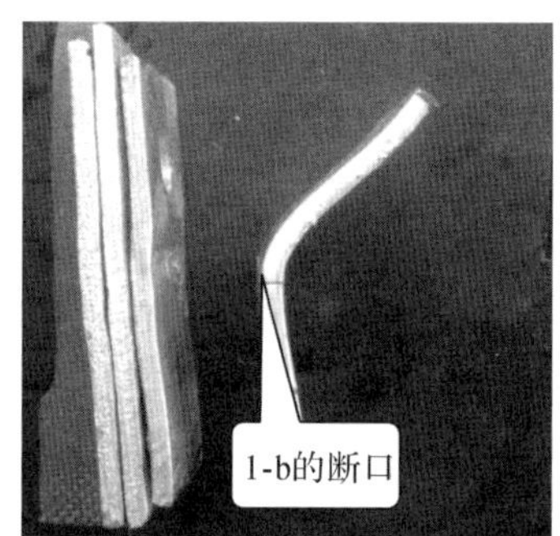

图 8-1-5　四块试样压扁试验后正面(侧面)

8.1.3　失效原因分析

化学成分分析表明断裂扁钢的 C 和 Si 远超标准要求，而此两种元素超标会使材料的脆性极大增加；力学试验结果表明断裂扁钢材料的脆性非常大，在受力时极易发生脆断。造成此次扁钢断裂的原因为扁钢材质不合格，导致脆性增加，在施工紧固螺栓时发生脆断。

8.2　铜闸阀铸造或机加工操作不当，造成某换流站换流变本体连接油管铜闸阀运行中开裂

某变电站极 1 六台换流变压器于 2015 年 10 月安装，2016 年 1 月安装完毕，2016 年 3 月验收合格，2015 年 6 月至 10 月期间注油。2016 年 4 月 5 日 16 时发现极 1YD 换流变 A 相风扇下本体连接油管铜闸阀漏油，漏油呈滴状，每分钟约大约 5 滴，见图 8-2-1。

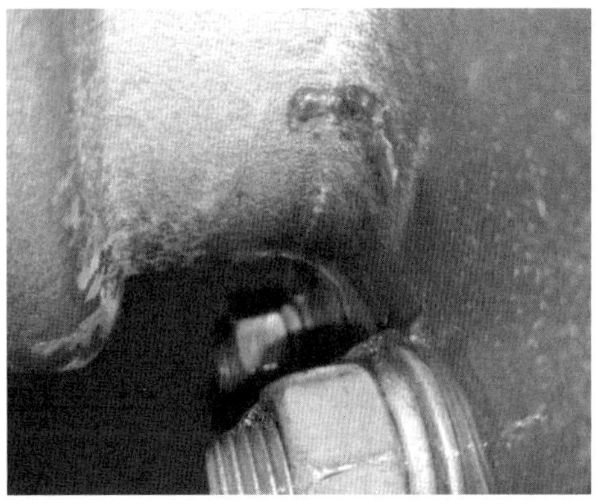

图 8-2-1　铜闸阀安装位置及油管铜闸阀漏油情况

8.2.1　案例概况

来样为某变电站极 1YD 换流变 A 相风扇下本体连接油管铜闸阀损坏件实物，型号为 DN200，壳体设计材质为黄铜，牌号为 58-2a，设计壁厚为 7mm（制造厂提供），铜闸阀制造工艺为砂型铸造＋机加工，法兰螺栓紧固扭矩为 376N · m，设计工作温度为－30～120℃，设计公称压力为 1.6MPa，设计介质为 25＃～45＃变压器油，闸阀损坏时的温度、压力、油位不详。

8.2.2　检查、检验、检测

8.2.2.1　宏观检测

对铜闸阀进行宏观检查，除漏油点处存在裂纹外，其余部分未发现宏观缺陷。沿裂纹部位将闸阀解体，其形貌见图 8-2-2。宏观上看，漏点侧闸阀壁厚较薄，漏点对侧闸阀壁厚较厚。存在明显的厚薄不均匀现象。

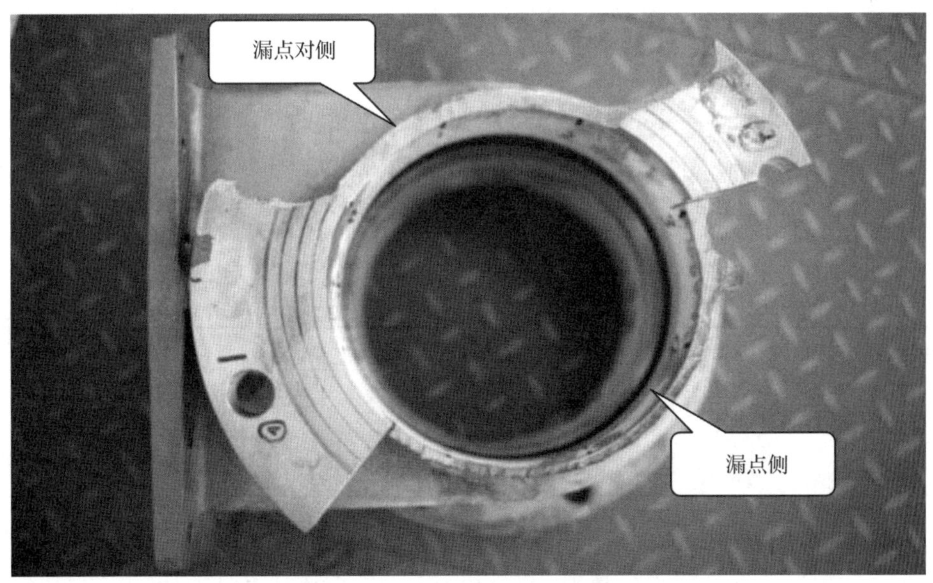

图 8-2-2　铜闸阀长度测量位置示意

8.2.2.2 壁厚检测

沿裂纹部位用拉力试验机将铜闸阀拉断后，采用数显游标卡尺测量断口处铜闸阀壁厚，并采用超声波探伤仪按 NB/T 47013.3—2015《承压设备无损检测 第 3 部分：超声检测》对断口下约 20mm 的闸阀母材进行壁厚检测，检测发现铜闸阀部分区域厚度值低于 7mm 的最小设计壁厚，壁厚值沿圆周分布不均匀（最大壁厚为 12.2mm，最小壁厚为 5.34mm），检测结果不合格。

8.2.2.3 裂纹附近断口分析

沿裂纹部位用拉力试验机将铜闸阀拉断后，可见开裂区域的断口由裂纹源区、裂纹扩展区、试验室内拉断区 3 部分组成，断口形貌见图 8-2-3。

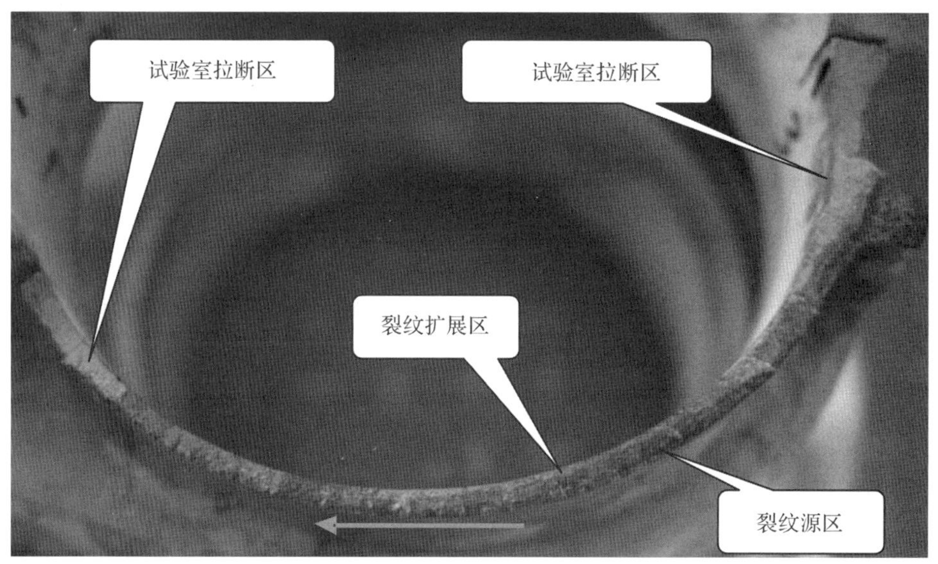

图 8-2-3 铜闸阀裂纹附近断口示意图

8.2.2.4 成分检测

铜闸阀的设计材质为黄铜，采用便携式直读光谱仪按 DL/T991—2006《电力设备金属光谱分析技术导则》对铜闸阀法兰盘部位进行成分检测，检测结果见表 8-2-1。检测结果表明，该黄铜成分符合 GB/T 5231—2012《加工铜及铜合金牌号和化学成分》标准中的 HPb58-2 黄铜含量，符合设计要求。

表 8-2-1 铜闸阀的成分检测结果(%)

元素	Zn	Sn	Pb	Ni	Fe	Mn	Cu
成分含量	38.6	0.50	2.01	0.32	0.50	0.026	57.7
GB/T 5231 HPb58-2	余量	≤0.5	1.5～2.5	—	≤0.5	—	57～59

8.2.2.5 表面无损检测

为了检测铜闸阀穿透性裂纹情况，在将裂纹拉开前，对漏点附近按 NB/T 47013.5—2015《承压设备无损检测 第 5 部分：渗透检测》进行了渗透检测，结果发现漏点处外表面处

裂纹长 $L_1=270\text{mm}$,内表面裂纹长 $L_2=75\text{mm}$,见图 8-2-4。说明裂纹产生于外壁,由外壁向内壁扩展。

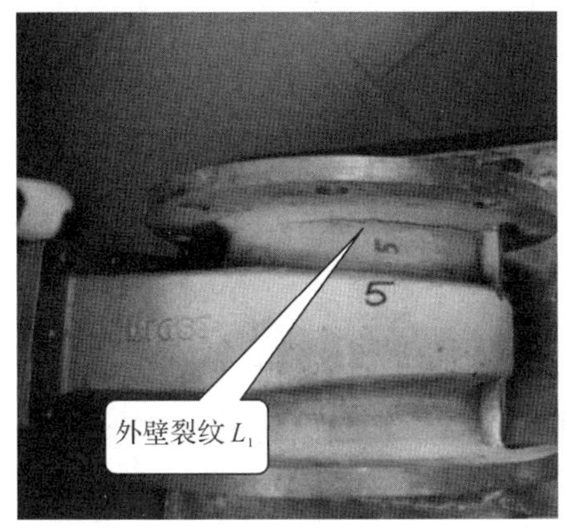

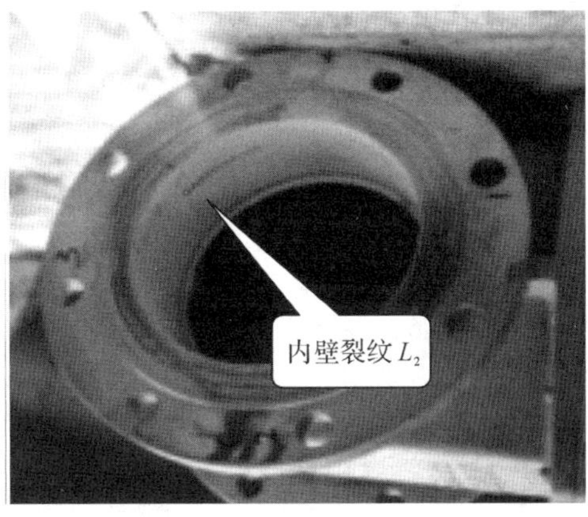

图 8-2-4 铜闸阀渗透检测裂纹形貌

8.2.2.6 数字 X 射线检测

按 NB/T 47013.11—2015《承压设备无损检测 第 11 部分:X 射线数字成像检测》标准要求对铜闸阀漏点部位进行数字射线检测,结果发现漏点附近存在裂纹,裂纹可见长度为 160mm。检测结果不合格。裂纹形貌见图 8-2-5。

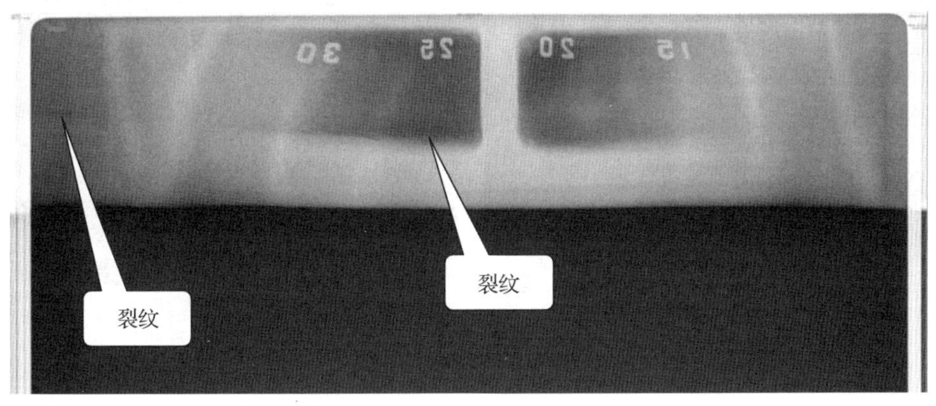

图 8-2-5 数字 X 射线成像裂纹形貌

8.2.2.7 金相组织检测

对图 8-2-3 位置所示的闸阀裂纹附近法兰盘部位按 GB/T 13298—91《金属显微组织检验方法》进行金相检验。金相组织为白色块状的 α 相+灰色 β 相+极少量的 Pb 相,金相组织见图 8-2-6,金相组织正常。

8.2.2.8 扫描电镜及能谱检测

对裂纹源部位进行扫描电镜检测,裂纹源部位具有明显的扇形解理花样,属脆性断口。见图 8-2-7。晶界上大量分布着球形的化合物,能谱显示主要成分为 C、O、Fe、Pb、Cu、Zn,能谱检验位置见图 8-2-8,能谱检验结果见表 8-2-2。裂纹源部位存在晶间裂纹,部分化合物镶嵌在裂纹中,见图 8-2-8 中箭头所指。

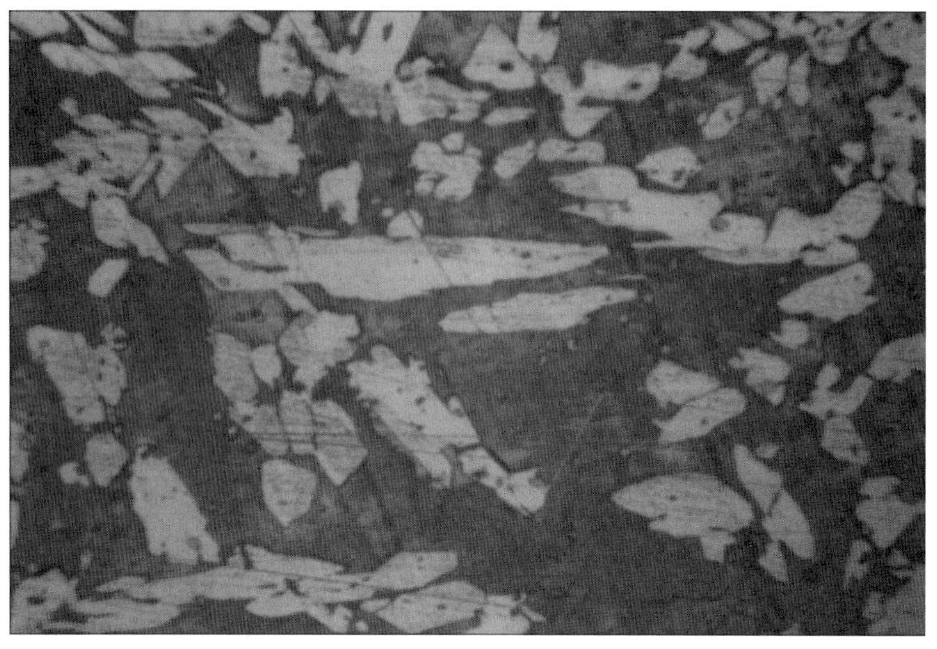

图 8-2-6 金相组织

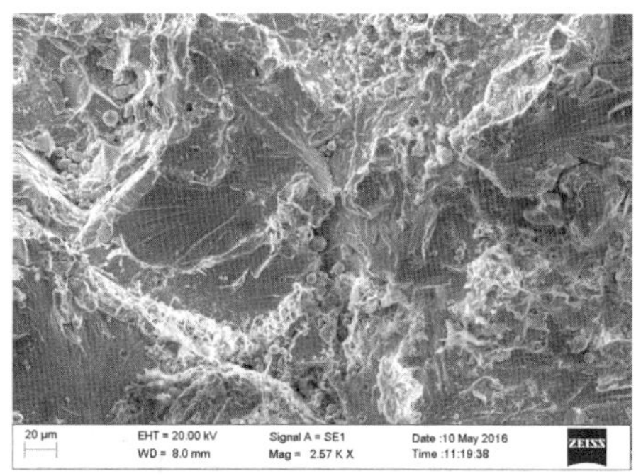

图 8-2-7 裂纹源附近扇形解理花样 SEM

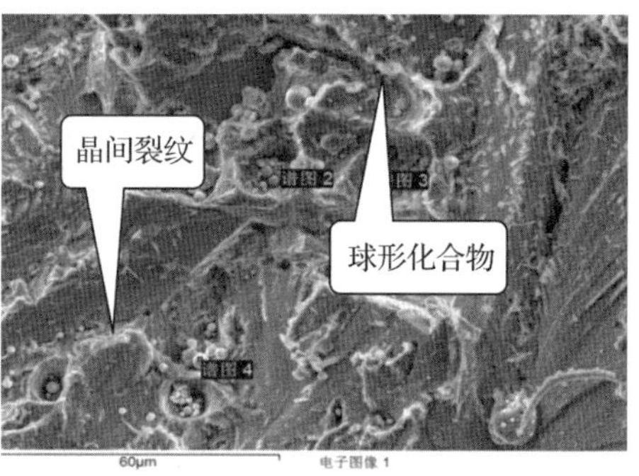

图 8-2-8 裂纹源附近球断口 SEM

表 8-2-2 裂纹源附近能谱分析结果表

谱图	在状态	C	O	Al	Fe	Cu	Zn	Sn	Pb	总和
谱图 1	是	19.07	4.34		2.06	55.11	15.87		3.55	100.00
谱图 2	是	14.34	3.62		2.07	70.39	6.07	1.02	2.49	100.00
谱图 3	是	6.29	2.04		9.55	55.01	27.11			100.00
谱图 4	是	33.83	5.81	0.65	6.68	38.36	9.61		5.06	100.00
最大		33.83	5.81	0.65	9.55	70.39	27.11	1.02	5.06	
最小		6.29	2.04	0.65	2.06	38.36	6.06	1.02	2.49	

8.2.2.9 有限元分析

用 ANSYS V12.1 有限元分析软件对制造或加工造成壁厚不均匀的铜闸阀进行应力分布状态模拟,结果见图 8-2-9。

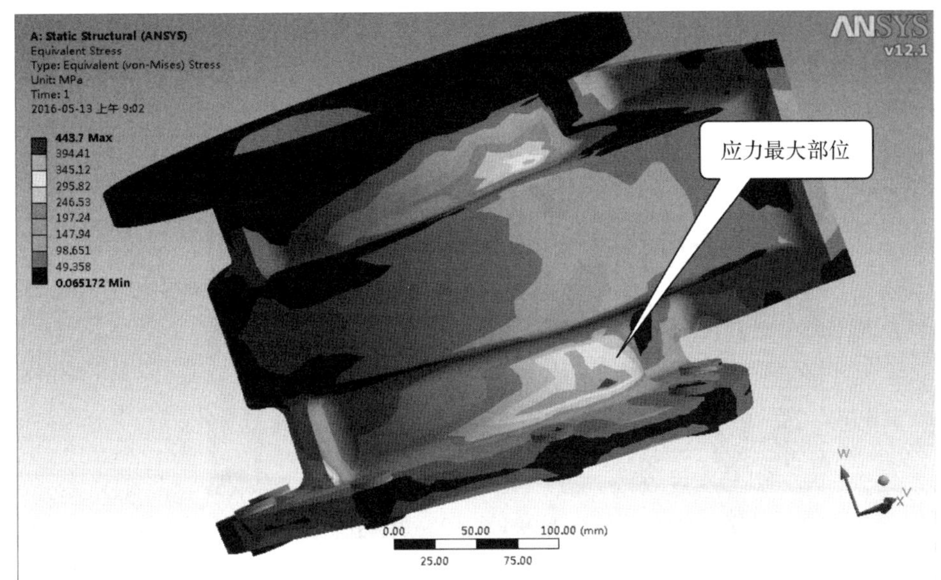

图 8-2-9 制造或加工造成壁厚不均匀的铜闸阀应力分布状态图

经比对壁厚均匀与壁厚不均匀两种状况的应力分布状态,制造或加工造成的壁厚不均匀的铜闸阀应力集中较严重,且靠近法兰盘。应力最大部位与实际漏油位置相符。

8.2.3 失效原因分析

检测结果表明:铜闸阀材质符合设计要求;金相组织正常;漏点处存在裂纹;漏点位于壁厚不均匀铜闸阀的最大应力部位;铜闸阀沿圆周方向厚度不均匀且多处壁厚低于设计值;铜闸阀沿圆周方向厚度不均匀导致漏油部位产生应力集中。

某变电站极 1YD 换流变 A 相本体连接油管铜闸阀裂纹的产生原因是铜闸阀铸造或机加工操作不当,造成铜闸阀周向部分区域壁厚小于 7.00mm 的设计值,且沿周向分布不均匀(最大壁厚为 12.21mm,最小壁厚为 5.34mm,壁厚差达 6.87mm),在油压及法兰螺栓紧固力作用下铜闸阀沿薄壁侧的应力集中处产生裂纹并逐步扩展,最终导致铜闸阀出现穿透性裂纹而漏油。

8.3 铸造缺陷导致某 110kV 变电站瓦斯继电器损坏

8.3.1 案例概况

2014 年 3 月 23 日,某供电局 110kV 变电站瓦斯继电器在运行数小时后发生损坏。该继电器型号为 QJ2-80-TH，材质为 153 铸铁。

8.3.2 检查、检验、检测

8.3.2.1 宏观检测

图 8-3-1 为瓦斯继电器的安装图，沿管道法兰面与瓦斯继电器法兰面之间有橡胶圈压紧密封，两法兰面之间靠 4 颗 ϕ16 的螺栓连接。

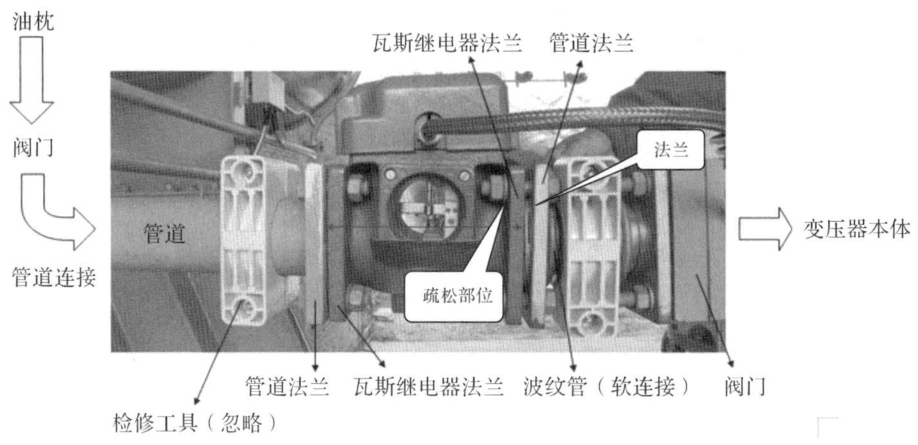

图 8-3-1 瓦斯继电器安装图

图 8-3-2 为损坏的瓦斯继电器，继电器沿法兰根部断裂，断口干净无污染，表明断裂时间较新。在断裂的法兰边缘外侧可观察到有一处 3.5mm×3.0mm 的疏松，见图 8-3-3。在结构上断口的外边缘为应力集中部位，断口呈快速断裂特征，疏松的存在会破坏结构的连续性，并且在受力时成为裂纹源，经分析，正是由于此疏松的存在，导致法兰在受力时从该处产生裂纹并快速发展而脆断。

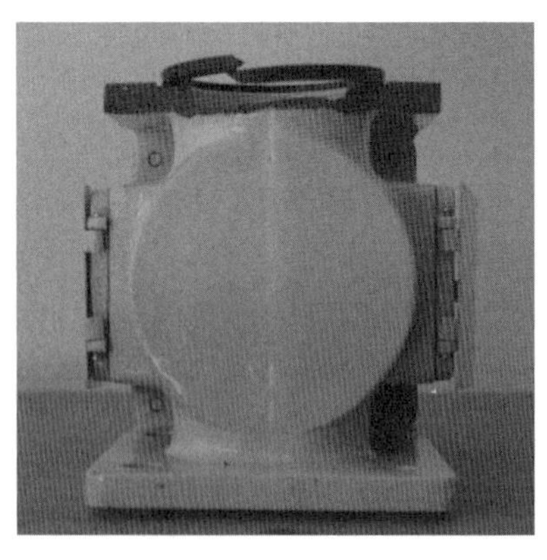

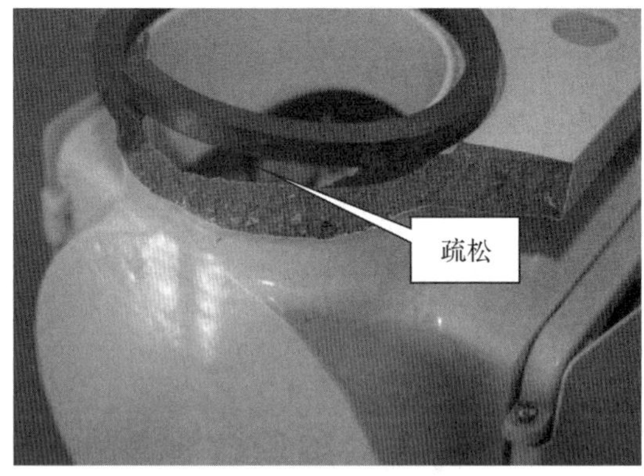

图 8-3-2 损坏的继电器法兰

8.3.2.2 硬度分析

据厂家提供的材料，该继电器设计材质为 153 铸铁，因国标牌号中查不到 153 铸铁，经向

图 8-3-3 断口上的疏松

厂家了解，该厂 153 铸铁实际相当于国标牌号中的 HT150 铸铁。按 GB/T 231.1—2009《金属材料 布氏硬度试验 第 1 部分：试验方法》对断裂法兰进行硬度检测，结果见表 8-3-1。

表 8-3-1 断裂法兰硬度检测结果(HB)

测点	测点 1	测点 2	测点 3	平均值
硬度值	232	232	236	233

按 GB 9439—88《灰铸铁件》将此硬度换算为强度，其抗拉强度不低于 214MPa；GB 9439—88《灰铸铁件》对 HT150 的抗拉强度要求为不低于 150MPa，断裂法兰抗拉强度满足设计要求。

8.3.3 失效原因分析

GB 9439—88《灰铸铁件》中对灰铸铁的成分未做强制要求，只规定了强度指标，断裂的法兰根据硬度换算后的抗拉强度值符合该标准的要求。断裂的法兰上存在一个较大的疏松，而该疏松在结构上处于应力集中部位，在受到安装附加载荷、向下的弯矩、振动等应力时易成为裂纹源。

综合上述分析，导致此次瓦斯继电器损坏的原因为法兰存在铸造缺陷，在受到外加载荷时产生裂纹而发生脆性断裂。

8.4 螺栓受弯导致某220kV线路挂板螺栓断裂

8.4.1 案例概况

2014 年 2 月 16 日，巡视人员发现 220kV 线路挂板处螺栓断裂，供电局人员对线路挂板加强，将原 6.8 级的螺栓更换为 8.8 级。更换下来的螺栓为两种规格共 8 颗，分别为 6.8 级的 5 颗、4.8 级的 3 颗，4.8 级的螺栓完好，6.8 级的螺栓一颗断裂。

8.4.2 检查、检验、检测

8.4.2.1 宏观分析

断裂螺栓样品为螺栓螺杆部位，见图 8-4-1，螺栓杆部有弯曲变形，表明螺栓为受过载弯曲应力断裂，断口侧面未见机械损伤。螺栓断面有严重锈蚀，见图 8-4-2。

图 8-4-1 断裂的螺栓

图 8-4-2 螺栓断面

8.4.2.2 断口微观形貌及成分分析

采用扫描电子显微镜对断面微观形貌进行分析，断面未锈蚀区域的微观形貌，其微观形貌为解理断裂特征，表明样品断裂形式为脆性断裂。对断面区域谱图 8-4-3 位置成分进行分析，其主要成分为 Fe、Mn 元素，未见异常元素存在，见表 8-4-1。

表 8-4-1 断面微观成分(%)

检测区域	Mn	Fe
谱图 1	0.48	99.52
谱图 2	0.64	91.34

8.4.2.3 硬度检测

对断裂螺栓及正常螺栓进行硬度检测，检测位置为螺栓末端，按 GB/T 4340.1—1999《金属维氏硬度试验　第一部分：试验方法》测量维氏硬度，结果见表 8-4-2。

根据 GB/T 3098.1—2010《螺栓、螺钉及螺柱机械性能》的规定，6.8 级螺栓硬度值为 HV30 190～250，螺栓硬度值合格。

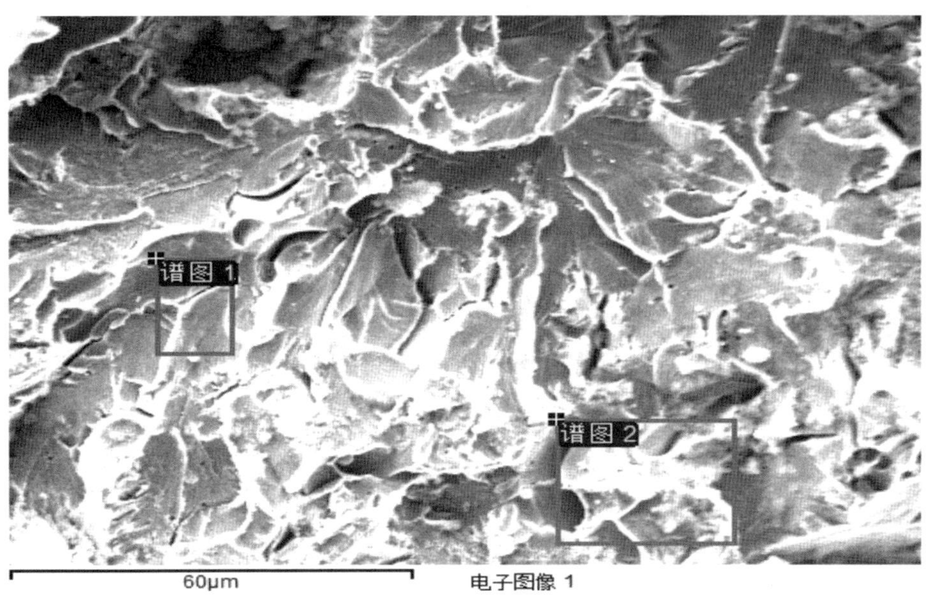

图 8-4-3　断裂螺栓微观形貌

表 8-4-2　硬度检测结果(HV30)

检测区域	序号		
	1	2	3
断裂螺栓	219	214	218
完好螺栓	211	200	208

8.4.2.4　金相分析

按 GB/T 13298—1991《金属显微组织检验方法》对断裂螺栓进行金相分析，金相组织为细小均匀的铁素体＋珠光体，见图 8-4-4。根据 GB/T 3098.1—2010《螺栓、螺钉及螺柱机械性能》对 6.8 级螺栓材质及热处理工艺的要求，金相组织正常。

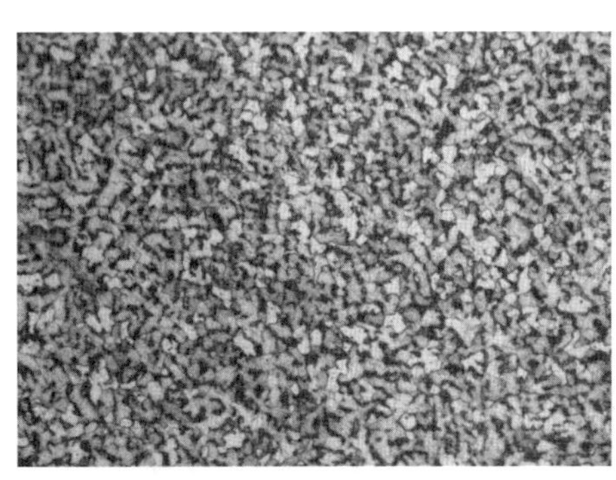
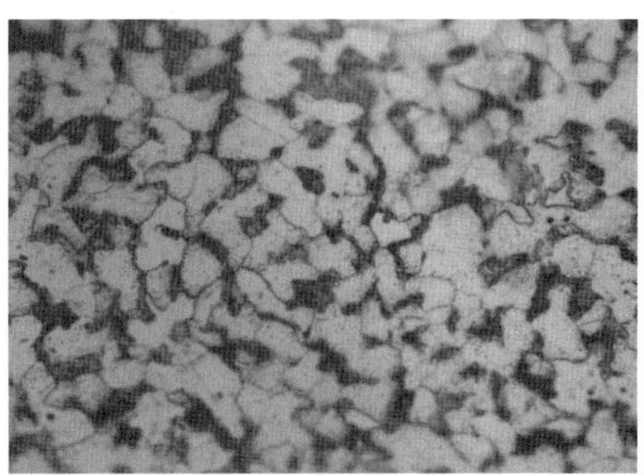

图 8-4-4　断裂螺栓金相组织

8.4.2.5　成分分析

按 GB/T 4336—2002《碳素钢和中低合金钢火花源原子发射光谱分析方法(常规法)》

对两颗螺栓进行材质分析，检测部位为螺栓端部，结果见表 8-4-3。

表 8-4-3　螺栓成分检测结果(%)

检测螺栓	测量元素		
	C	P	S
断裂螺栓	0.25	0.012	0.016
完好螺栓	0.26	0.016	0.011

GB/T 3098.1—2010《紧固件机械性能 螺栓、螺钉和螺柱》中对 6.8 级螺栓材质要求为 C：0.15～0.55，P≤0.050，S≤0.060。检测结果表明螺栓成分符合 GB/T 3098.1—2010 的要求。

8.4.3　失效原因分析

螺栓的硬度、金相、成分均符合相关标准要求，断口的扫描电镜观察表明螺栓为脆性断裂，宏观特征表明螺栓承受了过载的弯曲应力。

综合上述分析，此次螺栓的断裂原因为运行过程中受到过载的弯曲应力，螺栓发生弯曲变形，继而发生脆性断裂。